U0306538

禾本科异花婚育文粹

Eighteen Outbreeding Systems and 180⁺ Related Species in Poaceae

潘思睿 编著

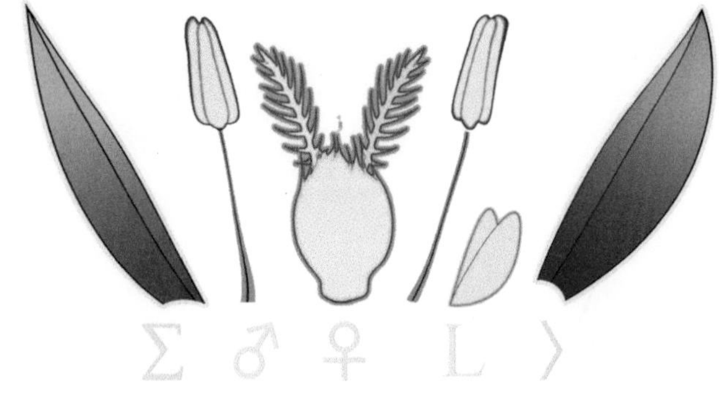

中国农业科学技术出版社

图书在版编目（CIP）数据

禾本科异花婚育文粹 / 潘思睿编著. --北京：中国农业科学技术出版社，2023. 3

ISBN 978-7-5116-6098-5

Ⅰ. ①禾…　Ⅱ. ①潘…　Ⅲ. ①禾本科－作物－异花授粉－文集　Ⅳ. ①S334.2-53

中国版本图书馆CIP数据核字（2022）第241535号

责任编辑　崔改泵
责任校对　王　彦
责任印制　姜义伟　王思文

出 版 者　中国农业科学技术出版社
北京市中关村南大街12号　　邮编：100081
电　　话　（010）82109194（编辑室）　（010）82109702（发行部）
（010）82109709（读者服务部）
网　　址　https: // castp.caas.cn
经 销 者　各地新华书店
印 刷 者　北京建宏印刷有限公司
开　　本　185 mm × 260 mm　1/16
印　　张　18
字　　数　373千字
版　　次　2023年3月第1版　　2023年3月第1次印刷
定　　价　180.00元

Maintaining and enhancing grain production in cereal crops is a key priority for global research efforts.

全球科研首务是持续提高谷物产量和品质

Tomorrow's discoveries in crop improvement will be made by today's look-back research in gramineae.

未来谷物改良创新将取决于当今对禾本科的回溯

Flower is power

花即是力量

内容提要

谷神生于禾本科。全球政界、业界、科技界的首务是要在土水资源受限、投入报酬递减、更多灾变及污染的未来，持续提高谷物产量和品质。小花世界藏乾坤，婚育制式定产籽。11 000多草种中查有500多个异花婚育种，爱尔兰都柏林大学UCD Rainer Melzer博士花实验室促使，在浩瀚的文献海洋中，循名责实、博稽精思、去粗取精、慎审求正，溯英、拉、汉辞源，全方位对比研判，辑成此书。①归纳出18种异花婚育制式：雌雄异株制、雌异株制、雄异株制、三异株制、只雌株制、同株异花序制、同花序异段制、同花序异花枝制、同花枝异段制、雌雄小穗伴生制、同小穗雌雄异花制、同株雌异花制、同株雄异花制、同株三异花制、自交不亲和制、两栖花序制、只雌制、只雄制，并简述胎生制、闭花授粉制。②近200幅图照便于实感，文述可予抽象会意，图文映衬可便捷核识十多种外文原初描述的、土著异国的180多个典型异花婚育草种。③禾本科小花简约而不简单，提出合性花概念，采用$\sum ♂_{n} ♀_{n} L_{n}\rangle$为禾本科花程式。④归纳出雌雄蕊露天开花受6种生物力支配，浆片膨胀力并非小花开稃之充要力。⑤归纳出小花开稃的体量学（morphometry）三分之二范式。希冀为涉农事谷者、谷物育种家、花ABCDE模型及花四体模型研究者等提供参考。比较形态学是比较基因组学、比较蛋白组学、比较代谢组学的内化作用的外显结果，是基因社会学功能的差分对照。宰其形，御其本，从直观形态到分子途径，揭秘天机以祚万世。

目 录

第一章

绪 论

第一节 禾本科——粮草生态第一科

一、禾本科诞生谷神

中国三皇有神农，西方神坛祀谷神。谷物不仅支撑了人类文明的兴起，更是当今世人的主食。全球农业科研首务是持续提高谷物产量和品质。

起源于中东两河流域的小麦wheat（*Triticum aestivum*）、大麦barley（*Hordeum vulgare*）、燕麦oats（*Avena sativa*）、黑麦rye（*Secale cereale*）；原始中国的稷如谷子millet（*Setaria italica*）、黍子/糜子broomcorn millet（*Panicum miliaceum*）、水稻rice（*Oryza sativa*）、甘蔗sugarcane（*Saccharum officinarum*）；初始美洲的玉米corn/maize（*Zea mays*）；土著非洲的高粱sorghum（*Sorghum bicolor*）等谷类作物，都源自禾本科。禾本科植物还为人类持续提供无尽的饲草、牧草、糖料、香料、药材、建材、薪柴、环保、饰品等多用途物料。

（www.baidu.com）

禾本科植物遍布全球所有植物区系以至南极，约占地球植被的24%。谷物占据当今全球70%的农田，直供人类所需的

60%～80%的能量和蛋白质。"谁知盘中餐，谷物占大半"——选中谷物食用，既是古先民生存智慧之结晶，亦是谷物天然物性之使然。人类至少收获300多种禾草，家养近40种禾草。禾本科当之无愧是植物界最具社会、经济、生态重要性的第一科，是改良现有谷物和开发新谷物的大宝库。

二、谷物之中麦为王

汉典：麦俱四时中和之气，兼寒暑温凉之性，受风雨霜阳之化，继绝续乏，为利甚溥，谷中之至贵者也。西谚：Wheat is the king of cereals，意即"小麦是谷物之王"。今说：一粒麦种藏世界，两性花中有乾坤。

小麦wheat（*Triticum aestivum*）编织人类文明进化史，滋食人类从古至今到将来。自古民以食为天，而今食以麦为主，一块块麦田那是农家糊口的饭碗，也是祖祖辈辈的根，世世代代的命，小麦收成的好坏牵动着千家万户的方方面面，事关民生国运、天下安稳。世界各地小麦生产必用全球所有科学（Wheat，a global crop must use global science for local use.）。

三、禾本科生态优势

植物界进化的高端是被子植物，被子植物进化的顶峰是禾本科植物。禾本科植物大多生命周期较短，光合途径多样，婚育制式应有尽有，风媒传粉自保险，结籽繁多自传播，啃食践踏全不怕，野火烧过还再生，春发夏长秋实冬休眠，应对光温水气变式全。

1. 禾本科植物繁育模式多样

禾本科植物涵盖了显花植物几乎所有的繁殖模式及婚育制式（似仅无异花柱型的自交不亲和类型）。自交、异交、无融合、无性繁殖等繁衍方式齐备；花序多样、花式最简、结籽繁多；多为风媒传粉，极个别林下矮生草竹如*pariana*仍保留虫媒特性；花粉粒接触柱头后萌发快、花粉管伸长迅速、受精完成时间短；柱头—花粉间的快速反应及随之而来的快速受精，应是风媒传粉进化出的一大利好性状；有300多种禾草闭花授粉闭门自交，或自交异交并有，更有双保险的鞘内、地下授粉；另有至少30多个属有无融合生殖不受精产籽草种；还有近50个属有自交不亲和草种；很多草种即使有性生殖受阻还能无性繁殖。

2. 形态结构多样且极具生态经济安全性

禾本科植物是一年生、越年生、二年生、多年生维管束植物，春发夏长秋实冬休眠。其再生分蘖能力强，啃食、践踏对生长影响少，野火烧过也能重生，应对光温水气变式功能齐整多样。

3. 光合作用途径多样

虎尾草亚科的所有种及黍亚科的大多数种都是C_4植物。早熟禾亚科及竹亚科的所有种都是C_3植物。已知玉米是C_4植物，但其肉穗苞叶却进行C_3途径光合作用；小麦是C_3植物，而其籽粒的横细胞叶绿细胞层或可进行C_4途径光合作用。

4. 生态适应性强优多样

禾本科150多个属遍布全球各大陆高低海拔、高低纬度，如南极发草（*Deschampsia Antarctica*）土著南极洲，草地早熟禾（*Poa pratensis*）和按钮早熟禾（*Poa annua*）都已逸生到南极洲。禾本科植物的种数（约11 000种）虽然没有菊科（约24 000种）、兰科（约20 000种）、豆科（约18 000种）多，但却全球分布最广且占全球植被面积最大。

5. 杂交频率高

禾本科有80%的多倍体化草种，足见禾草间杂交的频率之高。不同祖源的成套染色体间偶合、天然自加倍而可形成更多新种。

四、禾本科分类概要

2012年，禾草系统发育工作组（Grass Phylogeny Working Group，GPWG）发表了更新的分子系统发育树，在原6亚科的基础上把禾本科分为12个亚科。刘冰团队汉译禾本科（*Poaceae*=*Gramineae*）12亚科（表1-1），并分有47族、98亚族、767属[①]。

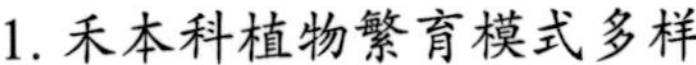

① 引自：http://duocet.ibiodiversity.net/index.php?title=禾本科

表1-1　禾本科12亚科

亚科名称	禾本科12亚科学名	47族	98亚族	767属
竹亚科	Bambusoideae Luerss.（1893）	3	15	130
芦竹亚科	Arundinoideae Burmeist.（1837）	2		20
服叶竺亚科	Pharoideae L. G. Clark ex Judz.（1996）	1		4
柊叶竺亚科	Anomochlooideae Pilg. ex Potztal（1957）	2		2
姜叶竺亚科	Puelioideae L. G. Clark，M. Kobay.，Spangler，S. Mathews ex E. A. Kellogg（2000）	1		2
黍亚科	Panicoideae Link（1827）	12	21	239
早熟禾亚科	Pooideae Benth.（1861）	10	26	189
虎尾草亚科	Chloridoideae Burmeist.（1837）	6	34	134
稻亚科	Oryzoideae Kunth ex Beilschm.（1833）	4	2	18
扁芒草亚科	Danthonioideae N. P. Barker & H. P. Linder（2001）	1		17
百生草亚科	Micrairoideae Pilg.（1956）	4		9
三芒草亚科	Aristidoideae Caro（1982）	1		3

据统计，禾本科记录有11 000多个种。有些谷物育种家认为，同属内好多种只是一些表型性状如植株高/矮、叶片大/小、护颖毛/光、色泽……等之差异，实际应是品种间差别。笔者认为，属内若无染色体倍数差异或生殖生物学及花生物学差异者，似应单列为变种或品种。《中国植物志》辑录了禾本科247个属的1 500多个种。仅记住禾本科属种之学名都得要有两三万个英语、拉丁语、汉语词汇量。能记住10 000个人名的恐怕也没有几个高人，难怪提起禾本科，植物学者多敬而畏之。然概览全科，其穗型花形及婚育制等的变式也就那么百十来种。这就为困惑当今谷物育种家的许多问题给出了启迪导向性求解资源库，而且都是经千百万年进化优选出的最体例适配、最功能统合、最生态经济的百宝箱。利用禾本科的差异物种，探寻谷物的同功异型态式的同源异构分子，把传统系统发育学成果与当代分子系统发育学认知联系起来，宰其形、究其本，探微知著，小麦及谷物育种家们有可能从这些天造地就的生态经济智慧库中获得创新谷物改良技术之灵感，在提高小麦及谷物产量品质潜力、减少生物/非生物应激损失、环境友好等方面有所发现。知之弥多，取之弥精。今天的纵览激发明天的创新。回看愈久远、前瞻愈领先（The further we look back，the further forward we may see）。

五、禾本科婚育权杖

没有农耕就没有王权（No swords without ploughshares）。谷物家养对人类历史的深刻塑造之功无与伦比、无可替代（Everything organic on our plates comes from plants. All our lives depend on plants and microbe.）。谁知盘中餐，皆自植物生。有史以来人类一直在从大自然的智库中汲取灵感，也在所处的环境中不断发现聚焦问题并致力于寻求多快好省的解决方案。为提高谷物的遗传生产力或开发新谷物，谷物育种家有必要向禾本科学习。花穗式及婚育制是物种遗传多样性、产籽力及进化的决定性内因。研究花穗式及婚配制的遗传发育、分子生态途径，以及动植物性别平行进化的天然属性等，仍是非常有趣但却极具挑战性的大谜题，而禾本科尤当首选。大自然对禾本科花穗式的形态构建、生态功能整合、物能信息经济以及婚育制的解决方案，是经过千百万年的进化选择而臻于总体最优的，是谷物改良者取之不尽的智库及工具箱。Samuel G. S. Hibdige等（2021）报道，禾谷类作物是通过从旁系禾草中“借来”基因而走上进化捷径的，例如，小麦（*Triticum aestivum*）就从虎尾草亚科（Chloridoideae）、黍亚科（Paniceae）及其高粱族（Andropogoneae）分别“转入”或“借来”了5+3+2共10个旁系基因。而玉米（*Zea mays*）则从虎尾草亚科（Chloridoideae）和黍亚科（Paniceae）分别“转入”或“借来”了2+9共11个旁系基因①。

本书就是为从禾本科属种水平纵览、溯源、透视谷物的花穗式及生殖生物学而编写的。“科学就是整理事实，以便从中得出普遍的规律和结论”（达尔文）。非博无以通其道，博其方，约其说，取大略以为成法，为改良现有谷物或开发新谷物拓宽视野。希冀谷物改良开发者以及花模型探秘者，为开发更能抵抗气候变化影响的谷物新品种或及新种而从中获取天演的技术灵感，或将有助于开发前所未有的遗传战略而裨益粮食安全。

笔者相信：

①凡生命体必有边界，边界门控出入。

②凡生命系统必有结构，结构决定功能。环境选择功能，功能适应环境。

③凡生命过程必分阶段、非均衡、有反馈连续进行。

④生命组元同功异构、功能冗余、协同效应是常态，不均衡统合生发是必然。

⑤相似表型之基因同源，分形发育之基因同源。比较形态学是比较基因组学、比较蛋白组学、比较代谢组学的内化结果的外显标签，是基因社会学运动结果的差分对照。宰其形，御其本，从直观形态到微观分子揭秘天机，先知无形者圣。

The natural world provides many examples that have been optimized by evolution. To study natures laws and apply new knowledge to practical purposes.

---

① Samuel G. S. Hibdige，Pauline Raimondeau，Pascal-Antoine Christin，et al.，2021. Widespread lateral gene transfer among grasses［EB/OL］. New Phytologist：www.newphytologist.com.

第二节　禾本科的四大繁殖模式

禾本科植物中的营养体无性生殖、雌雄交配有性生殖、孤雌孤雄或孢子体等形式的无融合生殖、种子或营养体胎生等四大生殖模式的共存，各有利弊但都可能产生新物种，是大自然赐予人类开拓谷物改良途径的宝藏。

一、初级原始的无性生殖

由体细胞或营养体脱离母体而再生子代的谓之无性生殖，如单细胞裂殖、孢子体生殖、菌丝体繁殖、扦插、嫁接、分株、芽殖、爬地茎/根茎节滋生、营养体胎生、体细胞培养等。无性繁殖的亲子个体基因组完全一致，且周期短、速度快、耗费少。但由于没有双亲基因的重组，只有体细胞基因突变一条路使其个体发生变异，又无择偶之自然选择，这就可能使有害突变基因不断积累。

二、进化高级的两性生殖

必经雌雄交配成功才育出子代的谓之有性生殖。双亲各自的基因突变及重组使得其子代既保持与双亲的极大相似性又比单亲更具多样性和适应性。两性生殖必经减数分裂形成雌雄配子，不但耗时耗能、繁琐艰难，还有近亲繁殖等弊端，但由于反常突变或/及有害突变的个体很难取得交配权或交配成功概率近零，再加上生殖隔离，这就共同保证了子代的优生多样性及同种群的进化稳健性。

三、无融合生殖可能是进化过程的中间环节

不经雌雄配子融合而单性产籽的谓之无融合生殖。无融合即无配子融合，如孤雌生殖、孤雄生殖。这种单性生殖与罕见的雌雄变性生殖等都是有性生殖的特例。可能是从无性生殖向有性生殖进化过程中的中间环节，切忌与无性生殖混为一谈。有学者把由珠被直接生成种子的生殖方式也归入无融合生殖，是因为尽管卵子败育，但毕竟还是形成了胚珠的，即仍有减数分裂过程的，倒也还说得过去的。

四、胎生以及雌雄变性生殖可能是确保种群延续的应急模式

在母株上由成熟种子或营养体长成新的幼苗或芽殖体/叶殖体，自然落地后再长大成新植株的谓之胎生。前者是种子胎生应属有性生殖，后者是营养体胎生实属无性生殖。已知植物中营养体胎生不仅远多于种子胎生，而且多发生于极地、高山、干旱地区。禾本科植物胎生可能是对极端环境的一种适应机制，不仅丰富了植物生殖模式，

更有利于该物种种群的传播、扩散和延续。应注意，小麦、水稻、玉米和谷子等的穗发芽并不是胎生。

第三节 禾本科异花婚育18制式

花是植物的生殖器，婚育制是自然法定的植物婚姻法。谷物改良者概览禾本科植物花及婚育制式之多样性，或可在系统性视阈内，从差异中获得灵感，受到启发，发现机枢，从似同中发现模式，得出公式，揭晓天机。植物性别的分离进化，是一个非常有趣且极具挑战性的课题。有证据表明（仅仅是表明，而不是证明），植物性别的分离进化进程是：

合性花①→单性花→单性个体

已知绝大多数显花植物都是雌雄同花即合性花，有20%～30%的单子叶植物种产生单性花。有说单性花是独立进化而来的。研究单性花形成的遗传机制、分子基础、发育途径、生态适应，以及植物性别与动物性别平行进化的天然属性等，禾本科植物必不可或缺。

禾本科单性花发育成形大体上分为2或3类：

（1）花发育过程中，有一性器官（如雌蕊或雄蕊）仅具雏形而发育中止，另一性器官（如雄蕊或雌蕊）发育成熟。某一性器官中止发育时，有的种表现为细胞液化或死亡，而有的种则表现为细胞解体。

（2）花发育过程中，自始至终仅一性器官（如雌蕊或雄蕊）发育至成熟，另一性器官（如雄蕊或雌蕊）毫无发育痕迹。

（3）*Poa unispiculata*又可能是第三种类型：合性小花中的雌蕊、雄蕊都看似形态正常，但雌蕊不育，故不结实。

事实上，一旦出现单性花如单雌花、单雄花，加上合性花，以及不同株，组合数学可知，禾本科可有近20种婚育制式（18种异花婚育制和2种非异花婚育制），其定义如下：

1. 雌雄异株制*Dioecious*＝【雌株+雄株】

Male plants and female plants in the same species.

同种群中，有只雌株和只雄株，必然异交。（雄株似乎浪费资源，好在多有爬地茎或及根茎，即使雌雄隔离亦自可无性繁殖后代）

---

① 见本章后专栏。

2. 雌异株制*Gyno-Dioecious*＝【雌株+合性花株】

Female plants and hermaphrodite plants in the same species.

同种群中，有只雌株及合性花株，异交自交并存。作物育种中的不育系+保持系即是雌异株制式的生产利用实例。

3. 雄异株制*Andro-Dioecious*＝【雄株+合性花株】

Male plants and hermaphrodite plants in the same species.

同种群中，有只雄株及合性花株，异交自交并存。雄株似乎浪费资源，但合性花株或许自交不亲和。

4. 三异株制*Tri-Dioecious*＝【雌株+雄株+合性花株】

Male plants，female plants and hermaphrodite plants in the same species.

同种群中，有只雌株、只雄株及合性花株，异交自交并存。合性花株似不必要，也可能是雌雄异株制、雌异株制、雄异株制的过渡类型。

【雌株+雌雄异花株】Female plants，monodioecious plants in the same species.

【雄株+雌雄异花株】Male plants，monodioecious plants in the same species.

理论上存在这两种类型的三异株制。

5. 只雌株制*MonoFemale*＝【只雌株】

Female plants only in the same species.

同种群中，只有雌株。

6. 同株雌雄同花制*Monoecious*＝【同株合性花】

同种群所有植株皆合性花，大多数禾草种开花授粉自交亲和，但有一定的天然异交率。

7. 同株雌雄异花序制＝【同株异花序】

Male and female inflorescences separate in one plant.

同种群中，所有植株上都有全雌花的雌花序和全雄花的雄花序。常见的排列：雄花序顶生+雌花序腋生，或雄花序腋生+雌花序顶生。

8. 雌雄同花序异段制＝【同花序异段】

同种群中，所有植株同一花序分为上下两段。或上雌下雄，或上雄下雌。

9. 雌雄同花序异花枝制＝【同花序异花枝】

有一类排列属于雌雄异花枝（或罕有三异花序种——同株有雌花序+雄花序+雌雄同花序等3种不同性别组合）。

10. 同花序中雌雄小穗伴生制＝【同花序异小穗】

Male and female spikelets mixed in same inflorescence.

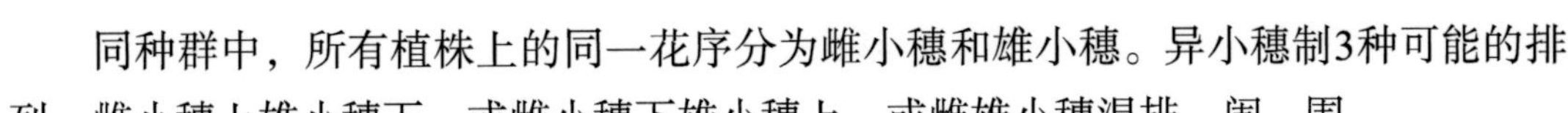

同种群中，所有植株上的同一花序分为雌小穗和雄小穗。异小穗制3种可能的排列：雌小穗上雄小穗下，或雌小穗下雄小穗上，或雌雄小穗混排、闹、围。

11. 同株同花序同小穗中雌雄异花制＝【同小穗异花】

Male and female florets in same spikelet.

同种群中，所有植株上的同花序同小穗中有雌花、雄花。小穗异花制3种可能排列：雌花上雄花下，雌花下雄花上，雌雄花混排。

12. 同株雌异花制*GynoMonoecy*＝【同株雌花+合性花】

With femal florets and hermaphrodite florets in same inflorescence or spikelet.

同种群中所有植株的同株同花序或同小穗中，有雌花+合性花。也可能有3种排列：雌下合上，雌上合下，雌合混排。

13. 同株雄异花制*AndroMonoecy*＝【同株雄花+合性花】

With male florets and hermaphrodite florets in same inflorescence or spikelet.

同种群中所有植株的同株同花序或同小穗中，有雄花+合性花。也可能有3种排列：雄下合上，雄上合下，雄合混排。

14. 同株三异花制*TriMonoecy*＝【同株雌花+雄花+合性花】

Both unisexual florets and hermaphrodite florets in same inflorescence or spikelet.

同种群中所有植株的同株同花序或同小穗中有雌花+雄花+合性花。也可能有多种排列。

15. 只雌制*Pistillate-only*

同种群中，只有雌花植株，完全孤雌生殖*parthenogenesis*。

16. 只雄制*Stamenate-only*

同种群中，只有雄花植株，完全孤雄生殖*male parthenogenesis*。

17. 合性花自交不亲和制SI

同种群中，全都是合性花株，但同株合性花自交异交都不产籽，只有不同异株间异交才产籽。约20多个属的禾草种自交不亲和，为百分之百异交。

18. 两栖花序制

同株既有地上花序又有地下花序。本书记述2属3种。

19. 闭花授粉制

近40个禾草种完全闭花授粉或地下闭花授粉，应属百分之百自交。

20. 胎生制

早熟禾亚科、黍亚科，以及虎尾草亚科计有21属有胎生种。

专栏

【说明1】本书特定义【合性花】取代【雌雄同花】一词。

英语中*Perfect Flower*，*complete flower*，*Monoclinous*，*Hermaphrodite*，*bisexual flower*等，都被用来表达“雌雄同花”，但似乎都有歧义。汉语中的“两性花”也可指“雌花和雄花两种性别的花”。而“雌雄同花”字面理解指同一花中有雌蕊和雄蕊，这并不排斥“雄蕊败育”或“雌蕊败育”的情形。为避免混淆且易于汉语望文生义，用“合性花”一词，专指“同小花中既有成熟雌蕊又有成熟雄蕊的花”——即使该小花是缺少稃片或浆片等花件的不完美、不完全小花。

【说明2】书中各种婚育制式并非完全离散，都有中间过渡类型存在，说明禾本科植物性别分化的进化过程中既有突变式，也有渐进式，且仍在进行之中。谷物育种家应“独上高楼，望断天涯路”，遍览禾本科各种婚育制的属种描述，从差异中受到启发，获得灵感，辨出机枢，从似同中攫取模式，提出公式，揭晓天机，进而多快好省地育成广适、优质、高产、高效、低成本、环境友好的作物新品种或新种。

【说明3】禾本科植物中，合性花属种居多，自不相容者较少，雌雄异株异花者很少，三异株、三异花者罕见，孤雄生殖者尚无报道。禾本科各种婚育制不同花穗式的属种，应是研究花的性别分离、单性花的发育、ABCDE花发育模型及花四体模型的遍在对比研究的天然试材库。

【说明4】本书力求综述禾本科各婚育制中的典型属种的花穗式，主要参考下列纸质或在线资料并给出字母简写，后不一一重复标注。《中国植物志》有记录者不予赘述，只做补遗。

[FOC]＝中国植物志. http://www.iplant.cn/frps

[FRPS]＝Flora Reipublicae Popularis Sinicae《中国植物志国际植物名录索引》

[IPNI]＝The International Plant Names Index《国际植物名录索引》

[D]＝多识植物百科. http://duocet.ibiodiversity.net/index.php?title＝禾本科

[Kew]＝Plants of the World Online，Kew*science*，Board of Trustees of the Royal Botanic Gardens. http://plantsoftheworldonline.org《丘园世界植物在线》

[GB]＝Grass Base—The Online World Grass Flora《在线世界禾草志禾本科植物资源》

[FTEA]＝Flora of Tropical East Africa

[FZ]＝Flora Zambesiaca

[DK]=Watson L，Macfarlane T D，Dallwitz M J，1992. The grass genera of the world：descriptions，illustrations，identification，and information retrieval；including synonyms，morphology，anatomy，physiology，phytochemistry，cytology，classification，pathogens，world and local distribution，and references. Version：15th November 2019. delta-intkey.com

[GW]=The grass genera of the world《世界禾草属》

[GS]=*Grass Species* Detail Page. https://cals.arizona.edu/yavapaiplants/Grasses/grasses.php. Version 8.0 http://cals.arizona.edu/yavapaiplants/index.php Last Updated：Feb 16，2020

[GI]=Published Grass Illustrations and Images《已发表的禾草图照集》

[HZ]=《禾本科植物资源》

【说明5】由于各种植物志多缺花结构、花器件及花性别之完整描述，新参考的相关论文、图照等则随种标注。引文或图照若有疏漏，期盼相关作者赐示，定当再版补正并深表愧疚。

To err is human/To forgive divine（凡人多舛误，唯神能见宥）。

第四节　禾本科植物的根茎叶穗花果

Diagnosing the morphology can provide better answers to questions such as how genes and the environment shape the rich diversity of plants' physical forms. If you're not really capable of Anatomy, you really don't know what molecular you're looking at.

禾本科植物形态结构与灯芯草科Juncaceae、莎草科Cyperaceae植物的多有相似，但其生殖器件的结构及排列、花粉的发育及结构、染色体及胚胎学等方面还是有很大差别的。

禾本科的种群由植株个体组成。植株由根⊕茎⊕叶⊕穗⊕花⊕果六大器官统合而成。

一、根（root）

禾本科植物的须根系为典型科特征之一。每条须根皆可划分为根冠区、分生区、伸长区、根毛区、侧生区、老根区等几个区段。须根系中有种子根=初生根，分蘖节根（地中节生根）=次生根，节生根（地上节生根）=气生根。有地下横走的可生须根且长出新茎的谓之根茎（rhizomes）。

二、茎（stem）

禾本科植物的茎是多节间多节接合茎。茎节多硬实或明显突凸；茎节间多圆而中空或有髓；茎表或光滑或有毛或粗糙或有棱纹或带肋。禾草空心茎俗称秸，如麦秸等；有髓实心茎俗称秆，如高粱秆、玉米秆、谷秆等；硬实心的俗称杆，如荻子杆等；竹类木质草本茎俗称竿。禾本科植物的茎最低的仅约2厘米高（如*Aciachne pulvinata*），而最高的可达40米，细者不足1毫米粗，粗者直径达30厘米。

禾本科植物有直立茎（stem）、挺立茎（culm）、爬地茎（stolons）、铺地茎（floor-stems）、地中茎（culm）、营养茎、藁茎（光秆开花茎）、丛生茎、簇生茎等多种名称，个别种有球茎、鳞茎。直立茎自地面至穗顶（不含芒）谓之茎高。挺立茎膝曲向上，基部节间有时呈扁圆或鳞球状，膝曲部分+挺立部分=茎长。爬地茎节腋既生挺立茎还生须根入土抓地。铺地茎节腋生芽不生根。地下横走根茎节间圆而充实，节亦可生须根长地上茎。地中茎多为胚芽鞘节间或为中胚轴之伸长而与根茎截然不同，地中茎一般很短且遗传定长，其有无往往取决于播种深度。近地叶鞘腋生茎或称分蘖，分蘖茎丛生而挺立；而横穿破鞘的分蘖多长成横走根茎或爬地茎或铺地茎。茎生叶腋茎有鞘包型、破鞘型，罕有腋下型。丛生茎指由主茎近地节多级分蘖而形成的茎丛。簇生茎则指除了主丛生茎，还有同株爬地茎各节生的丛生茎集群。藁茎多光秆无茎生叶只顶生花序。爬地茎和根茎是特化的营养繁殖茎，爬地茎生长在地表，而根茎则生长在地中。二者皆可提高物种的存活性及侵入力。而且二者皆保持母株的基因型，母株若具有杂种优势，则爬地茎和根茎繁殖对农业生产就具有非常期待的价值。

三、叶（leaf）

禾本科植物有先出叶（prophyll）、近地叶（rosset）、茎生叶（caulin）、苞叶等。先出叶即胚芽鞘或腋芽鞘；近地叶聚生于茎基部、叶腋分蘖；茎生叶出自茎节，多二列对称互生，也可腋生分支茎；有的种近地叶少而茎生叶多，有的种近地叶与茎生叶数近等，有的种近地叶多而茎生叶少或无。多年生种的近地叶或带绿越冬，茎生叶冬季多枯死。

茎生叶有叶枕或鞘枕（pulvinus）、叶鞘（sheath）、叶舌（ligule）、叶耳（auricle）、叶领（collar）、拟柄、叶片（blade）等几个区段。叶片多扁、窄、长，也有线形或卵圆形或椭圆形的，皆有平行叶脉或斜行叶脉，其中主脉多明显，脉间或有小横脉交联，叶顶尖、长尖或钝圆。叶鞘包卷所在节间，叶鞘两边缘交叠者谓之卷鞘，两边缘全融合成一体者谓之筒鞘，仅近下方融合上方交叠者谓之半筒鞘，叶鞘也有支撑茎秆直立的作用，C_4植物叶鞘维管束周围有特化的厚壁光合细胞。在叶片与叶鞘之间有叶领，叶领处朝向茎秆的一面有叶舌；叶领两侧常有叶耳。某些竹竺的叶片与叶鞘之间无叶领却有一短梗谓之拟柄（false petiole或petiole-like），拟柄占叶领位似可看作是变态叶领。

四、小穗（spikelet）

小穗是禾本科植物花序的基本单位。禾本科植物的完全小穗可分部为：小穗柄+护颖+小穗轴+1～60朵小花。许多竹种有假小穗。笔者建议禾本科小穗表达式为：

V Λ ※ ↑

其中：V＝下护颖，Λ＝上护颖，※＝小花，↑＝小穗轴顶刺出。符号右下角用数字表示其个数。右上角用*表示其仅具雏形。缺哪个符号即缺该器件，↑加*表示小穗轴顶小花雏形。有柄小穗加底画线，无底画线表示小穗无柄。

1. 护颖（glume）

护颖数量为0～4个。

（1）对生护颖称内颖、外颖，提示可能始自同一分生层，不等长者提示可能异速生长；有的外颖长而内颖短，有的内颖长而外颖短。

（2）互生护颖明显一上一下，叫做上护颖和下护颖，或提示2护颖可能始自上下不同分生层。也有2颖或3颖合1呈三角状或杯环状的单体护颖小穗。

护颖顶端有刺尖伸出叫做颖嘴（glume beak）。有的文献中把颖嘴也称作芒，把内外稃也称作护颖（glume），都是不合乎植物学称谓法的。个别属种如水稻及其一些近亲种的小穗无护颖或极小。有的种雌小穗有护颖而雄小穗无护颖（如黍亚科的小穗有一雌一雄2朵小花）。最多有4护颖的。

2. 小穗轴（rachis）

着生护颖及小花的支干谓之小穗轴，其上着生小花的部位叫做小穗轴节。有的小穗轴顶端有1小花封顶简称为“轴顶花”；有的小穗轴顶端仅为针刺或秃顶伸出简称为“轴顶刺出”。小穗轴上的小花排列多为双列覆瓦状或单列覆瓦状，也有圆柱状、球状或头状、伞状、环闱状等不拘一格者。小穗多为有限花序，也有无限花序的。每小穗小花数在1～60个。分别谓之单花小穗和多花小穗。有的多花小穗仅一轴节多花丛生。小穗上花的成熟顺序有自上而下、自下而上、先中部而后上下等几种情形。

全雌花的小穗谓之雌小穗；全雄花的小穗谓之雄小穗；既有雌花又有雄花的小穗

谓之异花小穗；既有雌花又有合性花的小穗谓之雌异花小穗；既有雄花又有合性花的小穗谓之雄异花小穗；雌花、雄花及合性花都有的小穗谓之三异花小穗。

小穗基部往往有小穗基盘；小穗基盘形状多样，边缘多有纤毛。

成熟小穗或及种子传播体等自然脱落——（一）颖果裸粒各自脱落；（二）小穗带护颖或不带护颖脱落；（三）颖果带稃逐个脱落——①连带下方节间一起脱落，或②连带所在节间一起脱落，或③不带任何节间脱落。

五、小花（floret）

在显花植物中，禾本科植物的花在许多方面都是优胜的，其无香艳不靠虫媒传粉而多靠风媒传粉的婚配特性尤为有利，因为空气流动无处无刻不在，而虫媒却很难保证实时传粉的。

禾本科植物的一朵花谓之小花（floret）。禾本科小花简约而不简单。

完全小花由内稃（palea）＋雄蕊（stamen）＋雌蕊（pistil）＋浆片（lodicule）＋外稃（lemma）等5种花器件组成。

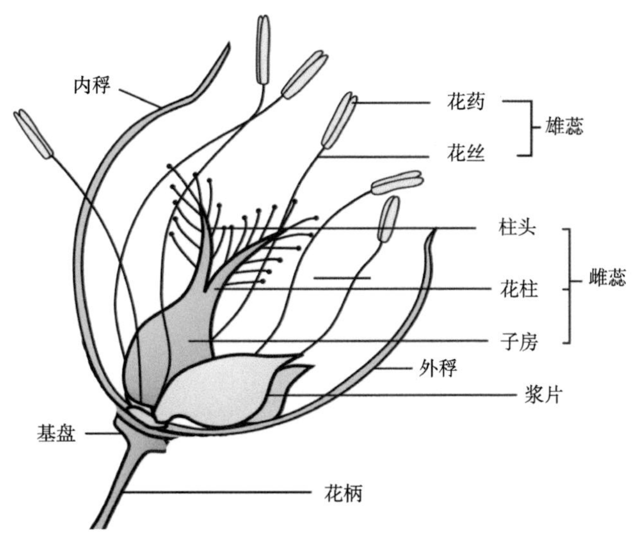

为表述简便，本文约定禾本科小花表达式为：

$$\sum ♂_n ♀_n L_n \rangle$$

其中：∑=内稃，♂=雄蕊，♀=雌蕊，L=浆片，〉=外稃，右下角n标注该花件的个数，内外稃符号变下标表示雏形，右上标n或＊表示该花件雏形个数，无数字标示该花件个数为1。缺哪个符号即缺该花件，统称不完全花或缺件花。

例如，由某种禾草的小花公式为$\sum ♂_3 ♀^* L_2 \rangle$，可知其小花有1内稃、3雄蕊、退化雌蕊雏形、2浆片、1外稃。

禾本科85%以上的种都是合性花种。凡雄蕊正常而缺雌蕊或雌蕊雏形的皆谓之雄小花；雌蕊正常而缺雄蕊或雄蕊雏形的皆谓之雌小花；雌雄蕊都缺或皆雏形的谓之空花；雌雄蕊仅具雏形的谓之雏形花；内外稃全无而雌蕊或雌雄蕊裸露于外的谓之裸花；雌蕊变雄蕊或雄蕊变雌蕊的谓之变性花。

1. 内稃（palea）、外稃（lemma）

内稃、外稃的数量为0、1、2个。

据说禾本科小花的内外稃相当于其花萼，多数种的小花都有1内稃、1外稃；极少有2外稃、2内稃的；个别种的小花无内稃，罕有无外稃或内外稃皆无的裸花。

内、外稃的形态质地多样。外稃多有中脊、多具数脉、各脉至顶端处汇合，多有绿色条纹而具有光合特性，外稃顶端可有1、2、3芒刺或多芒，或刚毛丛，外稃常有基盘或突或带毛。外稃的芒可黏贴到动物皮毛上被带走以传播种子；或随大气干湿变化而弯曲或伸展，干燥时芒自弯曲时把种子贴近并带入土壤中，湿润时上芒自伸展而基盘毛紧贴土壤保持种子与土壤黏着。

内稃一般位于颖果腹沟一侧，外稃多位于颖果的胚面一侧（舜麦T3的3个籽粒腹沟都朝外，判断外稃就只能看谁包谁了）。外稃多位于内稃下位，比内稃较大而质地较硬，外稃边缘常包裹内稃边缘，有的外稃甚至全包裹内稃及其余花器而呈管筒形。有的内外稃对应边缘基部融合或上下全融合成一体。有的内外稃分别有对应的勾、槽，或槽、勾而相互扣合。

2. 浆片（lodicule）

浆片数量有0、1、2、3、6个。

中国植物志将lodicule译为鳞被，易联想鱼鳞状而绝无吸水膨胀之意象。很多文献译作“浆片”，意为浆状囊片。根据lodicule的形态功能及开花期间迅即膨胀助推外稃张开，受精后又迅即萎缩以利外稃闭合，笔者拟采用“浆片”。

禾本科多数种的小花有2浆片，少数种的小花无浆片或仅有雏形浆片，个别属种的小花中浆片与内稃融合，也有1花3浆片的，有的雄花无浆片、有的雌花无浆片。宿枝牛草属*Opizia*、驴草属*Scleropogon*、黄花茅属*Anthoxanthum*的小花无浆片。蒺藜草属*Cenchrus*、狼尾草属*Pennisetum*的小花有的雌花无浆片而雄花有，有的雌花有浆片而雄花无。卷柱竺属*Maclurolyra*的小花有3个浆片，但却不能推开内外稃，而是由柱头和花药挤出内外稃的。显子草族Phaenospermateae的14个种以及针茅属*Stipeae*的种多有3个浆片的。竹亚科Bambusoideae的属种多3浆片。服叶竺属的*Pharus virescens*种只1浆片，也有3浆片的。臭草属的*Melica nutans*种的小花2浆片融合为1不分彼此。还有些草种的小花有6浆片。

Jirasek & Jozifovi（1968）报道了150个种的浆片形态学。1979—2019年Kosina报道了麦族多属的浆片，分部为三：即Cushion＝囊垫，Lobe＝侧领，Hair＝纤毛，此3术语可取。

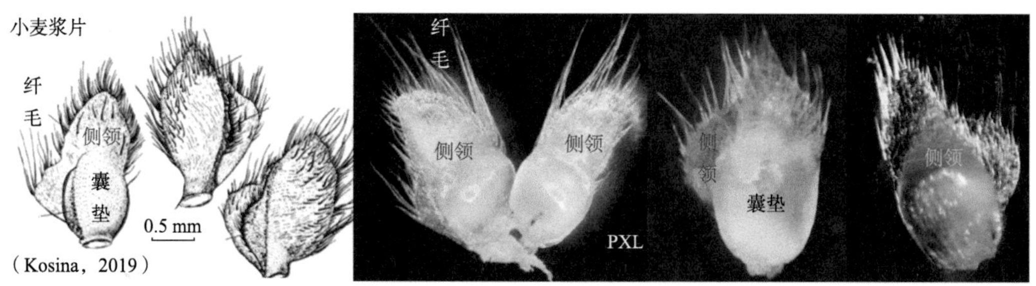

浆片在开花期迅速膨胀与花药柱头等合力而推开内外稃，使得雌雄蕊外露完成授粉受精后，膨胀的浆片迅即萎缩、内外稃随之闭合——这个过程谓之开稃授粉。笔者猜测，萎缩过程中的浆片内容物尤其是水分很可能迅速回馈给受精胚囊的。

3. 雌蕊（pistil）

雌蕊数量有0、1、3个。

雌蕊由子房⊕花柱⊕柱头三部分组成。子房有的有腹沟，有的无腹沟，子房顶端有的光滑、有的披毛；子房有1花柱或2花柱基部融合或分离；子房有1柱头或2柱头或3柱头，柱头多为羽毛状或帚刷状，也有丝状、分叉状等，柱头颜色多样，赤橙黄绿蓝靛紫及黑白色都有。

禾本科凡有雌蕊小花几乎全都1雌蕊，仅发现舜麦三胞胎＝ShunMai Triplet小麦品种的1小花有3雌蕊，其小花式＝∑♂$_3$♀$_3$$L_2$〉（表示内稃；3雄蕊；3雌蕊；2浆片；外稃）。

4. 雄蕊（stamen）

雄蕊个数有0、1、2、3、4、6、7、8、9、12～16、15～21、120个。

雄蕊分为花丝和花药两部分。花丝有丝基座、伸长丝、药基座等3个区段。

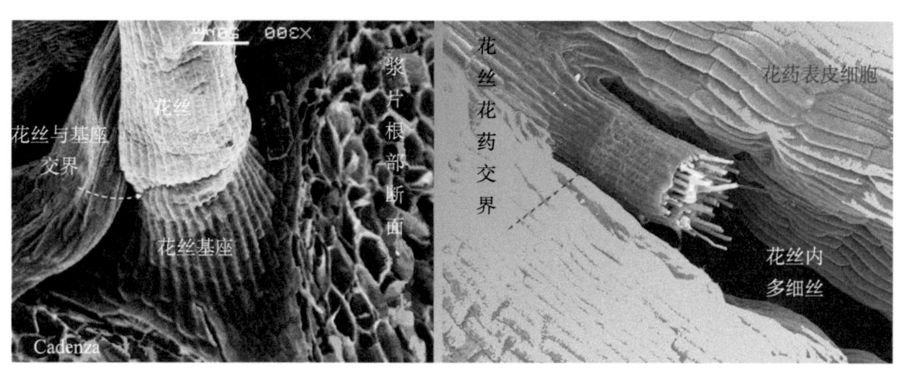

一般1花丝1花药，有些种的多花丝合于同一管内谓之单体雄蕊。花药与花丝连接方式有：全着药、基着药、中着药（丁字药）、顶着药（内向或外向）等（引自：http://www.iPlant.cn）。

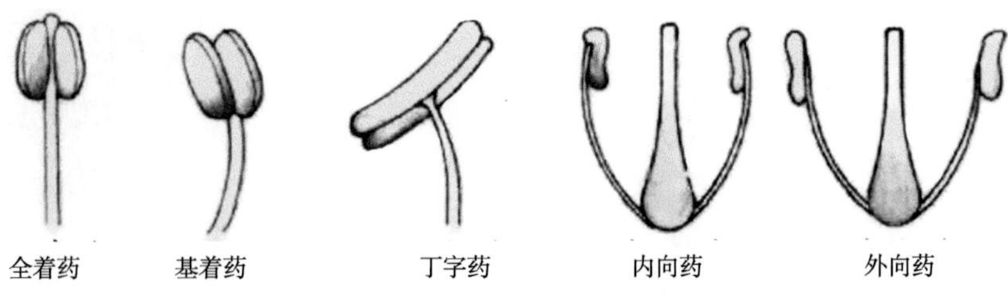

花药开裂方式有：瓣裂（上下孔同时裂）、孔裂（上或下）、横裂、纵裂、混裂等。

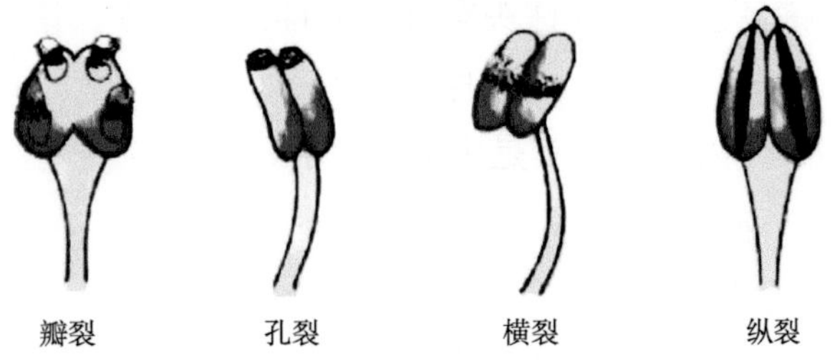

禾本科绝大多数属种的有雄蕊小花多为3雄蕊小花，如小麦、玉米等。

1雄蕊小花禾草属：乌尔波草属*Vulpia*、鼠尾粟属*Sporobolus*、雀麦属*Bromus*的一些种的小花1雄蕊，个别种小花2雄蕊。

2雄蕊小花禾草属：金毛钩褐草属*Diandrostachya*、褐草属*Loudetia*、毛褐草属*Trichopteryx*、筒穗草属（吉曼草属）*Germainia*、冠须茅属*Lophopogon*、短颖筒穗草属*Sclerandrium*、南星竺属*Diandrolyra*、黄花茅属*Anthoxanthum*的花有2雄蕊，个别种有3雄蕊。

4雄蕊小花禾草属：柊叶竺属*Anomochloa*。

6雄蕊小花禾草属：稻属*Oryza*。

6～16雄蕊小花禾草属：漂筏菰属 *Luziola*。

中美洲属*pariana*的一些种的小花有15～21个雄蕊。

群蕊竹属*Ochlandra travancorica*种的小花有120多个雄蕊。

六、花序即穗头

植株上由小花、小穗组排成的序列谓之花序，俗称穗头，是植株中开花结籽的部分。禾本科植物的花序/穗形多种多样。主穗轴上可生多级枝穗轴，约定分级次序代号分别为：主、枝、支、叉、丫……

主穗轴（中轴），基部或有苞片苞叶，可有1至多节；每节生1～*m*个小穗或1～*n*

个小花而不再分枝，或节生0～n个枝穗轴……

枝穗轴（一级）有柄或无柄，亦可有1至多节；每节生1～m个小穗或1～n个小花而不再分支，或节生1～n个支穗轴……

支穗轴（二级）有柄或无柄，亦可有1至多节；每节生1～m个小穗或1～n个小花而不再分叉，或节生1～n个叉穗轴……

叉穗轴（三级）有柄或无柄，亦可有1至多节；每节生1～m个小穗或1～n个小花而不再分丫，或节生1～n个丫穗轴……

丫穗轴（四级）有柄或无柄，亦可有1至多节；每节生1～m个小穗或1～n个小花而不再分丫，或节生1～n个五级吖穗轴……

主穗轴上的枝穗轴、小穗或小花可有侧生、对生、互生、轮生、列生、侧生、丛生、窝生等不同着位方式，可形成多种多样不胜枚举的花序，主花序必有或长或短的穗下节间。

1. 独小花花序（unifloret）

只有1小花的花序，叫做单花花序或独花花序。

2. 独小穗花序（unispikelet）

只有1小穗的花序，叫做独小穗花序。

3. 穗状花序（spike）

无柄小花贴生于主轴上的花序谓之简单穗状花序。无柄小穗互生或对生于主轴上的花序谓之复穗状花序，一般都叫穗状花序。穗状花序轴每节可有1至多个无柄小穗或无柄小花，沿主轴单侧单行或交互平行排列，或沿主轴两侧对称交互排列，或绕主轴螺旋式轮生排列则呈圆柱形穗状花序。穗状花序上的小花成熟顺序多自中部开始而后上下完成。

4. 总状花序（raceme）

主花序轴每节生有柄小穗或有柄小花的花序谓之总状花序。总状花序轴每节可生1至多个有柄小穗或有柄小花，沿主轴单侧单行或交互平行排列，或沿主轴两侧对称交互排列，或绕主轴螺旋式轮生排列。总状花序的小花成熟顺序多自上而下，也有自下而上的。

5. 穗总状花序（rames）

花序主轴每节既有有柄小穗或小花，又有无柄小穗或小花，既是总状花序又是穗状花序，可谓之总穗状花序或穗总状花序或拟穗状花序。

6. 圆锥花序（panicle）

花序主轴多节各侧生1至多枝花序（或更多级花序）的花序谓之圆锥花序。禾本科圆锥花序最多且收紧展开程度千差万别，主花序轴有小花或小穗封顶，或仅秃轴顶

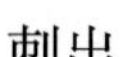

刺出。

枝花序轴与主花序轴夹角有平伸、展开、收紧、下垂等。主枝花序成型情况有：①封顶+枝穗各不同型；②封顶+有些枝穗同型；③封顶+所有枝穗同型；④秃顶+有些枝穗同型；⑤秃顶+所有枝穗同型。

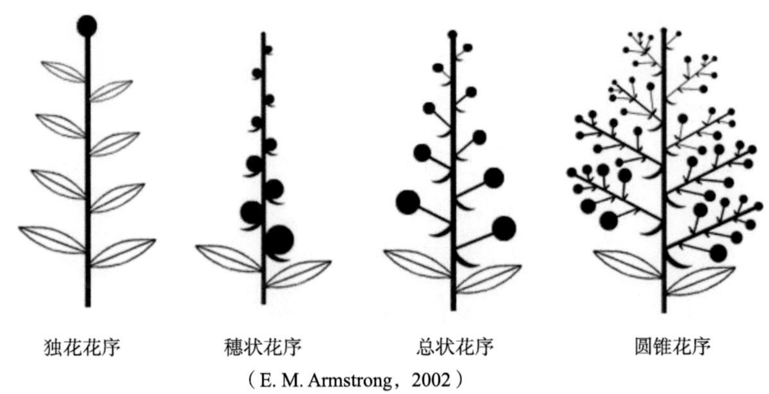

（E. M. Armstrong，2002）

7. 指状花序与指掌状花序（Digitate and Fingerlike）

花序基盘盘生2个以上的穗状或总穗状花序，形如手指直挺状的花序谓之指状花序；若指状花序下方还有1或2节各生1枝穗如鸡趾状的则谓之指掌状花序。

8. 梳形花序Comblike branches

花序轴单侧生小穗一边倒看似梳齿形的花序，谓之梳形花序。

9. 肉穗花序（Spadix）

主花序轴肉质肥厚，轴表为密集成列的穗状花序所覆盖，如玉米的雌花序即是肉穗花序。肉穗花序多为腋生无限花序。小花成熟顺序自下而上。

10. 头状花序（Capitulum）

主花序轴呈单个凸球状节盘，节盘周表着生许多无柄小穗或小花，形成如头状或球状的花簇，故谓之头状花序或球状花序，多为顶生无限花序。小穗或小花螺列数多遵从斐波那契数列，小花成熟多依螺旋顺序。

11. 复式花序（Synflorescence）

主花序轴基部节上又生次级主花序轴的花序，谓之复式花序。

12. 丛生花序（Partial-inflorescence）

同茎顶或同腋丛生数个同型花序的花序，谓之丛生花序。

13. 花序着生部位

着生于茎顶的花序谓之顶生花序，出自叶腋的谓之腋生花序，同茎可有顶生腋生的可称之为顶腋生花序。直接连着花序主轴的节间谓之穗下节间（peduncle）。

14. 花序的限性

只要条件适宜，穗轴顶端不断分生小花或小穗的花序谓之无限花序。穗轴顶端终止分化小花或小穗的花序谓之有限花序。有的花序主轴顶端分化有限而枝轴或小穗轴顶端分化无限可称之为有限无限花序。凡穗轴顶光秃刺出者，皆多是无限花序（鬣刺属的雌小穗轴刺出长达10多厘米，仍是有限花序），有小穗或小花封顶者必是有限花序。同花序中既有穗轴刺出的又有穗轴封顶的，多可能是有限无限花序。

七、果实（fruit）

禾本科植物的果实多为颖果（caryopsis）——成熟种子的果皮与种皮粘连不分离，粘合成皮袋子包裹着胚和胚乳。不与内外稃粘连的谓之裸粒。与内外稃粘连不分的谓之带壳稃果，有的仅与内稃粘连不分。个别呈胞果，极少数竹种的果壁多汁类似浆果。罕有囊果或坚果状的。

八、禾本科植物的特殊开花习性

有些竹种30多年或60多年甚至120年才开花，结籽后即死亡。如亚洲*phyllostachuys bambusoides*——这种群集型开花特性，可能通过饱和供给食果动物而保证有足够的种子不被啃食而有机会再生繁殖。孟加拉湾的muli或terai竹（*Melocanna bambusoides*）30～35年才开花结果，常导致灾难性结果：竹子死亡，建材损失，鳄梨大小的竹果大量积累导致啮齿动物种群迅速扩大，后又危及人类粮食导致短缺，以及啮齿动物传播人类病害的可能性增加等，故俗语有“竹子开花，赶快搬家”的说法。

第五节　探花大事记

种子是自然界的完美礼物，物种赖它得以延续。
花是植物进化的精彩华章，种子赖它得以产生。
一粒种子藏世界，两性花中有乾坤。

花是如何进化的呢？（How did flowers evolve?）这是2017年《SCIENCE》在庆祝创刊125周年活动中，从全球征集筛选并公诸于世的、最具挑战性且在未来几十年内都可能有所答案的125个科学问题之第102问。

实践出真知，科学究真理。人类对花的形态结构及发生和功用的认知，生产实践远早于科学发现。实践触发探索灵感，科学一旦有所发现，实践就会跨越式发展。概

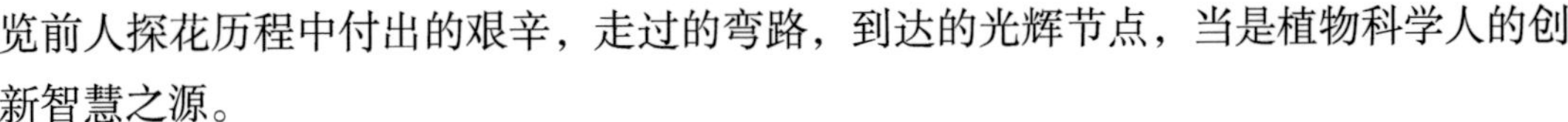

览前人探花历程中付出的艰辛，走过的弯路，到达的光辉节点，当是植物科学人的创新智慧之源。

一、被子植物显花至少在1.4亿年前

孙革教授团队发现并报道的距今1.45亿年前侏罗纪的辽宁古果、中华古果化石（Sun et al.，1998、2002），为目前公认的世知被子植物第一花。

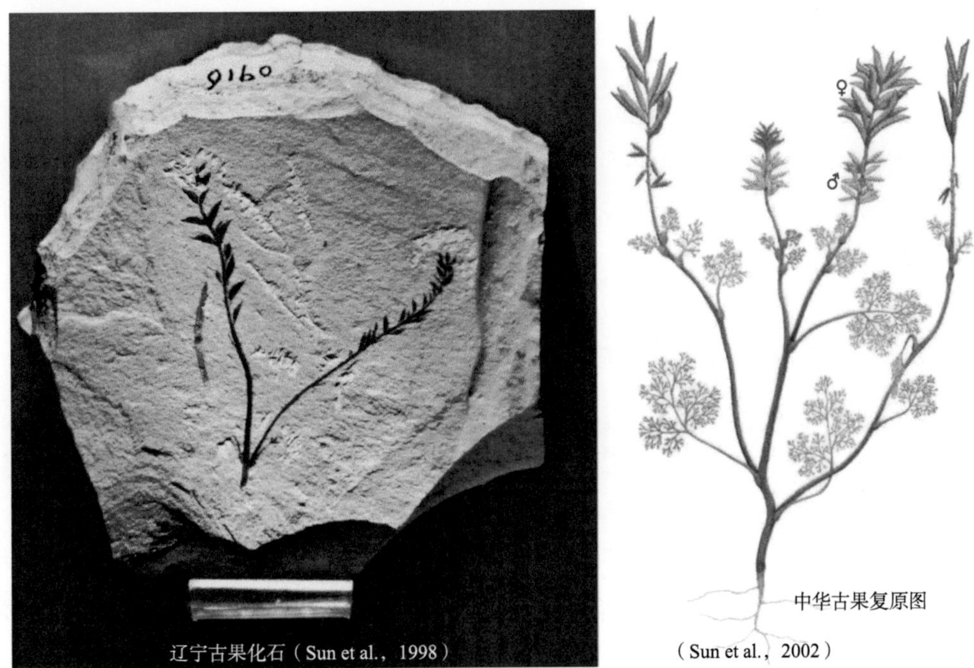

辽宁古果化石（Sun et al.，1998）

中华古果复原图（Sun et al.，2002）

注：①左照，侏罗纪（距今1.99亿～1.45亿年）辽宁古果化石（*Archaefructus liaoningensis* Sun，Dilcher，Zheng et Zhou gen. et sp. nov.）正模式标本（Sun et al.，1998）；

②右图，K. Simons和D. Dilcher绘制的中华古果［*Archaefructus sinensis* Sun，Dilcher，Ji et Nixon（距今至少1.246亿年）］复原图（Sun et al.，2002）。

二、华夏大麻雌苴雄枲数千年

中国仰韶遗址出土有距今5 000～6 000多年的大麻（*Cannabis sativa* L.）织品遗存。约3 000年前的《尚书》记有大麻雄株。2 000多年前的《氾胜之书》记有雄麻栽培法。1 400多年前的《齐民要术·种麻》载：“既放勃，拔出雄，若未放勃去雄者，则不成子实”。但皆缺花结构记述，且“放脖”终不为植物学界所流传。又民间早就有“壳花”“胎花”之说，分别指不结瓜果的雄花和能结瓜果的雌花。现世俗多知，种子植物有公母，花是植物的生殖器。

三、汉语花字出现3 000年

今解“花”字为形声兼会意字——“艹”头为形旁，“化”底为声旁，且会意“花”是草木生化出的精彩华章。

顾炎武《唐韵正》：“考花字自南北朝以上（约1 600年以前），不见于書……”。

2 600多年前的《诗经》中有“桃之夭夭，灼灼其華”“苕之華，其叶青青”，其中“華”皆似指“花”。

“华”字最早见于西周（距今2 700～3 000年）金文（下图中的1、2）的“雩”——有拆字解：上象花、中象秆、旁象枝叶、下象根。战国后期“雩”上加“艸”头而演变成“華”（下图中的5、6）——“艹”头为形符，“雩”底为声符，合兼会意一树花。小篆沿袭“華”字（下图中7～9）。楷书承袭汉隶（下图中10～12）。今简化楷书为“华”。

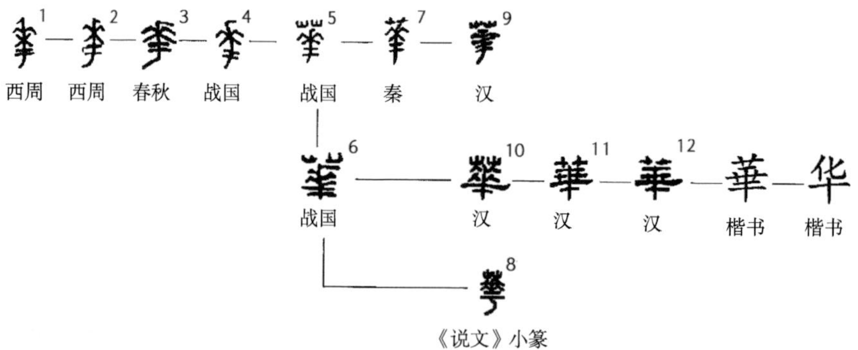

已发现的5 000多个甲骨文符号中，似乎尚无“華”或“花”字。可猜测商代先民似乎尚未形成花的概念。

四、亚述枣椰天使授粉在2 800年前

公元前8世纪的亚述人已经知道，只有将雌雄两种枣椰树（*Phoenix dactylifera* L.）种在一起，才能够收获果实。之后他们在每年特定时期举

亚述浮雕——天使辅助枣椰树传粉（引自《植物的秘密生活》）

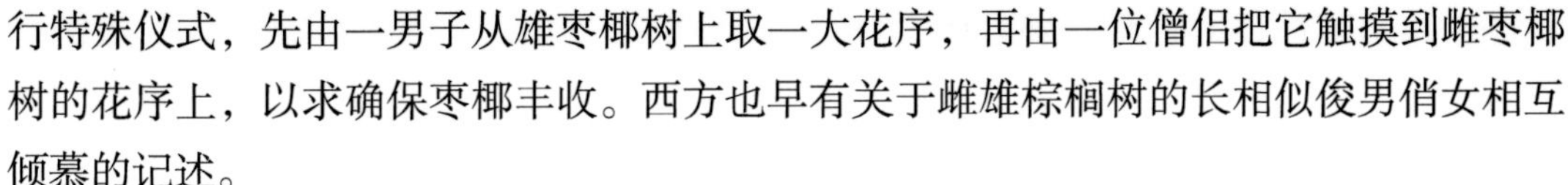

行特殊仪式，先由一男子从雄枣椰树上取一大花序，再由一位僧侣把它触摸到雌枣椰树的花序上，以求确保枣椰丰收。西方也早有关于雌雄棕榈树的长相似俊男俏女相互倾慕的记述。

五、2 500年前西哲只认花瓣才是花

苏格拉底（Socrates，公元前470—前399年）、亚里士多德（Aristotle，公元前384—前322年）等西方传统哲学权威甚至否认植物有性别。西奥弗拉斯塔（Theophrastus，公元前370—前285年）的《植物史》记述了枣椰的人工授粉过程，但却认为，花只是从发育着的果实掉落的花瓣而已。直至15、16世纪的大多数学者都还认为说植物有性别是一种亵渎。《红楼梦》林黛玉葬花也只是葬花瓣而已。

六、古籍记载草药多

此后1 800年间，对植物的研究兴趣大多局限于其药用功能。东方古籍对药用植物的描述多很详细，其中也有牡丹、百合、菊花等，但极少有花结构的记述。遍查各国植物志，禾本科记录种多缺/无花结构之完整记述。

七、16—19世纪大进展

（一）正名定制传千秋

（1）德国君昂（Joachim Jung，1587—1657年）澄清了petals＝花瓣与perianthium＝花闱（苞片+花托）的区别，并注明雄蕊常可分为pediculus＝filament＝花丝和capitulus＝head or anther＝花药两部分。

（2）英国雷（John Ray，1623—1705年）命名了pollen＝花粉，并定名一朵花的所有萼片合称“calyx＝sepals＝花萼”，所有花瓣合称“corolla＝petals＝花冠”。至此，唯子房还未正名。

（3）1735年瑞典林奈（Carl von Linné，1707—1778年）采用6个术语：calyx＝花萼，corolla＝花冠，stamens＝雄蕊，pistil＝雌蕊，pericarp＝果皮，seeds＝种子，并根据花内雄蕊的个数及排列把显花植物分为24“class＝纲”：前10纲植物每朵花有1、2以至10个自由等长雄蕊，接下来的10纲植物的雄蕊长度、互融合或与其余花器的融合程度不同，最后4纲分别为同株雌雄异花、雌雄异株、雌雄异株+合性花混生，以及直观无花植物。在前13纲中，林奈又根据花柱个数分“目”，其余纲则据果实特征分“目”。此即林奈分类显花植物的“有性体系”。

（4）现常见双子叶植物花器件术语。

一花一个样，大样都一样。现基本统一的双子叶植物花器件术语英汉对照如下图示。

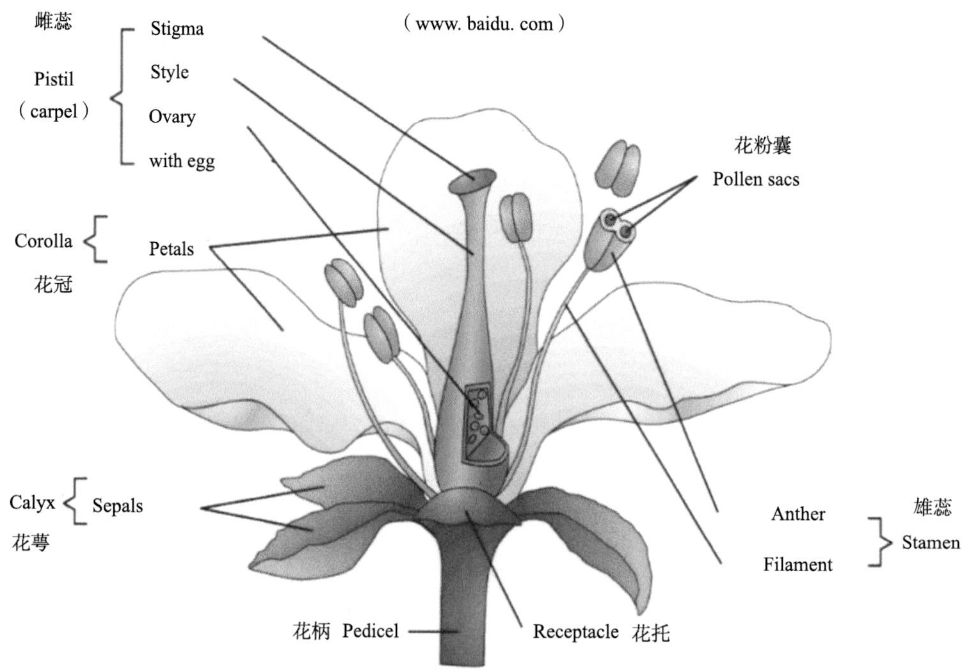

注：Pedicel＝花梗；Receptacle＝花托；Sepal＝萼片；Calyx＝sepals＝花萼；Petal＝花瓣；Corolla＝petals＝花冠；Stamen＝（anther⊕filament）＝雄蕊；Anther＝花药；Filament＝花丝；Pollen＝花粉；Androecium＝雄蕊群；Pistil（carpel）＝（ovary⊕style⊕stigma）＝雌蕊；Ovary＝子房；Style＝花柱；Stigma＝柱头；Gynoecium＝雌蕊群。另有花器术语：Bract＝苞片；Nectar＝蜜腺；Perianth＝（calyx⊕corolla）＝花闱。

（二）揭晓花的秘密为后世研究打下基础（揭晓天机祚万世）

1. 1682年明确雄蕊是雄性生殖器

英国格留（Nehemiah Grew，1641—1712年）在其《植物解剖学》一书中首次明确指出：雄蕊是花的雄性生殖器，只要花粉粒落在柱头上，就把一种“活液”传给子房从而使之产生种籽。

2. 1694年揭晓花粉之功用

德国图比根植物园长卡美拉留斯（Rudolph Jacob Camerarius，1665～1721年）观察到大多数花都有雄蕊位于靠近柱头的位置，而柱头就在未来种子的顶端，他把这类花叫做雌雄同体花（hermaphrodite）——笔者定义为“合性花”，自花药释放出的花粉落在柱头上，才保证了随后种子的生成。他认为种子的产生与花瓣无关，因为像谷

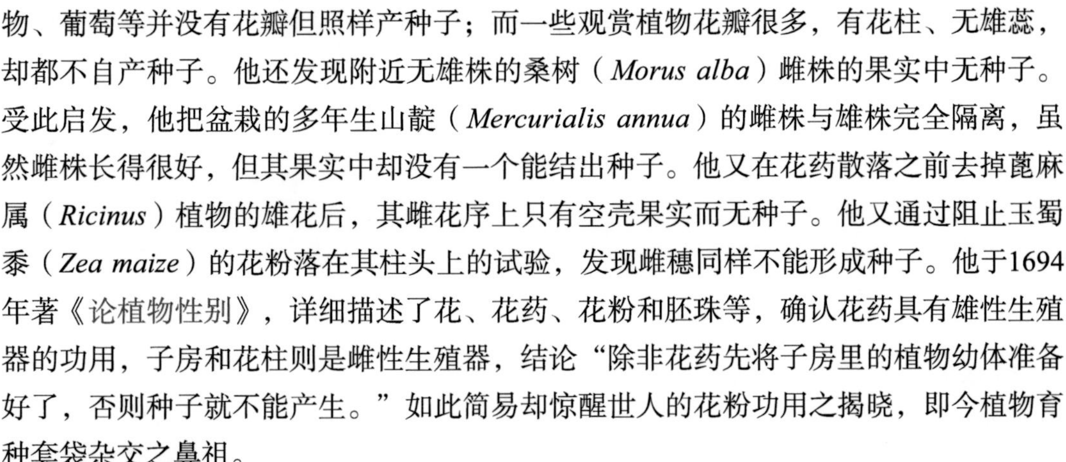

物、葡萄等并没有花瓣但照样产种子；而一些观赏植物花瓣很多，有花柱、无雄蕊，却都不自产种子。他还发现附近无雄株的桑树（*Morus alba*）雌株的果实中无种子。受此启发，他把盆栽的多年生山靛（*Mercurialis annua*）的雌株与雄株完全隔离，虽然雌株长得很好，但其果实中却没有一个能结出种子。他又在花药散落之前去掉蓖麻属（*Ricinus*）植物的雄花后，其雌花序上只有空壳果实而无种子。他又通过阻止玉蜀黍（*Zea maize*）的花粉落在其柱头上的试验，发现雌穗同样不能形成种子。他于1694年著《论植物性别》，详细描述了花、花药、花粉和胚珠等，确认花药具有雄性生殖器的功用，子房和花柱则是雌性生殖器，结论“除非花药先将子房里的植物幼体准备好了，否则种子就不能产生。”如此简易却惊醒世人的花粉功用之揭晓，即今植物育种套袋杂交之鼻祖。

3. 1761年报告虫媒传粉之重要

德国卡尔斯鲁厄的自然历史教授克洛伊脱尔（J. G. Koelreuter，1733—1806年）1761年著文，叙述了他关于植物的性研究所做的试验结果，充分证实了卡美拉留斯发现的花粉的功用，并确认了昆虫传粉的重要性，还指出一种植物的柱头如果同时得到本种植物的花粉和另一种植物的花粉，一般情况下，只有前者能发生作用，他认为这就是为什么自然界杂种稀少的原因之一。

4. 1824年发现花粉管

意大利数学家天文学家亚米企（Giovanni Battista Amici，1786—1863年）在显微镜下发现马齿苋（*Portulaca oleracea*）柱头毛上的一个花粉粒突然伸出一个管子渐次伸展而进入柱头内，管内有细胞质微粒循环流动而后就不见了。

5. 1833年确认花粉管是从柱头经珠孔而进入胚珠

英国植物学家布朗（Robert Brown，1773—1858年），通过对兰科以及萝藦科马利筋属植物的观察，首次表明在胚开始发育之前，花粉管即沿花柱经珠孔而进入胚珠。

6. 1848年小孢子母细胞分裂四分体亮相

1848年德国霍夫迈斯特（Wilhelm Friedrich Hofmeister，1824—1877年）发表紫露草属（*Tradescantia*）小孢子母细胞分裂中的四分体形成图解。迄今已知小孢子母细胞的质分裂有“陆续型”和“同步型”，而有如下几种四分体形成模式：

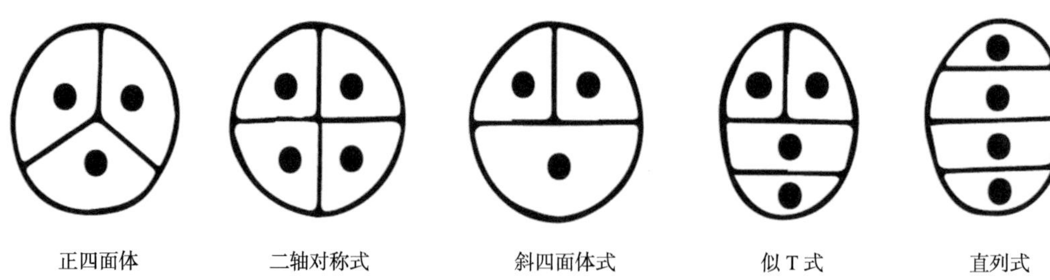

1849年霍夫迈斯特出版《显花植物的胚起源》一书，其中429个图示表明他观察过的19个属35种植物的胚，都是从胚囊内的卵细胞产生的，确证胚不是从花粉管产生的。

1851年确立了植物有性生殖的世代交替（现谓之孢子体—配子体循环），是苔藓类、蕨类、石松类、裸子类以及被子植物的共同特质。这种所有陆生植物的有性生殖统一论的建立，主要取决于植物也有类似动物的自动精子和座位卵子这一关键证据。而植物中的“孢子体配子体”世代交替的染色体证据，直到19世纪末才显露于世。

7. 1879年蓼型单孢子8核胚囊发育过程揭晓

德国斯脱拉斯布格尔（E. Strasburger）图解分叉蓼（*Polygonum divaricatum*）大孢子母细胞分裂2次产生竖列4个细胞，不久上方3个退化，下方1个增大并再有丝分裂3次成8核，其中4核逐渐靠近珠孔形成2个助细胞及游向中部的1个卵细胞和1个极核，另4个则逐渐靠近合点端并分别形成下方3个反足细胞及1个极核游向中部。此即常见的“蓼型”胚囊。之后才陆续发现如下几种胚囊发育模式：

①蓼型单孢子8核。②待宵草型单孢子4核。③葱型双孢子8核。④椒草型4孢子16核。⑤皮耐亚型4孢子16核。⑥德鲁撒型4孢子16核。⑦贝母型4孢子8核。⑧小矶松型4孢子4核。⑨矶松型4孢子8核。⑩五福花型4孢子8核。

8. 1884年确证花粉管中3个核

1879年德国斯脱拉斯布格尔（E. Strasburger）的学生F. Elfving在溶液中萌发花粉粒，发现花粉管内有3个核。1884年Strasburger改用醋酸洋红染色并超薄切片花粉粒，发现小孢子母细胞第一次分裂成一大一小2个细胞，随后较小的生殖细胞脱离花粉粒壁再分裂为二，较大的营养细胞并不分裂，因此花粉管里终于显出3个核来，他定名为1个营养核和2个生殖核，即现在确认的1个管核和2个雄核。Arasu（1968）综述被子植物47科产3核花粉粒，130科产2核花粉粒，22科既有2核也有3核花粉粒（Brewbaker，1959）。

9. 1898年发现被子植物双受精

俄国纳瓦申（S. G. Nawaschin）在野百合（*Lilium martagon*）和贝母（*Fritillaria tenella*）的受精过程中，观察到1个雄核与卵核融合，另1个雄核与2个极核融合。之后数年更多证据表明，双受精过程在被子植物中普遍存在，现已确知：1雄核与1卵核融

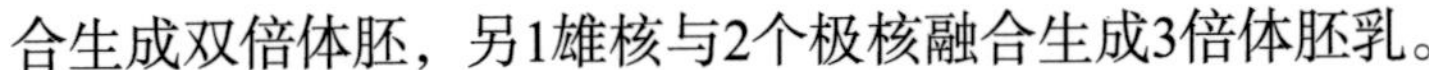

合生成双倍体胚，另1雄核与2个极核融合生成3倍体胚乳。

10. 1898—1901年发现单性生殖

瑞典尤埃尔（H. O. Juel）发现，蝶须草（*Antennaria alpina*）偶尔有雄蕊但无花粉或很少花粉，胚珠内的大孢子母细胞不经减数分裂，双倍体卵细胞不经受精直接生成胚。摩尔佩克（S. Murbeck）发现，羽衣草属（*Alchemilla*）在生命周期内无染色体数目变化，也行单性生殖。学界之后渐次报道了多胚、无胚乳、无融合生殖、胎生等现象。

（三）花ABCDE模型及花四聚体模型

动植物为什么要进化出艰难困苦耗费巨大的两性生殖方式呢？

植物为什么要进化出如此精妙复杂的花及花序结构呢？

精妙复杂的花及花序结构又是如何生发而成的呢？

1790年德国诗人歌德（Johann Wolfgang von Goethe，1749—1832年）发表《试解释植物的形态变化》，提出：植物体的不同器官均源自同一“基态Blatt”——英译作“ideal leaf”理想叶，而花的产生是理想叶被“metamorphosis”（转型修饰）的结果（Dormelas et al.，2005）。直观可见，花萼和花瓣显然与叶相似，但雄蕊和雌蕊却极不似叶。如果花只是基态理想叶被修饰变形的结果，那么真正的转型因子又是些什么呢？

近30多年来，通过对拟南芥、金鱼草、矮牵牛、水稻、大麦、玉米等的花突变型的研究，基因组学提出了花发育的ABC模型（Coen et al.，1991），之后又扩展为ABCDE模型，蛋白组学提出了花发育的四聚体模型（Theißen et al.，2001）。

1. 双子叶植物花发育的ABCDE模型及四聚体功能蛋白模型

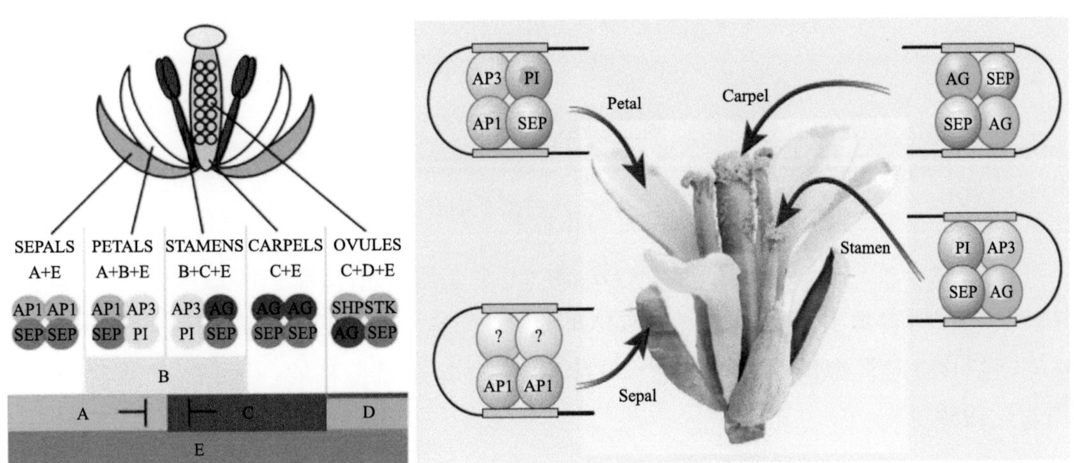

ABCDE等五类调控基因的不同组合决定不同花器件的发生与发育：A+E拟定花萼基原（上图）；A+B+E拟定花瓣基原；B+C+E拟定雄蕊基原；C+E拟定雌蕊基原；

C+D+E拟定胚珠基原。【注：胚珠发育必须D类基因；A、C类基因互相抑制；每个花器件的发生都必须至少一个E基因参与】。

ABCDE五类基因各自编码的蛋白需要组合成一个四聚体功能蛋白（如上图的4色圆及U框中的4色圆所示）后，才实际操作相应花器的生发。四种不同的MADS-box蛋白四聚体，分别确定拟南芥花的花萼、花瓣、雄蕊和雌蕊的发育（Theißen et al., 2001）。

2. 单子叶植物花发育的ABCDE模型

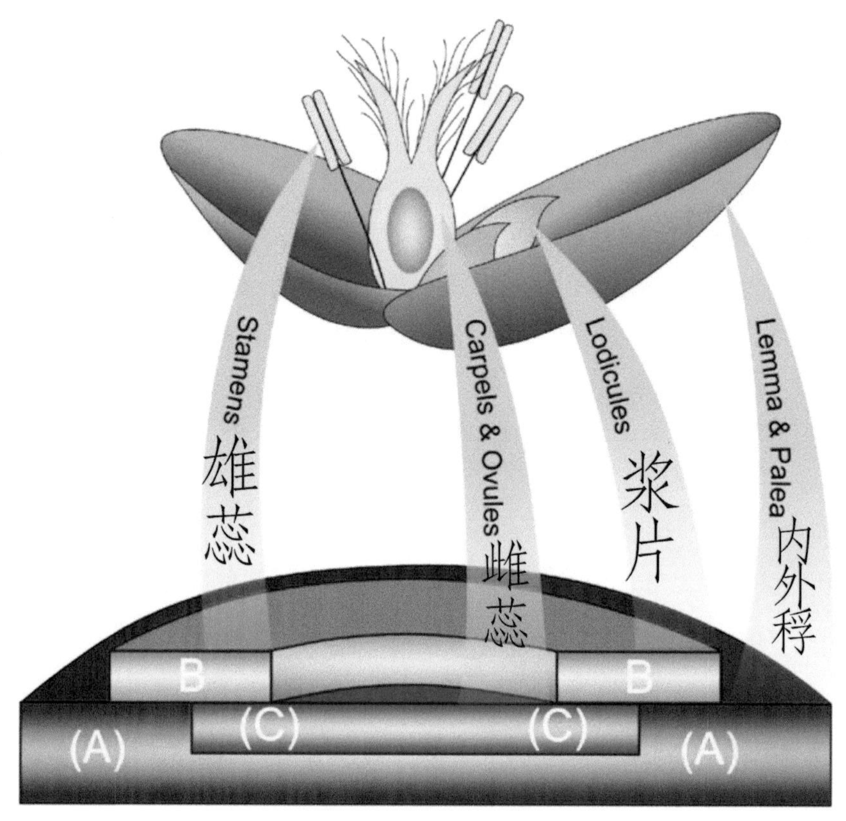

单子叶植物花发育的ABCDE模型（Schilling et al.，2017）

上图中（A）=A+E,（C）=C+D，A、C类基因互相抑制，所以模型中（A）与（C）重叠时各取其一。灰色尖带对应所指即：（A）=A+E拟定内外稃基原；（A）+B=A+E+B拟定浆片基原；（A）+（C）+B=B+C+E拟定雄蕊基原；（A）+（C）=C+E+D拟定胚珠基原。

3. 拟南芥、金鱼草、矮牵牛中已知的一些ABCDE基因

基因型	拟南芥	金鱼草	矮牵牛
A	*AP1*，*CAL*，*AP2**		*FB26*，*PFG*，*PhFL*

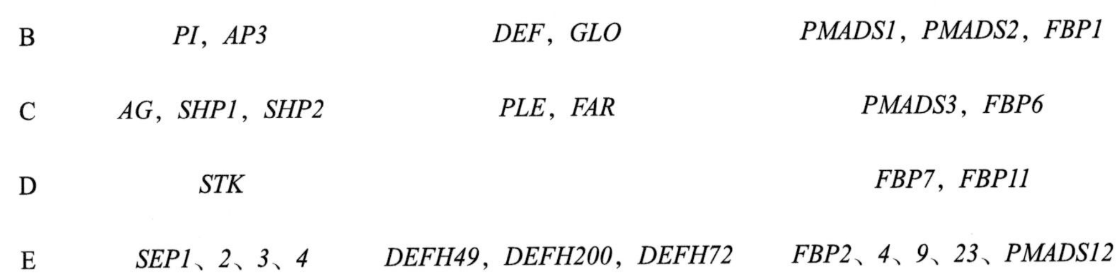

B	*PI*，*AP3*	*DEF*，*GLO*	*PMADS1*，*PMADS2*，*FBP1*
C	*AG*，*SHP1*，*SHP2*	*PLE*，*FAR*	*PMADS3*，*FBP6*
D	*STK*		*FBP7*，*FBP11*
E	*SEP1*、*2*、*3*、*4*	*DEFH49*，*DEFH200*，*DEFH72*	*FBP2*、*4*、*9*、*23*、*PMADS12*

已知ABCDE基因大多都属于MADS-box基因家族的MIKC亚组，当这些花发育关键基因不工作时，即返回到似叶结构，而其时空量的差异表达或/及重复表达，都是花形态变异的分子基础。有研究实证：这些花发育基因的修饰表达可改变花或/及花件的位置、个数及形态或产生新功能而促进新种的形成。也有研究指出：大多数植物的雌雄花的发育，还受到ABCDE基因之外的一些未知基因的支配。聚焦禾本科植物花穗式多样性的全域比较研究，发现并澄清禾本科植物中决定花穗式发育的分子进化途径——即花序、小穗、小花是如何在基因型和生境的互作下被定时、定位、定数、定型的，以及如何把握禾本科属种间花穗基因交流模式等，对确切花发育模型应具有非常意义。

（四）科学无尽前沿，求索或有新知

禾草花是尚未打开的花进化发育之源泉（Grass flowers：An untapped resource for floral evo-devo）。一花一个样，大样都一样。从差异中找机枢，从似同中求模式，从比较中显天机。植物花的如下问题仍亟待澄清。

（1）植株是如何从营养生长转入生殖生长的？越年生谷物如小麦进入穗分化花发育的关键与春化基因相关。一年生禾草由营养生长转入生殖生长的分子机制何在？禾本科还有些竹种如*phyllostachuys bambusoides*数十年才开花，其营养生长转入生殖生长的分子机制亦待解。营养生长到生殖生长的转换有统一模型吗？

（2）减数分裂的分子进化机制是如何出现的？植物进化出有性生殖方式，从生态经济学角度如何理解？

（3）单性花也可回归进化成合性花的遗传试验结果发人深省：究竟是先有合性花呢，还是先有单性花呢？动植物性别分化有统一模式，从生态经济学角度如何理解？

（4）何时何地何种选择压促成了禾本科属种性别多样化的进程呢？是否可以有如下结论：遗传定模式，环境促多样？

（5）花本底基态的时间空间信息是如何生成、如何设定、如何确立的？花原基内部生长的促进与抑制之间复杂的解剖学互作是如何设定和维持的？既然细胞一分为

二，形成单数花件的细胞学主控机制又是什么呢?

（6）迄今已知的大多数花发育基因都是转录因子。被转录因子所调节的主版基因又是什么呢?怎样才能精确知道转录因子是如何调节形态发生的呢?

（7）花及花件的形态信号是如何生成、如何传递、如何被感知的?如何在发育着的花中操作的?如何与相邻组织和器官分界并通信的?空间及维度信息是如何传导的?

（8）花是如何进化的?进化即选择压力下的遗传变异。探知花发育基因及其功能网络的全域信息，把分散的观察研究结果归一化，揭秘花发育之天机，以造福于人类。

八、西方神话中的花神

参考文献

Coen E S，Meyerowitz E M，1991. The war of the whorls：genetic interactions controlling flower development[J]. Nature，353：31-37.

Dormelas M C，Dormelas O，2005. From leaf to flower：revising Goethe's concepts on the

"metamorphosis" of plants[J]. Braz. J. Plant Physiol，17：335-344.

Guedes M，Dupuy P，1976. Comparative morphology of lodicules in grasses[J]. Botanical Journal of the Linnean Society，73：317-331.

Maheshwari P，1966. 被子植物胚胎学引论[M]. 陈机译，北京：科学出版社.

Pan S R，Pan X L，Shi Y H，et al.，2018. Registration of 'ShunMai Triplet' wheat for flower development studies and embryogenesis research[J/OL]. Journal of Plant Registrations，doi：10. 3198/jpr2017. 09. 0055crg.

Saunders E R，1922. The Leaf-skin Theory of the Stem[J]. Ann. Bot.，36：135-165.

Schilling S，Pan S R，Kennedy A， et al.，2017. MADS-box genes and crop domestication：the jack of all traits[J/OL]. Journal of Experimental Botany. doi：10. 1093/jxb/erx479.

Smyth D R，2005. Morphogenesis of Flowers-Our Evolving View[J]. The Plant Cell，17：330-341.

Sun G，Dilcher D L，Zheng S，et al.，1998. In search of the first flower：a Jurassic angiosperm，Archaefructus，from Northeast China[J]. Science，282：1692-1695.

Sun G，Ji Q，Dilcher D L，et al.，2002. Archaefructaceae，a New Basal Angiosperm Family[J]. Science，296（5569）：899-904.

Theißen G，Saedler H，2001. Floral quartets[J]. Nature，409：469-471.

（潘幸来 审校）

第二章

雄雌异株15属37种

雌雄异株Dioecious＝【雌株+雄株】

Male plants and female plants in the same species.

同种群中，有只雌株和只雄株，必然异交。【雄株似乎浪费资源，好在多有爬地茎或及根茎，即使雌雄隔离亦自可无性繁殖后代。】

第一节　*Soderstromia* 单性枪草属雌雄异株1种

【虎尾草亚科>>狗牙根族>垂穗草亚族→单性枪草属

Soderstromia C. V. Morton（1966）】

*Soderstromia*取自美国农学家及竹类专家T. R. Soderstrom的姓以纪念之。汉译“单性枪草属”，仅1种，光合C_4，XyMS+。

一、*Soderstromia mexicana*（Scribn.）C. V. Morton（1966）

*Soderstromia mexicana*订正记录于1966年。原生墨西哥开阔矮草地。2个异名：①*Bouteloua mexicana*（Scribn.）Columbus（1999）；②*Fourniera mexicana* Scribn.（1897）。

*Fourniera mexicana*记录于1897年。原生墨西哥。植株苗条，茎秆细瘦硬，有爬地茎，簇生，茎长10～20（～30）厘米，茎节光。近地叶少。叶片1～2毫米宽，2～6毫米长。无叶耳。叶舌膜有短密毛。雌雄异株。雌雄花序相似。雌雄小穗异形。雌株雌小穗4～5毫米长，腹背平，3护颖或融合成总苞，2花，第1雌小花可育，第2空小花变态成3刺芒，轴顶刺出，无毛。雌小穗熟自断落。雌小花式$\sum♂^3♀L_2\rangle$：内稃相对长

些，膜质，无芒，顶平；或有3退化雄蕊；子房光，2花柱各1柱头；2浆片，膜质，平光，或极少维管束化；外稃顶端2刻3齿（中齿较长、边齿短而钝尖）无芒。雄小穗3护颖一大二小，2雄小花异形。雄小花式∑♂$_{3}$L$_{?}$〉：内外稃；3雄蕊。浆片未述。

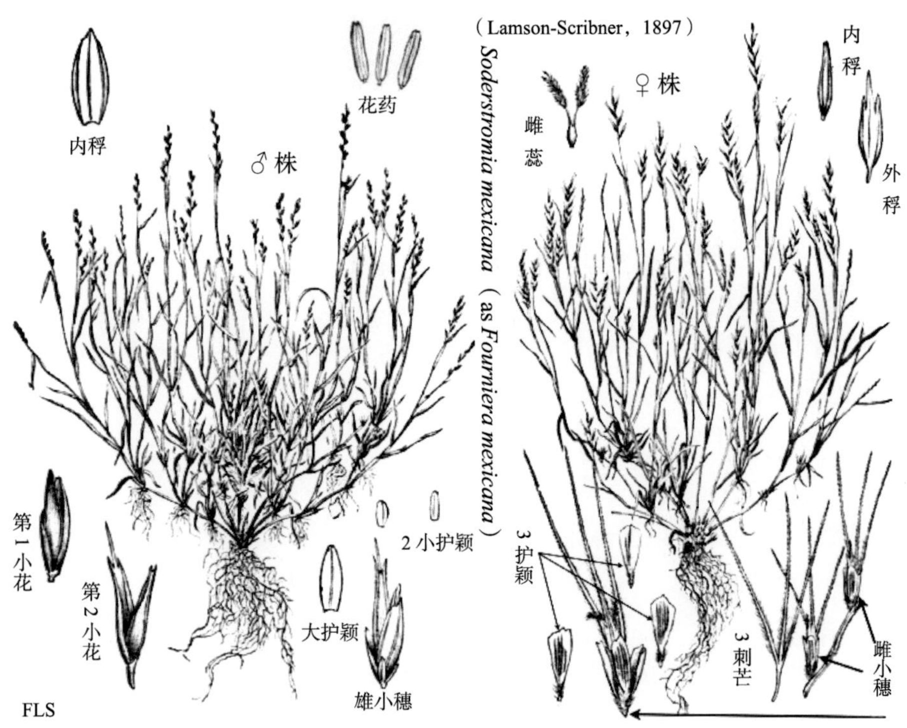

第二节　*Allolepis* 柔碱草属雌雄异株1种

【虎尾草亚科>>狗牙根族>柔碱草亚族→柔碱草属
Allolepis Soderstr. & H. F. Decker（1965）】

*Allolepis*由希腊词根*allo*（不同的）和*lepis*（鳞片）组成，指其雌雄外稃差别大。汉译“柔碱草属”，仅1种，光合C_4，XyMS+。染色体基数$x=10$，四倍体$2n=40$。与蔓碱草属近似。

一、*Allolepis texana*（Vasey）Soderstr. & H. F. Decker（1965）

*Allolepis texana*订正记录于1965年。原生美国得克萨斯到墨西哥东北部。3个异名：①*Distichlis texana*（Vasey）Scribn.（1899）；②*Sieglingia wrightii* Vasey（1893）；③*Poa texana* Vasey（1890）。

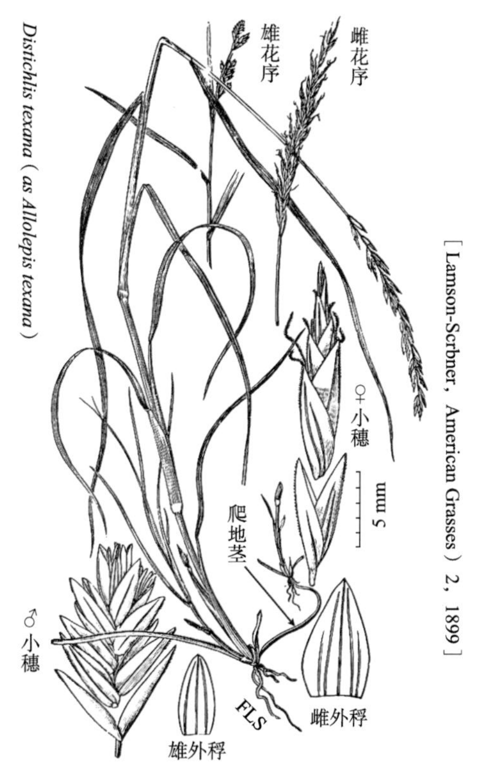

*Allolepis texana*多年生。簇生。二年爬地茎长30～60厘米。茎长25～65厘米，光硬。叶片平展或内卷，15～30厘米长，2.5～6毫米宽，边缘粗糙。叶舌纤毛膜，0.5～1.4毫米长。雌雄异株。雌雄圆锥花序收紧异形，主穗轴5～20厘米长，着生5～9枝总状花序，每枝数个单生有柄小穗。雌株雌小穗圆矛尖形，10～25毫米长，2.5～3.5毫米阔，含8～9雌小花，码密，轴顶花雏形，2护颖，雌小穗熟掉落。雌小花式$\sum ♂^{3}♀L_{?}\rangle$：内稃比外稃稍短，皮质，2脉，脊有窄翅，具纤毛；3退化雄蕊；子房顶端渐尖成1花柱，2柱头吐露；浆片未述；外稃卵圆形，7.5～10毫米长，皮质，边缘更薄，无脊，3脉，中脉粗糙，顶尖。颖果椭球形。雄小穗扁矛尖形，9～23毫米长，含4～14雄小花，下护颖7～9毫米长，皮质，边缘更薄，无脊，5～7脉，主脉粗糙，顶尖，上护颖7.5～10毫米长，皮质，无脊，3（～7）脉，主脉粗糙，顶尖。雄小花式$\sum ♂_{3}L_{?}\rangle$：内稃；3雄蕊，花药长3～3.5毫米；浆片未述；外稃无芒。

第三节　*Sohnsia* 短芒驴草属雌雄异株1种

【虎尾草亚科>>狗牙根族>短芒驴草亚族→短芒驴草属*Sohnsia* Airy Shaw（1965）】

一、*Sohnsia filifolia*（E. Fourn.）Airy Shaw（1965）

*Sohnsia filifolia*订正记录于1965年。原生墨西哥东北部。旱垣丘陵开阔地草种。光合C$_4$，XyMS+。雌雄株染色体皆$2n=20$，雄株长染色体类似果蝇的性染色体Y（Singh，2011）。2个异名：①*Eufournia filifolia*（E. Fourn.）Reeder（1967）；②*Calamochloa filifolia* E. Fourn.（1877）。

*Sohnsia filifolia*多年生，丛生束韧。茎长30～100厘米，上方不分枝。茎节有毛或

下部有毛。叶片10～40厘米长，2毫米宽，弯曲内卷，叶表粗糙、披粉，无交叉脉。或无叶耳。叶舌膜纤毛镶边，0.8～1毫米长。叶鞘脱落（下部鞘韧）。雌雄花序相似，拟圆锥花序收紧或开展，8～21厘米长，着生6～12枝总状花序，枝轴韧。雌株雌小穗长椭圆形，10～12毫米长，码密，轴节间0.5毫米长，含2～3雌小花，轴顶花微，护颖韧，比雌外稃薄，下护颖矛尖形，3.5～6.5毫米长，膜质，1脊，1脉，表微糙，顶尖，上护颖4.7～7毫米长，余同下护颖。雌小穗熟自护颖上方断落，花间不断开。雌小花式$\sum♂^{3}♀L_{2}$〉：内稃近等长外稃，顶端有模糊刻痕无刚毛，无芒，2脉，2脊，脊有窄翅；3退化雄蕊；子房顶端光，花柱分开，2柱头；2浆片，楔形，肉质，光；外稃椭圆形，6～7毫米长，皮质，不变硬，无脊，3脉，中脉两侧及边缘有睫毛，顶3芒，主芒自窦道出，下平，3～4毫米长，侧芒发自背面，3～4毫米长。颖果裸粒。雄小穗卵圆形，5～9毫米长，光，有柄，2护颖等长，含3～5雄小花，小穗轴顶刺出，小穗轴不掉落。雄小花式$\sum♂_{3}♀^{0}L_{?}$〉：内稃；3雄蕊；有退化雌蕊；浆片未述；外稃3脉、3芒，芒长0.5毫米。

第四节 *Zygochloa* 沙芜草属雌雄异株1种

【黍亚科>>黍族>蒺藜草亚族→沙芜草属*Zygochloa* **S. T. Blake（1941）**】

*Zygochloa*由希腊词根*zygon*（共轭、派对）与*chloa*（禾草）合成，指其小穗共轭。汉译“沙芜草属”，仅1种。光合C_4，XyMS−。

一、*Zygochloa paradoxa*（R. Br.）S. T. Blake（1941）

*Zygochloa paradoxa*订正记录于1941年。仅见于澳洲中部及中东部的沙漠地带。3个异名：①*Spinifex paradoxus*（R. Br.）Benth.（1877）；②*Panicum pseudoneurachne* F. Muell.（1874）；③*Neurachne paradoxa* R. Br.（1849）。

*Zygochloa paradoxa*多年生，沙丘密丛蔗秆型禾草。根茎长。茎膝屈韧，高80～200厘米，直径0.4～0.8厘米，基径0.6～0.9厘米，茎上方分枝灌丛状。茎节硬实，光。叶不基部聚生。叶片3～30厘米长，4～11毫米宽，平展，僵硬，自鞘部脱落。无叶耳。叶舌一缕毛，0.5～1毫米长。雌雄异株，顶/腋生花序轴2.5～3.5厘米长，每年连带穗下节间一起掉落，枝花序轴极短，总苞数个小穗呈头状、球形。雌小穗近无柄，单生，6～10毫米长，含基部1空花，1雌小花，轴顶1空花，下护颖卵圆顶尖，等长小穗，坚纸质，无脊，7～9脉，上护颖似同下护颖。雌小花式$\sum♂^{3}♀L_{2}$〉：

内外稃；3退化雄蕊；子房顶端光，花柱基部融合，2柱头长，白色；2浆片，肉质。颖果卵圆形，3毫米长，脐短。雄小穗7～8毫米长，基部1雄花，轴顶1雄花，2护颖相似。雄小花式∑$♂_3L_2$〉：内外稃；3雄蕊，花药4毫米长；2浆片，肉质。

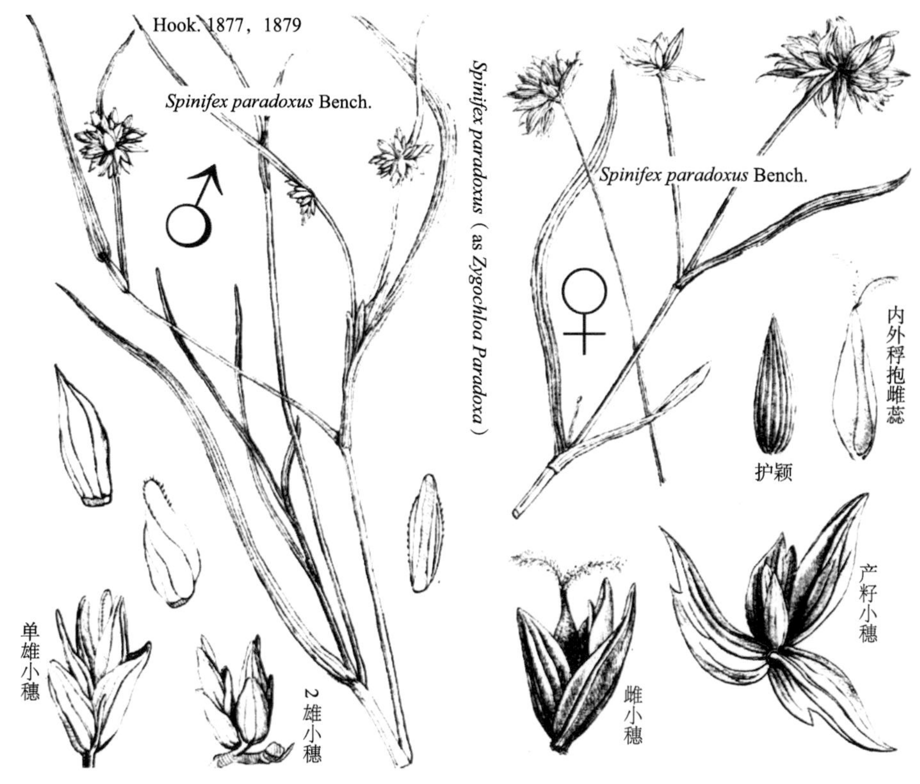

第五节　*Cortaderia* 蒲苇属雌雄异株4种

【扁芒草亚科>>扁芒草族→蒲苇属***Cortaderia*** **Stapf（1897）**
山苇属***Lamprothyrsus*** **Pilg.（1906）**】

*Cortaderia*源自阿根廷名词*cortadera*（剪、割），指其叶片边缘锋利割人。原生南美安第斯山中/高海拔的灌丛林地。中生到旱生。光合C_3，XyMS+。染色体基数x=9；四、八、十、十二倍体2n=36，72，90，108。属内20种（或有无融合生殖），其中16个种为雌异株种gynodioecious，下述的4个为雌雄异株种，都是由于种群中的两性株雌性失能而形成的单雄株，即成雌雄异株dioecious。同种群中若既有雌株、雄株，还有两性株，那就是三异株种或雄异株种androdioecious。中国引进1种*Cortaderia selloana*（Schult. & Schult. f.）Asch. & Graebn.（1900），记录为雌雄异株种。

一、*Cortaderia araucana* Stapf（1897）

*Cortaderia araucana*记录于1897年。原产智利中、南部到阿根廷南部。5个异名：①*Cortaderia araucana* var. *fuenzalidae* Acev.-Rodr.（1959）；②*Cortaderia araucana* var. *skottsbergii* Acev.-Rodr.（1959）；③*Cortaderia longicauda* Hack.（1911）；④*Cortaderia quila* var. *patagonica* Speg.（1902）；⑤*Moorea araucana*（Stapf）Stapf（1897）。

*Cortaderia araucana*多年生，丛生。茎高100～150厘米。叶片30～80厘米长，3～10毫米宽，僵硬，边缘粗糙，顶尖刺。叶鞘长于节间，鞘表光或有细毛，外缘有毛。叶舌一缕毛，毛长2～3毫米。雌雄异株或雌异株。花序相似，紧密型圆锥花序，20～25厘米长，枝花序轴有毛。雌小穗有柄，单生，矛尖形毛少，码密，20～30毫米长，含4～6雌小花，轴顶花雏形，下护颖条形，12.5～17毫米长，透亮，无脊，1脉，顶或有2齿，渐尖至锐尖，上护颖13～20毫米长，余同下护颖。雌小穗熟自花间断开。雌小花式∑♂^{3}♀L_2〉：内稃5～8毫米长，透亮，脊有纤毛，2脉，表面及侧翼有软毛；3退化雄蕊，1～3毫米长；雌蕊；2浆片，楔形，0.5毫米长，肉质，有睫毛；外稃矛尖形，16～25毫米长，透亮，无脊，3脉，表披6～8毫米长的绒毛，顶芒3～10毫米长。小花基盘0.5毫米长，有毛。颖果2～2.5毫米长。雄小穗有柄，单生，毛绒绒（绒长3～4毫米）。雄小花式∑♂$_3$$L_2$〉：内外稃；3雄蕊，花药1～3毫米长；2浆片，楔形，0.5毫米长，肉质，有睫毛。

二、*Cortaderia rudiuscula* Stapf（1897）

*Cortaderia rudiuscula*记录于1897年。原产阿根廷东北、西北及南部，玻利维亚，智利中、北、南部，秘鲁等地。3个异名：①*Gynerium rudiusculum*（Stapf）Kuntze ex Stuck.（1904）；②*Moorea rudiuscula*（Stapf）Stapf（1897）；③*Gynerium argenteum* var. *parviflorum* É. Desv.（1854）。

*Cortaderia rudiuscula*多年生，丛生。茎高50～250厘米。叶片100～185厘米长，5～10毫米宽，叶表及两边缘粗糙。叶鞘外缘有毛。叶舌一缕毛，毛长0.5～2毫米。雌雄异株或雌异株。花序相似，长椭圆锥花序，15～70厘米长，枝圆锥花序20～35厘米长。雌小穗有柄，单生，矛尖形，10～16毫米长，码密，含2～5（～8）雌小花，轴顶花雏形，护颖质地与可育外稃相似，下护颖矛尖形，7～12毫米长，透亮，无脊，1脉，顶端完整或有2齿尖，上护颖矛尖形9～13毫米长，余同下护颖。雌小穗熟自花间断开。雌小花式∑♂^{3}♀L_2〉：内稃3.5～4.5毫米长，透亮，2脉，脊粗糙；3退化雄蕊，1～1.2毫米长；2浆片，楔形，0.5毫米长，肉质，有睫毛；外稃矛尖形，9～12毫米长，透亮，闪亮，无脊，3脉，表多绒毛（毛长5～8毫米），顶端2齿渐尖，1芒或无芒；小花基盘0.5毫米长，有软毛。颖果2.5毫米长。雄小穗有柄，单生，披绒毛（毛

长2～3毫米长）。雄小花式$\sum♂_3L_2$〉：内外稃；3雄蕊，花药3毫米长；2浆片，楔形，0.5毫米长，肉质，有睫毛。

三、*Cortaderia selloana*（Schult. & Schult. f.）Asch. & Graebn.（1900）

*Cortaderia selloana*订正记录于1900年。原产玻利维亚到巴西南部及南美南部。有药用价值。栽培于安第斯山海拔1 000～3 000米地带。7个异名：①*Cortaderia argentea*（Nees）Stapf（1897）；②*Gynerium dioicum* Dallière（1873）；③*Gynerium purpureum* Carrière（1866）；④*Moorea argentea*（Nees）Lem.（1855）；⑤*Arundo kila* Spreng. ex Steud.（1840）；⑥*Gynerium argenteum* Nees（1829）；⑦*Arundo selloana* Schult. & Schult. f.（1827）。

*Cortaderia selloana*多年生，密丛生。茎高100～300厘米。叶片60～200厘米长，3～12毫米宽，皮质，僵硬，边缘粗糙。叶舌一缕毛，毛长3～5毫米。雌雄异株或雌异株。花序相似，为卵圆形紧密圆锥花序，25～100厘米长。雌小穗有柄，单生，矛尖形，12～18毫米长，码密，含3～7雌小花，轴顶花雏形，护颖质地与可育外稃相似，下护颖矛尖形，8～14毫米长，透亮，无脊，1脉，顶尖，上护颖似同下护颖。雌小穗熟自花间断开。雌小花式$\sum♂^3♀L_2$〉：内稃3～6毫米长，透亮，2脉，脊粗糙；3退化雄蕊，0.1～0.3毫米长；雌蕊；2浆片，楔形，肉质，0.5毫米长，有疏长毛；外稃矛尖形，9～18毫米长，透亮，苍白或紫色，闪亮，无脊，3脉，表面绒毛4～8毫米长，顶渐尖有刚毛。小花基盘0.5毫米长，有稀疏长毛。雄小穗有柄，单生，披绒毛。雄小花式$\sum♂_3L_2$〉：内外稃；3雄蕊，花药3毫米长；2浆片，楔形，0.5毫米长，肉质，有睫毛。

（H. M. Longhi-Wagner，巴西）

四、*Cortaderia egmontiana*（Roem. & Schult.）M. Lyle ex Giussani, Soreng & Anton（2011）

*Cortaderia egmontiana*订正记录于2011年。原产智利中部和南部到阿根廷南部，福克兰群岛。14个异名：①*Cortaderia pilosa* var. *minima*（Conert）Nicora（1973）；②*Cortaderia minima* Conert（1961）；③*Phragmites pilosus*（d'Urv.）Dusén（1915）；④*Cortaderia pilosa*（d'Urv.）Hack.（1900）；⑤*Gynerium pilosum*（d'Urv.）Maklo-skie（1899）；⑥*Calamagrostis scirpiformis* Phil.（1897）；⑦*Gynerium nanum* Phil.（1896）；⑧*Poa phragmites* Phil.（1873）；⑨*Calamagrostis patula* Steud.（1854）；⑩*Phragmites egmontianus*（Roem. & Schult.）Steud.（1840）；⑪*Cynodon pilosissimus* Raspail（1830）；⑫*Ampelodesmos australis* Brongn.（1829）；⑬*Arundo pilosa* d'Urv.（1826）；⑭*Arundo egmontiana* Roem. & Schult.（1817）。

*Cortaderia egmontiana*多年生，丛生。茎高20～90厘米。茎节光。叶片对折或内卷，10～50厘米长，3～5毫米宽，僵硬，背面及边缘粗糙。鞘口有纤睫毛。叶舌一缕毛，毛长0.5～2毫米。雌雄异株。花序相似，椭形密集圆锥花序，3～10厘米长（雌花序比雄花序长些），枝花序1.5～6厘米长。穗下节间7～28厘米长。雌小穗有柄，单生，粗糙，12～15毫米长，码密，含4～6雌小花，轴顶花雏形，护颖质地同相邻外稃，下护颖11～14毫米长，透亮，紫色，无脊，1脉，顶渐尖。上护颖2脉，余同下护颖。雌小穗熟自花间断开。雌小花式∑$♂^3$♀L_2〉：内稃矛尖形，4～6毫米长，透亮，2脉，脊有纤毛，基部疏长毛；3退化雄蕊花丝；雌蕊花柱基部分离，2柱头；2浆片，楔形，0.5毫米长，肉质；外稃矛尖形，4～5毫米长，透明闪亮，无脊，3脉，表粗糙，披绒毛（毛长4毫米）顶1芒长5～8毫米打纽。小花基盘0.5毫米长，有软毛长0.5～2毫米。颖果

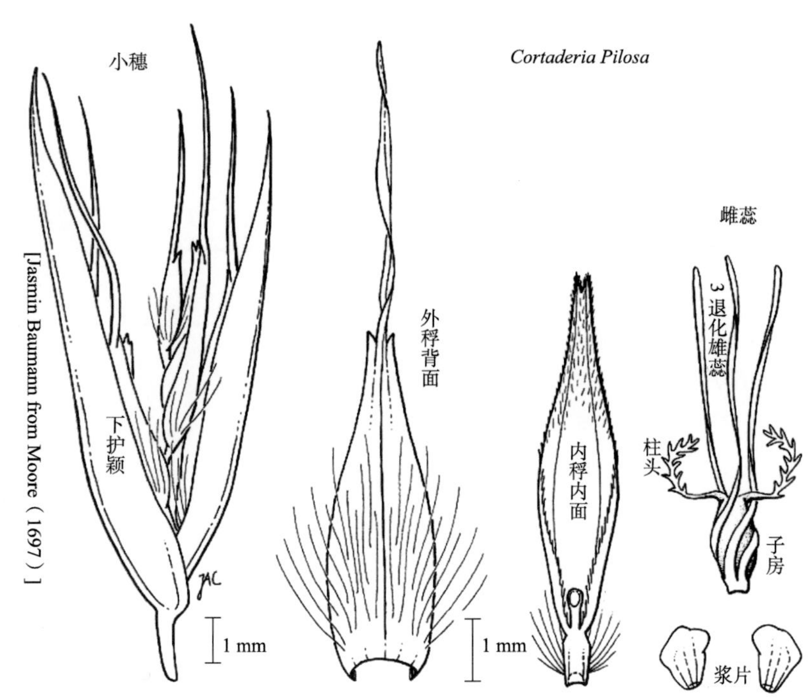

2～2.5毫米长，脐椭圆形。雄小穗有柄，单生，粗糙，多绒毛。雄小花式∑♂$_3$L$_2$〉：内外稃；3雄蕊，花药2.5～3毫米长；2浆片，楔形，0.5毫米长，肉质。

【注】上述蒲苇属4个种，株高穗大，雌小花中都有退化雄蕊，若有些雌小花中雄蕊发育正常，即成合性花，这也可能是种描述中都有雌异株的文字。如果确属雌株+雄株+合性株群体，则属于三异株种群，若雄株+两性株群体则为雄异株。仍尚未知种群中的性别分布比例。

第六节 *Jouvea* 番鬣刺属雌雄异株2种

【虎尾草亚科>>狗牙根族>番鬣刺亚族→番鬣刺属***Jouvea*** **E. Fourn.**（**1876**）】
宿叶番鬣刺属***Rhachidospermum*** **Vasey**（**1890**）

*Jouvea*番鬣刺属2种，旱生、盐生或低盐生、沙地、沿海沙丘地、泥沼地、开阔地禾草。光合C_4，XyMS+。雌雄花序异株异形。颖果线形，有外胚叶。

一、*Jouvea straminea* E. Fourn.（1876）

*Jouvea straminea*记录于1876年。原生哥伦比亚，哥斯达黎加，厄瓜多尔，艾尔萨尔瓦多，瓜地马拉，洪都拉斯，墨西哥西北、西南地区，尼加拉瓜，巴拿马。多年生。爬地茎柔韧匍匐地表，挺立茎20～40厘米长，节间6～10厘米。叶鞘比所在节间短。叶舌膜纤毛或一缕毛。叶片1.5～5厘米长，2～3毫米宽，僵硬，表有棱纹，每年自叶舌处脱落。雌株雌花序顶/腋生，仅1～3个爪状雌小穗。雌小穗1.5～3厘米长，轴节间圆筒形柔软无毛，轴顶棘刺状伸出弓弯，含2～3雌小花。雌小花式∑♀〉：内稃透亮极小；1花柱，2柱头，红棕色吐露；无浆片；外稃管筒形，6～10毫米长，皮质，无脊无芒顶端2齿，边缘融合呈管筒包小穗轴及内稃和雌蕊，管顶小孔供柱头吐露。雄株雄花序为复出拟总状花序，

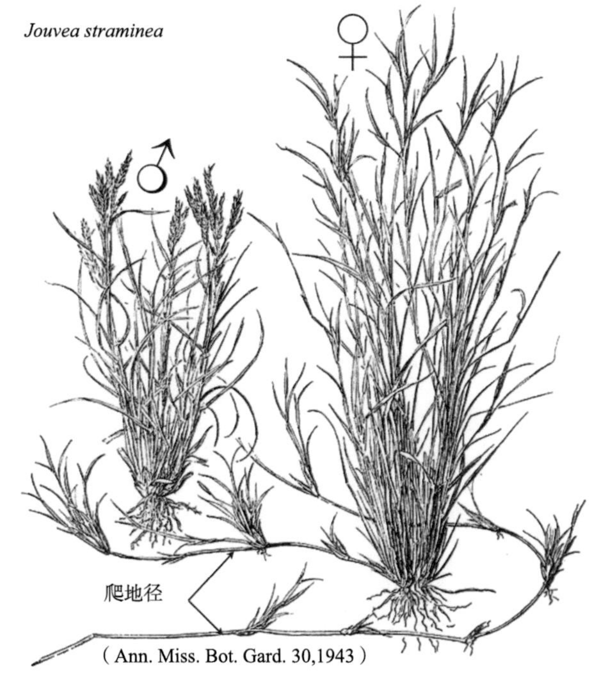

（Ann. Miss. Bot. Gard. 30,1943）

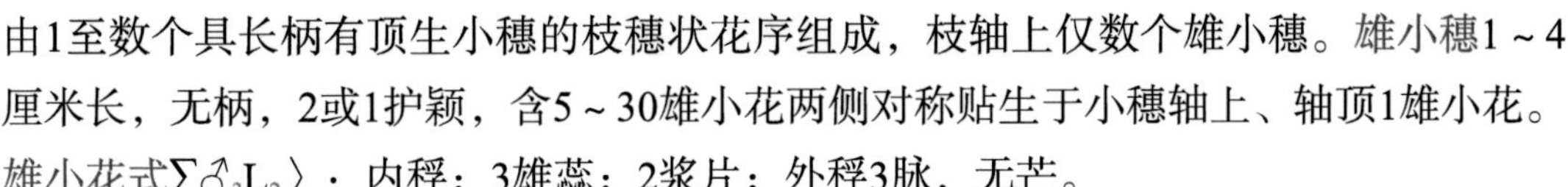

由1至数个具长柄有顶生小穗的枝穗状花序组成，枝轴上仅数个雄小穗。雄小穗1～4厘米长，无柄，2或1护颖，含5～30雄小花两侧对称贴生于小穗轴上、轴顶1雄小花。雄小花式∑♂$_3$L$_2$〉：内稃；3雄蕊；2浆片；外稃3脉，无芒。

二、*Jouvea pilosa*（J. Presl）Scribn.（1896）

*Jouvea pilosa*订正记录于1896年。原生哥斯达黎加、艾尔萨尔瓦多、瓜地马拉、洪都拉斯、墨西哥、尼加拉瓜等地。6个异名：①*Elymus pilosus*（J.Presl）Á. Löve（1984）；②*Rhachidospermum mexicanum* Vasey（1890）；③*Poa preslii* Kunth（1833）；④*Triticum pilosum*（J. Presl）Kunth（1833）；⑤*Agropyron pilosum* J. Presl（1830）；⑥*Brizopyrum pilosum* J. Presl（1830）。

*Jouvea pilosa*多年生。爬地茎粗。挺立茎20～40厘米高。节间2～6厘米。叶鞘比所在节间短。叶舌一撮毛。叶片5～15厘米长，2～4毫米宽，硬挺，表有棱纹。雌株雌花序仅有1～3个爪状雌小穗。雌小穗2～4厘米长，基部钝圆，基盘楔形，无护颖，轴节间圆筒形无毛，轴顶棘刺状伸出弓弯，含2～5雌小花。雌小穗熟后整体掉落、小花间不断开。雌小花式∑♂^{3}♀〉：内稃透亮极小或无；或有3退化雄蕊痕迹；雌蕊1花柱，2柱头，红棕色；无浆片；外稃管筒形，8～11毫米长，皮质，无脊无芒顶端2齿，边缘融合成管状包小穗轴及内稃和雌蕊，管顶小孔供柱头穿出，外稃后期变硬。雄株雄圆锥花序主轴上着生数枝花序，枝花序具长柄，数个雄小穗贴生于枝轴呈复穗状花序，枝轴顶有小穗。雄小穗1.5～4厘米长，无柄，1护颖，含5～30雄小花两侧对称贴生于小穗轴上，小穗轴顶1雄小花。雄小穗成熟自护颖上方断落。雄小花式∑♂$_3$L$_2$〉：内外稃；3雄蕊；2浆片肥大。

Vegetti等（2017）查勘了33个不同标本，番鬣刺属植株的茎下方为短节间区，其叶腋生分蘖茎及爬地茎；茎上方为长节间区，其叶腋生花序。*Jouvea pilosa*的短节间区分蘖茎多，*Jouvea straminea*的短节间区分蘖茎少。

第七节　*Scleropogon* 驴草属雌雄异株1种

【虎尾草亚科>>狗牙根族>驴草亚族→驴草属*Scleropogon* Phil.（1870）】
属异名*Lesourdia* E. Fourn.（1880），typ. consp.

*Scleropogon*由希腊词根*skleros*（硬的）与*pogon*（芒）合成，指其芒硬。汉译“驴草属”。光合C_4，XyMS+。染色体基数$x=10$。

一、*Scleropogon brevifolius* Phil.（1870）

*Scleropogon brevifolius*记录于1870年。原生美国中西部及西南部、墨西哥、阿根廷西北部旱垣开阔地。5个异名：①*Scleropogon longisetus* Beetle（1981）；②*Scleropogon karwinskyanus*（E. Fourn.）Benth. ex S. Watson（1883）；③*Lesourdia karwinskyana* E. Fourn.（1880）；④*Lesourdia multiflora* E. Fourn.（1880）；⑤*Tricuspis monstra* Munro ex Hemsl.（1880）。

*Scleropogon brevifolius*多年生。有爬地茎或铺地茎。茎长10～25厘米。叶多基部聚生。叶片平展或折卷，2～8厘米长，1～2毫米宽，无交叉脉。无叶耳。叶舌一缕毛很短。雌雄同株者异性小穗异形、混生或异花序。雌雄异株者，雌株雌圆锥花序基部有苞片，枝总状花序1～5厘米长，着生2～8个小穗。雌小穗短柄或无柄，单生，细筒形，25～30毫米长，含3～5雌小花，码密到中密，轴顶花雏形，覆瓦状，护颖韧，比小穗短，比外稃薄，下护颖矛尖形，半长于上护颖，无脊，3脉，膜质。上护颖矛尖形，顶尖，无脊，3脉。护颖披颖状苞片，小穗轴韧。雌小穗熟自颖上断落但花间不断开。雌小花式∑♀〉：内稃窄，基部有毛，2短芒0.5毫米长；子房顶端光，2柱头；无浆片；外稃窄，软骨质，3或4齿领（有一浅中窦），3芒（从脉伸出70～140毫米长）。小花基盘伸长，1～2毫米长，有毛，顶尖刻。颖果4.8毫米长，条形，脐短，胚大，有外胚叶，有盾尾，中胚轴节间伸长。雄株雄圆锥花序，仅数小穗或只1枝花序。雄小穗20～30毫米长，有柄，轴韧，轴顶刺出，2护颖等长，含5～10（～20）雄小花。雄小花式∑♂$_?$L$_2$〉：内稃；雄蕊，花药数未述；2浆片，肉质；外稃3脉，无芒。

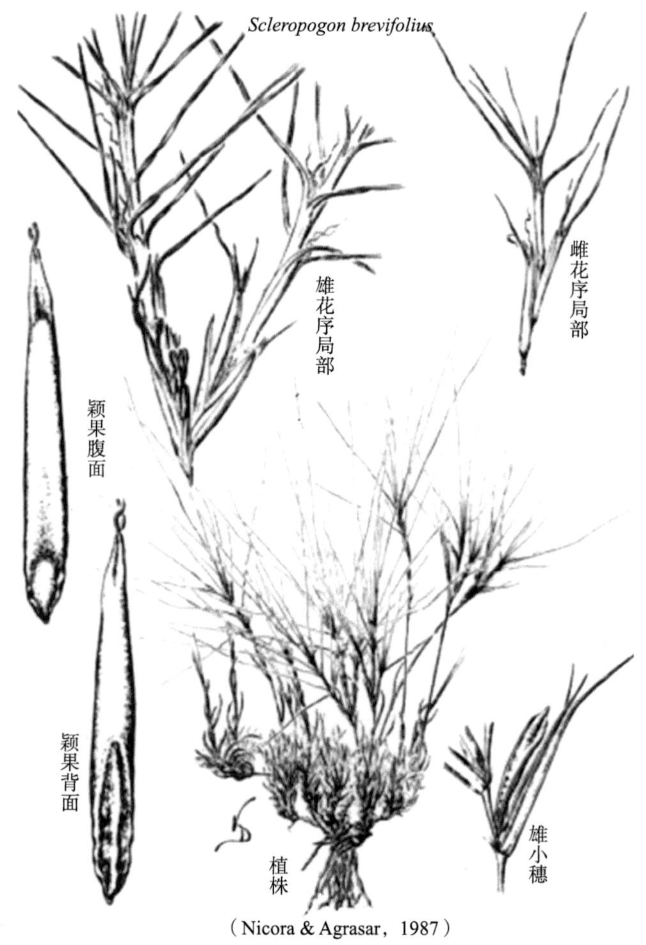

（Nicora & Agrasar，1987）

*Scleropogon brevifolius*应是三异株混合种群。待查雌雄同株产籽后代植株中，是否雌雄异株或还有雌雄同株。

第八节　*Monanthochloë*滨碱草属雌雄异株3种

【虎尾草亚科>>狗牙根族>滨碱草亚族→滨碱草属***Monanthochloe*** **Engelm.**（**1859**）】
蔓碱草属***Distichlis*** **Raf.**（**1819**）

*Monanthochloë*由希腊词*monos*（单个）+*anthos*（花）+*chloë*（禾草）合成，意单性花禾草。英译saltgrass=盐草。汉译“滨碱草属”。属内3种，皆雌雄异株种。原生美洲西印度群岛一带盐碱沙地海滨。光合C_4，XyMS+。染色体基数x=10，2n=40。

一、*Distichlis australis*（Speg.）Villamil（1969）

*Distichlis australis*订正记录于1969年。原生阿根廷南。1个异名：Monanthochloe australis Speg.（1902）。

*Distichlis australis*多年生。根茎长。有爬地茎。茎长2～5厘米。叶片对折，1～5毫米长，0.5～1毫米宽，皮质韧硬，表有棱纹披细毛，背面有毛，顶钝圆。叶舌纤毛膜，0.2毫米长。无叶耳。叶鞘2～3毫米长，比所在节间长。雌雄异株。雌雄花序相似，各由数个小穗组成。雌小穗有柄，单生，椭圆形，5毫米长，侧平，含1～2雌小花，轴顶花雏形，护颖韧，比可育外稃薄，下护颖矛尖形，3.5～4毫米长，粗糙，1脊，3脉，顶钝圆，上护颖卵圆形，5～7脉，余同下护颖。雌小穗熟自花间断落。雌小花式∑♀$L_?$〉：内稃皮质，2脉，脊窄翅；雌蕊；浆片未述；外稃卵圆形，3.5～4毫米长，皮质，有脊，5～11脉，顶钝圆。颖果椭圆形，脐短，有外胚叶，有盾尾，中胚轴长，胚乳硬，含单粒淀粉。雄小穗椭圆形，5毫米长，轴韧，2护颖，含1～3（～4）雄小花，轴顶花雏形。雄小花式∑♂$_3L_?$〉：内稃；3雄蕊，花药长1.8毫米；浆片未述；外稃7～9脉，无芒。

二、*Monanthochloë acerosa* Nicora & Rúgolo de Agrasar（1987）

丘园未收录*Monanthochloë acerosa*。

由图可见，有爬/铺地茎。雌小穗至少4花，雌小花式∑♂^{3}♀$L_?$〉：内稃2刻3齿；3退化雄蕊；2柱头长而吐露；浆片未示。雄小穗至少2雄小花，雄小花式∑♂$_3L_?$〉：3雄蕊，花药吐露且相对较长；浆片未示。

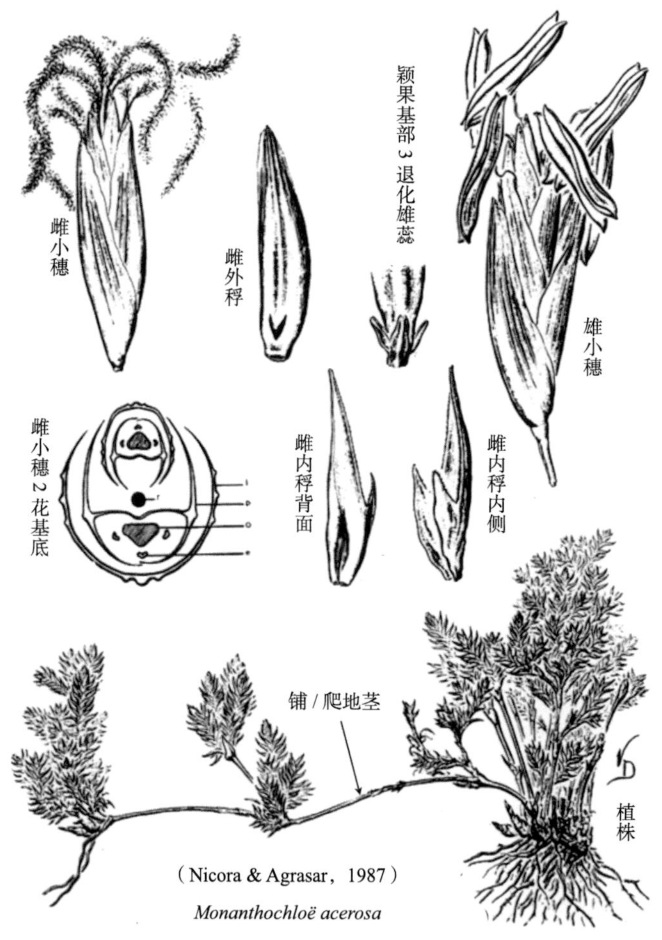

（Nicora & Agrasar，1987）
Monanthochloë acerosa

三、*Distichlis littoralis*（Engelm.）H. L. Bell & Columbus（2008）

*Distichlis littoralis*订正记录于2008年。原生美国南部到墨西哥、巴哈马、古巴一带。1个异名：*Monanthochloë littoralis* Engelm.（1859）。

*Distichlis littoralis*多年生。形成草皮。有爬地茎，茎高8～15厘米长，细瘦硬，节间长短交替。叶片针形，对折或内卷，0.5～1厘米长，1～2（～3）毫米宽，硬挺，披蜡粉，表有棱纹，顶钝圆。叶舌膜纤毛。叶鞘短于所在节间。雌雄异株。顶生/腋生雌雄花序相似，基部有苞片，小穗少。雌小穗有柄，无护颖，单生，圆矛尖形，10毫米长，码密，含2～4雌小花，轴顶花雏形。雌小穗熟自花间断落。雌小花式∑♀〉：内稃围花紧卷，等长外稃，变硬，2脉，脊边有翅；花柱基部分离，2柱头吐露；无浆片；外稃椭圆，8毫米长，皮质强韧，无脊，9脉，顶尖。颖果椭圆形，脐短，胚乳硬，单粒淀粉，有外胚叶及盾尾，中胚轴伸长。雄小穗含2～4雄小花，护颖模糊或无。雄小花式∑$♂_3L_?$〉：内稃；3雄蕊；浆片未述；外稃9脉，无芒。

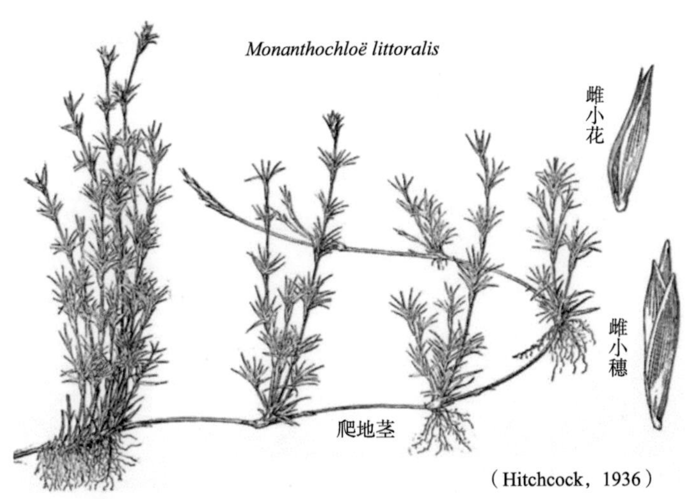

（Hitchcock，1936）

第九节 *Distichlis* 蔓碱草属雌雄异株9种记述3种

【虎尾草亚科>>狗牙根族>滨碱草亚族→蔓碱草属*Distichlis* Raf.（1819）】≈滨碱草属*Monanthochloe* Engelm.（1859）

*Distichlis*源自希腊词*distichos*（二列），指其明显的2列叶序特征。汉译“蔓碱草属”。原生北美及澳洲的海岸盐碱沙性开阔地。光合C_4，XyMS+。属内11个种，其中9个雌雄异株种，雌雄异株种中的*Distichlis australis*（Speg.）Villamil（1969）和*Distichlis littoralis*（Engelm.）H. L. Bell & Columbus（2008），分别对应滨碱草属的雌雄异株种*Monanthochloe australis* Speg.（1902）和*Monanthochloë littoralis* Engelm.（1859）【见前述】。

一、*Distichlis spicata*（L.）Greene（1887）

*Distichlis spicata*订正记录于1887年。原生哥伦比亚、安第斯山海拔2 000～2 500米地带。太平洋中北部，北美次极地，加拿大东部、西部，美国西北、中北、东北、西南、中南、东南，墨西哥，南美美索美洲，加勒比，南美北部、西部、南部等地都有分布。有药用价值，可处治一些不明药物紊乱症。异名多达62个（略）。

*Distichlis spicata*多年生。根茎长。茎高10～60厘米，节光，上方叶密集。叶片内卷，2～8（～20）厘米长，1～4毫米宽，叶表有棱纹，顶尖。叶鞘比所在节间长。叶舌纤毛膜。雌雄异株。雌雄花序相似，主穗轴2.5～8厘米长，有棱角，绕轴着生2～10枝总状花序，枝轴1～2厘米长，着生数个有柄小穗。雌小穗卵圆形，6～18（～28）

毫米长，含5 ~ 15雌小花，码密，轴顶花雏形，护颖韧，比小穗短，比雌外稃薄，下护颖顶尖，上护颖卵圆形，与相邻雌外稃等长，粗糙，1脊，3 ~ 9脉，顶尖。雌小穗熟自折断，种子散落。雌小花式$\sum$♀$L_?$〉：内稃皮质，2脉，脊有窄翅；雌蕊；浆片未述；外稃卵圆，3 ~ 6毫米长，皮质，有脊，5 ~ 11脉，顶尖无芒。雄小穗卵圆形，6 ~ 8毫米长，含5 ~ 20雄小花，2护颖，小穗轴韧。雄小花式$\sum$♂$_3L_?$〉：内外稃；3雄蕊，花药2毫米长；浆片未述。

Distichlis spicata 株 / 穗照（*Oliver Whaley*）

二、*Distichlis distichophylla*（Labill.）Fassett（1925）

*Distichlis distichophylla*订正记录于1925年。原生新威尔士、南澳、塔斯马尼亚、维多利亚、西澳。4个种异名：①*Festuca distichophylla*（Labill.）Hook. f.（1858）；②*Poa paradoxa* Roem. & Schult.（1817）；③*Poa distichophylla*（Labill.）R. Br.（1810）；④*Uniola distichophylla* Labill.（1805）。

*Distichlis distichophylla*多年生。根茎长。茎直立或膝曲向上，20 ~ 30厘米长。叶二列。叶片平展或内卷，2 ~ 4毫米宽，叶表光，边缘粗糙，顶尖。叶舌一缕毛，0.5毫米长。叶鞘表光，鞘口有乳突毛，0.5 ~ 1毫米长。雌雄异株。皆拟圆锥花序，主轴2.5 ~ 5厘米长，密集着生2 ~ 10枝总状花序，枝轴1 ~ 2厘米长，着生数个小穗。雌小穗卵圆形，10 ~ 20毫米长，3 ~ 5毫米阔，侧码密，有1 ~ 4毫米长的柄，单生，含6 ~ 14

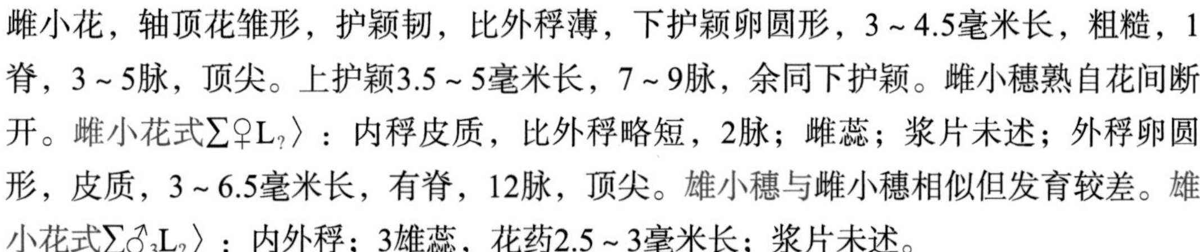
雌小花，轴顶花锥形，护颖韧，比外稃薄，下护颖卵圆形，3～4.5毫米长，粗糙，1脊，3～5脉，顶尖。上护颖3.5～5毫米长，7～9脉，余同下护颖。雌小穗熟自花间断开。雌小花式∑♀$L_?$〉：内稃皮质，比外稃略短，2脉；雌蕊；浆片未述；外稃卵圆形，皮质，3～6.5毫米长，有脊，12脉，顶尖。雄小穗与雌小穗相似但发育较差。雄小花式∑♂$_3$$L_?$〉：内外稃；3雄蕊，花药2.5～3毫米长；浆片未述。

三、*Distichlis eludens*（Soderstr. & H. F. Decker）H. L. Bell & Columbus（2008）

*Distichlis eludens*订正记录于2008年。原生墨西哥东北部。1个异名：*Reederochloa eludens* Soderstr. & H. F. Decker（1964）。

*Distichlis eludens*多年生。有爬地茎。茎长2～11厘米，2～5节。叶片丝状，内卷，1.5～4厘米长，0.2～0.5毫米宽，顶钝。叶舌膜，1毫米长，啮蚀状。雌雄异株。雌雄花序相似，含2～4无柄单生小穗。雌小穗矛尖形，5～11毫米长，码密，含3～7雌小花，轴顶花雏形，护颖韧，比外稃薄，下护颖矛尖形，膜质，3～3.5毫米长，无脊，2～8脉，边缘下部有纤毛，顶尖，上护颖草质，3.5～4.3毫米长，8脉，余同下护颖。雌小穗熟自折断，种子散落。雌小花式∑♀L_2〉：内稃等长外稃，围花紧卷，向外弓弯，2脉，脊有乳突，下部有饰物；雌蕊；2浆片，楔形，肉质，0.4毫米长；外稃卵圆形，皮质，5～6.2毫米长，无脊，10～13脉，侧脉模糊，边缘有乳突，下部有毛，顶尖。雄小穗椭圆形，5～13毫米长，韧，2护颖，含3～8雄小花，覆瓦状。雄小花式∑♂$_3$$L_2$〉：内外稃，3雄蕊，花药2～3毫米长；2浆片，楔形；外稃8～10脉，无芒。

第十节　*Gynerium* 巨苇属雌雄异株1种

【黍亚科>>巨苇族→巨苇属***Gynerium*** **Willd. ex P. Beauv.**（1812）】

*Gynerium*由希腊词根*gune*（雌性）与*erion*（羊毛）合成，指其雌小穗毛绒绒之特征。汉译“巨苇属”。属内1种。沼泽湿地生，植株高大，为建筑、编织、作箭等用材，有药用价值，叶含类黄酮硫酸盐。光合C_3，XyMS+。染色体$2n$=72，76。

一、*Gynerium sagittatum*（Aubl.）P. Beauv.（1812）

*Gynerium sagittatum*订正记录于1812年。原生墨西哥热带美洲海拔0～2 000米地带。2个异名：①*Arundo sagittata*（Aubl.）Pers.（1805）；②*Saccharum sagit-*

tatum Aubl.（1775）。2变种：①*Gynerium sagittatum* var. *glabrum* Renvoize & Kalliola（1994）；②*Gynerium sagittatum* var. *subandinum* Renvoize & Kalliola（1994）。

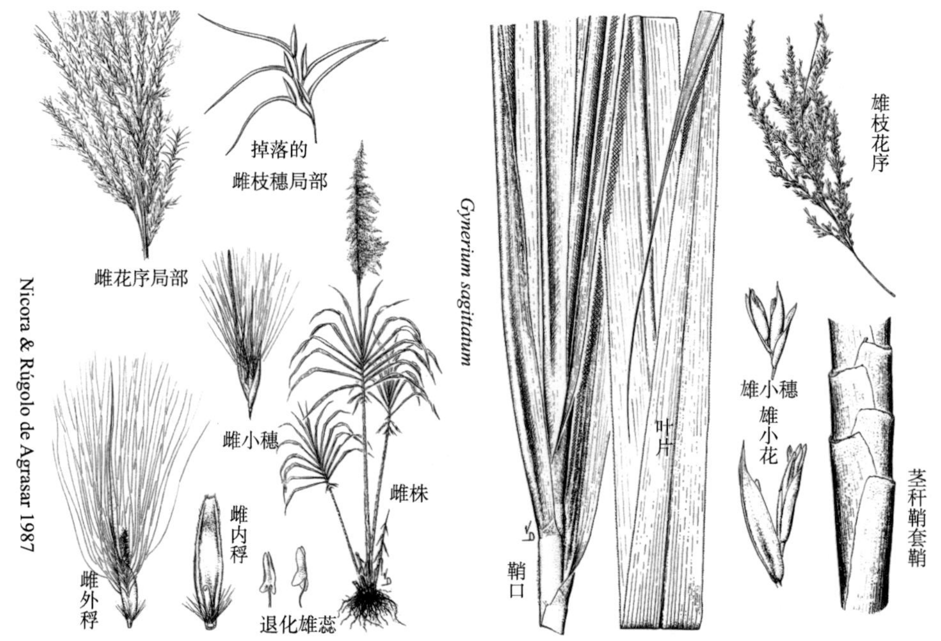

*Gynerium sagittatum*多年生，簇生。根茎长。茎高3～10米，直径2～8厘米，节坚实。基部无聚生叶，上部叶密集。叶片40～200厘米长，2～8厘米宽，平展，边缘小锯齿粗糙。叶舌膜纤毛，有外舌。无叶耳（叶耳位有一缕较长毛）。雌雄异株，皆圆锥花序展开，100～150厘米长，枝、支、叉、丫多级花序。雌小穗楔形，7～10毫米长，码密，有柄，单生，含2雌小花，轴顶刺出，下护颖3毫米长，膜质，无脊，1脉，无侧脉，顶尖后弯，上护颖7～10毫米长，膜质，无脊，3脉，顶端有尾状附属物后弯。雌小穗熟自颖上花间断开。雌小花式$\sum$♂^{2}♀L_2〉：内稃长1.2毫米，2脉；2退化雄蕊；子房顶端光，花柱基部分离，2柱头，红色；2浆片，发育差，膜质，有睫毛，无齿；外稃椭圆，5毫米长，膜质，无脊，3脉，表披毛，边缘内卷，顶端有尾状附属物后弯。小花基盘0.5毫米长，光或有毛。雄小穗3.5～5.5毫米长，余似同雌小穗。雄小花式$\sum$♂$_2L_2$〉：内外稃；2雄蕊，花药1.5～2毫米长；2浆片。

（H. M. Longhi-Wagner，巴西）

第十一节　*Bouteloua* 垂穗草属雌雄异株3种

【虎尾草亚科>>狗牙根族>垂穗草亚族→垂穗草属***Bouteloua*** **Lag.（1805）**】

*Bouteloua*取自两兄弟的姓Boutelou以纪念之。汉译垂穗草属或格兰玛草属、野牛草属等。光合C_4，XyMS+。叶片叶绿素a：叶绿素b之值在3.13～4.3。属内56种，有的是重要原生草地草种，有的是优良饲草种，有的是恶性杂草种。其中大多数种雌雄同花，个别雄异株种、三性种或雌雄异株种。中国记录有2个引进种：垂穗草*Bouteloua curtipendula*、格兰马草*Bouteloua gracilis*，皆无雌雄异株特征描述。

一、*Bouteloua pectinata* Feath.（1931）

*Bouteloua pectinata*记录于1931年。原生美国俄克拉荷马州到得克萨斯州。4个异名：①*Chondrosum hirsutum* var. *pectinatum*（Feath.）R. B. Shaw（2012）；②*Bouteloua hirsuta* subsp. *pectinata*（Feath.）Wipff & S. D. Jones（1996）；③*Chondrosum pectinatum*（Feath.）Clayton（1982）；④*Bouteloua hirsuta* var. *pectinata*（Feath.）Cory（1936）。

Bouteloua pectinata：雄株茎顶生圆锥花序着生数枝栉齿状梳形雄枝花序，主穗轴顶刺出。梳形雄枝花序轴基部短柄斜贴生于主轴上，枝轴顶刺出，侧生约20个雄小穗密集排列呈梳形，雄小穗护颖披绒毛。

二、*Bouteloua stolonifera* Scribn.（1891）

*Bouteloua stolonifera*记录于1891年。原生墨西哥东北部。1个异名：*Cyclostachya stolonifera*（Scribn.）Reeder & C. Reeder（1963）。

*Bouteloua stolonifera*多年生。簇生。爬地茎长。茎高5～15厘米。叶多基部聚生。叶片平展或内卷，4～8厘米长，1毫米宽，两面及边缘微糙，顶尖。叶舌膜纤毛，0.5～1毫米长。雌株雌花序由数个弯梳形枝花序组成，枝花序2～2.5厘米长，轴单侧着生2列小穗。雌小穗矛尖形，6～7毫米长，单生，有柄，轴扁平，1雌小花，上方2～3空花光秃，1毫米长，顶端不育外稃3芒，10～15毫米长。雌小穗熟自掉落。雌小花式$\sum$♀L_2〉：内稃5～6毫米长，2脉，顶芒0.5～1毫米长；雌蕊；2浆片，楔形，肉质；外稃矛尖形，6～7毫米长，软骨质，有脊，3脉，顶3芒，主芒3～4毫米长，侧芒1～2毫米长。小花基盘披细毛。颖果梭形，2.5毫米长，胚长。雄株雄花序单枝弯梳形。雄小穗矛尖形，4～5毫米长，披毛，单生，有柄，轴韧，含1雄小花，轴顶花雏

形，护颖比可育小花外稃薄，下护颖条形，5～7毫米长，膜质，1脊，1脉，顶尖，上护颖矛尖形，6～7毫米长，1脊，1脉披纤毛，顶尖。雄小花式∑♂$_3$L$_2$〉：内稃；3雄蕊，花药3毫米长；2浆片，楔形，肉质；外稃3脉，顶3微芒。

三、*Bouteloua nervata* Swallen（1939）

*Bouteloua nervata*记录于1939年。原生墨西哥。1个异名：*Buchlomimus nervatus*（Swallen）Reeder，C. Reeder & Rzed.（1965）。

*Bouteloua nervata*多年生。有爬地茎。雄株茎直立。雌株茎匍匐。茎长5～15厘米。叶片3～8厘米长，2～3毫米宽，平展或内卷，叶表疏长毛。叶舌一缕毛。雌株雌花序0.4～0.6厘米长，着生2～3枝花序梳形，枝轴扁平，0.8～1.5厘米长，单侧2列小穗，轴顶秃刺出似刚毛，枝穗熟自主轴掉落。雌小穗单生，矛尖形，侧平，8～10毫米长，有柄，含1雌小花，轴顶花雏形。雌小穗熟自掉落。雌小花式∑♀L$_2$〉：内稃等长外稃，顶芒0.5～1毫米长；雌蕊；2浆片，楔形，肉质；外稃椭圆，5～6毫米长，软骨质，无脊，3脉，表有2纵沟，顶3芒，主芒5毫米长，侧芒4毫米长，上方不育外稃3芒长15～18毫米。颖果椭圆形，胚大。雄株雄花序主轴有数个梳形枝花序。雄小穗单生，矛尖形，4.5～6毫米长，光，无柄，轴顶不伸出，韧，护颖比外稃薄，下护颖矛尖形，6～7.5毫米长，膜质，无脊，1脉，顶尖，上护颖矛尖形，8～10毫米长，膜质，无脊，2～5脉，顶尖。雄小花式∑♂$_3$L$_2$〉：内稃；3雄蕊，花药3毫米长；2浆片，楔形，肉质；外稃3脉，无芒。

第十二节　*Eragrostis* 画眉草属雌雄异株2种

【虎尾草亚科>>画眉草族>画眉草亚族→画眉草属***Eragrostis*** **Wolf**（**1776**）】

画眉草属约406个种，其中2个雌雄异株种。

一、*Eragrostis reptans*（Michx.）Nees（1829）

*Eragrostis reptans*订正记录于1829年。原生美国中部、东南部，墨西哥东部。11个异名：①*Neeragrostis reptans*（Michx.）Nicora（1963）；②*Neeragrostis weigeltiana* Bush（1903）；③*Eragrostis weigeltiana* Bush（1903）；④*Eragrostis capitata*（Nutt.）Nash（1901）；⑤*Megastachya breviflora* E. Fourn.（1886）；⑥*Megastachya corymbifera* E. Fourn.（1886）；⑦*Megastachya fasciculata* E. Fourn.（1886）；⑧*Poa* *capitata* Nutt.（1835）；⑨*Poa dioeca* Vent. ex Kunth（1833）；⑩*Megastachya reptans*（Michx.）P. Beauv.（1812）；⑪*Poa reptans* Michx.（1803）。

*Eragrostis reptans*一年生，形成草皮。有铺地茎。茎细瘦硬，5～10（～20）厘米长。叶片1～4厘米长，1～2毫米宽。叶舌一缕毛。雌雄异株，雌雄花序顶生异形。雌花序由多枝多花雌小穗簇生似头状。雌小穗覆瓦状，8～20（～25）毫米长，有柄，轴韧，含15～40（～60）雌小花，码密，轴顶花雏形，下护颖膜质，1脊，1脉，表光或疏长毛，顶尖，上护颖比下护颖长三分之一多，余同下护颖。雌小穗熟自护颖上方断落，小花间不断开。雌小花式∑♀L_2〉：内稃1.3～1.7毫米长，2脉，脊粗糙，无芒；雌蕊1花柱，2柱头，吐露；2浆片，肉质；外稃卵圆形，2.6～3.3毫米长，有脊，3脉，膜质，顶长尖无芒。颖果0.5毫米长，卵形，缩腰，双面凸，脐短，胚占颖果长的三分之一到二分之一，有外胚叶，胚乳硬。雄小穗有柄，含8～15雄小花，轴顶花雏形，2护颖一长一短。雄小花式∑♂$_3$$L_2$〉：内外稃；3雄蕊，花药1.5～2毫米长；2浆片，肉质。

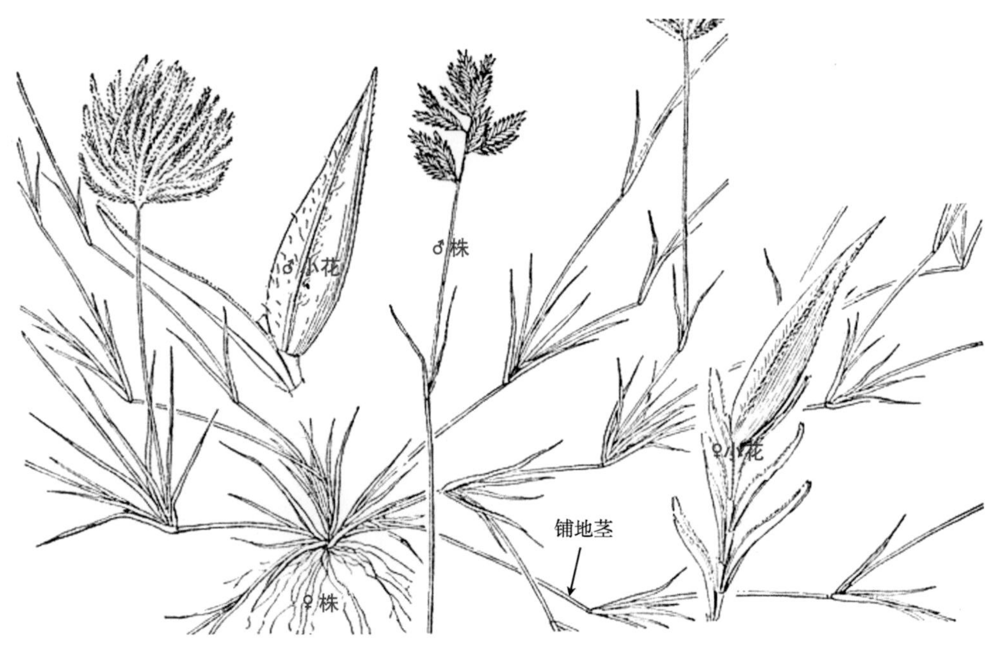

Neeragrostis reptans（as *Eragrostis*）（Hitchcock and Chase，1950）

二、*Eragrostis contrerasii* R. W. Pohl（1977）

*Eragrostis contrerasii*记录于1977年。原生墨西哥南部到危地马拉。一年生。有匍匐茎。茎长7～30厘米，下部节生根，茎节光或有细毛。叶鞘有脊棱。叶舌一缕毛，0.5～0.8毫米长。叶片2～5厘米长，1.5～3.5毫米宽，背面或两面有毛。雌雄异株。皆圆锥花序且相似，3.5～5厘米长，2.5～4厘米阔，主穗轴光或有毛，枝花序多聚集在

基部。雌小穗8～22毫米长，1.2～2毫米阔，有柄，轴韧，含9～25雌小花，码密，轴顶花雏形，下护颖矛尖形，0.6～1.1毫米长，上护颖卵圆形，1.8～2.1毫米长。雌小穗熟自断落。雌小花式∑♀$L_?$〉：内稃1～1.2毫米长，表面粗糙；雌蕊；浆片未述；外稃卵圆形，2～2.4毫米长，膜质，有脊，3脉。颖果椭球形或长椭球形，钝圆。雄小穗与雌小穗相似。雄小花式∑♂$_3L_2$〉：内稃；3雄蕊，花药1.1～1.5毫米长，吐露；2浆片，肉质；外稃。

第十三节　*Spinifex* 鬣刺属雌雄异株4种

【黍亚科>>黍族>蒺藜草亚族→鬣刺属*Spinifex* L.（1771）】

*Spinifex*由拉丁词*spina*（刺）与 *facere*（制造）合成，指其锥刺状叶及刺芒状雌花序特征。旱生、盐生、沿海开阔地禾草，有爬地茎，能防海浪冲刷，为优良的海边固沙植物。光合C_4，XyMS-或XyMS可变。染色体基数$x=9$，二倍体$2n=18$。鬣刺属4种，中国记录1种。

一、*Spinifex hirsutus* Labill.（1806）

*Spinifex hirsutus*记录于1806年，原生西澳大利亚、南澳大利亚、新南威尔士州、昆士兰州、塔斯马尼亚州、维多利亚州。植株多年生，有爬地茎，形成地垫。茎长30～90厘米，木质化。茎节光。叶鞘披毛，外缘有毛。叶舌一缕毛，2～7毫米长。叶片平展或内卷，20～40厘米长，5～7毫米宽，硬挺，披粉，两面披毛，顶尖。雌雄异株。雌花序为星刺样头状花序。雌小穗无柄，单生，2护颖近等长，含2花，基部1空花仅有外稃，上1雌小花内外稃近等长，轴顶翎管形锥刺伸出7～19厘米长。雌小花式∑♂^{3}♀L_2〉：内稃仅具雏形，极小；3

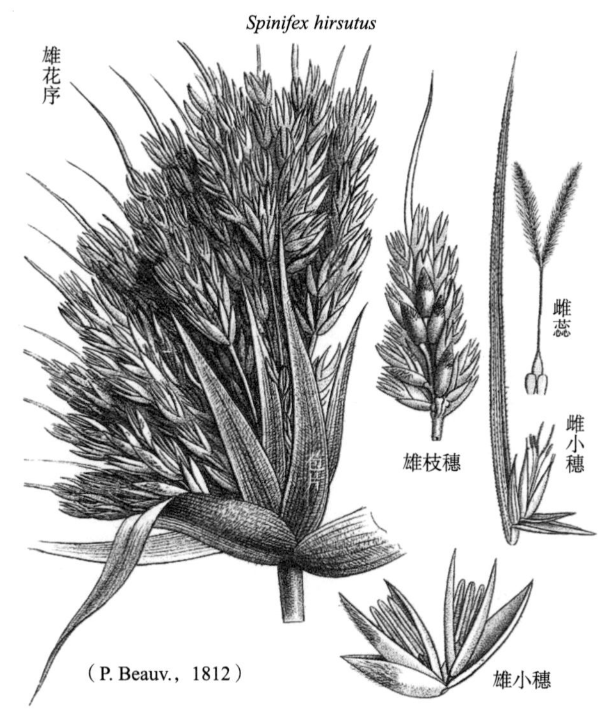

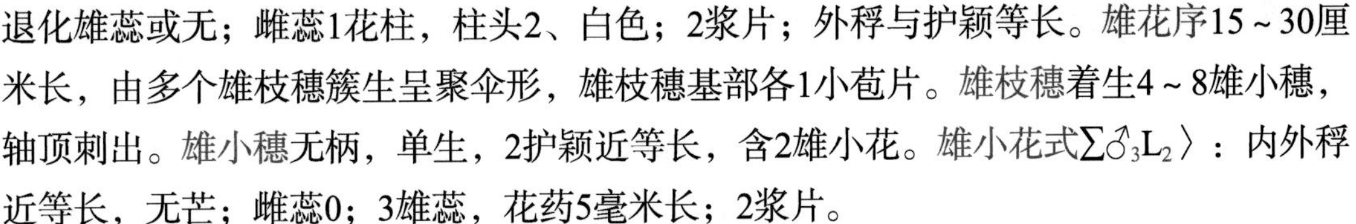

退化雄蕊或无；雌蕊1花柱，柱头2、白色；2浆片；外稃与护颖等长。雄花序15～30厘米长，由多个雄枝穗簇生呈聚伞形，雄枝穗基部各1小苞片。雄枝穗着生4～8雄小穗，轴顶刺出。雄小穗无柄，单生，2护颖近等长，含2雄小花。雄小花式$\sum ♂_3 L_2$〉：内外稃近等长，无芒；雌蕊0；3雄蕊，花药5毫米长；2浆片。

二、*Spinifex longifolius* R. Br.（1810）

*Spinifex longifolius*记录于1810年。原生爪哇，小巽群岛，马鲁古，新几内亚，泰国至西、南、北澳。1个异名：*Spinifex fragilis* R. Br.（1810）。

*Spinifex longifolius*多年生，形成地垫，有爬地茎。茎木质化，长30～80厘米。茎节光。叶鞘比所在节间长，鞘表光，外缘光。叶舌一缕毛，2.5～3.2毫米长。叶片15～35厘米长，1.5～4毫米宽，平展或内卷，硬挺，披蜡粉，顶尖。雌株雌花序为星刺样头状花序，熟自完整掉落，随风滚动，刺扎小坑，籽落其中，天作之妙。雌小穗无柄，单生，基部1空花光秃仅有外稃（外稃等长小穗，坚纸质，5脉，平光或微糙，脉粗糙，尖），上1雌小花，雌小穗轴圆柱形，表光，轴顶呈锥刺状伸出4～12厘米长。雌小花式$\sum ♂^3 ♀ L_2$〉：内稃仅具雏形，极小；3雄蕊退化或无；雌蕊；2浆片；外稃矛尖形，5.6～6.3毫米长，膜质，两边缘更薄，无脊，顶尖。雄株雄花序为多雄枝穗组成的聚伞形花序，雄枝穗基部苞片阔矛尖形，2～4厘米长，粗糙，雄枝穗4～12厘米长，着生4～8个雄小穗，轴顶刺出。雄小穗矛尖形，6～7毫米长，光，单生，无柄，2护颖近等长，含2雄小花。雄小花式$\sum ♂_3 L_?$〉：内外稃近等长，无芒；3雄蕊，花药3.5～4毫米长；浆片未述。雌雄小穗的护颖相似，达小花顶端，比外稃结实。下护颖矛尖形或椭圆形，等长小穗，坚纸质，无龙骨，7～9脉，顶尖。上护颖5脉，余同下护颖。

三、*Spinifex sericeus* R. Br.（1810）

*Spinifex sericeus*记录于1810年。原生南澳、西澳至新喀里多尼亚。1个异名：*Ixalum inerme* G. Forst.（1786）。

*Spinifex sericeus*多年生，根茎长，有爬地茎。茎膝曲向上，30～90厘米长，直径2～4毫米，5～20节。茎节光。叶鞘披柔毛，外边缘有毛。叶舌一缕毛，1.8～4.5毫米长。叶领披柔毛。叶片20～40厘米长，5～17毫米宽，平展或内卷，硬挺，背有细毛，边缘光，顶尖。雌株雌花序星刺样头状，熟自完整掉落随风滚动。雌小穗含2花，小穗轴顶呈翎管状锥刺伸出12～17厘米长。雌小花式$\sum ♀ L_?$〉：内外稃；雌蕊；浆片未述。雄株顶生腋生雄花序聚伞状。雄小穗矛尖形，8～10毫米长，披毛，含2雄小花。下护颖矛尖形，等长小穗，膜质或坚纸质，无脊，7～9脉，表光或披细毛，顶

尖。上护颖似同下护颖。雄小花式$\sum\male_3 L_?$〉：内外稃；3雄蕊；浆片未述。

四、*Spinifex littoreus*（Burm. f.）Merr.（1912）老鼠艻

*Spinifex littoreus*订正记录于1912年。原生安达曼群岛，孟加拉，柬埔寨，中国东南沿海、台湾、海南岛及南海岛屿，印度，日本，爪哇，拉克代夫岛，小巽他群岛，马来西亚，马尔代夫，马鲁古群岛，缅甸，南西群岛，新几内亚，尼科巴群岛，菲律宾，斯里兰卡，苏拉威西岛，苏门答腊，泰国，越南，西澳大利亚。5个异名：①*Spinifex dioicus* Buch.-Ham. ex Dillwyn（1893）；②*Spinifex elegans* Buse（1857）；③*Spinifex squarrosus* L.（1771）；④*Stipa littorea* Burm. f.（1768）；⑤*Stipa spinifex* L.（1767）。

中国记录*Spinifex littoreus*为"老鼠艻"，补遗：雌小花式$\sum\male^3\female L_2$〉：内稃仅具雏形极小；3雄蕊退化或无；雌蕊1花柱，2柱头白色；2浆片；外稃与护颖等长。雄小花式$\sum\male_3 L_2$〉：内外稃近等长、无芒；3雄蕊、花药5毫米长；2浆片。

第十四节　*Poa*早熟禾属雌雄异株46种记述5种

【早熟禾亚科>>早熟禾族>早熟禾亚族→早熟禾属***Poa*** **L.（1753）**】

*poa*禾草尤指牧草，属内约570多种，遍及全球温带、热带，以至南极洲边缘地带。绝大多数是合性花种，有1个单浆片种，1个单花药种，1个3柱头种，1个无融合生殖种，1个胎生种，1个性别随季节而改变的种，1个雌雄小穗同花序种，10个雌异株种，46个雌雄异株种。下述雌雄异株5种。

一、*Poa pfisteri* Soreng（2008）

*Poa pfisteri*记录于2008年，土著智利中部37°47′ S、72°48′ W，海拔200～300米的谷地。多年生，松散簇生。根茎短，有爬地茎。茎纤细苗条，膝曲向上，45～50厘米长，直径0.5～0.8毫米，节间圆筒形，上方多侧枝。叶鞘长4.5～9厘米，下管筒上卷筒，鞘枕韧，有脊，粗糙，基节鞘腋芽刺出鞘外，株基部多纤维状死鞘。叶舌膜，（0.2～）0.5～2.5毫米长，外表粗糙，顶平截或钝圆或啮齿状。叶片内卷，25～31厘米长，叶尖回勾。雌雄异株。皆圆锥花序收紧，矛尖形，4～11厘米长，含10～90个小穗。主穗轴平光，每节2～3枝花序，枝轴粗糙，2～3.5厘米长，上挺，着生3～9小穗。雌雄小穗相似，有柄，柄长1毫米，单生，矛尖形，5～6毫米长，约为其阔的3倍多，侧平，含（2～）3～4小花，轴顶花雏形，小穗轴节间0.5～1.5毫米长，侧视平光。护颖韧，下护颖矛尖形，2～3毫米长，侧视0.3～0.4毫米宽，膜质，1脊，1主脉或粗糙，顶尖。上护颖窄矛尖形，2.9～3.5毫米长，膜质，1脊，3脉，主脉或粗糙，顶尖。小穗基盘背侧弥漫软毛。雌雄小穗花期呈紫色。雌小花式∑♂^{3}♀L$_2$〉：内稃脊粗糙；3退化雄蕊，0.2～0.4毫米；子房光，2花柱，2柱头；2浆片，卵圆形，有侧领，无纤毛，膜质，0.6毫米长；外稃窄矛尖形，3.8～4.5毫米长，0.6～0.7毫米阔，表光，顶尖，膜质，有脊，5脉，中脉粗糙，侧脉模糊或明显。颖果2毫米长，拟纺锤形，有腹沟，光，与内稃粘合。雄小花式∑♂$_3$♀^{0}L$_2$〉：内稃；3雄蕊，花药2～2.5毫米长；有退化雌蕊；2浆片，卵圆形，有侧领，无纤毛，膜质，0.6毫米长；外稃。

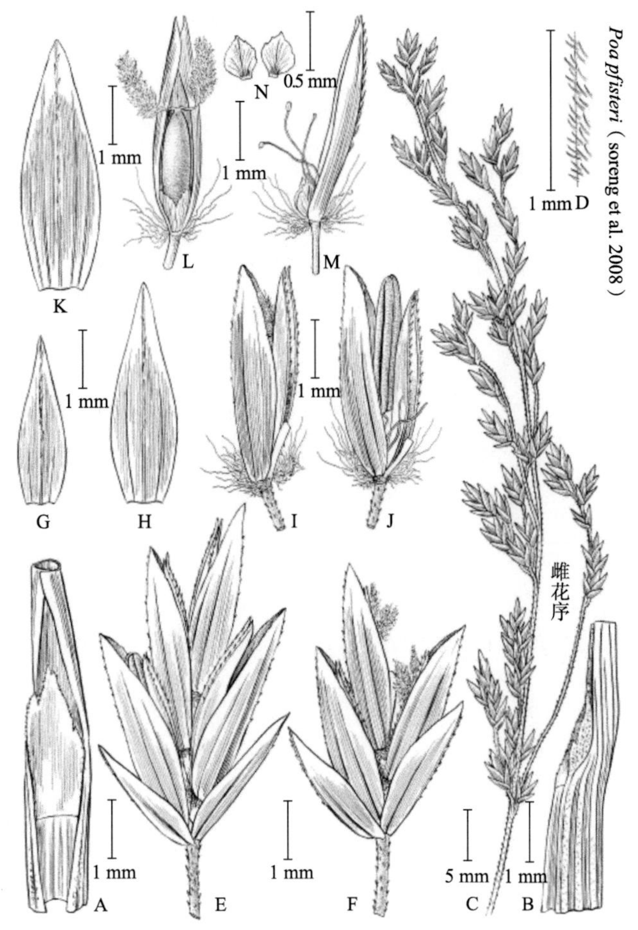

Poa pfisteri（soreng et al. 2008）

A=鞘口叶舌内视，B=鞘口侧视，C=雌花序，D=叶片上表面，E=雄小穗，F=雌小穗，G=下护颖，H=上护颖，I=雌小花，J=雄小花侧视，K=外稃，L=雌小花内视；M=雌小花侧视（有3退化雄蕊）；N=2浆片。

二、*Poa alopecurus*（Gaudich. ex Mirb.）Kunth（1829）

*Poa alopecurus*订正记录于1829年。原产智利南部到阿根廷南部，亚南极诸岛屿。19个异名：①*Poa alopecurus* subsp. *fuegiana*（Hook. f.）D. M. Moore & Doggett（1976）；②*Poa pogonantha*（Franch.）Parodi（1953）；③*Poa superbiens*（Steud.）Hauman & Parodi（1929）；④*Poa fuegiana* var. *involucrata* Hack.（1906）；⑤*Poa fuegiana*（Hook. f.）Hack.（1900）；⑥*Poa commersonii* Franch.（1889）；⑦*Festuca pogonantha* Franch.（1889）；⑧*Deyeuxia vivipara* Phil.（1858）；⑨*Calamagrostis macloviana* Steud.（1854）；⑩*Poa rigidifolia* Steud.（1854）；⑪*Aira superbiens* Steud.（1854）；⑫*Festuca arundo* Hook. f.（1847）；⑬*Festuca fuegiana* Hook. f.（1846）；⑭*Aira caespitosa* Banks & Sol. ex Hook. f.（1846）；⑮*Festuca alopecurus*（Gaudich. ex Mirb.）Brongn.（1829）；⑯*Festuca antarctica*（d'Urv.）Kunth（1829）；⑰*Poa antarctica*（d'Urv.）Raspail（1829）；⑱*Arundo alopecurus* Gaudich. ex Mirb.（1826）；⑲*Arundo antarctica* d'Urv.（1826）。

*Poa alopecurus*多年生，丛生。茎直立或膝曲向上，50～100厘米长，直径5毫米。叶鞘有脊。叶舌膜，4～11毫米长。叶片直挺，2～15厘米长，3～8毫米宽，光。雌雄异株。皆圆锥花序收紧，10～24厘米长，1.5～2厘米阔，枝圆锥花序1～8厘米长，小穗几乎生至基部。穗下节间顶端有护颖似的附属物。雌小穗有柄，单生，长椭圆形，侧平，10～14毫米长，含4～5雌小花，轴顶花雏形，护颖韧，下护颖矛尖形，6.5～11.5毫米长，膜质，1脊，1～2脉，主脉粗糙，顶钝圆。上护颖7～12.5毫米长，3脉，余同下护颖。雌小穗熟自花间断落。雌小花式∑♀L_2〉：内稃5～8毫米长，表面粗糙，脊有纤毛；雌蕊；2浆片，膜质；外稃椭圆形，8～12毫米长，膜质，两边缘更薄，有脊，5脉，中脉有纤毛，边缘有纤毛，顶钝圆。小花基盘有疏长毛。颖果3～3.5毫米长，脐点状。雄小穗似雌小穗，但基盘光。雄小花式∑♂$_3L_2$〉：内外稃；3雄蕊，花药2.5～3毫米长；2浆片，膜质。

三、*Poa resinulosa* Nees ex Steud.（1854）

*Poa resinulosa*记录于1854年。原生南美洲南部。3个异名：①*Poa ligularis* var. *resinulosa*（Nees ex Steud.）Fern. Pepi & Giussani（2008）；②*Poa decolorata* Pilg.（1913）；③*Koeleria rigidula* Steud.（1854）。

*Poa resinulosa*多年生，丛生。茎高15～30厘米，1节，节间粗糙。叶鞘光，鞘枕加厚且形成鳞片，基节鞘腋芽成茎。叶舌膜，1.5～4毫米长，圆钝或尖。叶片直或弯曲，对折或包卷，10～25厘米长，0.5～1毫米宽，叶表或粗糙，顶尖。雌雄异株。皆圆锥花序收紧，长椭圆形，5～10厘米长。雌小穗有粗糙柄，单生，卵圆形，侧

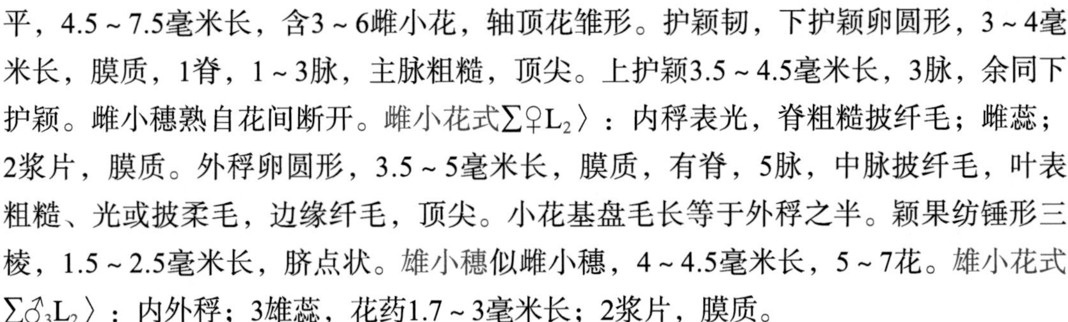

平，4.5～7.5毫米长，含3～6雌小花，轴顶花雏形。护颖韧，下护颖卵圆形，3～4毫米长，膜质，1脊，1～3脉，主脉粗糙，顶尖。上护颖3.5～4.5毫米长，3脉，余同下护颖。雌小穗熟自花间断开。雌小花式∑♀L_2〉：内稃表光，脊粗糙披纤毛；雌蕊；2浆片，膜质。外稃卵圆形，3.5～5毫米长，膜质，有脊，5脉，中脉披纤毛，叶表粗糙、光或披柔毛，边缘纤毛，顶尖。小花基盘毛长等于外稃之半。颖果纺锤形三棱，1.5～2.5毫米长，脐点状。雄小穗似雌小穗，4～4.5毫米长，5～7花。雄小花式∑$♂_3L_2$〉：内外稃；3雄蕊，花药1.7～3毫米长；2浆片，膜质。

四、*Poa denudata* Steud.（1854）

*Poa denudata*记录于1854年。原生智利中部和南部到阿根廷南部。9个异名：①*Poa nahuelhuapiensis* Nicora（1977）；②*Poa eligulata* Hack.（1902）；③*Poa araucana* Phil.（1896）；④*Poa vaginiformis* Steud. ex F. Phil.（1881）；⑤*Poa fonkii* Phil.（1864）；⑥*Poa chiloensis* Phil.（1859）；⑦*Poa vaginifolia* Steud.（1857）；⑧*Poa lepida* Nees ex Steud.（1854）；⑨*Poa vaginiflora* Steud.（1854）。

*Poa denudata*多年生。根茎长。茎长20～70厘米，2～4节。叶鞘比所在节间长，光，或上方粗糙，基节鞘腋芽破鞘或鞘内。叶舌膜，2～6毫米长，基部叶舌0.5～1毫米长，尖。叶片平展或对折，4～20厘米长，2～6毫米宽，表粗糙，背面糙，顶渐尖。雌雄异株。皆圆锥花序收紧，长椭形，6～20厘米长。雌小穗有柄，单生，卵圆形，侧平，5.5～8毫米长，含5～6雌小花，轴顶花雏形。护颖韧，下护颖卵圆形，3～4.5毫米长，膜质，1脊，1～3脉，主脉粗糙，侧脉有别，顶尖。上护颖似同下护颖。雌小穗熟自花间断开。雌小花式∑♀L_2〉：内稃脊有纤毛，下方有饰物；雌蕊；2浆片，膜质；外稃卵圆形，4～6毫米长，膜质，边缘更薄，有脊，5脉，中脉有纤毛，边缘有纤毛，基部长毛，顶钝圆。小花基盘毛等长外稃。颖果缩腰，三棱形，1.5毫米长，脐点状。雄小穗相似雌小穗，4～7毫米长，4～8花。雄小花式∑$♂_3L_2$〉：内外稃；3雄蕊，花药2～2.5毫米长；浆片2，膜质。

五、*Poa calchaquiensis* Hack.（1911）

*Poa calchaquiensis*记录于1911年，原产玻利维亚到阿根廷西北部。2个异名：①*Poa buchtienii* Hack.（1912）；②*Poa buchtienii* var. *subacuminata* Hack.（1912）。

*Poa calchaquiensis*多年生。密丛生。茎高6～12厘米，1节，无侧枝。叶鞘韧，基节鞘腋芽成茎，株基部死鞘密集。叶舌膜，2～2.5毫米长，尖。叶片挺，包卷，2～10厘米长，0.5～0.8毫米宽，僵硬，表光，顶尖。雌雄异株，皆圆锥花序收紧，有岔，1～3厘米长，枝圆锥花序侧平，主、枝花序轴光。雌雄小穗相似，有柄，单生，卵圆

形，侧平，4～5毫米长，含4～5小花，轴顶花雏形。护颖韧，下护颖矛尖形，2.5～3毫米长，膜质，1脊，1脉，主脉粗糙，顶尖。上护颖3脉，余同下护颖。雌小穗熟自花间断开。雌小花式∑♀L_2〉：内稃脊有纤毛；雌蕊；2浆片，膜质；外稃矛尖形，3.5毫米长，膜质，有脊，5脉，中脉有纤毛，边缘纤毛，顶尖。小花基盘披毛。颖果脐点状。雄小花式∑♂$_3L_2$〉：内外稃；3雄蕊；2浆片，膜质。

Giussani（2000）考察了早熟禾属34个雌雄异株种和3个雌雄异株品种的800多个样本中的376个标本，每个种测量了44个形态性状，采用单变量分析、二变量分析以及主成分分析法测度种间表型相似性，认为株高大于50厘米是一个分种指标，与花序长、节数等皆正相关。根茎的有无也是分种指标之一。有根茎种与丛生种杂交后代结实率高。性别的二态性是主要变异源。小穗、护颖、小花的大小、毛性等，都是雌雄株间差异指标。

早熟禾属一些雌雄异株种间表型性状差异比较（2000）

种	叶长（厘米）	叶舌（厘米）	株高（厘米）	圆锥花序长（厘米）	花序节数（节）	叶宽（毫米）	护颖长（毫米）		外稃长（毫米）	
							雌	雄	雌	雄
P. alopecurus	24.0	6.0	34.0	7.2	10	1.3	6.8	6.0	7.5	7.0
P. bergii	48.3	10.4	56.9	15.9	15	1.3	8.0	5.0	8.0	6.0
P. bonariensis	42.7	1.1	67.1	16.3	13	1.3	4.3	3.2	5.3	4.0
P. denudata	16.7	2.4	28.9	6.5	11	0.8	4.3	3.6	5.3	4.5
P. dolichophylla	49.2	1.2	69.3	20.4	17	3.4	3.4	2.9	4.1	3.6
P. holciformis	16.2	5.7	29.2	7.6	10	1.3	4.7	3.7	5.4	4.7
P. hubbardiana	30.9	1.1	37.3	9.1	11	1.0	5.8	4.2	6.6	5.0
P. huecu	18.8	5.0	34.5	8.7	12	1.1	3.4	2.8	4.1	4.1
P. indigesta	40.8	7.9	57.6	18.5	15	1.5	3.7	2.5	4.5	3.0
P. lanigera	24.3	0.7	36.2	9.2	13	1.5	4.2	3.2	5.3	3.8
P. lanuginose	25.0	7.8	38.0	10.3	13	0.9	5.1	3.8	5.8	4.7
P. ligularis	22.6	7.4	29.8	7.3	12	0.7	3.6	2.7	4.8	3.4
P. pilcomayensis	21.3	0.8	33.3	9.3	8	0.9	2.9	2.5	4.1	3.4
P. pogonantha	16.5	2.0	37.7	7.0	8	1.0	6.0	5.6	7.0	6.0
P. resinulosa	18.8	1.4	32.3	7.9	12	0.8	3.0	2.4	4.0	3.3
P. rigidifolia	9.7	4.7	17.2	4.3	9	0.7	5.1	4.9	5.9	5.6
P. schizantha	28.1	7.3	38.7	20.5	13	0.8	5.7	4.1	6.6	5.0
P. tristigmatica	14.0	3.6	26	6.5	10	1.6	5.5	4.5	6.7	5.4

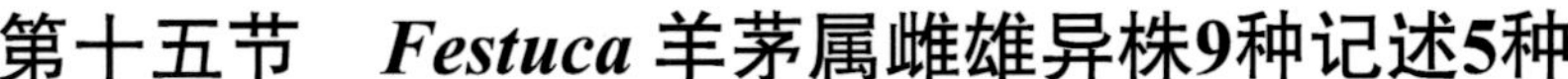

第十五节　*Festuca* 羊茅属雌雄异株9种记述5种

【早熟禾亚科>>早熟禾族>黑麦草亚族→羊茅属*Festuca* L.（1753）】

*Festuca*拉丁文意指大麦田秸茎禾草。有30多个属异名。汉译“羊茅属”，约636个种，旱生、中生、沼生、盐生、糖生，遍及全球温热带山地、平原、草地，以至南极洲边缘地带还有5个羊茅属草种。光合C_3，XyMS+。染色体基数$x=7$；二、四、五、六、八、十倍体$2n=14$，28，35，42，56，70。羊茅属9个雌雄异株种。中国记录56种无一雌雄异株。

一、*Festuca sclerophylla* Boiss. ex Bisch.（1849）

*Festuca sclerophylla*记录于1849年。原产阿富汗、伊朗、北高加索、外高加索、土耳其等地。5个异名：①*Festuca sclerophylla* var. *parvigluma* Tzvelev（1972）；②*Nabelekia tauricola*（Nábelek）Roshev.（1937）；③*Leucopoa sclerophylla*（Boiss. ex Bisch.）V. I. Krecz. & Bobrov（1934）；④*Anatherum tauricola* Nábelek（1929）；⑤*Avena anathera* Nábelek（1929）。

*Festuca sclerophylla*多年生，丛生，株型紧凑。茎高80～100厘米，3节，无侧枝。叶鞘边缘平展，上方粗糙，鞘枕韧，腋芽或破鞘，株基部多死鞘。叶舌膜，2～4毫米长，撕裂，尖。叶片平展或包卷，50～60厘米长，3～4毫米宽，硬挺，光，表有棱纹脊，边缘粗糙，顶钝圆。雌雄异株。雌雄花序皆圆锥花序，20～30厘米长，枝花序7～15厘米长，枝轴粗糙。雌雄小穗相似，有柄，单生，长椭形或卵形，侧平，10～11毫米长，含4～7花，轴顶花雏形，小穗轴节间有柔毛。护颖韧，下护颖矛尖形，4.5～5毫米长，粗糙，无脊，1脉粗糙，顶尖。上护颖卵圆形，5～6毫米长，粗糙，无脊，3脉，主脉粗糙，顶渐尖。雌小穗熟自花间断落。雌小花式∑♀L_2〉：内稃等长外稃，2脉，脊粗糙，表面粗糙；子房顶端有柔毛；2浆片；外稃卵圆形，7～8毫米长，坚纸质，上方及边缘更薄，苍白或披粉，无脊，5脉，主脉粗糙，侧脉凸，表面粗糙，有柔毛，顶渐尖，无芒或具短尖。颖果顶端有毛，条形脐与颖果等长。雄小花式∑♂$_3L_2$〉：内外稃；3雄蕊，花药4～4.5毫米长；2浆片。

二、*Festuca sibirica* Hack. ex Boiss.（1884）

*Festuca sibirica*记录于1884年。原产西北利亚到中国北部、阿富汗到尼泊尔、布里亚特、赤塔、伊尔库茨克、堪察加、哈巴罗夫斯克、吉尔吉斯斯坦、克拉斯诺亚

尔斯克、马加丹、满洲里、蒙古国、巴基斯坦、塔吉克斯坦、图瓦、乌兹别克斯坦等地。6个异名：①*Festuca albida*（Turcz. ex Trin.）Malyschev（1965）；②*Leucopoa kreczetoviczii* Sobolevsk.（1951）；③*Leucopoa albida*（Turcz. ex Trin.）V. I. Krecz. & Bobrov（1934）；④*Schedonorus transparens* Munro ex Lipsky（1910）；⑤*Leucopoa sibirica* Griseb.（1852）；⑥*Poa albida* Turcz. ex Trin.（1830）。

*Festuca sibirica*多年生，丛生。茎高20～45厘米。鞘表光。叶舌膜，1毫米长。叶片20～40厘米长，2～4毫米宽，灰绿色，表面光，顶渐尖。雌雄异株。雌雄花序皆圆锥花序，条形或长椭形，3～7厘米长。雌雄小穗相似，有柄，单生，长椭形，侧平，7～8毫米长，含3～5小花，轴顶花雏形，小穗轴节间粗糙。护颖韧，比可育小花外稃薄。下护颖矛尖形，3.5～4毫米长，透亮，苍白，1脊，1脉。上护颖卵圆，4～5毫米长，透亮，1脊，3脉，顶尖。雌小穗熟自花间断落。雌小花式∑♀L_2〉：内稃等长外稃，2脉，脊粗糙；子房顶端有柔毛；2浆片，膜质；外稃椭圆形，7～7.5毫米长，膜质，上方更薄，有脊，5脉，表披细毛，顶尖。颖果顶端有毛，脐条形。雄小花式∑♂$_3L_2$〉：内外稃；3雄蕊；2浆片，膜质。

三、***Festuca caucasica*（Boiss.）Hack. ex Boiss.（1884）**

*Festuca caucasica*订正记录于1884年。原产高加索地区。1个异名：*Leucopoa caucasica*（Boiss.）V. I. Krecz. & Bobrov（1934）。

*Festuca caucasica*多年生，丛生。茎长20～50厘米。鞘表光，腋芽破鞘。叶舌膜，0.5～2毫米长。叶片对折或包卷，3～4毫米宽，灰绿色，叶表有棱纹，边缘粗糙。雌雄异株。雌雄花序皆圆锥花序，长椭形，7～12厘米长。雌雄小穗相似，有柄，单生，椭圆形，侧平，7～10毫米长，含4～6小花，轴顶花雏形。护颖韧，下护颖矛尖形，5～6毫米长，透亮，苍白，1脊，1脉粗糙，顶尖。上护颖6～7毫米长，无脊，3脉，主脉粗糙，侧脉模糊，余同下护颖。雌小花式∑♀L_2〉：内稃2脉；子房顶端有柔毛；2浆片；外稃长椭圆形，7～8毫米长，膜质，苍白，有浅脊，5脉，侧脉凸，表光或有柔毛，顶尖，无芒。颖果脐条形。雄小花式∑♂$_3L_2$〉：内外稃；3雄蕊，花药6毫米长；2浆片。

四、***Festuca kingii*（S. Watson）Cassidy（1890）**

*Festuca kingii*订正记录于1890年。原产美国加利福尼亚州、科罗拉多州、爱达荷州、堪萨斯州、蒙塔纳州、内布拉斯加州，新墨西哥州、俄勒冈州、南达科他州、犹他州、怀俄明州。6个异名：①*Leucopoa kingii*（S. Watson）W. A. Weber（1966）；②*Wasatchia kingii*（S. Watson）M. E. Jones（1912）；③*Hesperochloa kingii*（S. Wat-

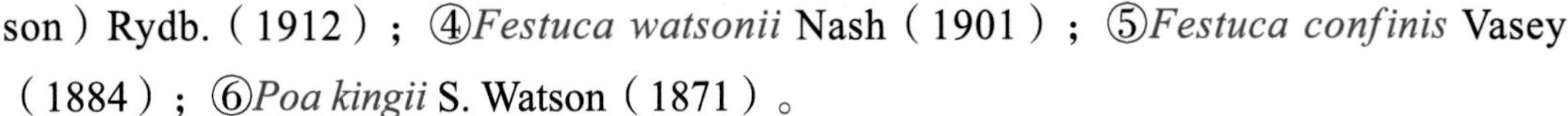

son）Rydb.（1912）；④*Festuca watsonii* Nash（1901）；⑤*Festuca confinis* Vasey（1884）；⑥*Poa kingii* S. Watson（1871）。

*Festuca kingii*多年生，丛生，株型紧凑。茎高30～60厘米，无侧枝，茎节或粗糙。鞘表光，鞘枕韧，株基多死鞘。叶舌膜，0.5～2毫米长，背面有柔毛，啮蚀状（“V”形）。叶片平展或内卷，3～6毫米宽，硬挺，披粉，表平光。雌雄异株。雌雄花序皆圆锥花序矛尖形，10～20厘米长，枝花序平齐，小穗着生至近基部。雌雄小穗相似，有柄，单生，卵圆形，侧平，10～12毫米长，含3～5花，轴顶花雏形。护颖韧，下护颖矛尖形，4～6.5毫米长，坚纸质，无脊，1脉，顶尖。上护颖3脉，余同下护颖。雌小穗熟自花间断落。雌小花式∑♀$L_?$〉：内稃等长外稃，2脉，脊粗糙；雌蕊；浆片未述；外稃卵圆形，6～7毫米长，坚纸质，有浅脊，5脉，侧脉模糊，表面粗糙，顶渐尖，无芒。颖果脐条形。雄小花式∑♂$_3L_?$〉：内外稃；3雄蕊，花药3毫米长；浆片未述。

五、*Festuca killickii* Kenn. -O’Byrne（1963）

*Festuca killickii*记录于1963年。原产南非夸祖鲁-纳塔尔省。多年生，丛生。茎长30～60厘米，1～2节。鞘表光。叶舌膜纤毛，3～4毫米长。叶片向上，包卷，30～60厘米长，2～5毫米宽，表有棱纹，顶尖。雌雄异株。雌雄花序皆圆锥花序，10～15厘米长，3～5厘米阔。雌雄小穗相似，有柄，单生，矛尖形，侧平，8～9毫米长，含4～6小花，轴顶花雏形。护颖韧，下护颖矛尖形，2.5～3毫米长，坚纸质，无脊，1脉，顶尖。上护颖3.5～4毫米长，1～3脉，余同下护颖。雌小穗熟自花间断落。雌小花式∑♀L_2〉：内稃等长外稃，2脉，脊粗糙；子房顶端有柔毛；2浆片；外稃椭圆形，5～6毫米长，坚纸质，无脊，5脉，顶具短尖。雄小花式∑♂$_3L_2$〉：内外稃；3雄蕊，花药3～3.5毫米长；2浆片。

专　栏

【说明1】禾本科雌雄异株属种几点生态学共性：

①多原生美洲、澳洲，生境多干旱、盐碱、风沙、林下等逆境。叶片多窄硬，针锥形居多。

②雄株多高大些，雌株多低矮些。雌花序或针刺或低矮或异味等，具有多种自我保护性状。

③多有爬地茎或根茎，尽管雄株不产籽或雌株因故未受精而产籽，都还可通

过爬地茎或地中根茎断开而自成新株或新个体。这是一种双保险种群繁衍策略。但总体而言，雄花序似多浪费而不符合进化经济学原理。

④有些种描述中既有雌株、雄株、两性株或合性株（但缺合性花式描述），则应是三异株种群，这也可能是一种三保险种群繁衍策略。

【说明2】几个植物学问题：

⑤颖果多缺种子形态、休眠期、播深、发芽率等描述。雌株结实率及其种子后代中的雌雄株比例多未知。种间杂交或及属间杂交后代显隐、分离数据罕见。

⑥种划分依据及花序名称多不一致，属种异名太多。花件拓扑自然经济生态体量学比例信息几无。

【说明3】几种一般性可能：

⑦雌雄异株绝对避免了自交繁殖。若雌株与雄株未能适时相遇，就无法传粉受精产籽，而只能靠无性繁殖，这对扩大种群以及传宗接代虽有风险，但却增加了异种授粉的概率，若有成功，则必有新种出现之可能。雌雄异株种多身处逆境，且具有更顽强的生存能力，值得深究其理。有可能种群延续优先于遗传生态经济。

⑧有报道指出，雄株有性染色体Y，雌株有性染色体X，类似于果蝇的性别决定机制及大多数动物的雌雄异体。这提示动/植物界性别分离、平行进化之可能。

⑨依据花ABCDE模型及花四体模型，用已揭示出的转录因子等基因组为探针，分别测试雌雄异株种的雌雄花序及小花的基因组，有可能快速斩获更多花发育及进化新知识。

参考文献

Giussani L M，2000. Phenetic similarity patterns of dioecious species of Poa from Argentina and neighboring countries[J]. Ann. Missouri Bot. Gard，87：203-233.

Muchut S E，Reutemann A G，Uberti-manassero N G，et al.，2017. Synflorescence morphology of grasses with reduced terminal inflorescencs：a case study of *Jouvea*（Cynodonteae，Chloridoideae，Poaceae）[J]. Phytotaxa，302（3）：241-250.

Singh D N，2011，Sex and Supernuberary Chromosomes in the Dioecious Grass *Sohnsia Filifolia*[J]. Genome，14（1）：175-180.

Soreng R J，Peterson P M，2008. New Records of Poa（Poaceae）and *Poa pfisteri*：a New Species Endemic to Chile[J]. J. Bot. Res. Inst. Texas，2（2）：847-859.

（潘幸来　审校）

第三章

雌异株3属14种

雌异株*Gyno-Dioecious*=【雌株+合性花株】

Female plants and hermaphrodite plants in the same species

同种群中，有只雌株及合性花株。异交自交并存。作物育种中的不育系+保持系即是雌异株制式的生产利用个例。

第一节　*Poa* 早熟禾属雌异株2种

【早熟禾亚科>>早熟禾族>早熟禾亚族→早熟禾属*Poa* L.（1753）】

Anton等（1995）报道早熟禾属14个雌异株种，经检索查库比对，其中4个雌异株种已归入安山禾属，2个为雌雄异株种，5个种未述雌异株，另有3个种查无。下述早熟禾属2个新记录为雌异株种。

一、*Poa unispiculata* Davidse，Soreng & P. M. Peterson（2010）

*Poa unispiculata*记录于2010年。原生秘鲁安第斯山西部海拔4 380～4 400米草地（2007年见到约10个草垛）。多年生，形成较密草垛，草垛直径至少19厘米，厚1～1.5厘米。茎膝曲向上，1.5～4厘米长，基部节多生不定根。叶二列，单茎20～30叶（花期6～15叶，下方老叶片解体纤维混入茎基部），逐叶套叠，套叠叶间距1～2毫米。叶鞘长、韧、光、淡，鞘基3脉明显，上方5脉但边脉较弱，鞘内多分枝，先出叶突出，几乎与相邻叶鞘等长，膜质，光，2脊有略微直立的密集毛刺。茎下部叶片的叶舌1.5毫米长，上部叶片的叶舌渐增至3.1毫米长，最上叶叶舌凸显，粗糙—透亮，平光或下方微糙，2刻3尖—中尖高两边尖低。叶片3～8毫米长，0.5～0.7毫米

宽，“V”形或干时对折，全展后几乎与茎秆平直，淡绿色，光滑，7～9脉明显，边缘微糙，基部平展，老时可达1.6毫米宽，背面光且闪亮到略微柔软光亮、下方有窄肋脉，顶钝，叶脊几乎成直线走向（略微上弯约0.2毫米）。

*Poa unispiculata*雌异株。直立单小穗花序。单生小穗自叶鞘光秃出，无节疤，穗下节间5～6毫米长，光，顶端微厚，侧平。雌小穗，平光，2～3花（第3花微），小穗轴顶常刺出0.4毫米长。下护颖1.3～1.5毫米长，上护颖1.5～1.6毫米长，有脊，长宽近等，两边领阔而糙—亮伸展至顶端，似耳扇状于中区顶尖处对称呈“U”形刻，刻深0.2～0.5毫米。小穗轴圆筒形，光，第1与第2小花之间的节间多无或仅0.4毫米长，第2与第3小花间距1毫米长。雌小花式∑♂^{3}♀L_2〉：内稃略短于或加厚等长于外稃，平光，糙—亮，2脉，2脊，脊间有0.5～0.7毫米宽的间沟，顶端2领距1/4处间展开；3雄蕊退化，1.0～1.5毫米长（包括花药囊0.3～0.4毫米长）；子房平光，2花柱，1毫米长，有羽毛状柱头；2浆片，0.8～1.5毫米长，到0.7毫米宽，不对称椭圆形，有0.5毫米长的柔嫩侧领，几乎与主领等长，平光，或无侧领；外稃3.3～4.6毫米长，侧平，下方1/2～2/3薄草质，上方1/3部分糙—亮，顶端及边缘光，有脊，3脉，侧脉伸至顶端1/2处，基盘发育差，钝，光，外稃基部有一窄的加厚圈棱。成熟颖果下部略厚，顶端钝圆到平截。颖果（1.3～1.5）毫米×（0.4～0.5）毫米，纺锤形，棕色，半透明，与内外稃一起脱落但不粘合在一起，背面有浅沟，顶端钝圆，基部尖。胚约占颖果长的1/3。脐约占颖果长的1/4。

*Poa unispiculata*合性小穗下护颖1.3～1.6毫米长，1～3脉，上护颖1.6～2.0毫米长，1～3脉（或皆3脉）。合性花式∑♂$_3$♀L_2〉：内稃略长于雌小花的内稃；3雄蕊，花丝直立，花药2.3～2.6厘米长，光；雌蕊略小于雌小花中的雌蕊，2浆片，窄矛尖形，1.3～1.5毫米长，0.3～0.5毫米宽，渐尖；外稃4.9～5.5毫米长，5（～7）脉，间脉暗淡，顶端钝圆，略展开。

Poa unispiculata（Soreng et al.，2010）

合性株花期照

*Poa unispiculata*的雌株结实繁多，但合性株尽管雌蕊形态正常却不结实！若合性花的雌蕊不育而雄蕊可育——则应是雌雄异株种——而这应是雌雄异株花器形态的第③种情况即雌雄蕊皆发育正常但雌不育。

与*Poa perligulata*相比，*Poa unispiculata*的叶鞘短而套叠更紧密，且叶二列，单小穗花序且雌异株，雌株的小花少而小，合性花花药更长些。

*Poa unispiculata*的耳扇形护颖罕见，检索仅*P. lepidula*种的护颖顶端有“U”形刻。禾本科仅有10个草种生成单小穗花序，其中*A. flagellifera*和*A. pulvinata*两个种都是专性单小穗花序，其余种也有多于1个小穗的花序。单小穗花序种多生在高海拔山区草地，有两个种生在地中海山丘，且多属于或推定为C_3途径，个别种可能为C_4途径。

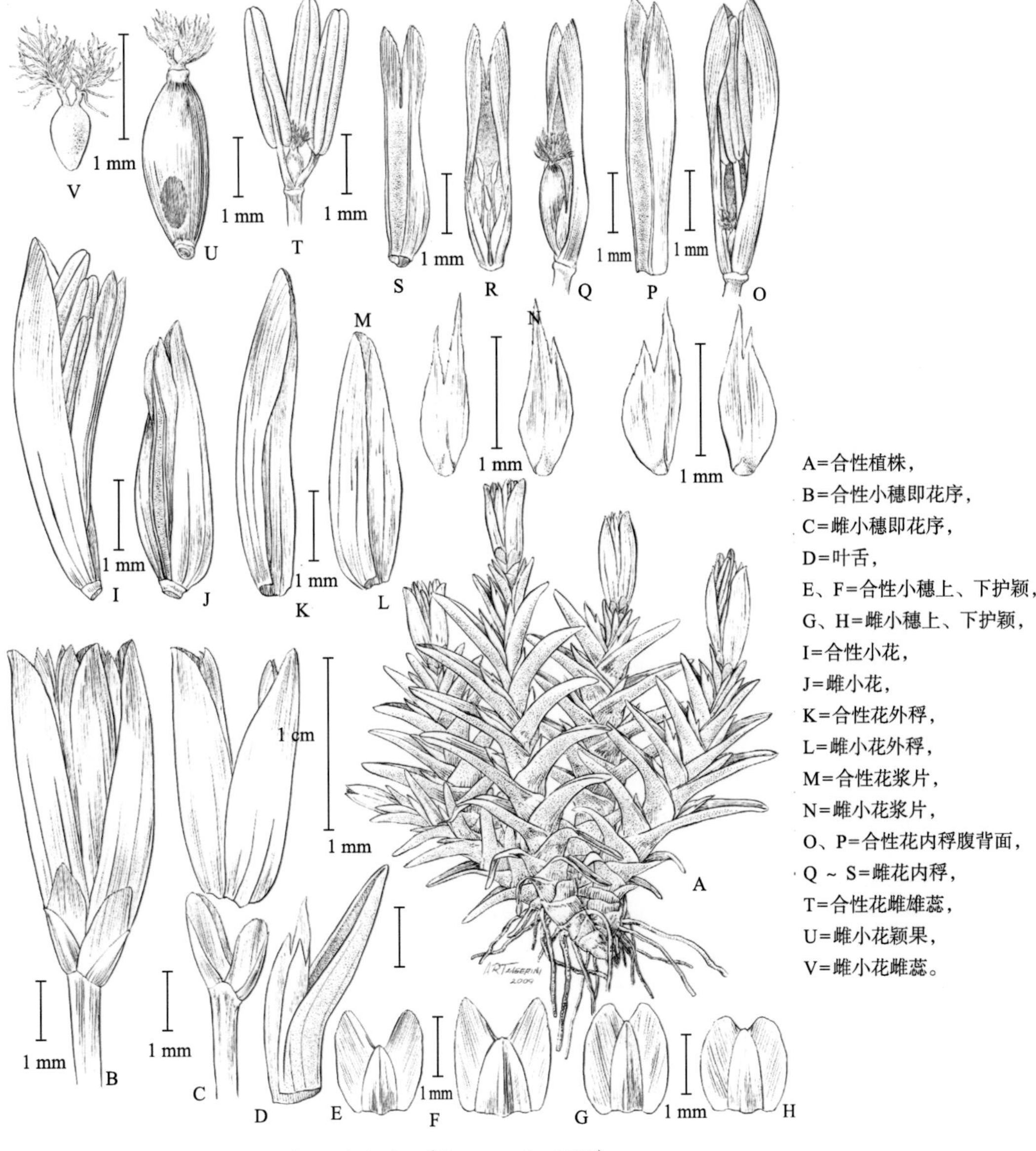

Poa unispiculata（Soreng et al.，2010）

二、*Poa chambersii* Soreng（1998）

*Poa chambersii*记录于1998年。原生俄勒冈州。多年生，簇生。根茎短。茎膝曲向上，10～50厘米长，每节0～2分枝。叶鞘半管筒。叶舌膜，0.5～2毫米长，背面光，啮噬或平截或钝圆。叶片平展或对折，4～8厘米长，2～5毫米宽，表光。

*Poa chambersii*雌异株或雌雄异株。雌圆锥花序长椭圆形或卵圆形，2～9厘米长，每节1～2个枝花序，1～3.5厘米长，着生少数小穗。雌小穗有柄，单生，卵圆形，侧平，6～12毫米长，含2～7雌小花，轴顶花微，小穗轴节间光滑或粗糙，基盘或有毛。护颖韧，下护颖矛尖形，3.5～4.5毫米长，膜质，1脊，3脉，顶尖。上护颖似同下护颖。雌小穗熟自小花下方脱落。雌小花式∑♂^{3}♀L_2〉：内稃等长外稃，脊粗糙；3退化雄蕊痕迹；雌蕊；2浆片，膜质，0.6毫米长；外稃卵圆形，5～7毫米长，膜质，脊，5～7脉，中脉或有纤毛，边缘或有纤毛，顶尖。颖果2毫米长，脐点状。合性花序及合性小穗皆与雌似。合性小花式∑♂^{3}♀L_2〉：内稃；3退化雄蕊痕迹；雌蕊；2浆片，0.6毫米长，膜质；外稃。

第二节　*Cortaderia* 蒲苇属雌异株12种记述6种

【扁芒草亚科>>扁芒草族→蒲苇属*Cortaderia* Stapf（1897）】

*Cortaderia*蒲苇属12个雌异株种，下述6种。

一、*Cortaderia bifida* Pilg.（1906）

*Cortaderia bifida*记录于1906年。原生哥斯达黎加到玻利维亚。2个异名：①*Cortaderia trianae* Stapf ex Conert（1961）；②*Cortaderia aristata* Pilg.（1906）。

*Cortaderia bifida*多年生，丛生。茎长100～300厘米，直径2～3厘米，无侧枝。茎节或有细毛。叶鞘表面光。叶舌一缕毛，1～1.5毫米长。叶片20～100厘米长，5～10厘米宽，边缘粗糙。雌异株。雌圆锥花序矛尖形，30～40厘米长，8～10厘米阔，基部有苞叶。枝花序10～20厘米长，粗糙。雌小穗柄长1.5～4毫米，粗糙，单生，楔形，侧平，7～8.5毫米长，含3雌小花，轴顶花雏形。下护颖矛尖形，7～8毫米长，膜质，无脊，1脉，边缘有纤毛，顶或有齿尖。上护颖8～14毫米长，余同下护颖。雌小穗熟自花间断落。雌小花式∑♂$^{?}$♀L_2〉：内稃矛尖形，4.5～5毫米长，2脉，脊有纤毛，表披疏长毛，顶微凹或平截；退化雄蕊未述；雌蕊；2浆片，楔形，肉质；外稃矛尖形，6～7毫米长，膜质，无脊，5脉，表面微糙披毛，边缘有纤毛，4～6毫米

长，顶端纺锤形1刻2齿，齿长1.5～2毫米，渐尖，1芒6.5～7.8毫米长。小花基盘1毫米长，披疏长毛1.5～2毫米长。合性花序及合性小穗皆似雌花序及雌小穗。合性花式∑$♂_3♀L_2$〉：内稃；3雄蕊；雌蕊；2浆片，楔形，肉质；外稃。

二、*Cortaderia hieronymi*（Kuntze）N. P. Barker & H. P. Linder（2010）

*Cortaderia hieronymi*订正记录于2010年。原生阿根廷西北东北，玻利维亚，厄瓜多尔，秘鲁。10个异名：①*Cortaderia peruviana*（Hitchc.）N. P. Barker & H. P. Linder（2010）；②*Lamprothyrsus venturii* Conert（1961）；③*Lamprothyrsus peruvianus* Hitchc.（1923）；④*Lamprothyrsus hieronymi*（Kuntze）Pilg.（1906），⑤*Lamprothyrsus hieronymi* var. *jujuyensis*（Kuntze）Pilg.（1906）；⑥*Lamprothyrsus hieronymi* var. *nervosus* Pilg.（1906）；⑦*Lamprothyrsus hieronymi* var. *pyramidatus* Pilg.（1906）；⑧*Lamprothyrsus hieronymi* var. *tinctus* Pilg.（1906）；⑨*Triraphis hieronymi* Kuntze（1898）；⑩*Triraphis hieronymi* var. *jujuyensis* Kuntze（1898）。

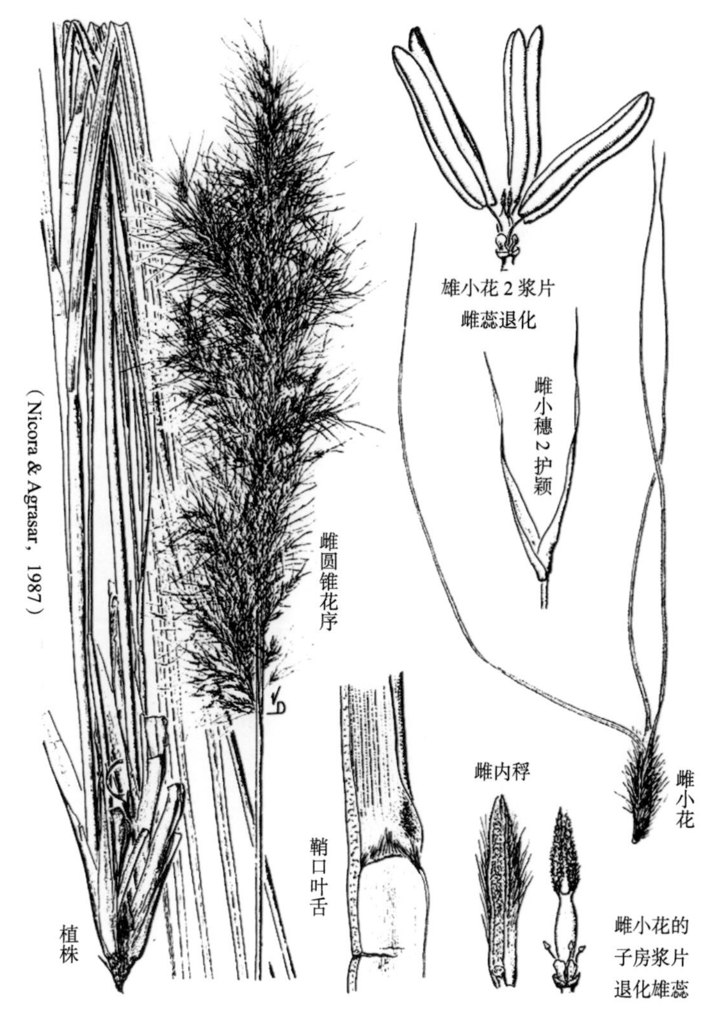

Lamprothyrsus hieronymi

*Cortaderia hieronymi*多年生，丛密。茎高50～100厘米，3～5节。叶多聚生基部。叶鞘比所在节间长。叶舌一缕毛，1～2毫米长。叶片10～60厘米长，3～5毫米宽，皮质硬挺，两面及边缘粗糙，内卷，顶渐尖。雌异株。雌圆锥花序条形或矛尖形，15～30厘米长，4～8厘米阔。枝花序5～12厘米长。雌小穗有柄，单生，条

形，侧平，8～12毫米长，含4～10雌小花，轴顶花雏形，小穗轴节间0.5毫米长。下护颖条形或窄矛尖形，5～7毫米长，透亮，0～1脉，顶端完整或2齿渐尖。上护颖似同下护颖。雌小穗熟自花间断开。雌小花式$\sum$♂^{3}♀L$_{2}$〉：内稃矛尖形，半长于外稃，透亮，2脉，脊披绒毛；3退化雄蕊；雌蕊；2浆片，楔形，肉质，有纤毛；外稃卵圆形，5～5.5毫米长，透亮，无脊，5脉，表披绒毛，毛长1.5～2毫米，顶2齿领条形，刻深，主芒自窦道出、下部扁平弯曲、总长16～40毫米长，2侧芒自两领尖伸出，10～25毫米长。小花基盘0.7～1毫米长，披须毛。合性花序及合性小穗皆似雌花序及雌小穗。合性花式$\sum$♂$_{3}$♀L$_{2}$〉。雄小花式$\sum$♂$_{3}$♀^{0}L$_{2}$〉：内外稃；3雄蕊；退化雌蕊；浆片2，楔形，肉质，有纤毛。

三、*Cortaderia jubata*（Lemoine）Stapf（1898）

*Cortaderia jubata*订正记录于1898年。原生哥伦比亚西北部海拔2 000～3 000米的安第斯山。4个异名：①*Cortaderia selloana* subsp. *jubata*（Lemoine）Testoni & Villamil（2014）；②*Gynerium jubatum* Lemoine（1878）；③*Gynerium neesii* Meyen（1834）；④*Gynerium pygmaeum* Meyen（1834）。

*Cortaderia jubata*多年生，簇生。茎长200～250厘米，直径3～6毫米，无侧枝。茎节棕色，上方光。叶鞘比所在节间长，侧表粗糙或披柔毛。叶舌一缕毛，1～2毫米长。叶片40～90厘米长，4～12毫米宽，皮质，硬挺，边缘有纤毛，顶渐尖。雌异株。雌圆锥花序卵圆形，密集，30～60厘米长，10～15厘米阔，基部苞叶。枝花序20～30厘米长上挺，粗糙。雌小穗柄长2～8毫米，粗糙，单生，矛尖形，侧平，12～15毫米长，含3～5雌小花，轴顶花雏形。护颖开张，质地同外稃。下护颖矛尖形，8～9毫米长，透亮，浅棕色，1脉，表面微糙，边缘有纤毛，顶端完全或2齿。上护颖8.5～10毫米长，余同下护颖。雌小穗熟自花间断开。雌小花式$\sum$♂$^{?}$♀L$_{2}$〉：内稃矛尖形，3.2～4毫米长，透亮，2脉，脊粗糙，表披疏长毛；退化雄蕊未述；雌蕊；2浆片，楔形，肉质，有纤毛；外稃条形或矛尖形，9～11毫米长，透亮，无脊，3脉，中脉出顶，侧脉短，披白毛7～8毫米长，顶渐尖。小花基盘1～1.5毫米长，披疏长毛。合性花序及合性小穗皆似雌花序及雌小穗。合性花式$\sum$♂$_{3}$♀L$_{2}$〉：内外稃；3雄蕊；雌蕊；2浆片，楔形，肉质，有纤毛。

四、*Cortaderia modesta*（Döll）Hack. ex Dusén（1909）

*Cortaderia modesta*订正记录于1909年。原生巴西东南部。3个异名：①*Cortaderia modesta* f. *ramosa*（Hack.）Hack.（1909）；②*Gynerium ramosum* Hack.（1903）；③*Gynerium modestum* Döll（1880）。

*Cortaderia modesta*多年生，簇生，根茎短。茎长100 ~ 250厘米，无侧枝。茎节棕色，光。叶鞘表光。叶舌一缕毛，0.5 ~ 0.8毫米长。叶片20 ~ 80厘米长，6 ~ 12毫米宽，两面及边缘粗糙，中脉下方脊状。雌异株。雌圆锥花序矛尖形，20 ~ 30厘米长，3 ~ 5厘米阔，主轴披柔毛。枝花序3 ~ 5厘米长，枝轴粗糙披须毛。雌小穗柄长2 ~ 3毫米披纤毛，单生，楔形，侧平，10 ~ 14毫米长，含4 ~ 5雌小花，轴顶花雏形。护颖张开。下护颖矛尖形，9 ~ 12毫米长，膜质，无脊，1 ~ 3脉，无侧脉或模糊，表面微糙，边缘有纤毛，顶端钝圆或尖。上护颖似同下护颖。雌小穗熟自花间折断。雌小花式$\sum ♂^{3} ♀ L_2 \rangle$：内稃矛尖形，6 ~ 7毫米长，2脉，脊披纤毛，表披疏长毛，顶2齿；3退化雄蕊，2毫米长；雌蕊；2浆片，楔形，肉质；外稃卵圆形，6 ~ 7毫米长，膜质，无脊，3 ~ 5脉，表面微糙，披羽毛，边缘有纤毛，毛长2 ~ 2.5毫米，顶端或有3齿，渐尖，无芒。小花基盘1毫米长，披须毛长2.5 ~ 3毫米。合性花序及合性小穗皆似雌花序及雌小穗。合性花式$\sum ♂_{3} ♀ L_2 \rangle$：内稃；3雄蕊，花药3毫米长；雌蕊；2浆片，楔形，肉质；外稃。

五、*Cortaderia roraimensis*（N. E. Br.）Pilg.（1914）

*Cortaderia roraimensis*订正记录于1914年。原生哥伦比亚到圭亚那南部海拔2 500 ~ 3 500米地带。1个异名：*Arundo roraimensis* N. E. Br.（1901）。

*Cortaderia roraimensis*多年生，簇生。茎或膝曲向上，60 ~ 120厘米长，3 ~ 5节，节光。无侧枝。鞘枕韧，鞘表光。叶舌一缕毛，2 ~ 2.5毫米长。叶片40 ~ 50厘米长，3 ~ 4毫米宽，包卷，边缘粗糙。雌异株。雌圆锥花序椭圆形，12 ~ 15厘米长，6厘米阔，轴披疏长毛。枝花序3 ~ 6厘米长。雌小穗柄长6 ~ 10毫米披纤毛，单生，楔形，侧平，9 ~ 11毫米长，含3雌小花，轴顶花雏形。护颖张开。下护颖条形，9 ~ 9.5毫米长，膜质，无脊，1脉，表面微糙，边缘有纤毛，顶端钝圆或2齿。上护颖似同下护颖。雌小穗熟自花间折断。雌小花式$\sum ♂^{?} ♀ L_2 \rangle$：内稃矛尖形，5 ~ 5.5毫米长，2脉，脊有纤毛，表披疏长毛，顶端微凹或平截；退化雄蕊未述；雌蕊；2浆片，楔形，肉质；外稃矛尖形，7 ~ 8毫米长，膜质，无脊，3 ~ 5脉，表面微糙披毛，边缘有纤毛，毛长3 ~ 4毫米，顶2齿领纺锤形，0.5 ~ 1毫米长，渐尖，1芒长7 ~ 11毫米。小花基盘1毫米长，披疏长毛，毛长1.5 ~ 2毫米。合性花序及合性小穗皆似雌花序及雌小穗。合性花式$\sum ♂_{3} ♀ L_2 \rangle$：内稃；3雄蕊；雌蕊；2浆片，楔形，肉质；外稃。

六、*Cortaderia sericantha*（Steud.）Hitchc.（1927）

*Cortaderia sericantha*订正记录于1927年。原生哥伦比亚到秘鲁海拔3 500 ~ 4 500米的安第斯山区。2个异名：①*Danthonia jubata* Sodiro（1930）；②*Danthonia sericaN-*

tha Steud.（1854）。

*Cortaderia sericantha*多年生，簇生。茎长30～50厘米，无侧枝。茎节光。鞘枕韧，鞘表光，鞘口胡须毛。叶舌一缕毛，1～1.5毫米长。叶片10～25厘米长，2～3毫米宽，或两面披毛，边缘粗糙，包卷。雌异株。雌圆锥花序椭形，4～10厘米长，2～3厘米阔，主轴披疏长毛。枝花序5厘米长，披疏长毛。雌小穗柄长2～4毫米披纤毛，单生，楔形，侧平，17～22毫米长，含2～3雌小花，轴顶花雏形。护颖张开。下护颖矛尖形，18～22毫米长，膜质，无脊，3脉，表面微糙，顶尖。上护颖似同下护颖。雌小穗熟自花间断开。雌小花式∑♂^{3}♀L_2〉：内稃矛尖形，5.5～6.3毫米长，2脉，脊有纤毛，表面光，或柔毛，平展部有毛，顶端2齿；3退化雄蕊，1.5毫米长；雌蕊；2浆片，楔形，肉质；外稃卵圆形，7～8毫米长，膜质，无脊，7脉，表面粗糙披毛，毛长5～6毫米，顶端齿领纺锤形，0.3～1毫米长渐尖，1芒4～8毫米长。小花基盘1.5毫米长，披须毛，毛长2～3毫米。合性花序及合性小穗皆似雌花序及雌小穗。合性小花式∑♂$_{3}$♀L_2〉：内稃；3雄蕊；雌蕊；2浆片，楔形，肉质；外稃。

第三节　*Nicoraepoa* 安山禾属雌异株6种

【早熟禾亚科>>早熟禾族>单蕊草亚族→安山禾属
Nicoraepoa **Soreng & L. J. Gillespie（2007）**】

*Nicoraepoa*安山禾属原归早熟禾属。属内7或6种，光合C_3。

一、*Nicoraepoa andina*（Trin.）Soreng & L. J. Gillespie（2007）

*Nicoraepoa andina*订正记录于2007年。原生智利中南部到阿根廷南部。4个异名：①*Poa acrochaeta* Hack.（1911）；②*Poa aristata* Phil.（1873）；③*Poa straminea* Steud.（1857）；④*Poa andina* Trin.（1836）。

*Nicoraepoa andina*多年生。根茎长。茎秆20～70厘米长。节间圆筒形光。无侧枝。鞘表光，鞘基草质，韧。叶舌膜纤毛，2～3毫米长，背面披柔毛，顶平截。叶片平展或对折，2～18（～30）厘米长，6～12毫米宽，背面光，顶尖。雌异株。雌圆锥花序椭圆形，15厘米长，主轴每节3～4枝花序，枝花序4～9毫米长。穗下节间光。雌小穗有柄，单生，矛尖形，侧平，6～7.5毫米长，含2～4雌小花，轴顶花微小。护颖韧，下护颖矛尖形，6～7毫米长，膜质，1脊，1～3脉，侧脉或模糊，顶尖。上护颖似同下护颖，雌小穗熟自小花间脱落。雌小花式∑♂^{3}♀L_2〉：内稃0.9倍长于外稃，

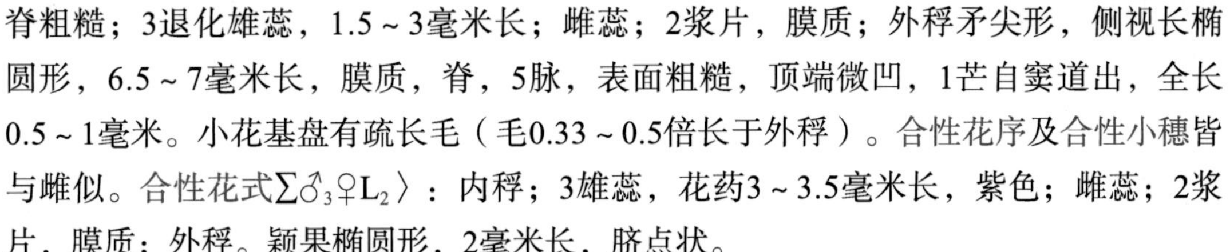

脊粗糙；3退化雄蕊，1.5～3毫米长；雌蕊；2浆片，膜质；外稃矛尖形，侧视长椭圆形，6.5～7毫米长，膜质，脊，5脉，表面粗糙，顶端微凹，1芒自窦道出，全长0.5～1毫米。小花基盘有疏长毛（毛0.33～0.5倍长于外稃）。合性花序及合性小穗皆与雌似。合性花式∑♂$_3$♀L$_2$〉：内稃；3雄蕊，花药3～3.5毫米长，紫色；雌蕊；2浆片，膜质；外稃。颖果椭圆形，2毫米长，脐点状。

二、*Nicoraepoa pugionifolia*（Speg.）Soreng & L. J. Gillespie（2007）

*Nicoraepoa pugionifolia*订正记录于2007年。原生智利南部到阿根廷南部。2个异名：①*Poa acutissima* Pilg.（1913）；②*Poa pugionifolia* Speg.（1902）。

*Nicoraepoa pugionifolia*多年生，簇生。根茎短。茎长25～30厘米。叶鞘光。叶舌膜纤毛，0.5～2.5毫米长，背面披柔毛，顶平截。叶片直或弯，对折，2.5～5厘米长，1～5毫米宽，顶尖。雌异株。雌圆锥花序条形，3～6厘米长，含5～15雌小穗。主轴或粗糙。枝花序简单。雌小穗有柄，单生，卵圆形，侧平，7～11毫米长，含2～4个雌小花，轴顶花微。护颖韧。下护颖卵圆形，5.5～6.5毫米长，膜质，1脊，1～3脉，顶尖。上护颖6～7毫米长，膜质，1脊，3脉，顶尖。小穗熟自小花间断落。雌小花式∑♂^{3}♀L$_2$〉：内稃脊粗糙；3退化雄蕊，1.5毫米长；雌蕊；2浆片；外稃卵圆形，6.5～8毫米长，膜质，脊，5脉，中脉或粗糙，侧脉模糊，边缘或披柔毛，基部有毛，顶钝圆，无芒或具尖。小花基盘光。合性花序及合性小穗皆与雌似。合性小花式∑♂$_3$♀L$_2$〉：内稃；3雄蕊，花药2.8～4毫米长；雌蕊；2浆片，膜质；外稃。颖果2毫米长，脐点状。

三、*Nicoraepoa robusta*（Steud.）Soreng & L. J. Gillespie（2007）

*Nicoraepoa robusta*订正记录于2007年。原生智利南部到阿根廷南部。3个异名：①*Poa arenicola* St. -Yves（1927）；②*Poa robusta* Steud.（1854）；③*Festuca arenaria* Lam.（1791）。

*Nicoraepoa robusta*多年生。根茎长。茎秆壮实膝曲向上，30～80厘米长。叶鞘膨胀表光。叶舌膜纤毛，0.8～1.5毫米长，钝圆。叶片平展或对折，4.5～15厘米长，3～5（～8）毫米宽，表面粗糙，背面糙，顶尖。雌异株。雌圆锥花序条形，5～15厘米长。雌小穗有柄，单生，卵圆形，侧平，6.5～11毫米长；含2～4雌小花，轴顶花微。护颖韧。下护颖卵圆形，6～7毫米长，膜质，1脊，1脉，顶尖或渐尖。上护颖6.5～8毫米长，3脉，余同下护颖。雌小穗熟自小花间断落。雌小花式∑♂^{3}♀L$_2$〉：内稃脊粗糙；3退化雄蕊，2～3毫米长；雌蕊；2浆片，膜质；外稃卵圆形，6～9毫米长，膜质，5脉，顶渐尖，无芒或具尖；小花基盘光。合性花序及合性小穗皆似雌。

合性花式∑$♂_3$♀L_2〉：内稃；3雄蕊，花药3～4毫米长；雌蕊；2浆片，膜质；外稃。颖果三棱，3毫米长，脐点状。

四、*Nicoraepoa chonotica*（Phil.）Soreng & L. J. Gillespie（2007）

*Nicoraepoa chonotica*订正记录于2007年。原生智利中南部到阿根廷南部。7个异名：①*Poa berningeri* Pilg.（1929）；②*Poa chubutensis* Speg.（1902）；③*Poa borchersii* Phil.（1896）；④*Poa robusta* Phil.（1873）；⑤*Poa chonotica* Phil.（1859）；⑥*Deschampsia latifolia* Phil.（1858）；⑦*Poa latifolia* Phil.（1858）。

*Nicoraepoa chonotica*多年生。根茎长。茎秆茁壮直立，50～200厘米高。叶鞘有条纹脉，表或披细毛。叶舌膜纤毛，2.5～3毫米长，背面或披细毛，顶平截。叶片扁平或对折，4～40厘米长，7～14毫米宽，皮质，僵硬，两面糙，顶尖。雌异株。雌圆锥花序条形或椭圆形，5～30厘米长。枝花序节打纽，枝花序7～14厘米长，枝轴光或粗糙。雌小穗有柄，单生，卵圆形，侧平，6～9.5毫米长，含1～4雌小花，轴顶花微，小穗轴节间光或粗糙或披稀疏毛。护颖韧。下护颖卵圆形，4.5～7毫米长，膜质，1脊，3脉，主脉粗糙，顶钝圆或尖。上护颖6～8毫米长，余同下护颖。雌小穗熟自小花间断落。雌小花式∑$♂^3$♀L_2〉：内稃等长外稃，脊粗糙，表面粗糙；3退化雄蕊，1.7～2毫米长；雌蕊；2浆片；外稃卵圆形，5～7.5毫米长，膜质，中绿色或紫色和浅棕色，5脉，中脉或有纤毛，侧脉表粗糙，边缘或有纤毛，下方毛，顶钝圆，无芒或具尖；小花基盘疏长毛。合性花序及合性小穗皆与雌似。合性小花式∑$♂_3$♀L_2〉：内稃；3雄蕊，花药3～4毫米长；雌蕊；2浆片，膜质；外稃。颖果3毫米长，浅棕色，脐点状。

五、*Nicoraepoa erinacea*（Speg.）Soreng & L. J. Gillespie（2007）

*Nicoraepoa erinacea*订正记录于2007年。原生阿根廷南部。1个异名：*Poa erinacea* Speg.（1902）。

*Nicoraepoa erinacea*多年生，形成草甸。有爬地茎。茎长7～12厘米。叶鞘表面光，外边缘有毛。叶舌膜纤毛，0.5毫米长，背面披柔毛。叶领披柔毛。叶片1.5～2.5厘米长，0.5～1毫米宽，直或弯，两面披柔毛，顶尖。雌异株。雌圆锥花序似穗状，1.5～3.5厘米长，主穗轴3～6节，或披柔毛。枝花序似总状花序。雌小穗有柄，单生，卵圆形，侧平，6～8毫米长，含2～3雌小花，轴顶花微。护颖韧，下护颖卵圆形，3.5～4毫米长，膜质，1脊，1脉，顶尖。上护颖4～5.2毫米长，膜质，1脊，3脉，主脉光。雌小穗熟自花间断落。雌小花式∑$♂^3$♀L_2〉：内稃；3退化雄蕊，1～1.5毫米长；雌蕊；2浆片，膜质；外稃卵圆形，4～6毫米长，膜质，上方更薄，脊浅，

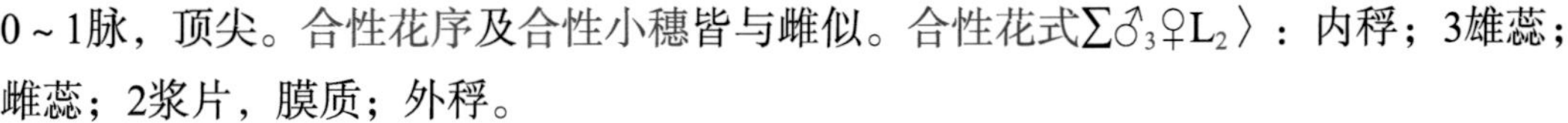

0～1脉，顶尖。合性花序及合性小穗皆与雌似。合性花式$\sum ♂_3 ♀ L_2$〉：内稃；3雄蕊；雌蕊；2浆片，膜质；外稃。

六、*Nicoraepoa stepparia*（Nicora）Soreng（2011）

*Nicoraepoa stepparia*订正记录于2011年。原生阿根廷南部。1个异名：*Poa stepparia* Nicora（1977）。

*Nicoraepoa stepparia*多年生，簇生。根茎长。茎长50～70厘米。叶鞘比所在节间长，半管筒，上方粗糙。叶舌膜平截。叶片对折，1～11厘米长，3.5～6毫米宽，僵硬，表面及边缘粗糙，顶尖。雌异株。雌圆锥花序矛尖形，7～15厘米长。枝花序2.5～6.5厘米长，或粗糙。雌小穗有柄，单生，卵圆形，侧平，6.5～8毫米长，含2～4雌小花，轴顶花微，小穗轴节间0.6～1毫米长。护颖韧，下护颖卵圆形，4.3～5毫米长，膜质，1脊，3脉，主脉光，顶尖。上护颖5～5.5毫米长，余同下护颖。雌小穗熟自花间断落。雌小花式$\sum ♂^3 ♀ L_2$〉：内稃脊披纤毛；3退化雄蕊，1.5毫米长；雌蕊；2浆片，膜质；外稃卵圆形，5.5～7毫米长，膜质，5脉，中脉纤毛，侧脉模糊，边缘或有纤毛，顶尖。小花基盘柔毛。合性花序及合性小穗皆与雌似。合性花式$\sum ♂_3 ♀ L_2$〉：内稃；3雄蕊，花药3～3.5毫米长；雌蕊；2浆片，膜质；外稃。

专　栏

雌异株种性在谷物育种中的应用

【说明1】雌异株=同种群中既有雌株又有合性株。

【说明2】如果给雌株授粉的合性株是自相容的，则雌株产籽的后代仍雌株，合性株产籽的后代仍为合性株。分别相当于谷物三系育种中的不育系+保持系。已知雄不育是由质基因、核基因或核质基因互作控制的。

【说明3】如果给雌株授粉的合性株是专性自不相容的，雌株产籽的后代中的雌株一般不超过50%，且结实率多为合性株的二倍。

【说明4】天然环境中，不能排除雌株接受其他种的花粉而产杂种的可能。

【说明5】雌异株种的雌小花多有退化雄蕊，明显表现为花粉败育。花粉败育类型有：①无花粉型；②单核败育型；③双核败育型。

【说明6】花粉的败育或退化可发生在：小孢子母细胞形成期；小孢子母细胞减数分裂期；单核花粉期；二核和三核花粉期。

【说明7】雌异株即雄性不育现象在植物界已有43科162属617个种。在小麦、水稻、高粱、玉米等主要谷物育种中，利用不育系杂交制种，已见诸生产实践。

【说明8】1962年美国的威尔逊和罗斯选育成功具有提莫菲维细胞质不育系T808，以及相应的保持系和恢复系。1972年山西太谷农民技术员发现核不育系。1980年邓景扬等通过遗传分析，明确太谷核不育小麦的不育性受一个显性单基因控制，这是世界上首次发现的显性雄性不育天然突变体。

【说明9】高粱不育系A1-4569A及其保持系A1-4569B已开始应用于育种（张福耀，2020）。

（张福耀，2020）

参考文献

Anton A M，Connor H E，1995. Floral biology and reproduction in Poa（Poeae：Gramineae）[J]. Austral. J. Bot，43：577-599.

Gerrit D，Soreng R J，Peterson P M，2010. *Poa unispiculata*，a New Gynodioecious Species of Cushion Grass from Peru with a single spikelet per INFLORESCENCE（Poaceae：Pooideae：Poeae：Poinae）[J]. J. Bot. Res. Inst. Texas，4（1）：37-44.

（潘幸来　审校）

第四章

雄异株1属2种

雄异株*Andro-Dioecious*=【雄株+合性花株】

Male plants and hermaphrodite plants in the same species.

同种群中，有只雄株及合性花株。异交自交并存。雄株似乎浪费资源。但合性花株或自交不亲和。

Bouteloua 垂穗草属雄异株2种

【虎尾草亚科>>狗牙根族>垂穗草亚族→垂穗草属***Bouteloua*** **Lag.（1805）**】

*Bouteloua*垂穗草属56种。下列2种文献描述中有雄异株Androdioecious字样，但通观全文却似乎更像是雌雄异株种。

一、*Bouteloua diversispicula* Columbus（1999）

*Bouteloua diversispicula*新记录于1999年。原生亚利桑那到洪都拉斯。查有1个同种异名：*Cathestecum brevifolium* Swallen（1937）。

*Bouteloua diversispicula*多年生。有爬地茎。茎秆直立或膝曲向上，5~10厘米长。鞘枕有绒毛，鞘表光或披疏长毛，鞘口有纤毛。叶舌纤毛膜。叶片卷曲，1~2.5厘米长，1~2毫米宽，表面粗糙，背面有毛及疏长毛，边缘粗糙，顶尖。

花序描述标明“Androdioecious=雄异株”，后又述“Male inflorescence similar to female=雄花序相似雌花序”。是否是雄异株种待考。

二、*Bouteloua erecta*（Vasey & Hack.）Columbus（1999）

*Bouteloua erecta*订正记录于1999年。原生美国亚利桑那南部、得克萨斯州西南部到洪都拉斯。查有1个同种异名：*Bouteloua tamaulipensis* G. J. Pierce ex D. L. Pacheco & Columbus（2008）。

*Bouteloua erecta*多年生，有爬地茎。茎长15 ~ 30厘米。叶片3 ~ 6厘米长，1 ~ 1.5毫米宽，叶表有棱纹。叶舌纤毛膜，0.3毫米长。

花序描述标明“Androdioecious=雄异株”，后又述“Male inflorescence similar to female=雄花序相似雌花序”。是否是雄异株种待考。

（潘幸来　审校）

第五章

三异株1属3种

三异株*Tri-Dioecious*=【雌株+雄株+合性花株】

Male plants，female plants and hermaphrodite plants in the same species.

同种群中，有雌株+雄株+合性花株，或雌株+雄株+雌雄同株异花序。异交自交并存。可能是雌雄异株制、雌异株制、雄异株制的过渡类型。

【雌株+雌雄异花株Female plants，monodioecious plants in the same species】或【雄株+雌雄异花株Male plants，monodioecious plants in the same species】，理论上存在这两种类型的三异株制。

Bouteloua 垂穗草属三异株3种

【虎尾草亚科>>狗牙根族>垂穗草亚族→垂穗草属***Bouteloua*** **Lag.（1805）**】

垂穗草属2个三异株种：雌雄同株+雌雄异株种或雌雄异株+合性花株。

一、*Bouteloua dimorpha* Columbus（1999）

*Bouteloua dimorpha*记录于1999年。原生墨西哥、加勒比、古巴的山脚下的旱薄地带。1个异名：*Opizia stolonifera* Hitchcock（1930）。

*Bouteloua dimorpha*多年生。有爬地茎，形成草皮。挺立茎高5～20厘米，茎节硬实。叶不基部聚生，叶片1～12厘米长，1～2毫米宽，扁平或卷折，无交叉脉，顶圆钝。无叶耳。叶舌纤毛膜或一缕毛，0.5～1毫米长。种群中有雌株、雄株和雌雄同株异花序株，应是三异株种，由此可能衍生出了垂穗草属的其他几个种（Kinney et al., 2008）。雄圆锥花序有1～6枝梳形花序。主花序轴顶端凸圆或短突刺。枝花序轴具短柄有基盘，轴上多个雄小穗压紧贴生于一侧呈梳齿状。雄小穗3毫米长，无柄，2护颖，

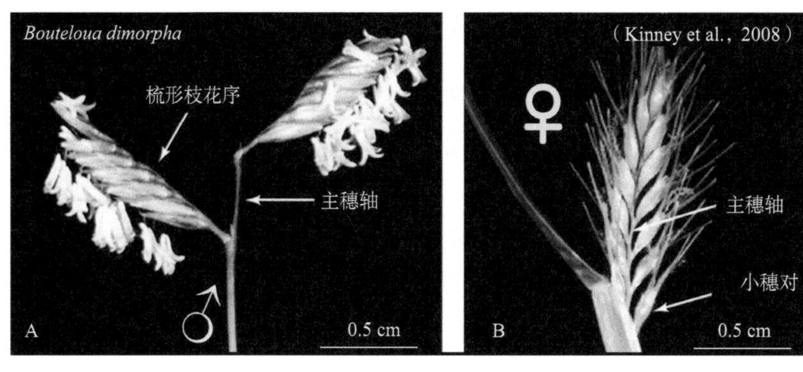

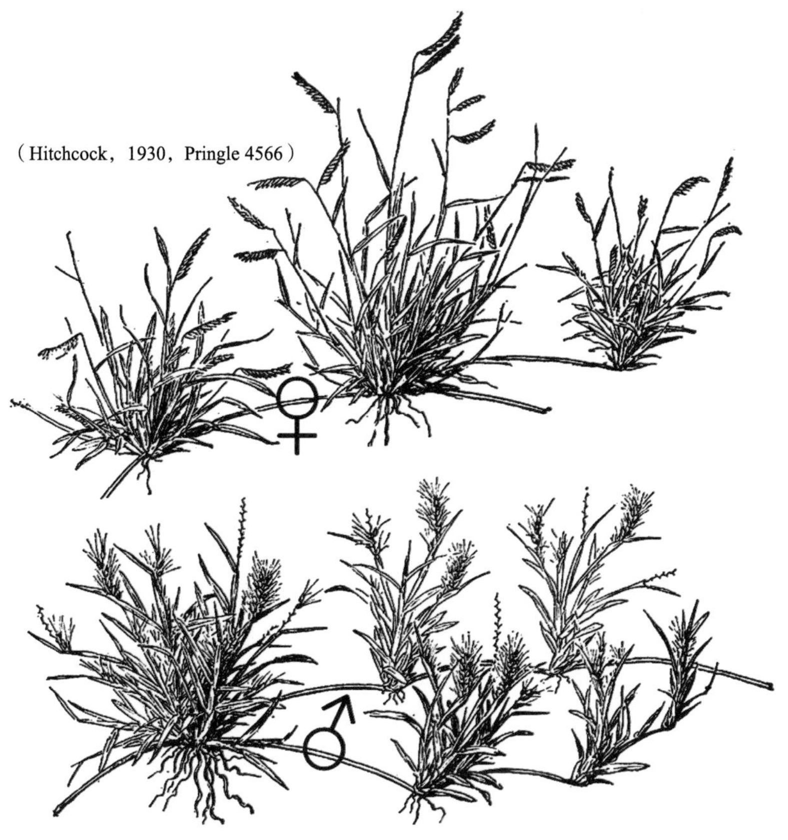

Opizia stolonifera

含1雄小花，熟自护颖上方断落。雄小花式∑♂$_3$L$_2$〉：内稃；3雄蕊；2浆片，肥大；外稃。雌株顶生雌穗状花序，由10～25个无柄雌小穗沿主穗轴两侧对称交互排列，轴顶1雌小花，或秃刺出。雌小穗无柄，基盘方圆，有细毛，1护颖，下护颖无或模糊，含1雌小花及轴顶1不发育极小花。雌小穗熟后整体断落。雌小花式∑♀L^2〉：内稃软骨质球圆形；雌蕊柱头吐露；2锥形浆片鳞状；外稃皮质强韧，卵形，2毫米长，3芒，芒长5～7毫米。颖果1毫米长，椭球形，扁平，胚大、脐短，果皮坚韧，裸粒。

二、*Bouteloua dactyloides*（Nutt.）Columbus（1999）

*Bouteloua dactyloides*订正记录于1999年。原生美国多州、墨西哥、萨斯喀彻温的干旱石灰性沙土地。优质饲草，可替代草皮草。中国华南、东南有引进。9个异名：①*Bouteloua mutica* Griseb. ex E. Fourn.（1886）；②*Melica mexicana* Link ex E. Fourn.（1886）；③*Casiostega dactyloides*（Nutt.）E. Fourn.（1876）；④*Casiostega hookeri* Rupr. ex E. Fourn.（1876）；⑤*Buchloe dactyloides*（Nutt.）Engelm.（1859）；⑥*Calanthera dactyloides*（Nutt.）Kunth（1856）；⑦*Anthephora axilliflora* Steud.（1854）；⑧*Bulbilis dactyloides*（Nutt.）Raf.（1819）；⑨*Sesleria dactyloides* Nutt.（1818）。

*Bouteloua dactyloides*多年生，多爬地茎，无根茎，有时形成草皮。茎长5～10厘米，长短节间交替。叶片2～12（～20）厘米长，1～2.5毫米宽。叶舌一缕毛，0.5毫米长。雌雄花序异株异形，罕有雌雄同株异花序。雄株顶生雄圆锥花序由枝梳齿穗组成呈近球形直立，1～3节，每节1梳形枝穗，枝穗轴有柄，轴单侧二列雄小穗一边倒呈梳形，轴顶1雄小花。雄小穗无柄，单生，卵圆形，4～4.5毫米长，2护颖，含2雄小花。雄小花式$\sum$♂$_3L_2$〉：内稃；3雄蕊，花药2.5～3.5毫米长，橙红色；2浆片；外稃3脉，无芒。雌株比雄株明显低矮，雌株顶生雌穗状花序多藏于叶间，每花序仅3～5个雌小穗。雌小穗无柄，单生，卵圆形，3～4毫米长，含1雌小花，轴顶不伸出，下护颖缺无或模糊，卵圆形，最长为上护颖的一半，膜质，比可育外稃结实，上护颖卵圆形，3～4毫米长，变硬，内卷，无脊，7脉，顶端有齿。雌小穗熟后与附属物一起脱落。雌小花式$\sum$♀$L_?$〉：内稃半长于外稃，2脉，脊粗糙，顶端圆钝；雌蕊；浆片未知；外稃卵圆形，背平，2.5～3.5毫米长，膜质，无脊，3脉，顶端3尖齿，刻

深达外稃一半，两外齿较短。颖果长椭圆或卵圆形，2～2.5毫米长，黑棕色，胚长0.9毫米。

三、*Bouteloua reederorum* Columbus（1999）

*Bouteloua reederorum*记录于1999年。原生墨西哥中部及西南部。4个异名：①*Cathestecum stoloniferum*（E. Fourn.）Griffiths（1912）；②*Opizia pringlei* Hack.（1906）；③*Pringleochloa stolonifera*（E. Fourn.）Scribn.（1896）；④*Atheropogon stolonifer* E. Fourn.（1886）。

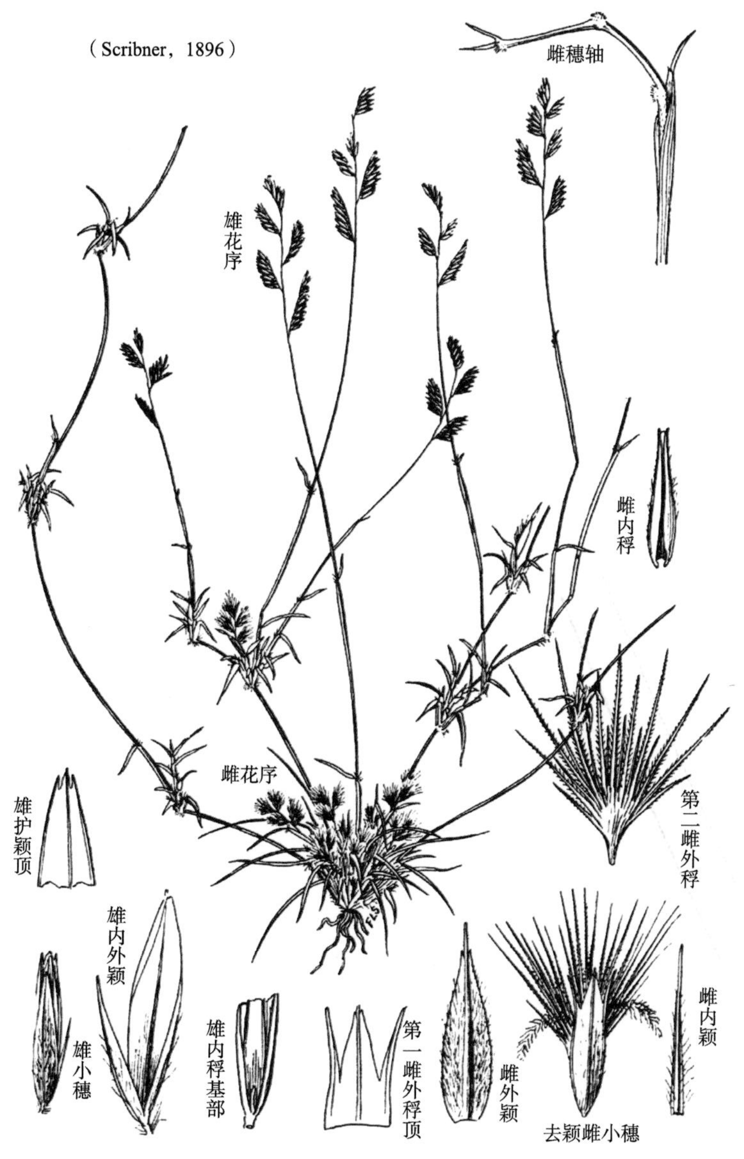

Pringleochloa stolonifera

*Bouteloua reederorum*多年生。形成地垫。有爬地茎。叶片1～5厘米长，0.5～2毫米宽，僵硬，顶圆钝。叶舌一缕毛。雌雄同株异花序+雌雄异株。待再核准。图示为*Pringleochloa stolonifera*红蔗草属雌雄同株异花序，高茎顶生梳枝穗组成的雄圆锥花序穗下节间长。矮茎顶生雌穗状花序穗下节间短。雌小穗的第2外稃及其上各外稃顶端芒刺依次减少。原作述为雌雄同株异花序。或有雌雄异株个例，但未明示。

参考文献

Columbus J T，Kinney M S，Siqueiros Delgado M E，et al.，2000. Phylogenetics of *Bouteloua* and relatives（Gramineae：Chloridoideae）：Cladistic parsimony analysis of internal transcribed spacer（nrDNA）and trnL-F（cpDNA）sequences[A]. In SWL Jacobs，and J. Everett [eds.]. Grasses：systematics and evolution[M]. CSIRO Publishing，Melbourne，Victoria，Australia.

Columbus，J T，Kinney M S，Pant R et al.，1998. Cladistic parsimony analysis of internal transcribed spacer region（nrDNA）sequences of *Bouteloua* and relatives（Gramineae：Chloridoideae）[J]. Aliso，17：99-130.

Kinney M S，Columbus J T，Friar E A，2008. Unisexual flower，spikelet，and inflorescence development in monoecious/dioecious *Bouteloua dimorpha*（Poaceae，Chloridoideae）[J]. American Journal of Botany，95（2）：123-132.

（潘幸来　审校）

第六章

只雌株1属2种

只雌株——同种群中只有雌株。相当于禾本科中的女儿国。

Female plants only in the same species.

Poa 早熟禾属只雌株2种

【早熟禾亚科>>早熟禾族>早熟禾亚族→早熟禾属*Poa* L.（1753）】

有报道早熟禾属12个只雌株种，但其中10个种KewGB库描述不明。以下早熟禾属2个只雌株种，皆由Pilger记录，原始标本由德国植物学家和探险家Weberbauer于1901—1905年期间搜集于秘鲁海拔3 000～4 500米的安第斯山区。

一、*Poa gymnantha* Pilg.（1920）

*P. gymnantha*记录于1920年。原生秘鲁、玻利维亚和智利落基山安第斯山海拔3 900～5 000米地带的沼泽地、水潭地、岩石露头地、草坡地，形成密草皮。群落中有*Deyeuxia*，*Calamagrostis*，*Dissanthelium*，*Stipa*，*Festuca*和*Agrostis*等草种。

*Poa gymnantha*只雌株草种，孤雌生殖。多年生矮丛型禾草。有细根茎。茎高12～35（～45）厘米，茎光，仅1节外露。叶皆基部聚生。叶鞘纸质，平滑光亮，较老时纤维化，最上部鞘边缘有融合。叶舌尖，边缘啮噬状，2（～3）～4（～7）毫米长。叶片对折或内卷，边缘粗糙，顶尖。雌圆锥花序明显高出基部叶丛，3～7.8厘米长，0.8～1.2厘米阔，主轴7～15节，下部节生1～3个粗糙分枝，小穗聚集在分枝末端。穗下节间8～17.5（～21）厘米长，多汁。雌小穗4.5～6.5毫米长，2～2.5毫米阔，2～3雌小花，2护颖似同，光或顶端微糙，边缘膜质，2/3～3/4倍长于小穗，下部从脊到边缘3.3～4毫米长，1毫米宽，1～3脉，上部从脊到边缘3.5～4.8毫米长，1～1.2毫米宽，3脉。基盘平光。雌小穗轴平光，基部节间0.4～0.5毫米。雌小

花式∑♂^{3}♀L_{2}〉：内稃比外稃短，4～4.3毫米长，半透明，光，脊上有短毛；3退化雄蕊，花药0.2毫米长；雌蕊2柱头；2浆片；外稃卵圆形—矛尖形，从脊到边缘3.5～4.5（～5）毫米长，1～1.2毫米宽，5脉，主体上方粗糙，脊有短毛，脉间古铜色或及紫色，边缘膜质。颖果1.7毫米长。

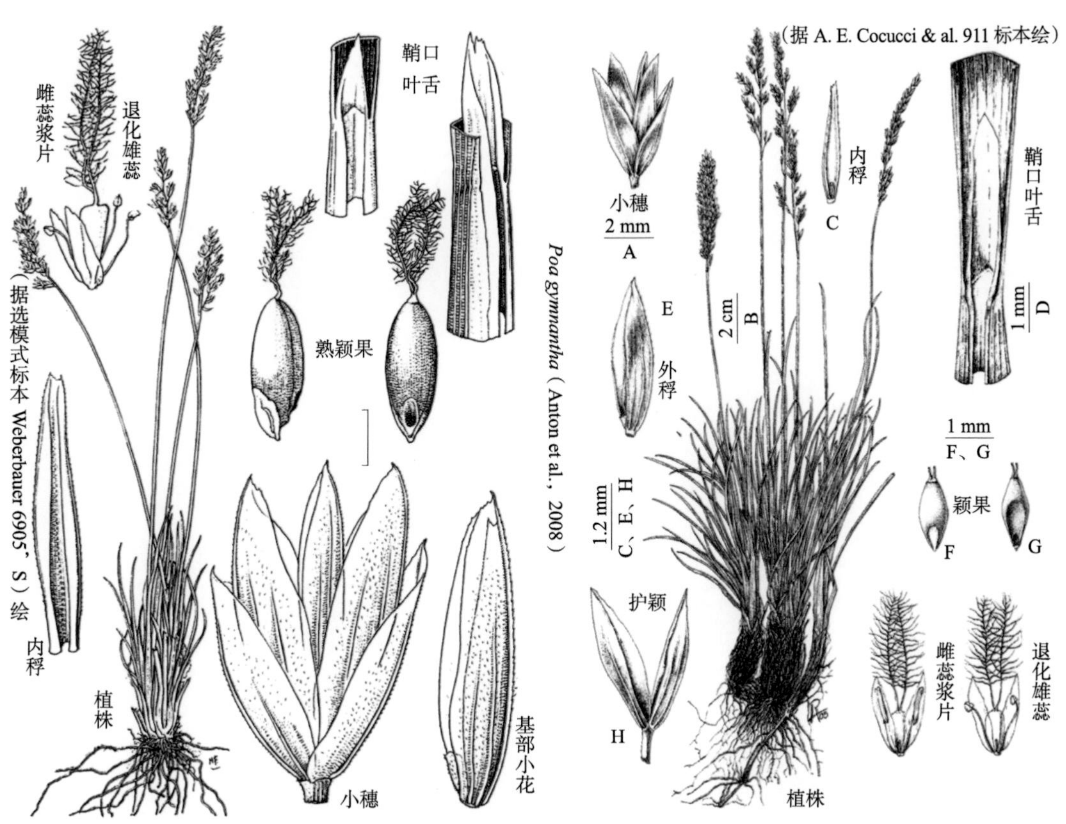

二、*Poa chamaeclinos* Pilg.（1906）

*Poa chamaeclinos*记录于1906年。原生墨西哥、厄瓜多尔。多年生，丛生。茎高1.5～4厘米，无侧枝。叶舌膜0.5毫米长。叶片内卷，1～2厘米长，0.5～1毫米宽，皮质，僵硬，表光或披细毛，背面有毛，边缘粗糙，顶钝圆或急尖。只雌株孤雌生殖草种。雌圆锥花序卵圆形，1～1.5厘米长，雌小穗有柄，单生，长椭圆形，4.5～5毫米长，含2雌小花，雌小穗轴节间光，轴顶秃刺出。下护颖矛尖形，3～3.5毫米长，1脊，1～3脉，顶尖；上护颖卵圆形，3.5～4毫米长，膜质，1脊，3脉，顶尖；雌小花式∑♂^{3}♀L_{2}〉：内稃脊粗糙；3退化雄蕊，花药2毫米长；雌蕊；2浆片，膜质；外稃卵圆形，4～4.5毫米长，皮质，紫色，有脊，5脉，表光或粗糙，顶尖。

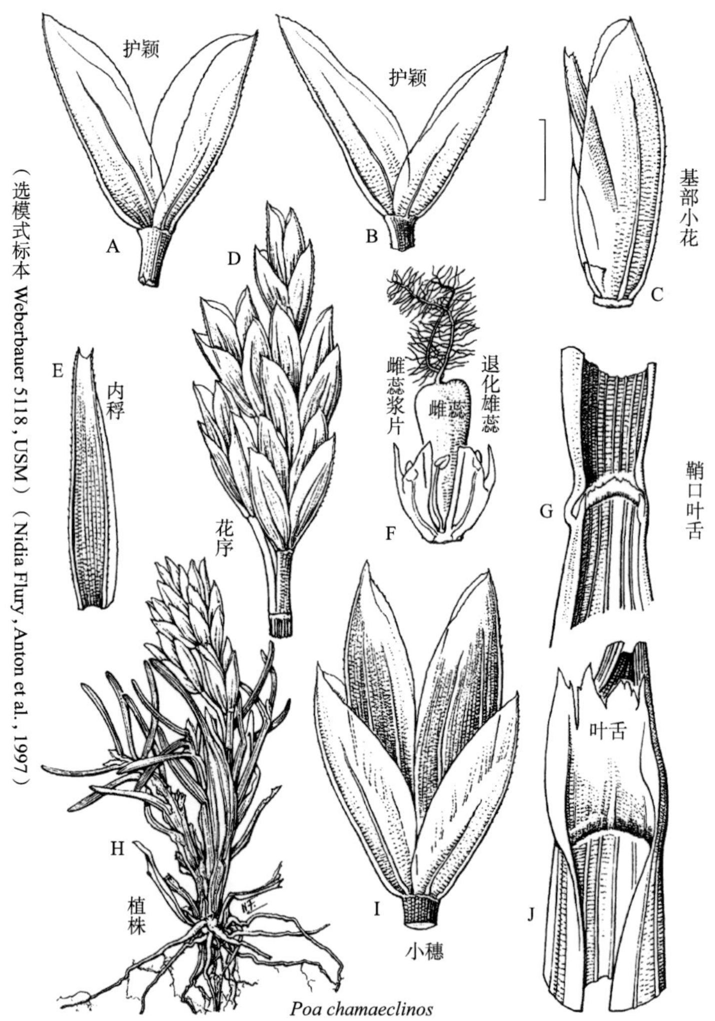

尺标：A、B、C、E、G、I、J=2 mm；D=2 mm；F=0.5 mm；H=5 mm

参考文献

Anton A M，Negritto M A，1997. On the names of the Andean species of *Poa* L.（Poaceae）described by Pilger[J]. Willdenowia，27：235-247.

Negritto M A，Romanutti A A，Acosta M C，et al.，2008. Morphology，reproduction and karyology in the rare Andean *Poa gymnantha* [J]. Taxon，57（1）：171-178.

Soreng R J，Peterson P M，2010. *Poa ramifer*（Poaceae：Pooideae：Poeae：Poinae），A new aerially branching gynomonoecious species from Peru [J]. J. Bot. Res. Inst. Texas，4（2）：587-594.

（潘幸来　审校）

第七章

雌雄同株异花序7属28种

同株雌雄异花序

Male and female inflorescences separate in one plant

同种群中，所有植株都有雌花序和雄花序。有的种雄花序顶生+雌花序腋生，有的种雄花序腋生+雌花序顶生，罕有雌雄花序同腋生或同顶生的。

第一节　*Zea* 玉蜀黍属雌雄异花序6种

【黍亚科>>高粱族>摩擦草亚族→玉蜀黍属***Zea*** **L.**（**1753**）】

*Zea*源自希腊词*zeia*＝“谷食草”，可能指spelt＝二粒麦。原生危地马拉、洪都拉斯、墨西哥、尼加拉瓜。6个属异名：①*Thalysia* Kuntze（1891）；②*Reana* Brign.（1849）；③*Euchlaena* Schrad.（1832）=类蜀黍属（假玉蜀黍属）；④*Mayzea* Raf.（1830）；⑤*Mais* Adans.（1763）；⑥*Mays* Mill.（1754）。

*Zea*玉蜀黍属6个种，皆同株异花序，雌花序腋生，雄花序顶生。光合C_4，XyMS-。染色体基数$x=10$；二倍体、四倍体$2n=20$、40。染色体“小”，半倍体核DNA含量2.4～5.5 pg（6个玉米品种平均为4.4 pg），双倍体2C期DNA含量5.2 pg（不同作者报告值在4.4～11.0 pg），核仁韧。叶中含有类黄酮硫酸盐，叶绿素a∶b≈4.37。

一、*Zea mays*玉米

*Zea mays*记录于1751年，俗称包谷、玉米。原生美洲大陆。1492年哥伦布到达美洲时，玉米已遍及南北美洲各地。据当地土著民对玉米的发音，西班牙语记作maíz，

英语记作maize，后成为玉蜀黍学名*mays*的根词。

玉米是世界三大粮食作物之一。欧亚非澳美各大洲都有种植。美国玉米产量占全球的40%多，美式英语把玉米叫corn＝谷物。西谚“corn up，horn down”＝谷物价格上升，牛角饰物价格就下降——似乎对应汉语“谷贵玉贱”之意。玉米品种繁多，单产、年总产现居世界第一。

*Zea mays*5个异名：①*Thalysia mays*（L.）Kuntze（1891）；②*Mayzea cerealis* Raf.（1830）；③*Mays americana* Baumg.（1816）；④*Zea segetalis* Salisb.（1796）；⑤*Mays zea* Gaertn.（1788）。3个亚种：①*Zea mays* subsp. *huehuetenangensis*（Iltis & Doebley）Doebley（1990）；②*Zea mays* subsp. *mays*；③*Zea mays* subsp. *parviglumis* Iltis & Doebley（1980）。

*Zea mays*玉米一年生。有气生支持根。常无分蘖茎或分枝茎，单茎高100～400厘米，茎节光，节间实心。叶茎生。叶片矛尖形，扁薄韧，长25～100厘米，宽2～10厘米，边缘微糙，顶尖，中脉粗凸，大平行脉间有细横脉。无叶耳。叶舌膜质，长2毫米；叶鞘卷筒。雌雄同株异花序异形，罕有雄变雌或雌生雄者。

玉米顶生大型雄圆锥花序展开——俗称“天花”，有雄花序只单一直立圆柱形总穗状花序，或仅只有1～2个枝总穗状花序。常见雄花序主轴圆柱形有棱纹，无纤毛，多节，每节生1枝总穗状花序（基节有生2枝的），主轴顶端直立伸出10多厘米长呈圆柱形总穗状花序，该伸出轴呈错位6棱柱形，贴生雄小穗的轴面呈浅凹槽形，表平光，无贴生雄小穗的轴表面有细棱纹且披柔毛。枝总穗状花序轴3棱柱形，一棱面朝上，下侧两棱面互生数十节，每节2雄小穗，1有柄，柄长4～5毫米，表披细毛，另1无柄【玉米雄枝穗各节上的一对小穗皆1有柄1无柄，根据前述定义应合称为总穗状花序】。所以玉米雄花序的枝花序是单侧总/穗状花序。

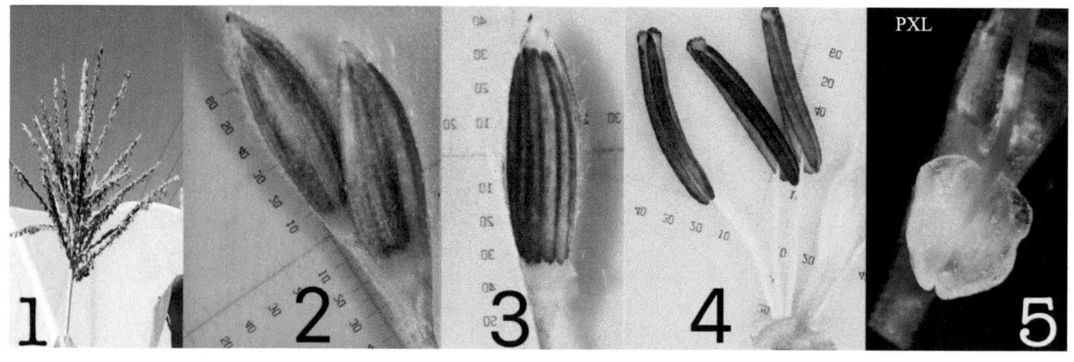

1. 顶生雄圆锥花序；2. 枝轴每节1无柄1有柄雄小穗；3. 待开雄小花内（基盘、2浆片、3花药）；4. 刚开始伸长的3雄蕊；5. 雄浆片正面。

玉米雄小穗2护颖似同，矛尖形，近等长，坚纸质，边缘有纤毛，有脊，侧脉5～9不等，顶钝，仅1雄小花，轴顶花雏形。雄小花式$\sum♂_3L_2$〉：内外稃膜质透亮，或有浅脉1～3；显微镜检毫无雌蕊痕迹；3雄蕊，成熟花药近等长内稃；2浆片，肺叶形，肉质肥厚，无纤毛。

玉米雄穗开花适温阈为20～28℃，低于18℃或高于38℃就不开花。开花顺序一般先自主轴中上部枝穗开始，后渐次向上向下枝穗进行。枝穗开花也是先中上部小花而后向上向下同步进行。

正常发育的一个玉米雄花序，可有2 000～4 000多雄小花，能产生1 500万～3 000万个花粉粒。雄花序一般在抽穗2～5天后始花，7～10（～13）天左右散粉完毕。

玉米腋生雌肉穗花序由变态枝发育而成，粗短柄7～9节，每节生1苞片或“似鞘”，层叠包裹雌肉穗花序，苞片软薄含叶绿素，《Nature》有报道玉米雌穗轴苞片C_3光合，或与叶的C_4光合互补。柄上方是圆柱形肉质穗轴——俗称“玉米芯”，轴表环周整齐排列着6～18纵行孪生雌小穗，生成12～32列籽粒，开花后顶端有柱头丛悬垂。成熟后谓之果穗——俗称“玉米棒子”。有的品种籽粒上肉眼可见花柱根眼。

剥开即将吐须、刚吐须、全吐须的玉米雌花序外面的苞叶，可见数百对雌小穗多纵列整齐地排列在中央肉质穗轴表面上。

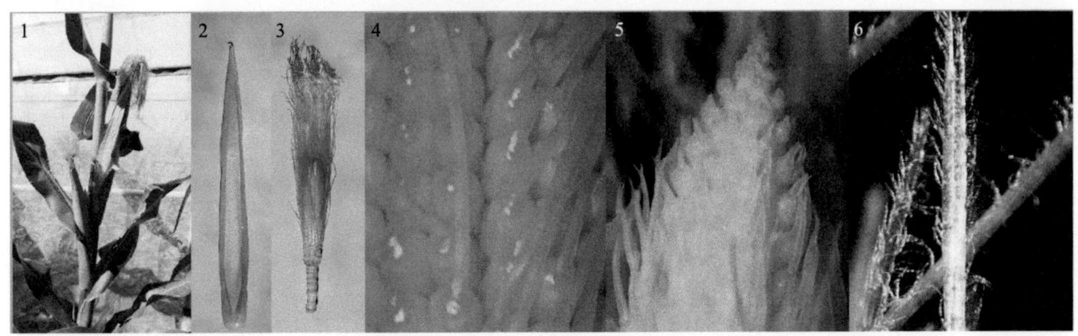

1. 腋生雌肉穗花序；2. 幼肉穗花序柄节生最内苞叶；3. 肉穗短柄7节、花柱密集包裹肉穗，柱头刚吐露稍显紫红色；4. 肉穗轴表面的子房及花柱整齐排列；5. 肉穗轴顶子房花柱短小且顶端分叉；6. 刚露出苞叶的柱头周表及顶端多细刺毛。完全吐露出的柱头周表多红紫色绒毛，顶端渐开形分叉周表亦多绒毛。

玉米雌小穗孪生。体视显微镜下观察解剖玉米幼穗，很难看清雌小花的内外稃，更看不到浆片及雄蕊痕迹。也很难分清雌小穗的内外护颖及不发育小花等。镜鉴成熟果穗，明显可见在一个刚硬的槽船形小穗基盘的下槽边基部生出一轴向上分叉为2个小穗轴各成一小穗——故谓之“孪生小穗”，每个小穗有健全的内外护颖+1不发育小花仅有内外稃雏形+1轴顶雌小花。2护颖近等长，外颖下半部硬骨质，背部宽而平展、两边近直角折起，上半部及全边缘皆为透亮薄膜或带晕红色透亮薄膜；内颖下部为皮革质，下弯，周边透亮薄膜或带晕红色透亮薄膜。外颖边缘包覆内颖边缘，共抱颖果基部。雌小花式∑♀〉：内外稃皆透亮或透亮略晕红色、膜质，微小仅包脐部；子房光亮，1花柱细线形，可长达20～30厘米——俗称“玉米胡子”“玉米须”，柱头顶端分叉，周表有微毛，开花期吐露渐变褐色，老化后红紫色，枯干后褐色；无浆片及雄蕊痕迹。雌蕊露天即为开花授粉，玉米实例表露无遗——雌雄蕊露天即为开花授粉——准确定义了开花授粉。颖果俗称“玉米籽”，其形状、大小、色泽等多样。常见有尖球形、扁梯形、马牙形等，粒长超出护颖3/4～4/5，籽粒大小还因生长条件差异而变，一般长5～12毫米。颖果脐短，胚大，胚长约占颖果长的1/2～2/3，无外胚叶，有盾状尾片，有中胚轴，胚乳硬质，单粒淀粉，同株玉米雌穗抽穗稍晚于雄穗，吐须比雄穗开花一般晚2～5天不等。一般雌穗中下部小花吐须最早，而后向上向下同步吐须，顶部小花吐须最晚。正常情况下吐露的柱头寿命可维持7～10天。

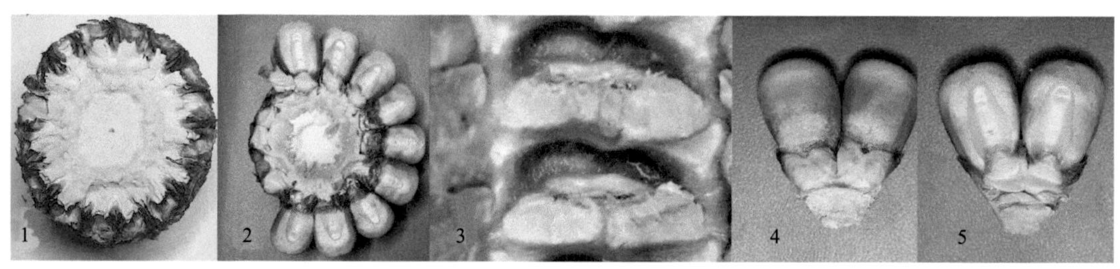

1. 玉米雌肉穗轴横断面；2. 肉穗轴横断面籽粒排列局部；3. 雌肉穗表面一列孪生小穗基盘；4～5. 颖果护颖背/腹面。

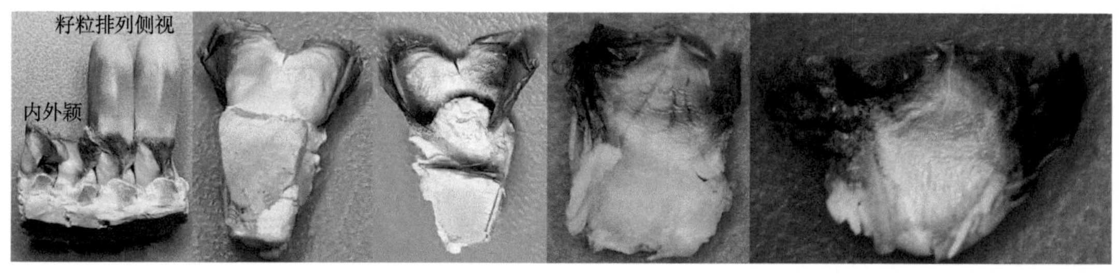

小穗基盘侧视　外颖背面　外颖内面　外颖背面上部　外颖内面上部

玉米雌肉穗花序的分化一般分为5个阶段：①生长锥未伸长期；②生长锥伸长期；③小穗分化期；④小花分化期；⑤雌蕊发育成熟期。

玉米雌肉穗花序是由茎中部若干叶腋芽营养生长锥质变为雌性生殖生长后经过雌穗分化过程而成的，受精结实成熟后即为果穗。

关于玉米的起源，学界一般认为玉米是在大约9 000年前由野生于低海拔地的小颖类蜀黍（*Zea mays* subsp. *parviglumis*）驯化而成的。而在1995年Eubanks报道，用1978年新发现的竹状类蜀黍（*Zea diploperennis*）和鸭茅状摩擦草（*Tripsacum dactyloides*）杂交，得到了类似原始玉米果穗。这又引起了玉米起源进化问题大争论。

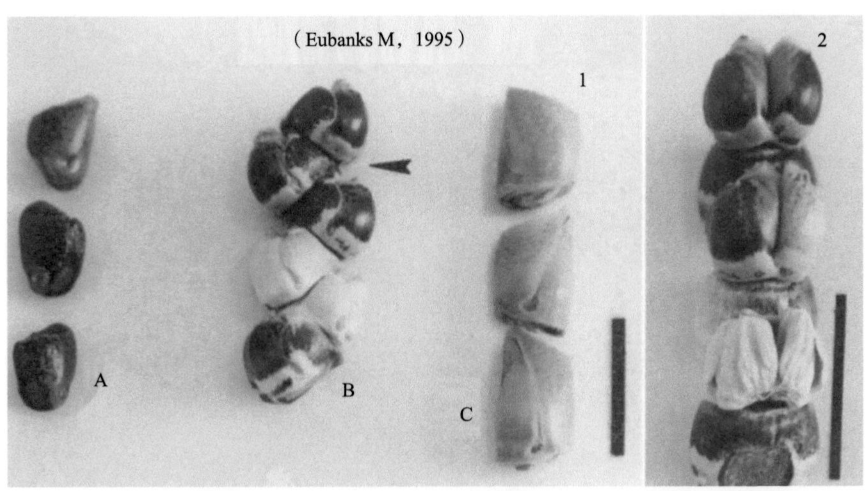

1A. 大刍草果实；1B. 鸭茅状摩擦草与大刍草杂种的穗，箭头指杯状托盘间的间隙；1C. 鸭茅状摩擦草的带壳果实；2. 图1B穗侧视纵列成对。

2009年玉米基因组重测序完成，其中竟有85%的序列为转座子。玉米转座子在基因组中的随机不规则跳转易位，可导致所在编码基因失活或突变，或引发所在调控基因的功能突变，这就造成了玉米比别的作物变异更多，品种间差异极大的事实。

二、*Zea mexicana*（Schrad.）Kuntze（1904）

*Zea mexicana*订正记录于1904。原生墨西哥。4个异名：①*Zea mays* subsp. *mexicana*（Schrad.）Iltis（1972）；②*Euchlaena giovanninii* E. Fourn.（1876）；③*Reana giovanninii* Brign.（1849）；④*Euchlaena mexicana* Schrad.（1832）（类蜀黍teosinte）。

*Zea mexicana*一年生，丛生。秆高200～400厘米，有支持根。节间实心。叶片长60～120厘米，宽50～80毫米。叶舌膜无纤毛。同株雌雄异花序。雌穗状花序2至数个，腋生鞘抱，披椭圆形草质苞片，穗轴近圆柱形中空、节脆、节间背凸、6～10毫米长、上方扁平斜倾。雌小穗无柄，单生，凹陷，长4～8毫米，侧平，含基部1不发育小花，及轴顶1雌小花，第一护颖覆盖小穗轴腔、变硬。雌小穗熟与护颖一起掉落。雌小花式∑♀〉：内稃顶端有缺刻，透亮不变硬，2脉，无脊；无浆片；雄蕊0；花柱细丝长，柱头顶端有微小分叉；外稃不如护颖结实，透亮不变硬，完整，无芒，无毛，无隆突，1脉。颖果带壳坚硬，成熟时逐节断落。雄圆锥花序顶生，与玉米的顶生圆锥花序极似。雄小穗孪生，1无柄，1有柄，椭圆形，7.5～10.5毫米长，各含2雄小花，各有2椭圆形护颖，多脉，无翅，无颖嘴，长达小花顶端，比外稃结实，内颖膜质，无脊。雄小花式∑♂$_3$L$_2$〉：内稃；3雄蕊；2浆片；外稃椭圆形，透亮。

甄别：*Euchlaena mexicana*植株及雌雄花序开花前期看似玉米，但单株多茎丛生，果穗细瘦而颖果极少且带壳坚硬，成熟时逐节断落，皆与玉米差异很大，容易区别。

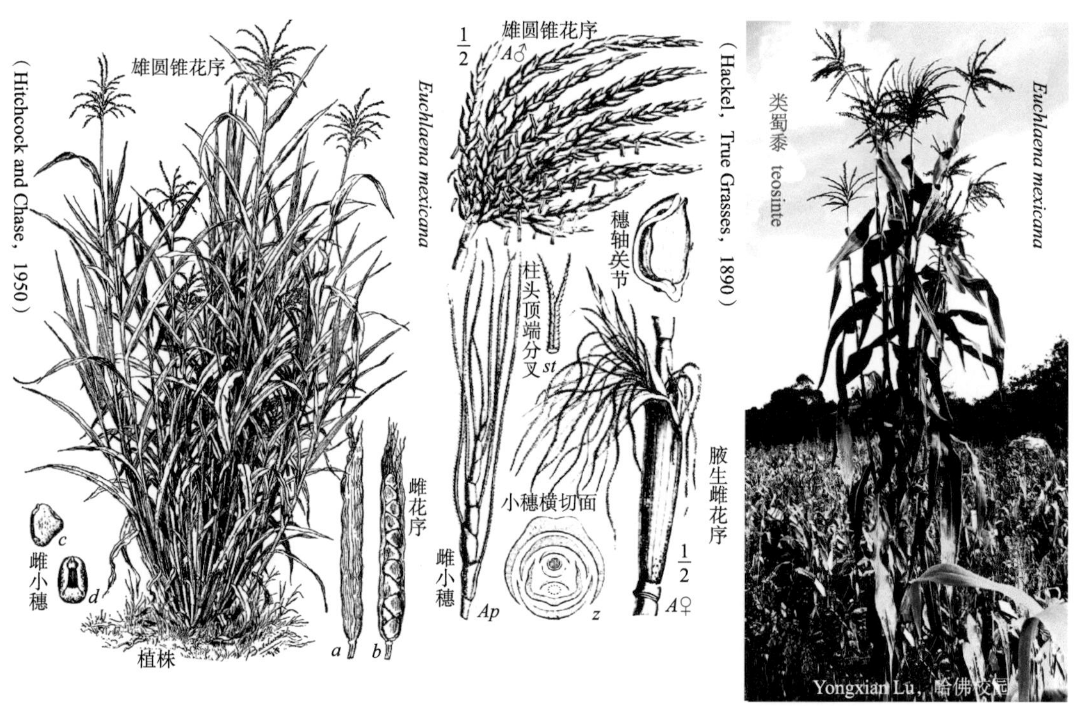

三、*Zea diploperennis* Iltis，Doebley & R. Guzmán（1979）

*Zea diploperennis*大刍草记录于1979年。原生墨西哥哈利斯科州西南部。1个异名：*Zea perennis* subsp. *diploperennis*（Iltis，Doebley & R. Guzmán）Greb.（1986）。大刍草同株雌雄异花序，抗旱、涝、寒，抗大、小斑病，抗茎腐病，抗虫等，还是3种玉米病毒病的唯一免疫源。又可无性繁殖，籽粒蛋白含量为玉米的3倍。为玉米改

良的高价值近亲种质。

*Zea diploperennis*多年生，丛生。根茎短（节间0.2～0.6厘米长）。茎秆直立壮实，100～250厘米长，直径1～2厘米。节间实心。叶茎生，叶舌膜无纤毛，1～2毫米长。叶片40～80厘米长，40～50毫米宽，叶表光，叶片基部心形。同株雌雄异花序。腋生雌穗状花序由椭圆形草质苞片包裹，主穗轴近圆柱形、节脆、节间长6～8.2毫米、鼓胀、呈梯形，顶扁平歪斜。主穗轴两侧生5～10雌小穗。雌小穗单生，无柄，凹陷，2护颖，基部1雏形花，轴顶1雌小花。雌小花式∑♀〉：内稃；子房顶有乳头，花柱丝状，柱头分叉；浆片无；雄蕊0；外稃椭圆形，透亮，无脊。顶生似指掌状雄圆锥花序，主穗轴基节有2枝穗。孪生雄小穗椭圆形，8.5～11.5毫米长，1无柄，1有柄（柄长1.5～3毫米），护颖有翅，无嘴。下护颖等长小穗，扁平，变硬，比外稃结实，无脊。上护颖椭圆形，膜质，无脊。雄小花式∑$♂_3L_?$〉：内稃；3雄蕊；浆片未述；外稃无芒。

甄别要点：雌穗轴节间呈梯形，雄小穗下护颖扁平。*Zea diploperennis*标本为1978年标本。株高1.5～2.5米，单株1～10个茎，隔年根茎大多3～15厘米长，当年新生茎基部生1至数枝茎。早年茎留有1～3厘米残迹。$2n$=20。（与玉米杂交可得F_1杂种）。

四、*Zea perennis*（Hitchc.）Reeves & Mangelsd.（1942）

*Zea perennis*订正记录于1942年。原生墨西哥。1个异名：*Euchlaena perennis* Hitchc.（1922）。

*Zea perennis*多年生。根茎长（节间1～6厘米），有皮屑。茎秆直立，100～200厘米高。节间实心。叶茎生。叶鞘有网状脉。叶舌膜1～2毫米长。叶片基部心形，叶片20～40厘米长，10～30毫米宽，叶表光，边缘粗糙，顶尖。雌雄同株异花序。腋两侧生雌穗状花序3～6厘米长，有椭圆形草质苞片包裹，主穗轴近圆柱形，节间6～8毫米长、扁平背凸。雌小穗单生，无柄，凹陷，长椭圆形，侧平，4～6毫米长，2护颖，含基部1空花（仅外稃膜质），轴顶1雌小花。雌小穗成熟后整体掉落，穗轴节间脆断。雌小花式∑♀〉：内稃；雌蕊，花柱细丝线形，柱头分叉；无浆片；雄蕊0；外稃椭圆形，透亮，无脊。顶生雄圆锥花序或近指掌状。雄小穗孪生，1无柄，1有柄，柄长3～4毫米；雄小穗椭圆形，8～9毫米长，含2雄小花，2护颖有翅无嘴，比可育外稃结实。下护颖等长小穗，长椭圆形，变硬，无脊。上护颖椭圆形，膜质，无脊。雄小花式∑$♂_3L_2$〉：内稃；3雄蕊；2浆片；外稃无芒。

五、*Zea luxurians*（Durieu & Asch.）R. M. Bird（1978）

*Zea luxurians*订正记录于1978年，原生墨西哥东南、危地马拉、洪都拉斯。4个

异名：①*Zea mexicana* subsp. *luxurians*（Durieu & Asch.）Greb.（1986）；②*Zea mays* subsp. *luxurians*（Durieu & Asch.）Iltis（1972）；③*Euchlaena mexicana* var. *luxurians*（Durieu & Asch.）Haines（1924）；④*Euchlaena luxurians* Durieu & Asch.（1877）。

*Zea luxurians*一年生。茎秆直立，200～300厘米高，节间实心。叶茎生。叶鞘表面光。叶舌膜3～3.5毫米长。叶片20～80厘米长，30～80毫米宽，叶表光。雌雄同株异花序。腋双侧生雌穗状花序5～9厘米长，有椭圆形草质苞片包裹，主穗轴近圆柱形，6.5～10毫米长，节间梯形，扁平背凸，节间顶壳斗形歪斜，2列雌小穗。雌小穗无柄，单生，凹陷，长椭圆形，4～6毫米长，侧平，2护颖，含基部1空花（几无内稃、仅外稃膜质），轴顶1雌小花。雌小穗成熟时整体掉落。雌小花式∑♀〉：内稃；雌蕊，花柱细线形，柱头有分叉；无浆片；无雄蕊；外稃椭圆形，透亮，无脊。顶生雄总状或圆锥花序。雄小穗孪生，1无柄，1有柄，柄长3～5毫米；雄小穗椭圆形，8～10.5毫米长，含2雄小花，2护颖有翅无嘴。下护颖等长小穗，长椭圆形，扁平，无脊。上护颖椭圆形，膜质，无脊。雄小花式∑♂$_3$L$_2$〉：雄小花椭圆形，8～10.5毫米长，内稃；3雄蕊；2浆片；外稃无芒。

六、*Zea nicaraguensis* Iltis & B. F. Benz（2000）

*Zea nicaraguensis*记录于2000年。一年生。有支持根。茎秆直立无侧枝，200～500厘米高，节间实心。叶茎生，叶鞘表面光，叶舌膜无纤毛，叶片20～80厘米长，30～80毫米宽，叶表光。雌雄同株异花序。腋双侧生雌穗状花序6～8厘米长，有一椭圆形6～10厘米长草质苞片包裹，主穗轴近圆柱形，节脆，节间梯形杯状背凸，7～10毫米长，着生2列4～10雌小穗。雌小穗长菱形，侧平，含基部1空花，轴顶1雌小花。雌小穗成熟时与附属结构一起掉落。雌小花式∑♀〉：内稃；雌蕊2柱头，末端伸出；外稃椭圆形透亮无脊。顶生雄圆锥花序，主穗轴23～32厘米长，枝总穗状花序8～12厘米长，着生36～64个雄小穗。雄小穗孪生，1无柄，1有柄，椭圆形，9～11毫米长，含2雄小花，2护颖无嘴。下护颖等长小穗，长椭圆形，皮质强韧，浅棕色或深棕色，无脊。上护颖椭圆形，膜质，无脊。雄小花式∑♂$_3$L$_?$〉：内稃；3雄蕊；浆片未述；外稃无芒。

第二节　*Luziola* 漂筏菰属雌雄异花序9种记述4种

【稻亚科>>稻族>菰亚族→漂筏菰属*Luziola* Juss.（1789）】

*Luziola*源自*Luzula*。原生热带南美及美国南部。水生或沼生草本。*Luziola*是单系

发生组，*Zizaniopsis*是其姊妹组。光合C_3，XyMS+。同株雌雄异花序，或同花序时雄上雌下。顶生雄花序都在空气中，而腋生雌花序都浮在水面。护颖退化或无，外稃上乳突排列成水平行，外稃中的哑铃形硅体，由合性花变成单性花，叶子漂浮，失去气孔，茎皮层薄壁组织中的气室和叶状植硅体等性状可能都与其水生生命周期潜在相关（Jos et al.，2006）。颖果裸粒，1～2毫米长。脐长条形，果皮厚硬。胚小，胚乳硬，无脂肪。3个属异名：①*Arrozia* Schrad. ex Kunth（1833），nom. superfl.；②*Caryochloa* Trin.（1826）巴西漂筏菰属；③*Hydrochloa* P. Beauv.（1812）北美漂筏菰属。漂筏菰属11个种，其中9个种雌雄同株异花序。另2个种雌雄同花枝异段。

一、*Luziola peruviana* J. F. Gmel.（1791）

*Luziola peruviana*记录于1791年。原生墨西哥到阿根廷北部，古巴东南部及巴西南部。3个异名：①*Luziola leiocarpa* Lindm.（1900）；②*Milium natans* Spreng.（1824）粟草属种；③*Luziola mexicana* Kunth（1816）。

*Luziola peruviana*多年生。茎膝曲向上，10～67厘米长，柔弱，多侧枝。基部节生根。叶基生+茎生。叶片8～26厘米长，0.2～0.6厘米宽，表光，顶渐尖。叶舌膜无纤毛。雌雄同株异花序。腋生雌圆锥花序展开，2.5～9厘米长。雌小穗有柄，单生，卵圆形到近圆筒形，2～2.5毫米长，无护颖，含轴顶1雌花，熟落。雌小花式∑♀〉：内稃矛尖形，等长外稃，4脉，无脊，顶尖；雄蕊0；雌蕊2花柱；浆片无；外稃椭圆形，2～2.5毫米长，膜质，无脊，7脉，侧脉有脊棱，表面粗糙，顶尖。顶生雄圆锥花序。雄小穗长椭圆形，5.5～9毫米长，无护颖，含1雄小花，熟落。雄小花式∑♂$_9$〉：内稃；9雄蕊；无浆片；外稃7脉。

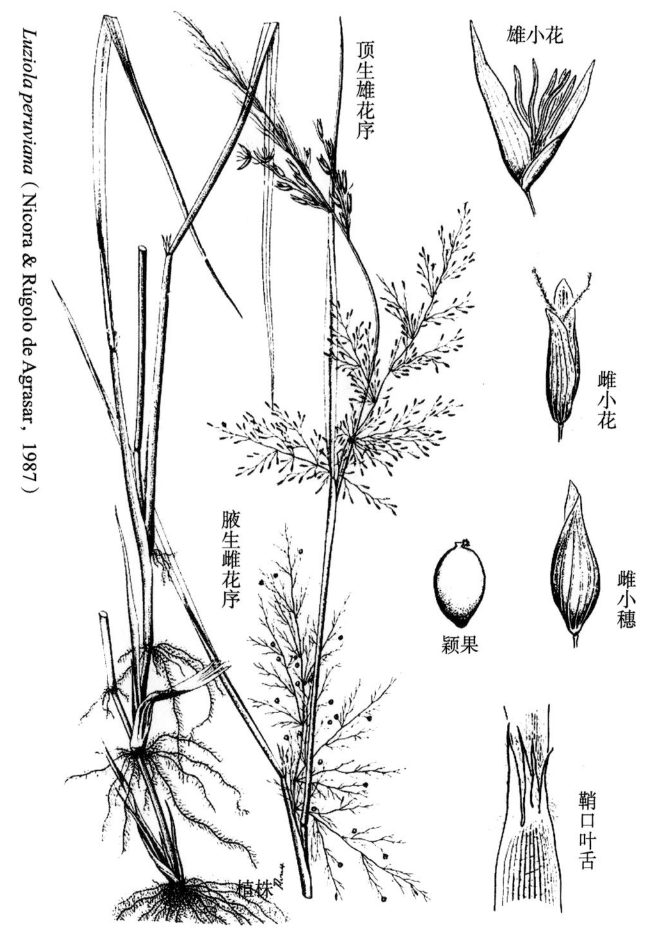

Luziola peruviana（Nicora & Rúgolo de Agrasar，1987）

二、*Luziola brasiliana* Moric.（1840）

*Luziola brasiliana*记录于1840年。原生委内瑞拉，巴西东北部。2个异名：①*Luziola pittieri* Luces（1942）；②*Luziola doelliana* Prodoehl（1922）。

*Luziola brasiliana*多年生。茎直立，17～60厘米长。叶茎生+基生。叶片5～30厘米长，0.2～0.7厘米宽，表面粗糙，光，顶尖。叶舌膜无纤毛。雌雄同株异花序。腋生雌圆锥花序卵圆形，6～17厘米长。雌小穗有柄，单生，球形～近圆筒形，1.5～2毫米长，含轴顶1雌小花，熟落。雌小花式∑♀$L_?$〉：内稃矛尖形，等长外稃，11脉，无脊，顶尖；雌蕊；浆片未述；外稃球形，1.5～2毫米长，膜质，中绿，无脊，11脉，侧脉有脊棱，表光滑，顶尖。顶生雄圆锥花序。雄小穗有柄，单生，椭圆形—长椭圆形，4.5～5.5毫米长，护颖模糊或无，含1雄小花，熟落。颖果蛋形，1.5～2毫米长，有条纹，果皮脆，成熟时自内外稃间隙露出。雄小花式∑♂$_{12}$〉：内稃；12雄蕊；无浆片；外稃9脉。

三、*Luziola gracillima* Prodoehl（1922）

*Luziola gracillima*记录于1922年。原生墨西哥西部、北部，巴拉圭到阿根廷北部一带。多年生，簇生。茎膝曲，30～40厘米长。叶片10～20厘米长，0.2～0.3厘米宽，表面粗糙。叶耳直立。叶舌膜无纤毛，5～10毫米长。雌雄同株异花序。腋生雌圆锥花序展开，卵圆形，5～10厘米长。雌小穗有柄，单生，球形～近圆筒形，钝圆，1毫米长，含轴顶1雌小花，熟落。雌小花式∑♀$L_?$〉：内稃长椭圆形，等长外稃，5脉，无脊，顶尖；雌蕊；浆片未述；外稃球形，1毫米长，膜质，无脊，9脉，侧脉有脊，表面粗糙，脉上糙，顶钝圆。颖果蛋形，0.8毫米长，有条纹，果皮脆。顶生雄圆锥花序。雄小穗矛尖形，5～7毫米长，无护颖，含1雄小花，熟落。雄小花式∑♂$_{6\sim9}$〉：内稃；6～9雄蕊，花药4毫米长；无浆片；外稃。

四、*Luziola fluitans*（Michx.）Terrell & H. Rob.（1974）

*Luziola fluitans*订正记录于1974年。原生美国东南部到危地马拉一带。8个异名：①*Luziola fluitans* var. *oconneri*（R. Guzmán）G. C. Tucker（1988）；②*Zizania nutans* Steud.（1841）；③*Luziola caroliniana* Trin. ex Steud.（1841）；④*Hydropyrum fluitans*（Michx.）Kunth（1829）；⑤*Hydrochloa fluitans*（Michx.）Torr.（1826）；⑥*Luziola carolinensis*（P. Beauv.）Raspail（1825）；⑦*Hydrochloa carolinensis* P. Beauv.（1812）；⑧*Zizania fluitans* Michx.（1803）。

*Luziola fluitans*多年生。茎匍匐柔弱，30～100厘米长，下部节生根，叶鞘1～3

厘米长。叶舌膜无纤毛，1毫米长。叶片2～4厘米长，0.2～0.4厘米宽，顶尖或渐尖。雌雄同株异花序。腋生雌总状花序，基部被叶包，主轴每节1枝总状花序含1～3个雌小穗。雌小穗有柄，单生，卵圆形—近圆筒形，4毫米长，仅轴顶1雌花，熟落。雌小花式∑♀〉：内稃矛尖形，等长外稃，5脉，无脊，顶尖；雌蕊柱头2；外稃椭圆形，4毫米长，膜质，无脊，5～7脉，侧脉有脊，顶尖。颖果蛋形，果皮脆。顶生雄总状花序。雄小穗有柄，单生，无护颖。雄小花式∑♂$_6$〉：内稃；雄蕊6；浆片无；外稃7脉。

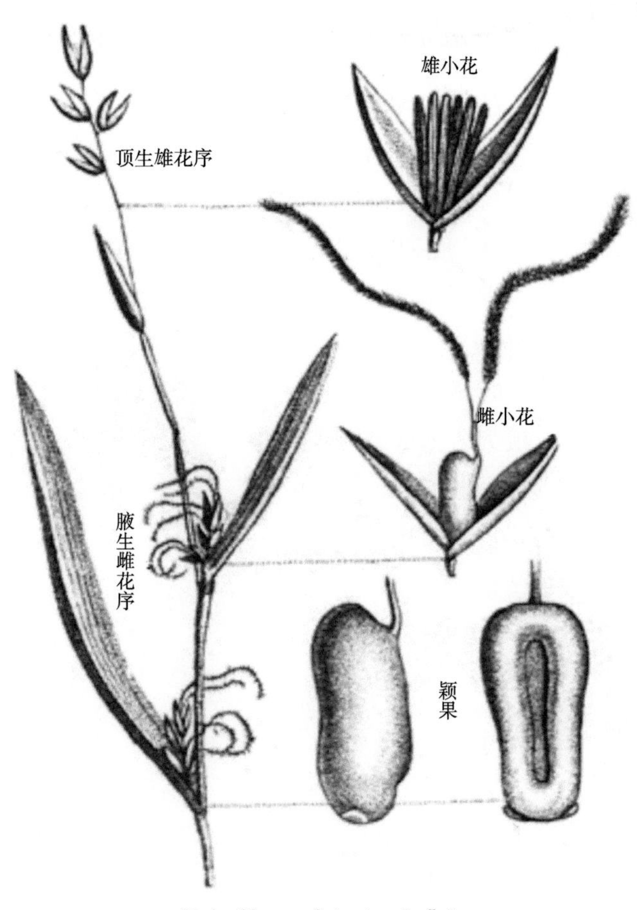

Hydrochloa caroliniensis as *L. fluitans*

*Luziola peruviana*是漂筏菰属内分布最广的一个种，自路易斯安那州到阿根廷；*Luziola fluitans*分布仅限于北卡罗莱纳州到墨西哥中部；*Luziola fragilis*分布于哥斯达黎加到巴西；有认为*Luziola subintegra*和*Luziola spruceana*应是同一个种，但*Luziola subintegra*的雌花序的枝穗顶端有一单花，且其穗下节间、内外稃均光，而*Luziola spruceana*的雌花序的枝穗顶端不育，且其穗下节间、内外稃均粗糙。

第三节　*Lithachne* 石稃竺属雌雄异花序4种

【竹亚科>>竹族>黍竺亚族→石稃竺属*Lithachne* P. Beauv.（1812）】

*Lithachne*石稃竺属记录于1812年，因其骨质颖果和石质内外稃硬而名，原生热带及亚热带美洲。光合C_3，XyMS+。染色体基数$x=11$；二倍体、四倍体$2n=22$，44。属内4种，其中雌雄同株异花序3种。

一、*Lithachne pauciflora*（Sw.）P. Beauv.（1812）

*Lithachne pauciflora*订正记录于1812年。散布于墨西哥到阿根廷北部海拔0～1 000米的森林中。6个异名：①*Olyra pauciflora* var. *atrocarpa* Kuntze（1898）；②*Olyra pauciflora* var. *leucocarpa* Kuntze（1898）；③*Stipa pauciflora*（Sw.）Raspail（1825）；④*Lithachne axillaris*（Lam.）P. Beauv.（1812）；⑤*Olyra axillaris* Lam.（1797）；⑥*Olyra pauciflora* Sw.（1788）。

*Lithachne pauciflora*多年生草竹，丛生。茎秆直立或膝曲向上，20～75厘米长。茎节紧缩。叶茎生。叶舌膜无纤毛，0.5毫米长。叶片矛尖形，4～10厘米长，15～30毫米宽，顶尖，基部阔圆不对称，有拟柄连鞘。关于*Lithachne pauciflora*的花序如下几种描述有所出入。

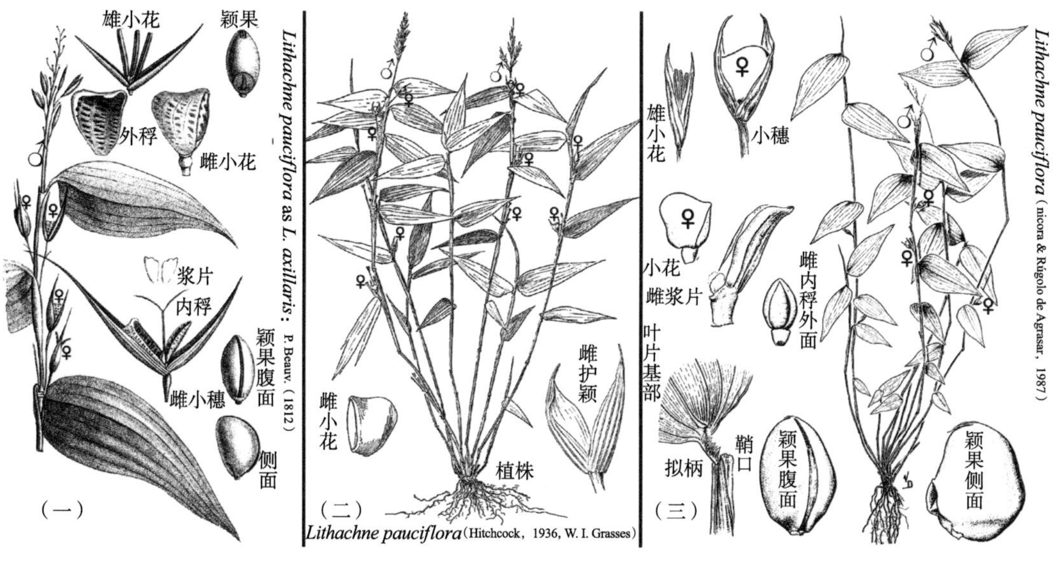

（一）*Lithachne pauciflora* = *L. axillaris*

顶生雄总状花序。腋生雌花序单小穗单花。雌小花式∑♀L_2〉。雄小花式∑♂$_3$ $L_?$〉。

（二）*Lithachne pauciflora* Hitchcock（1936）

顶生雄圆锥花序。腋生雌花序单小穗单花。雌小穗有柄、内外护颖多脉。雌小花内外稃闭合成头包状。雌小花式∑♀$L_?$〉；雄小花式∑♂$_3$$L_3$〉。

（三）*Lithachne pauciflora* Nicora & Rúgolo de Agrasar（1987）

顶生雄圆锥花序极少雄小穗，腋生雌花序单小穗单花。雌小花式∑♀L_2〉；雄小花式∑♂$_3$$L_3$〉。

（四）***Lithachne pauciflora* Yingyong P. ex R. W. Pohl，1992**

*Lithachne pauciflora*腋生丛复花序，丛中每个花序含1雌小穗及其下方的0～3个雄小穗。第一束花序自第一短节生出，此后的各束花序依次自上方或及旁侧的次级节生出。每束花序各有苞片。每叶腋可生1～5束花序。雌小穗有柄，单生，9～11毫米长，侧平，含轴顶1雌小花。护颖比外稃薄。下护颖9～11毫米长，草质，无脊，9脉，顶尖。上护颖似同下护颖，7脉。小穗熟自小花下方断落。雌小花式∑♀L_2〉：内稃变硬；初生雌蕊瓶状，有卵形或近球形子房、子房内半倒生胚珠，三维管束自基部、中央维管束进入脐索供应子房、两侧维管束通过子房壁进入花柱至柱头，单花柱顶分2柱头羽状展开，授粉后柱头开裂、子房侧向隆突、花柱渐移至对面，形成盈凸光亮的颖果，带稃颖果成熟需要30～35天；2浆片，肉质；外稃倒卵形，侧平，半球形，4～5毫米长，淡白色或暗棕色，闪亮，无脊，边缘内卷，顶端平截，变硬。小花基盘明显，1毫米长，平截。雄小穗孪生，1有柄，1无柄，各只1雄小花，5～6毫米长，无护颖。雄小花式∑♂$_3L_3$〉：内稃；3雄蕊；3浆片，有维管束；外稃3脉，无芒。

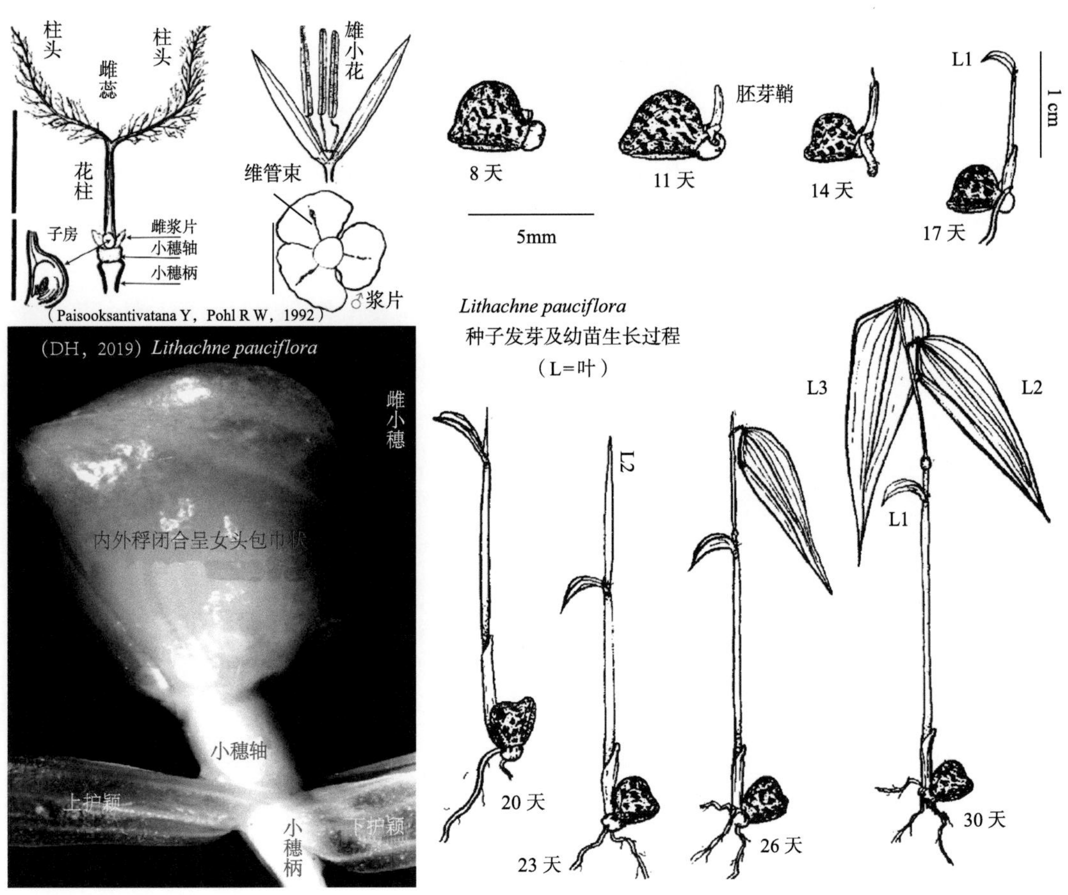

二、*Lithachne pinetii*（C. Wright ex Griseb.）Chase（1908）

*Lithachne pinetii*订正记录于1908年。原生古巴。1个异名：*Olyra pinetii* C. Wright ex Griseb.（1862）。

*Lithachne pinetii*多年生草竹，丛生。茎细弱，10～20厘米长。叶茎生。叶舌膜有纤毛，0.1毫米长。叶片基部有拟柄连鞘，叶片弯，矛尖形或卵圆形，1～1.5厘米长，3～7毫米宽，顶尖。雌雄同株异花序。腋生雌穗状花序出鞘或基部苞叶，仅含少数雌小穗。穗下节间扁。雌小穗无柄，单生，楔形，侧平，4～5毫米长，含1雌小花，轴顶不伸出，护颖比外稃薄，上下护颖似同，卵圆形，4～5毫米长。小穗熟自小花下方断落。雌小花式∑♀$L_?$〉：内稃变硬；雌蕊；浆片未述；外稃倒卵形，侧平，盈凸光亮，侧视三角形，3毫米长，变硬，淡白色，闪亮，无脊，边缘内卷，顶端平截；小花基盘明显，平截。顶生雄花序仅含2～3个雄小穗。雄小穗有柄，条形或矛尖形，3～4毫米长，无护颖，含1雄小花。雄小花式∑♂$_3$$L_3$〉：内稃；3雄蕊；3浆片；外稃3脉，无芒。

三、*Lithachne horizontalis* Chase（1935）

*Lithachne horizontalis*记录于1935年。原生巴西东南部。多年生草竹，丛生。有爬地茎。茎长10～30厘米，下方节生根。叶茎生。叶片平展，矛尖形或长椭圆形，2.5～6.5厘米长，8～13毫米宽，边缘粗糙，顶尖。叶片基部不对称，有拟柄连鞘，拟柄光。叶舌膜有纤毛，0.1毫米长。雌雄同株异花序。腋生雌花序有先出叶，仅含数个雌小穗，穗下节间扁。雌小穗无柄，单生，侧平，5～6毫米长，含轴顶1雌小花，护颖比可育外稃薄，下护颖似同，卵圆形，5～6毫米长，草质，无脊，5脉，顶渐尖，上护颖3脉，余同下护颖。雌小穗熟自小花下方脱落。雌小花式∑♀〉：内稃变硬；雌蕊；外稃倒卵形，侧视三角形，3毫米长，侧平，盈凸，变硬，淡白闪亮，无脊，边缘内卷，顶平截；小花基盘明显，平截。顶生雄圆锥花序3～4厘米长。雄小穗有柄，单生，条形或矛尖形，4毫米长，无护颖，仅1雄小花。雄小花式∑♂$_3$$L_3$〉：内稃；3雄蕊；3浆片；外稃3脉，无芒。

四、*Lithachne humilis* Soderstr.（1980）

*Lithachne humilis*记录于1980年。仅现于洪都拉斯北部河岸的密灌丛中。多年生草竹，丛生。根茎短。茎长15～27厘米，5～6节，节间圆筒形、壁薄。节上有脊棱。叶茎生，每枝茎2～4叶。叶鞘有脊棱、鞘口无毛。叶舌膜无纤毛，0.2毫米长。叶片条形或矛尖形，3～6厘米长，4～8毫米宽，基部不对称，有拟柄连鞘，中脉下方凸，

两面披毛。雌雄同株异花序。腋生雌花序极少小穗。穗下节间扁，0.8～1厘米长。雌小穗无柄，单生，楔形，侧平，7.3～7.7毫米长，仅轴顶1雌小花。护颖比外稃薄。下护颖卵圆形，7.3～7.7毫米长，膜质，无脊，7～9脉，顶渐尖。上护颖5～7脉，余同下护颖。雌小穗熟自落。雌小花式∑♀$L_?$〉：内稃变硬；雌蕊花柱基部融合，2柱头；浆片未述；外稃倒蛋形，侧平，盈凸光亮，侧视三角形，3～3.5毫米长，变硬，淡白色，闪亮，无脊，5脉，边缘内卷，顶端平截。颖果脐条形，等长颖果。顶生雄圆锥花序仅含2～6个雄小穗。雄小穗窄矛尖形，6毫米长，有柄，无护颖，仅1雄小花。雄小花式∑♂$_3$$L_3$〉：内稃；3雄蕊，花药4.2～4.7毫米长；3浆片；外稃3脉，有芒；小花基盘明显，1毫米长，平截。

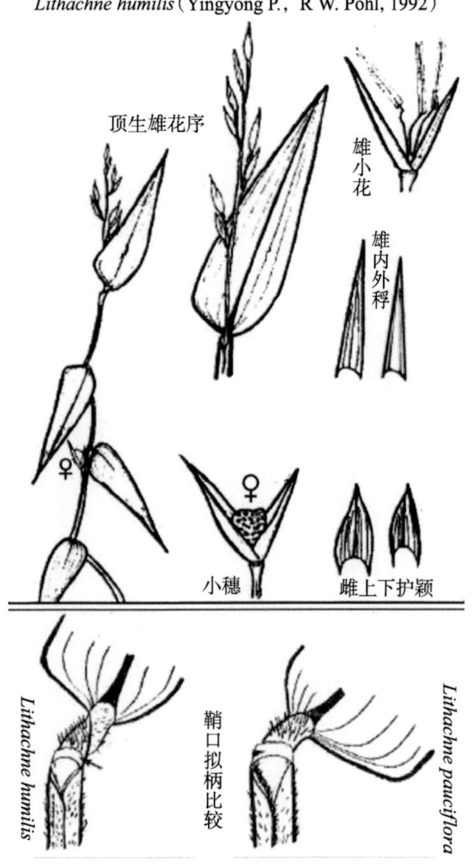

第四节　*Raddia* 玉米竺属雌雄异花序9种记述6种

【竹亚科>>黍竺族>黍竺亚族→玉米竺属*Raddia* Bertol.（1819）】

*Raddia*玉米竺属原生中南美洲特立尼达到巴西一带。2个属异名：①*Sucrea* Soderstr.（1981）；②*Strephium* Schrad. ex Nees（1829）。*Raddia*属多年生阴地草本。光合C_3，XyMS+。染色体基数$x=11$；二倍体$2n=22$。属内12种，其中9个种雌雄同株异花序。

一、*Raddia brasiliensis* Bertol.（1819）

*Raddia brasiliensis*记录于1819年。原生巴西中东部。4个异名：①*Olyra hoehnei* Pilg.（1922）；②*Strephium floribundum* Nees ex Steud.（1853）；③*Olyra brasiliensis*（Bertol.）Spreng.（1827）；④*Olyra floribunda* Raddi（1823）。

*Raddia brasiliensis*多年生。茎长30～60厘米。叶茎生。叶舌膜无纤毛。叶片长椭圆形，基部阔圆，顶钝圆，4～12厘米长，0.9～2.5厘米宽，有拟柄连鞘。雌雄同株异花序，个别标本中有雄花序和两性花序，当属雄异花种。茎中上部每节腋生1至数个雌圆

锥花序，基部包叶，枝总状花序1～3厘米长，着生4～8个雌可育小穗。雌小穗轴有棱角，柄楔形，单生，卵圆形，4毫米长，仅轴顶1雌小花。护颖比外稃薄。下护颖卵圆形，4毫米长，等长上护颖，坚纸质，无脊，5脉，表披柔毛，颖嘴2毫米长。上护颖卵圆形，坚纸质，无脊，3脉，顶尖。雌小穗熟自小花下方脱落。雌小花式∑♀$L_?$〉：内稃皮质，2脉，表披柔毛，背面有毛；雌蕊；浆片未述；外稃卵圆形，3.5～4毫米长，皮质，无脊，5脉，边缘内卷，顶钝圆。顶生/腋生雄圆锥花序4～6厘米长。雄小穗有丝状柄，单生，条形，5毫米长，光，无护颖，仅轴顶1雄小花。雄小花式∑♂$_?$$L_?$〉：外稃3脉，芒长1毫米。

二、*Raddia guianensis*（Brongn.）Hitchc.（1936）

*Raddia guianensis*订正记录于1936年。原生特立尼达北部到巴西东北部。4个异名：①*Olyra urbaniana* Mez（1917）；②*Raddia urbaniana* Hitchc. & Chase（1917）；③*Olyra floribunda* var. *microphylla* Döll（1877）；④*Strephium guianense* Brongn.（1861）。

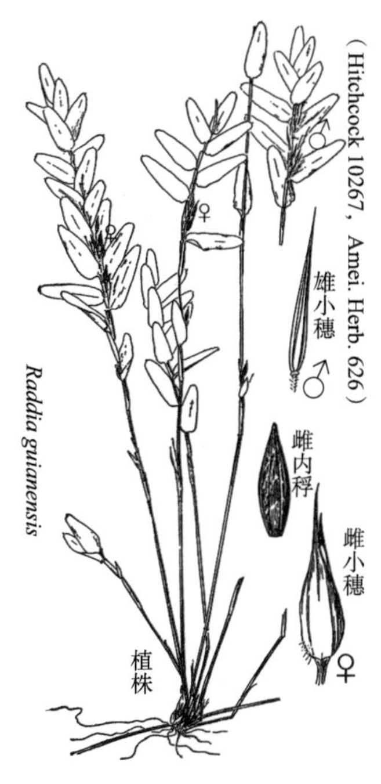

*Raddia guianensis*多年生，簇生。茎膝曲向上，20～45厘米长，细瘦结实。叶茎生，枝茎12～24叶二列。叶鞘比相邻节间长。叶舌膜无纤毛。叶片基部阔圆，有拟柄连鞘，拟柄披柔毛。叶片长椭圆形，20～35厘米长，4～8毫米宽，顶圆钝具尖。雌雄小穗异花序。腋生雌圆锥花序，叶包基部，枝单总状花序含2～5个雌小穗，穗轴有棱角。雌小穗有楔形柄，单生，矛尖形，8毫米长，含轴顶1雌花，护颖比外稃薄。下护颖卵圆形，8毫米长，坚纸质，边

缘结实，无脊，5脉，表光，顶端变薄带刚毛具长尖。上护颖似同下护颖。雌小穗熟自花下方脱落。雌小花式∑♀L_3〉：内稃皮质，2脉；雌蕊；3浆片；外稃矛尖形，5毫米长，皮质，无脊，3脉，边缘内卷，顶具尖。腋生雄花序含5～8小穗。雄小穗条矛尖形，5～6毫米长，光，顶尖，有丝状柄，无护颖，含1雄下花，熟自掉落。雄小花式∑♂$_3$〉：3雄蕊；外稃3脉。

三、*Raddia soderstromii* R. P. Oliveira，L. G. Clark & Judz.（2008）

*Raddia soderstromii*记录于2008年，种名纪念已故竹类学者Thomas Soderstrom。该种原生巴西。多年生，簇生。根茎伸长。茎直立（20～）35～78（～100）厘米长，直径（1.5～）2～3毫米。节间上方光。茎节棕色，有柔毛。无侧枝。叶茎生，每茎（2～）3～9（～10）叶。叶鞘披柔毛。叶舌膜有纤毛，0.4～0.7毫米长。叶片基部阔圆，不对称，有拟柄（0.6～）2～4毫米长，拟柄披柔毛。叶片椭圆形或卵圆形（4.5～）6～13.5厘米长，（22～）27～37毫米宽，表披疏长毛，边缘粗糙，顶钝圆不对称且具尖。雌雄同株异花序。茎中上部每节腋生1～4（～6）个雌总状花序1.8～3.9厘米长，2～4（～7）毫米阔，穗轴有棱角，背披柔毛，着生4～10（～18）短柄雌小穗及轴顶1长柄雌小穗。穗下节间1.7～7厘米长。雌小穗有楔形柄，单生，卵圆形或卵圆矛尖形，5～9（～10）毫米长，1～2毫米宽，仅轴顶1雌小花。护颖比外稃薄。下护颖矛尖形或卵圆形，4.8～9（～10）毫米长，坚膜质或坚纸质，边缘更薄软骨质，3～5脉，顶渐尖，或颖嘴（0.6～）1～4（～6）毫米长。上护颖似同下护颖，边缘软骨质。雌小穗熟自小花下方断落。雌小花式∑♀L_3〉：内稃皮质；雌蕊；3浆片；外稃卵圆形4～5.2毫米长，0.7～1.5毫米宽，皮质，无脊，边

Raddia soderstromii

缘内卷，顶钝圆。顶生雄圆锥花序2.5～9.5厘米长。雄小穗单生，矛尖形，4～5.5毫米长，披毛，有丝状柄披纤毛，无护颖，含轴顶1雄花，单独掉落。雄小花式∑♂$_3$〉：3雄蕊；外稃3脉，无芒，或有芒1～1.5毫米长。

*Raddia soderstromii*的叶片红葡萄色浓为此种之典型特征，本种叶性状变异较大。开花期在10月至翌年5月。植株比*R. brasiliensis*更壮实。

四、*Raddia stolonifera* R. P. Oliveira & Longhi-Wagner（2008）

*Raddia stolonifera*记录于2008年。原生巴西巴伊亚州南部亚特兰大雨林，海拔400米左右。多年生，簇生。有爬地茎。茎高（23.5～）33～50厘米，直径0.5～1毫米。节间上方披疏长毛。茎节棕色披柔毛。无侧枝。叶茎生，每茎13～21叶二列。叶鞘披疏长毛。叶舌膜有纤毛，0.5～0.7毫米长。叶片基部平截或阔圆，对称或不对称，有拟柄连鞘，拟柄0.5～1毫米长，披柔毛。叶片矛尖形或卵圆形，3.5～5.4厘米长，7～15毫米宽，中脉凸，表光，边缘粗糙，顶不对称且具尖。雌雄同异花序。每腋生1～2个雌圆锥花序，枝单总状花序1.8～2.5（～3）厘米长，2～4毫米阔，轴有棱角，着生3～6（～8）个雌小穗。穗下节间2.7～3.8厘米长。雌小穗有楔形柄，单生，矛尖形或卵圆形，4～6.8毫米长，1～2毫米阔，仅轴顶1雌小花。护颖比外稃薄。下护颖矛尖形或卵圆形，3～6.8毫米长，坚纸质，边缘更薄，无脊，3～5脉，顶渐尖，或颖嘴0.5～2毫米长。上护颖似同下护颖，边缘软骨质。雌小穗熟自小花下方断落。雌小花式∑♀L$_3$〉：内稃皮质；雌蕊；3浆片；外稃矛尖形，（3.2～）4～4.7毫米长，0.7～1.2毫米阔，皮质，无脊，边缘内卷，顶钝圆。腋生雄圆锥花序1.5～3.3厘米

（R. P. Oliveira et al.，2008）

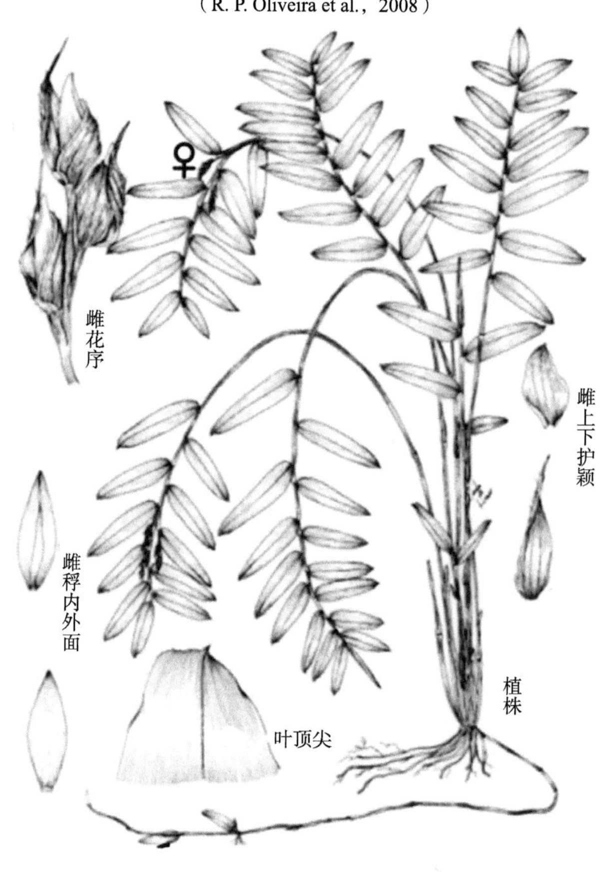

Raddia stolonifera

长。雄小穗单生，矛尖形，5.5～6毫米长，光，有丝状柄粗糙，无护颖，仅轴顶1雄小花。单独掉落。雄小花式∑♂₃〉：3雄蕊；外稃3脉，芒0.8毫米长。

五、*Raddia megaphylla* R. P. Oliveira & Longhi-Wagner（2008）

*Raddia megaphylla*记录于2008年，种名*megaphylla*指其叶片宽大，属内唯此。原生巴西巴伊亚州南部及圣埃斯皮里图州北部的亚特兰大雨林，海拔200米左右。

多年生，簇生。根茎短。茎高40～65厘米，直径0.4～1毫米。节间上方光，茎节棕色披柔毛。无侧枝。叶茎生，每茎1～2叶。叶鞘披疏长毛。叶舌膜有纤毛，0.2～0.4毫米长。叶片基部不对称，有拟柄连鞘，拟柄（1～）1.5～3.3（～4.7）毫米长披柔毛。叶片矛尖形或卵圆形，（7.2～）9～24.5厘米长，（2～）3.1～5.8厘米宽，中脉凸，表面光或有直硬毛，背面有毛，顶不对称具尖。颖果约3毫米×1毫米，浅棕色，脐条形等长颖果。雌雄同株异花序。每腋生1～3雌圆锥花序，卵圆形，（1.4～）2.4～5（～5.5）厘米长，（0.4～）2～3.5厘米阔，穗轴披柔毛，含（5～）11～31（～42）雌小穗，穗下节间（1～）7.8～15厘米长。雌小穗有楔形柄披纤毛，单生，矛尖形或卵圆形，（4～）5～9.2毫米长，（1～）1.4～2.2毫米阔，含轴顶1雌小花。护颖比外稃薄。下护颖矛尖形或卵圆形，4～10毫米长，坚纸质，边缘更薄，无脊，3～5脉，顶渐尖，或颖嘴0.7～5毫米长。上护颖似同下护颖，边缘软骨质。雌小穗熟自小花下方断落。雌小花式∑♀L₃〉：内稃皮质；雌蕊；3浆片；外稃矛尖形，（3.2～）4.5～5.1毫米长，（0.8～）1～1.9毫米阔，皮质，无脊，边缘内卷，顶钝圆。每茎顶生（1～）2～3雄圆锥花序，（3.2～）4.5～7.5（～9.0）厘米长，2.5～4.5厘米阔，穗轴披密毛，穗下节间（7.2～）11.0～27.5厘米。雄小穗

Raddia megaphylla

单生，矛尖形，3.5～5.2毫米长，0.2～0.4毫米阔，光，有丝状柄，无护颖，含1雄小花，单独掉落。雄小花式∑♂$_3$〉：内稃；3雄蕊；外稃3脉，芒0.5～0.7毫米长。本种与*Sucrea monophylla*相似，但*Sucrea monophylla*同花序中有雌有雄。

六、*Raddia lancifolia* R. P. Oliveira & Longhi-Wagner（2008）

*Raddia lancifolia*记录于2008年。种名*lancifolia*指其窄矛尖形叶片。原生巴西圣埃斯皮里图州亚特兰大雨林。多年生，簇生。根茎伸长。茎高（40～）45～85厘米，直径1.2～1.7毫米。节间上方披毛。茎节绿色，光。无侧枝。叶茎生，每茎4～11叶。叶鞘披毛。叶舌膜有纤毛，0.8～1.3毫米长。叶片基部对称，有拟柄连鞘，拟柄0.1～0.2厘米长披柔毛。叶片矛尖形，9.3～17.3厘米长，1.2～2.1厘米宽，中脉凸，两面粗糙，边缘粗糙，顶不对称且具尖。雌雄同株异花序。每腋生1～2雌圆锥花序，枝单总状花序，2～5厘米长，3～6毫米阔，轴有棱角，着生4～13雌小穗，表面粗糙。穗下节间（2～）2.5～6.2（～8）厘米长。雌小穗有楔形柄，单生，矛尖形或卵圆形，（6～）7～13.5毫米长，1～2（～3）毫米阔，含轴顶1雌小花。护颖比外稃薄。下护颖矛尖形或卵圆形，4～11.5（～13）毫米长，坚纸质，边缘更薄，无脊，5～7脉，顶渐尖，颖嘴1～36毫米长。上护颖似同下护颖，边缘软骨质。雌小穗熟自小花下方脱落。雌小花式∑♀L$_3$〉：内稃皮质；雌蕊；3浆片；外稃矛尖形，4～5毫米长，（0.8～）1～2毫米阔，皮质，无脊，边缘内卷，顶钝圆。每茎顶生/腋生1～2个雄圆锥花序，3.4～8.0厘米长，0.8～1.2厘米阔，穗轴粗糙，穗下节间（2.0～）5.0～11.5厘米长。雄小穗单生，矛尖形，5.5～7.8毫米长，披毛，有丝状柄粗糙披柔毛，无护颖，含轴顶1雄花，浅紫色或栗色，早落。雄小花式∑♂$_3$〉：3雄蕊；外稃3脉，芒1.5～3毫米长。

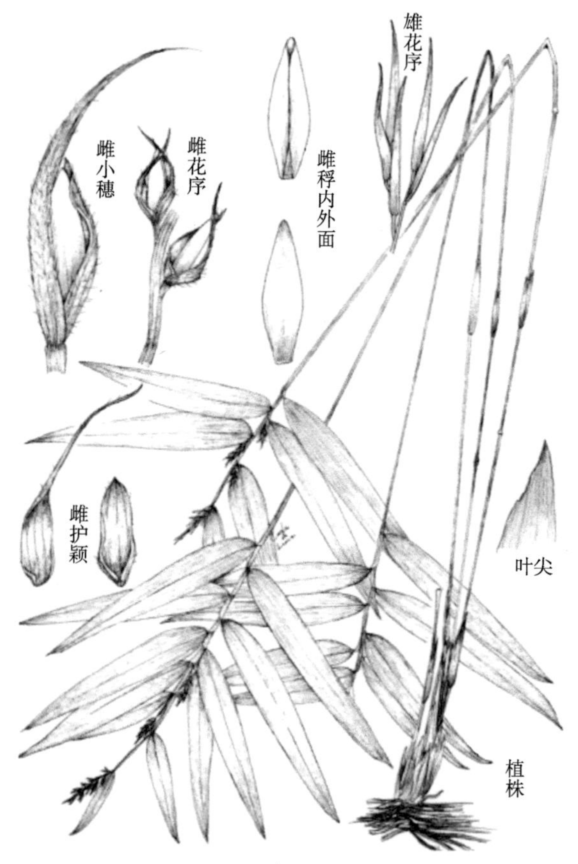

Raddia lancifolia（R. P. Oliveira et al.，2008）

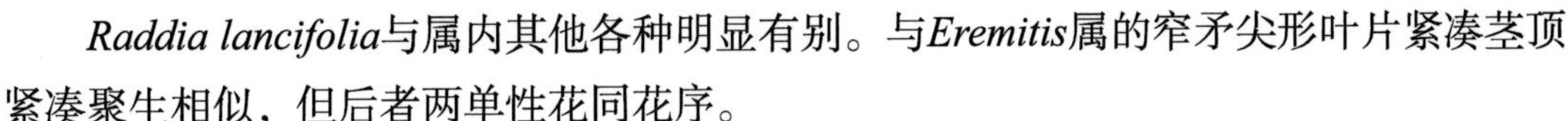

*Raddia lancifolia*与属内其他各种明显有别。与*Eremitis*属的窄矛尖形叶片紧凑茎顶紧凑聚生相似，但后者两单性花同花序。

第五节　*Phyllorachis* 叶轴草属雌雄二异花序1种

【稻亚科>>叶轴草族→叶轴草属*Phyllorachis* Trimen（1879）】

顶生雌雄混花序+腋生雌花序笔者谓之二异花序

一、*Phyllorachis sagittata* Trimen（1879）

*Phyllorachis sagittata*记录于1879年。非洲热带低盐阴地禾草。光合C_3，XyMS+。染色体基数$x = 12$；二倍体$2n = 24$。仅此一种。多年生，有根茎。茎攀缘盘绕，50～130厘米长，直径2毫米，茎上方分枝。茎节有毛或光。节间中空。分枝茎穿鞘。叶茎生。叶鞘韧。叶耳0～12毫米长。叶舌一缕毛0.2毫米长。叶片卵圆形—矛尖形—窄椭圆形，基部箭镞形，3.5～12厘米长，1.5～2.2（～2.7）厘米宽，扁平，拟柄0.5～2.5毫米长，自鞘掉落。颖果6～7毫米长，纺锤形，有浅纵沟，脐长条形，胚小。顶生梳形雌雄花序，穗轴似叶状，轴顶刺出，雌雄小穗伴生，雌小穗比雄小穗大。腋生雌小总状花序仅含2～3雌小穗。雌小穗卵圆形，10～16毫米长，2花，基部1空花，轴顶1可育雌小花。2护颖远比可育外稃短。下护颖僵硬锥针状，上护颖长椭圆形，5～9脉，结实。雌小花式$\sum$♂^{6}♀L_{2}〉：内稃相对长，膜质，光，顶尖，无芒，8～12脉，主脉间有沟；6退化雄蕊；子房顶端光，1花柱长，2柱头奶油白；2浆片；外稃有尾状附属物长尖，不变硬，不隆突，11～17脉，无毛，无芒。雄小穗线条形，6～10毫米长，2花，基部1空花，轴顶1可育雄小花，2护颖不一。雄小花式$\sum$♂$_{6}L_{2}$〉：内外稃；6雄蕊；2浆片。

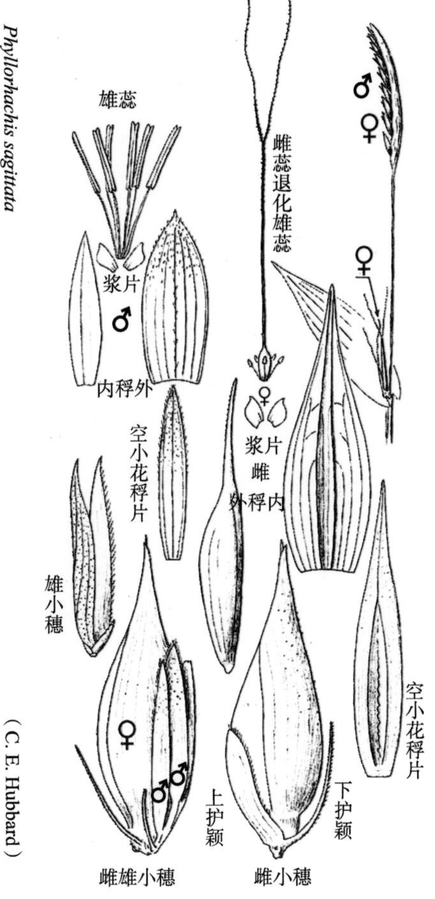

Phyllorhachis sagittata（C. E. Hubbard）

第六节　*Humbertochloa* 苞轴草属雌雄异花序2种

【稻亚科>>叶轴草族→苞轴草属*Humbertochloa* A. Camus & Stapf（1934）】

*Humbertochloa*苞轴草属原生东非热带的马达加斯加、坦桑尼亚，林荫地多年生似竹草种。颖果裸粒，脐长条形，胚小，胚乳复粒淀粉。光合C_3，XyMS+。属内2种，皆雌雄同株异花序。

一、*Humbertochloa bambusiuscula* A. Camus & Stapf（1934）

*Humbertochloa bambusiuscula*记录于1934年。原生马达加斯加。丛生。茎膝曲，50～80厘米长。节间逆向粗糙，上方光或有柔毛。叶舌膜有纤毛。叶片卵圆形，2～5厘米长，14～18毫米宽，基部心形，有拟柄连鞘，边缘有纤毛，顶尖，有模糊交叉脉，雌雄同株异花序。雌圆锥花序主穗轴1.5～3.3厘米长，带有3～4毫米宽的叶状器官，着生4～6枝总状花序。雌小穗无柄，单生，长椭圆形，侧平，盈凸，8～9毫米长，含1基部不育小花，1可育雌小花，小穗轴顶秃伸出。基部不育小花光秃，无明显内稃，外稃长椭圆形，等长小穗，皮质，13～17脉。雌小花式∑♀〉：内稃坚纸质，2脉；雌蕊；外稃卵圆形，9毫米长，坚纸质，7～11脉，边缘内卷，顶尖。顶生雄圆锥花序着生数枝总状花序。雄小穗无柄，单生，长椭圆形，侧平，3.5～4毫米长，护颖比外稃薄，下护颖锥针形，半长上护颖，上护颖长椭圆形，顶尖，3毫米长。雄小花式∑$♂_{4～5}L_2$〉：4～5雄蕊；2浆片；外稃，膜质，无脊，5～7脉。

（Maria Vorontsova，2013）

二、*Humbertochloa greenwayi* C. E. Hubb.（1939）

*Humbertochloa greenwayi*记录于1939年。原生坦桑尼亚林荫地，海拔300米。

多年生，簇生。茎膝曲，60～100厘米长。节间上方光或披柔毛。叶舌膜无纤毛。叶耳钝圆3～6毫米长。叶片椭圆形，6～9厘米长，1～3厘米宽，基部心形，有0.2毫米拟柄连鞘，叶片边缘纤毛，顶渐尖。叶脉间有模糊横脉。雌雄同株异花序。腋生雌圆锥花序4～7厘米长，7～10毫米阔，直或微弯，绿色，着生4～6枝总状花序每年自中轴脱落，带有7～10毫米宽的叶状器官。雌小穗无柄，单生，长椭圆形，侧平，盈凸，10～11毫米长，含1基部不育小花，1可育雌小花，小穗轴顶秃伸出，每年与附属分枝结构一起脱落。基部不育小花光秃，无内稃，外稃长椭圆形，等长小穗，皮质，13～17脉。雌小花式$\sum$♀〉：内稃坚纸质，2脉；雌蕊；外稃卵圆形10～11毫米长，坚纸质，7～11脉，边缘内卷，顶渐尖。顶生雄圆锥花序，2.5～3厘米长，主轴4～5毫米阔，直或微弯，绿色，着生7～9枝总状花序，枝轴2～2.5毫米长。雄小穗长椭圆形—矛尖形，4～5毫米长，2护颖，比小穗短，比可育外稃薄。下护颖锥针形，上护颖长椭圆形，膜质，无脊，5～7脉，顶尖。雄小花式$\sum$♂$_{5\sim6}L_2$〉：5～6雄蕊；2浆片；外稃3～7脉。

第七节　*Raddiella* 小黍竺属雌雄异花序5种

【竹亚科>>簕竹族>黍竺亚族→小黍竺属***Raddiella*** Swallen（1948）】=伏黍竺属***Parodiolyra*** Soderstr. & Zuloaga（1989）

*Raddiella*小黍竺属为中低海拔湿地小型草竹。光合C_3，XyMS+。染色体基数x=10；二倍体$2n$=20。属内14种，其中雌雄同株异花序5种。

一、*Raddiella malmeana*（Ekman）Swallen（1948）

*Raddiella malmeana*订正记录于1948年。原生巴西西部。2个异名：①*Raddia malmeana*（Ekman）Hitchc.（1922）；②*Olyra malmeana* Ekman（1911）。

*Raddiella malmeana*一年生草竹，形成草垛。茎膝曲，10～20厘米长，不分枝，节间光，多节，下部节生根。叶鞘比节间长，有条纹，表光，边缘膜质，鞘口无毛。叶舌膜无纤毛，0.3毫米长。叶片椭圆形，5～10毫米长，2～4毫米宽，略不对称，柔膜质，叶表有细毛，背面有毛，边缘糙，顶尖，有拟柄连鞘，拟柄光。雌雄同株异花序。腋生雌总状花序，基部有围叶，仅含少数小穗。雌小穗有柄，单生，窄卵圆形，

1.8～2.1毫米长，0.5～0.6毫米阔，仅轴顶1雌小花，小穗基盘方形，护颖比可育外稃薄，间距长，下护颖椭圆形或卵圆形，1.8～2.1毫米长，膜质，无脊，3脉，表披疏长毛，顶尖，上护颖3～5脉，余同下护颖。雌小穗熟自掉落。雌小花式∑♀〉：内稃似同外稃；雌蕊；外稃卵圆形，1.5毫米长，淡白，透亮，无脊，表光，边缘内卷，顶尖，变硬。顶生雄总状花序，含极少雄小穗。雄小穗有柄，矛尖形，光，1.7～2毫米长，0.4毫米阔，仅轴顶1雄小花，单独掉落。雄小花式∑♂$_3$L$_?$〉：内稃；3雄蕊，花药1毫米长；浆片未述；外稃3脉、无芒。

二、*Raddiella kaieteurana* Soderstr.（1965）

*Raddiella kaieteurana*记录于1965年。原生南美北部到巴西北部。一年生草竹。形成草甸。茎5～20厘米长，弱，蔓生，下部节生根。叶鞘比所在节间长，有条纹脉，表光或有疏长毛，鞘口有纤毛。叶舌膜无纤毛，0.3～0.5毫米长。叶片基部阔圆，对称，有披细毛拟柄连鞘。叶片矛尖形，8～10毫米长，3～8毫米宽，膜质，表背有疏长毛，边缘纤毛或基部纤毛。颖果椭球体，4～5.8毫米长，胚长占颖果的1/5。脐椭圆形。雌雄同株异花序。腋生雌总状花序伸出或基部被叶围抱，仅含1～3个雌小穗，穗下节间0.5～1厘米长。雌小穗单生，椭圆形，1.4～2毫米长，0.6～0.8毫米阔，小穗基盘方形，0.2毫米长，柄长1.5～5毫米，护颖比可育外稃薄，间距长，下护颖椭圆形或卵圆形，1.4～2毫米长，膜质，无脊，3脉，表光或有疏长毛，顶尖。上护颖3～5脉，余同下护颖。雌小花式∑♀〉：内稃等长外稃，变硬；雌蕊；外稃椭圆形，0.8～1.7毫米长，变硬，淡白色或浅棕色，无脊，3～5脉，表面多疣，边缘内卷，顶尖。顶生雄总状花序仅含1～2雄小穗。雄小穗矛尖形，4～5.8毫米长，单生，披毛，柄长1.5～5毫米，仅轴顶1雄小花，无护颖或罕有2护颖；单独脱落。雄小花式∑♂$_3$L$_?$〉：内稃；3雄蕊，花药2～2.8毫米长；外稃3脉，无芒。

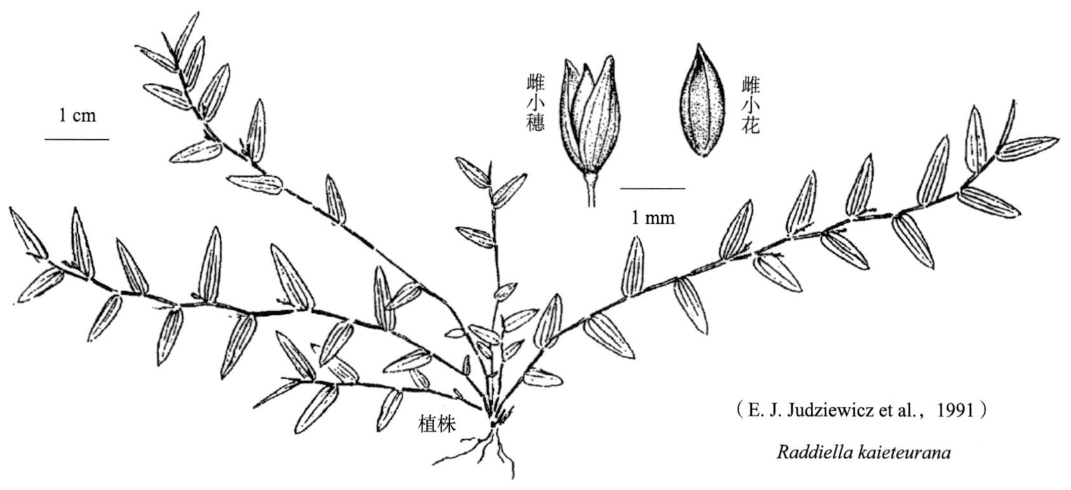

（E. J. Judziewicz et al.，1991）

Raddiella kaieteurana

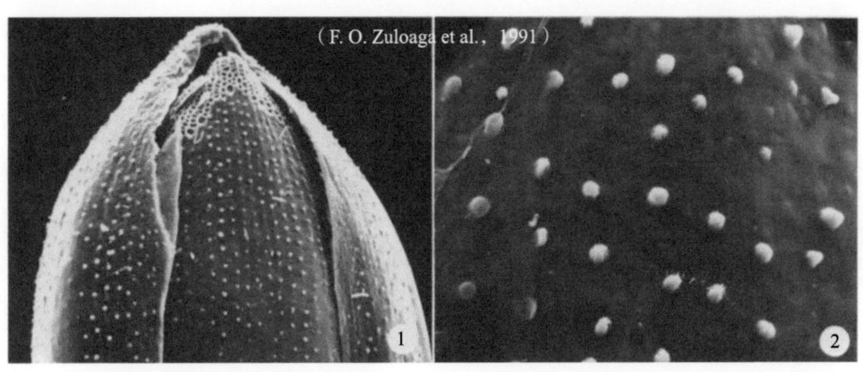

*Raddiella kaieteurana*雌小花上方（①）及表面乳突（②）扫描电镜片

三、*Raddiella esenbeckii*（Steud.）C. E. Calderón ex Soderstr.（1980）

*Raddiella esenbeckii*订正记录于1980年。原生哥伦比亚海拔400～1 500米地带，玻利维亚、巴西、法属几内亚、巴拿马、苏里南、特立尼达和多巴哥、委内瑞拉有分布。2个异名：①*Olyra nana* Döll（1877）；②*Panicum esenbeckii* Steud.（1854）。

*Raddiella esenbeckii*多年生，形成草垛，密集丛生，每丛多达60个茎。茎杂乱蔓延，末端向上，直立部分8～40厘米高，细瘦硬实。节间圆柱形，光或有稀疏短逆勾毛，节厚实浅白色披密集逆勾毛。叶具感夜性，叶片在夜间或缺水时对折。叶鞘有条纹，光到稀疏短毛，上方毛密，一边膜质，另一边短纤毛。叶耳短，一边膜质。叶舌0.3毫米长，膜质，顶端稀疏短毛。叶片基部阔圆，有0.5厘米长的披密毛拟柄连鞘。叶片9～22毫米长，4～11毫米宽，卵圆形—三角形，不对称，基部平截，顶具短尖，扁平，皮质或硬膜质，光或上表面近基部稀疏短毛，或双面披微柔毛，下边缘纤毛，有的下表面紫色。颖果长椭圆形，1～1.2毫米长，0.7～0.8毫米阔，脐短条形，约占颖果长的1/3，自近中心伸至近基部。胚约占颖果长的1/6。雌雄同株异花序。腋生雌圆锥花序叶抱基，仅含2～3个雌可育小穗，穗下节间5～8毫米长，披短毛。雌小穗有柄，单生，椭圆形，1.9～2.7毫米长，0.7～0.9毫米阔，仅轴顶1雌小花。小穗基盘方形，0.2毫米长，护颖韧，比外稃薄，节

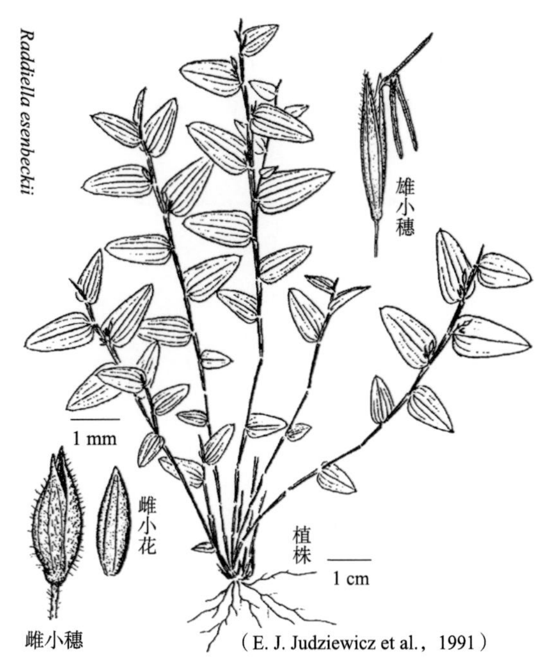

间粗长。下护颖卵圆形，2毫米长，草质，无脊，3脉，表披柔毛，顶尖；上护颖同下护颖。雌小花式∑♀〉：内稃椭圆形，1.6 ~ 2毫米长，皮质，光，闪亮，平秃，浅白色变深；雌蕊；外稃卵圆形，2毫米长，闪亮，无脊，表光，变硬内卷，顶钝圆。顶生3 ~ 5个雄拟圆锥花序（也有腋生），每花序着生（1 ~ ）2 ~ 4个雄小穗，穗下节间圆柱形1 ~ 2厘米长。雄小穗矛尖形，3 ~ 4毫米长，光或有毛，有柄长椭圆形顶端壳斗状的柄，无护颖（个别雄小穗偶尔有条形护颖，可长达3.7毫米），仅轴顶1雄小花。单独脱落。雄小花式∑$♂_3L_?$〉：内稃；3雄蕊，花药1.3 ~ 3毫米长；外稃3脉，无芒。

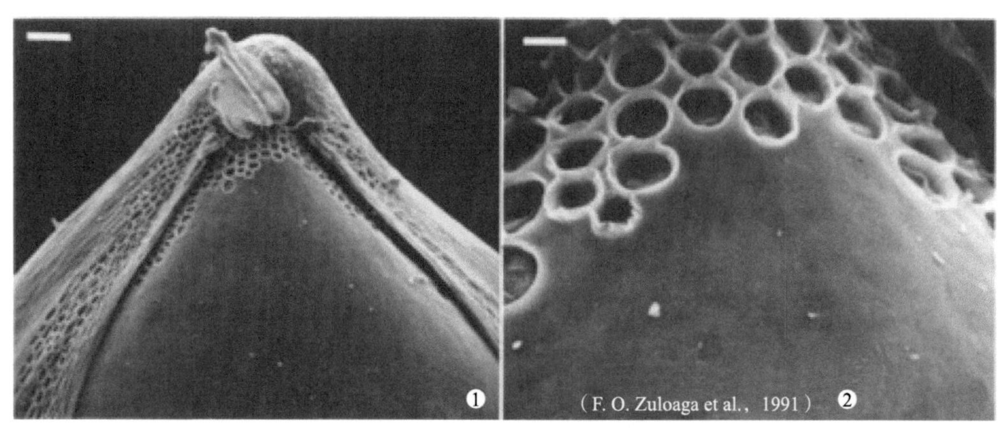

Raddiella esenbeckii 雌小花内面外稃顶僧帽状（①）和内稃顶表环小凹坑（②）

四、*Raddiella minima* Judz. & Zuloaga（1991）

*Raddiella minima*记录于1991年。仅见于巴西帕拉特和曼特格罗索州的边界处。是世界上第二小草竹。诨名袖珍草竹。多年生或一年生尚不确定。蔓生，茎长可达6厘米，丝状，膝曲，多分枝，节间紫色，光，节有少量短倒钩毛。每茎3 ~ 5叶。鞘比节间短，光或有短疏毛，5脉，上方边缘有纤毛，顶端短纤毛处急平截。叶舌膜0.2毫米长。叶片拟柄0.1 ~ 0.2毫米长，光秃到短毛；叶片4 ~ 6毫米长，2.7 ~ 3.3毫米宽，卵圆形—三角形，不对称，光，基部平截，顶尖，边缘糙，背面偶尔紫色。颖果0.7毫米 × 0.6毫米，卵形—球形，脐点状居中，胚小位于基部。雌雄同株异花序。腋单生雌花序3毫米长，有丝状短柄，含2（稀3）雌小穗，半出鞘。雌小穗1 ~ 1.4毫米长，含1雌小花，2护颖等长，矛尖形—卵圆形，光或短刚毛，膜质，韧，无脊，3脉，急尖。雌小花式∑♀〉：0.9 ~ 1.2毫米长，卵形，顶尖，闪亮，白变深暗，脱落；内稃等长外稃，变硬；雌蕊；外稃卵圆形，苍白到深棕色，闪亮，3脉，顶尖。顶生2 ~ 6雄花序，各10毫米长，各仅含轴顶1雄小穗，半出鞘。雄小穗单生，1.3毫米长，光，有柄，无护颖，只1雄小花。熟全掉落。雄小花式∑$♂_3L_?$〉：内稃；3雄蕊，花药0.6毫米长；外稃3脉，无芒。

*R. minima*叶片明显更小，雌雄小穗更小，花序只单生雄小穗，皆与*R. esenbeckii*明显有别。仍未确定其叶片是否有感夜性。

五、*Raddiella vanessiae* Judz.（2007）

*Raddiella vanessiae*记录于2007年。原生仅法属几内亚。模式种采自法属几内亚Montsinery附近，北纬4°53′，西经52°31′，海拔10米沼泽地湿地。一年生，形成草垛。已知世界最小草竹。茎高1～2厘米，圆筒形，光，浅紫色，闪亮，有分枝。节有倒生细毛。3～5叶套叠互生，叶鞘1.8～3.2毫米长，有条纹，7脉，倒生细毛0.2毫米长。无外叶舌，内叶舌0.2～0.3毫米长，全为直立纤毛。叶片2.7～3.3毫米长、1.8～2.1毫米宽（面积3.8～5.5平方毫米），卵圆形，顶略尖，基部平截，略不对称，有0.2～0.3毫米长的披细毛拟柄连鞘，有中脉及6～7侧脉，上表面脉上有0.05～0.15毫米长的微毛，叶背面紫色，光，边缘有倒毛糙。叶片夜间或干旱时，明显对折（内卷）。颖果（0.65～0.95）毫米×（0.35～0.4）毫米，卵形—椭圆形，黄棕色到棕色，光，背略压平，胚在基部，0.1毫米×0.2毫米，脐短条形0.15毫米长，深棕色，位于颖果基部上方0.1毫米处。雌雄同株异花序。腋生雌花序仅含2～5雌小穗，出鞘很少。雌小穗1～1.4毫米长，护颖等长小穗，节略膨大，卵圆形—矛尖形，尖，绿色，膜质，1～3脉，倒毛0.2毫米长，边缘软骨质，熟时张开20°～30°。雌小花式∑♀〉：雌小花矛尖形—椭圆形—卵圆形，0.7～0.9毫米长，0.35～0.45毫米阔，白，光，闪亮，成熟时软骨质，掉落。内稃圆鼓，质地同外稃，顶端有坑洼或6～12微米长的圆环坑；2柱头近羽毛状；外稃包内稃多，边缘最上方偶有1～2个40微米长的双细胞微毛，顶端略呈僧帽状。顶生雄花序半出鞘，仅含1～2个雄小穗。雄小穗窄矛尖形，1.1～1.2毫米长，光，透亮，无护颖。雄小花式∑♂$_3$L$_?$〉：内稃1毫米长，两面圆鼓；3雄蕊，花药0.4～0.5毫米长，棕色；外稃3脉。

（E. J. Judziewicz et al.，2007）

Raddiella vanessiae

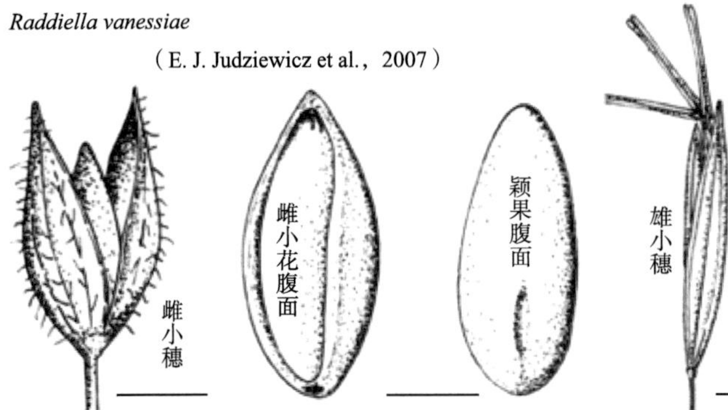

[雌内稃顶环坑
外稃顶僧帽状内卷]

小黍竺属几个种的性状比较：

	R. esenbeckii	*R. minima*	*R. vanessiae*	*Mniochloa pulchella*
习性	多年生，簇生	一年生?	一年生，形成草甸	多年生，产球茎
株高（cm）	8～40	3～6	1～2	3～12
叶片长（mm）	9～22	4～6	2.7～3.3	7～15
叶片宽（mm）	4～11	2.7～3.3	1.8～2.1	2～4
叶面积（mm^2）	28～104	8.5～15.5	3.8～5.5	11～47
梭形细胞	有或无	?	无	无
叶感夜性	是	是	是	无?
雌小穗长（mm）	1.9～2.7	1～1.4	1～1.4	2.2～2.8
雌护颖质地	硬膜成熟变浅黑	膜质成熟持绿	膜质成熟持绿	软膜成熟持绿
雌护颖脉	3	3	1～3	3
雌小花长（mm）	1.6～2	0.9～1.2	0.7～0.9	2.2～2.8
雄小穗/花序	（1～）2～4	1	1或2	（3～）7～12
雄小穗长（mm）	3～5	1.3	1.2	1.3～1.7
花药长（mm）	1.3～3	0.6	0.4～0.5	0.8～1
颖果长（mm）×宽（mm）	（1～1.2）×（0.7～0.8）	0.7×0.6	（0.65～0.95）×（0.35～0.4）	（1.5～2）×（0.5～0.6）
脐形态	短一条	点状	短一条	条形
分布地区	巴拿马、特立尼达	巴西帕拉南部	法属几内亚	古巴

参考文献

Eubanks M，1995. A Cross Between Two Maize Relatives：*Tripsacum dactyloides* and *Zea diploperennis*（Poaceae）[J]. Economic Botany，49（2）：172–182.

Fernando O Z，Emmet J J，1991. A Revision of *Raddiella*（Poaceae：Bambusoideae：Olyreae）[J]. Annals of the Missouri Botanical Garden，78：（4）928–941.

Jos L Martnez-y-Prez，Teresa Meja-Sauls，Victoria Sosa，2006. Phylogenetic relationships of *Luziola*（Poaceae：Oryzeae）and related genera from aquatic habitats[J/OL]. Canadian Journal of Botany，84（12）. https://doi. org/10. 1139/b06-123.

Judziewicz E J，Sepsenwol S，2007. The world's smallest bamboo：*Raddiella vanesseae*（Poaceae：Bambusoideae：Olyreae），a new species from Fench Guiana[J]. Journal of the Botanical Research Institute of Texas，1（1）：1–7.

Oliveira R P，Borba E L，Longhi-Wagner H M，2008. Morphometrics of herbaceous bamboos of the *Raddia brasiliensis* complex（Poaceae-Bambusoideae）：implications for the taxonomy of the genus and new species from Brazil[J]. Plant Systematics and Evolution，270：159–182.

Paisooksantivatana Y，Pohl R W，1992. Morphology，anatomy and cytology of the genus *Lithachne*（Poaceae：Bambusoideae）[J]. Rev. Biol. Trop.，40（1）：47–72.

Yingyong P，Richard W P，1992. Morphology，anatomy and cytology of the genus Lithachne（Poaceae：Bambusoideae）[J]. Rev. Biol. Trop.，40（1）：47–72.

（潘幸来　审校）

第八章

同花序雌雄异段4属9种

第一节　*Coix* 薏苡属同花序异段雌下雄上4种

【黍亚科>>高粱族>薏苡亚族→薏苡属*Coix* L.（1753）】

*Coix*源自希腊词*koix*＝一种棕榈植物，汉译薏苡属。热带亚洲水生—中生、阴生、盐生、或具开阔习性，树林边缘和沼泽地草本。光合C_4，XyMS-。染色体小，基数$x=5$；二、四、八倍体$2n=10$，20，40。胞果籽实中等大小，胚大，胚乳硬，无脂肪，含单粒淀粉。无外胚叶，有盾片尾，有中胚轴。胚芽鞘松弛。属内5种，皆雌雄同花序异段。腋丛生数个雌珠带雄穗花序，下方是念珠状（或柱状）雌珠内包少数雌小穗，雌珠顶口伸出雄穗状花序着生数个雄小穗。雌雄小穗异形。雌珠与雄穗接合部或有先出叶。薏苡属有5个不合规的属异名：①*Sphaerium* Kuntze（1891）；②*Lacryma* Medik.（1789）；③*Lithagrostis* Gaertn.（1788）；④*Lachryma-jobi* Ortega（1773）；⑤*Lachrymaria* Heist. ex Fabr.（1759）。据说，薏苡属可能是玉蜀黍属的祖先属。

《中国植物志》记录薏苡属5种2变种。染色体基数$x=10$似误。补遗如下。

一、*Coix lacryma-jobi* L.（1753）——薏苡属模式种

*Coix lacryma-jobi*薏苡记录于1753年。中国自有。5个异名：①*Sphaerium lacryma* Kuntze（1891）；②*Coix ovata* Stokes（1812）；③*Coix pendula* Salisb.（1796）；④*Coix lacryma* L.（1759）；⑤*Lithagrostis lacryma-jobi*（L.）Gaertn.（1753）。4个变种：①*Coix lacryma-jobi* var. *puellarum*（Balansa）E. G. Camus & A. Camus（1922）；②*Coix lacryma-jobi* var. *lacryma-jobi*；③*Coix lacryma-jobi* var. *ma-yuen*（Rom.Caill.）Stapf（1896）；④*Coix lacryma-jobi* var. *stenocarpa* Oliv.（1888）。

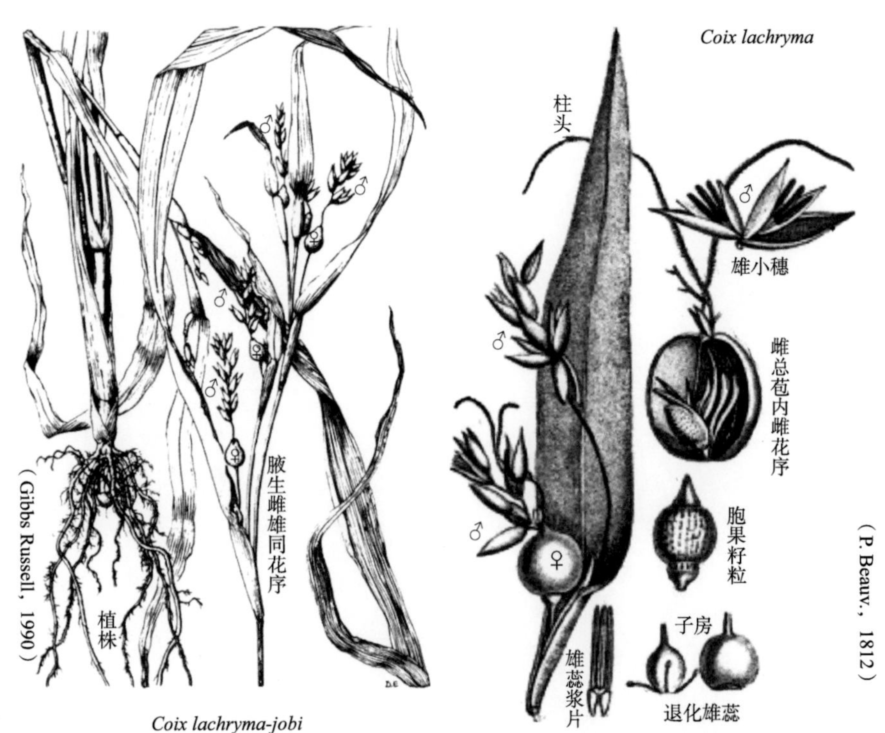

*Coix lacryma-jobi*薏苡雌珠带雄穗花序。雌珠内包雌小穗卵圆形，背平，7～9毫米长，基部1花不育，轴顶1雌小花。雌小花式∑♂^{3}♀〉：内稃透亮，2脉，无脊；3退化雄蕊；雌蕊1花柱，2柱头细长披乳突；无浆片；外稃卵圆形，6～7.6毫米长，膜质，上方结实，有脊，3～5脉，表有2纵沟，顶有喙。雄小穗8～10毫米长，含2雄小花，有柄，护颖质地同外稃。下护颖圆球形，7～9毫米长，上方结实，无脊，顶尖，上护颖卵圆形，上方结实，边缘透亮，1脊，11脉，主脉两边有沟，顶尖。雄小花式∑♂$_{3}$L$_{2}$〉：内稃；3雄蕊；2浆片，楔形，肉质；外稃3～5脉，膜质，无芒。

二、*Coix aquatica* Roxb.（1832）

*Coix aquatica*水生薏苡雌珠包雌花序1束3个雌小穗，其1无柄可育，另2有秃柄不育。雌可育小穗卵圆形，背平，8～9毫米长，含2花，基部1花不育，轴顶1雌小花可育。雌小穗熟自落。雌小花式∑♀〉：内稃透亮，2脉，无脊；1花柱，2柱头，有乳突；无浆片；外稃矛尖形或长椭圆形，7.5～8.5毫米长，膜质，有脊，5脉，侧脉模糊，表面有2纵沟，顶渐尖。雌珠上连雄穗状花序含数对雄小穗。雄小穗椭圆形，11～12毫米长，4～6毫米阔，含2花，护颖有翅无颖嘴，质地同外稃。下护颖矛尖形或长椭圆形，8～9毫米长，无脊，表面平，顶具尖。上护颖长椭圆形，透亮，1脊，主脉两侧有沟，顶具尖。雄小花式∑♂$_{3}$L$_{2}$〉：内稃；3雄蕊，花药6～6.5毫米长；2浆片，楔形，肉质；外稃坚纸质，无芒。

三、*Coix lachryma* L. var. *stenocarpa*（1888）

窄果薏苡雌柱珠带雄穗花序。雌小花式∑♀L_2〉。雄小花式∑♂$_3L_2$〉。

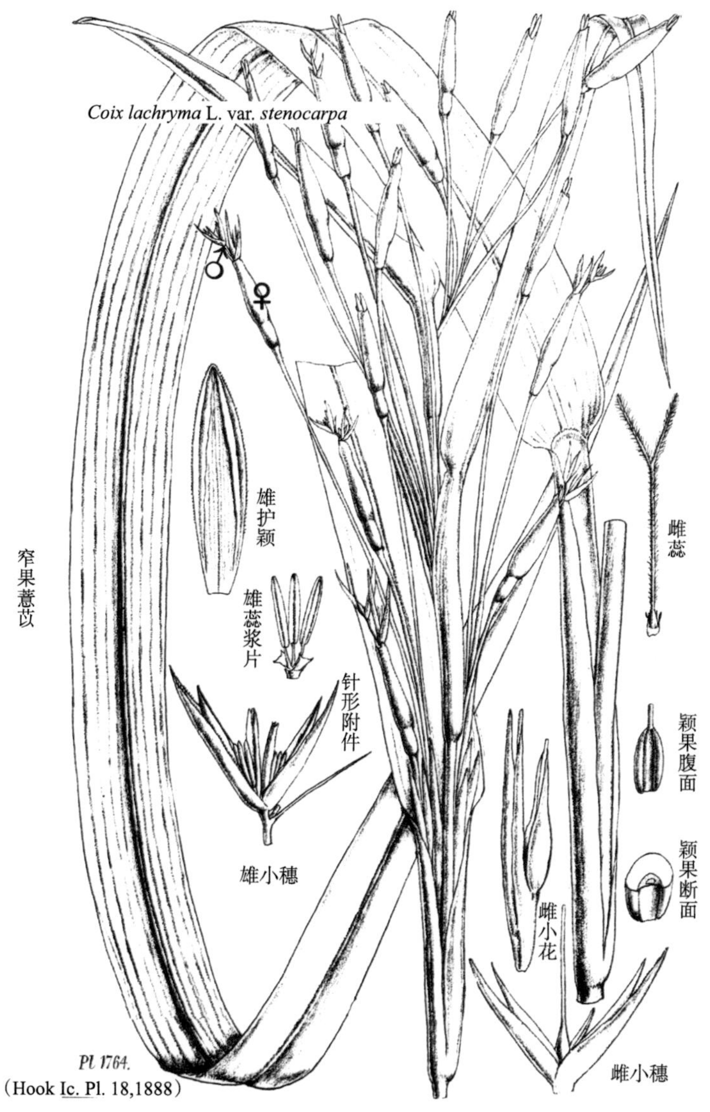

（Hook Ic. Pl. 18,1888）

四、*Coix gasteenii* B. K. Simon（1989）

*Coix gasteenii*记录于1989年。原生昆士兰（库克）。多年生。根茎伸长，茎长100～180厘米。叶茎生。叶片9～150厘米长，10～23毫米宽，表面有乳突。叶舌膜无纤毛，0.3毫米长。腋丛生雌珠带雄穗花序，下方雌珠内含1束3雌小穗，其1无柄可育，另2有秃柄不育。雌小穗卵圆形，背平，7～9毫米长，2花，基部1花不育，轴顶1雌小花可育。雌小穗熟自脱落。雌小花式∑♀〉：内稃透亮，2脉，无脊；1花柱长，

2柱头皆披细毛；无浆片；外稃矛尖形，6～7毫米长，膜质，上方结实，有脊，顶尖。雌珠上连雄穗状花序1.4～1.8厘米长，着生成对或三联雄小穗。雄小穗有柄无柄组合，背平，含2花，基部1花不育，轴顶1可育雄小花。护颖无翅无颖嘴，质地同外稃，下护颖卵圆形，7～9毫米长，上方结实，无脊，顶尖。上护颖边缘透亮，1脊，余同下护颖。雄小花式∑♂$_3$L$_2$〉：内稃；3雄蕊；2浆片；外稃膜质，9脉，无芒。

附：薏苡属种彩照。

薏苡 *Coix lacryma* 雌珠带雄穗状花序

第二节　*Zizania* 菰属同花序异段雌上雄下3种

【稻亚科>>稻族>菰亚族→菰属 ***Zizania*** **L.（1753）**】

*Zizania*菰属沼泽湿生草本。光合C_3，XyMS+。染色体小，染色体基数$x=15$或17，二倍体$2n=30$或34。有5个不合规或及晚出属异名：①*Ceratochaete* Lunell（1915），nom. superfl.；②*Melinum* Link（1829），hom. illeg. non Medik.（1791）；③*Hydropyrum* Link（1827），nom. superfl.；④*Elymus* J. Mitch.（1769），hom. illeg. non L.（1753）；⑤*Fartis* Adans.（1763），nom. superfl.。

菰属植物经济生态价值较高，菰米、茭白、菰苗好食好菜，茭瓜好药，具有减轻胰岛素抗性和脂质毒性、抗动脉粥样硬化、抗炎、抗过敏、抗高血压、抗氧化和调节机体免疫等方面的保健作用。近年来备受科技界重视。亦是优质饲草和固堤草种。属内4种，其中3种皆顶生圆锥花序雌雄同花序异段——雌花枝聚集在主花序上段，雄花枝聚集在主花序下方。雌上或许有利于后期籽粒灌浆多得阳光等，但雄下花粉粒上浮至雌蕊，却也是需要某种助力的。《中国植物志》记录引进北美2种及我国1种，鳞被20或有误。补遗如下：

一、*Zizania aquatica* L.（1753）属模式种

*Zizania aquatica*水生菰记录于1753年，原生加拿大中东部至美国北部到中东部一带。1个异名：*Ceratochaete aquatica*（L.）Lunell（1915）。

水生菰顶生圆锥花序雌雄异段：上段多枝雌花序各着生数个雌小穗，下段数枝雄花序各着生数个雄小穗。雌小穗矛尖形，含1雌小花，侧平，熟自落。雌小花式$\sum♀L_2$〉：内稃等长外稃，3脉，无脊；雌蕊子房细长，1花柱，2柱头；2浆片；外稃矛尖形，20毫米长，1.5毫米阔，坚纸质，淡白色，无脊，3脉，表面粗糙，边缘包内稃边缘，顶芒10～20毫米长。雄小穗7～9毫米长，1～1.4毫米阔，通常黄绿色。雄小花式$\sum♂_6L_2$〉：内稃；6雄蕊；2浆片；外稃5脉，无芒。

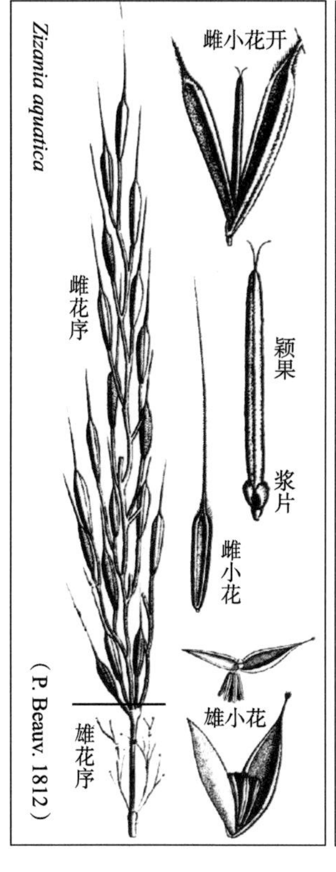

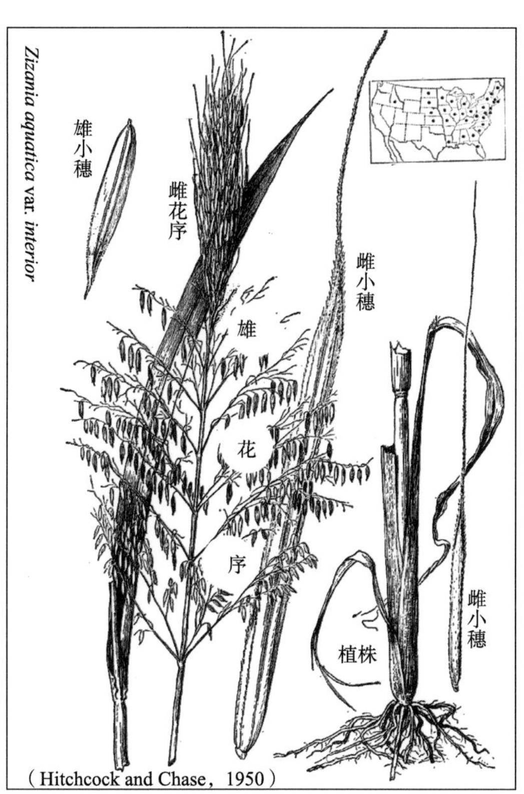

二、*Zizania palustris* L.（1771）

*Zizania palustris*沼生菰记录于1771年。原生加拿大到美国。4个异名：①*Zizania aquatica* subsp. *angustifolia*（Hitchc.）Tzvelev（1971）；②*Zizania palustris* f. *purpurea* Dore（1976）；③*Zizania aquatica* var. *angustifolia* Hitchc.（1906）；④*Melinum palustre*（L.）Link（1829）。

沼生菰顶生圆锥花序雌雄异段——下段雄花序，上段雌花序。雌雄小穗皆单生，有柄，柄顶杯形，护颖皆无或模糊。雌小穗矛尖形，侧平，8～33毫米长，含1雌小花，小穗轴顶不伸出，熟自掉落。雌小花式∑♀L_2〉：内稃等长外稃，3脉，无脊；雌蕊；2浆片；外稃矛尖形或长椭圆形，6～33毫米长，皮质，苍白色，闪亮，无脊，3脉，表面或粗糙，边缘叠盖内稃边缘，顶芒长18～93毫米。雄小穗条形，6～17毫米长，带紫色。雄小花式∑♂$_6L_2$〉：内稃；6雄蕊，花药4～5毫米长；2浆片；外稃6～17毫米长，或有芒0～2毫米长。

三、*Zizania texana* Hitchc.（1933）

*Zizania texana*德克萨斯菰记录于1933年。原生美国得克萨斯州海斯县（Hays）圣马可斯河（San Marcos River）一带狭小区域，因栖息地环境污染等问题而处于濒危状态。多年生，或有爬地茎。膝曲茎长100～170厘米，绵软，下方节生根。叶片10～40毫米宽，表面粗糙，光。叶舌膜无纤毛，5～15毫米长。顶生圆锥花序20～30厘米长，雌雄同花序异段——下段雄花序，上段雌花序。枝花序5～10厘米长，上挺。雌雄小穗皆单生，有柄、柄披疏毛、顶杯形，都无护颖或模糊。雌小穗矛尖形，侧平，10毫米长，仅轴顶1雌小花，熟自掉落。雌小花式∑♀L_2〉：内稃等长外稃，3脉，无脊；雌蕊；2浆片；外稃条形，10毫米长，坚纸质，无脊，3脉，边缘覆叠内稃边缘，顶芒长10～20毫米。雄小穗条形，7～9毫米长。雄小花式∑♂$_6L_2$〉：内稃；6雄蕊；2浆片；外稃7～9毫米长，5脉，无芒。

第三节　*Buergersiochloa* 伊里安竺属同花序异段1种

【稻亚科>>黍竺族>伊里安竺亚族→伊里安竺属*Buergersiochloa* Pilg.（1914）】

*Buergersiochloa*伊里安竺属光合C_3，XyMS+。单体雄蕊为属特征。仅1种。

一、*Buergersiochloa bambusoides* Pilg.（1914）

*Buergersiochloa bambusoides*记录于1914年。原生新几内亚东部和北部。1个异

名：*Buergersiochloa macrophylla* S. T. Blake（1946）。

*Buergersiochloa bambusoides*多年生。根茎短。二型茎：营养茎60～100厘米长，叶茎生。叶片卵圆矛尖形，6.5～27厘米长，14～55毫米宽，有交叉脉，顶尖或长尖，有拟柄连鞘。叶耳有刚毛。叶舌膜有纤毛。开花茎50～80厘米高，无叶，顶生圆锥花序雌雄异段，7～21厘米长，上段多枝雌花序各着生数个雌小穗，下段数枝雄花序各着生数个雄小穗。雌雄小穗皆有披细毛的条形柄，皆单生。雌小穗矛尖形，4～9毫米长，背缩，仅轴顶1雌小花。下护颖3～7毫米长，膜质，韧，披毛，比可育外稃薄，无脊，3～9脉，顶钝圆。上护颖3～6.5毫米长，3～6脉，余同下护颖。雌小穗熟自护颖上方掉落。雌小花式∑♀L_3〉：小花基盘钝圆；内稃有毛，相对长，2脉，顶无刚毛无芒；雌蕊子房顶端光，花柱合1，2柱头；3退化雄蕊雏形；3浆片，膜质，尖，多维管束；外稃椭圆形，4～9毫米长，皮质，无脊，5～7脉，表披细毛，边缘包卷内稃大部，顶芒或比外稃长，外稃远比护颖结实，或略变硬。雄小穗矛尖形，2.7～4.4毫米长，仅轴顶1雄小花，无护颖或有残迹，雄小花式∑♂$_3$〉：内稃；单体雄蕊3花药（花丝合于一细管内），花药1.2～4.2毫米长；无浆片；外稃芒0～25毫米长。

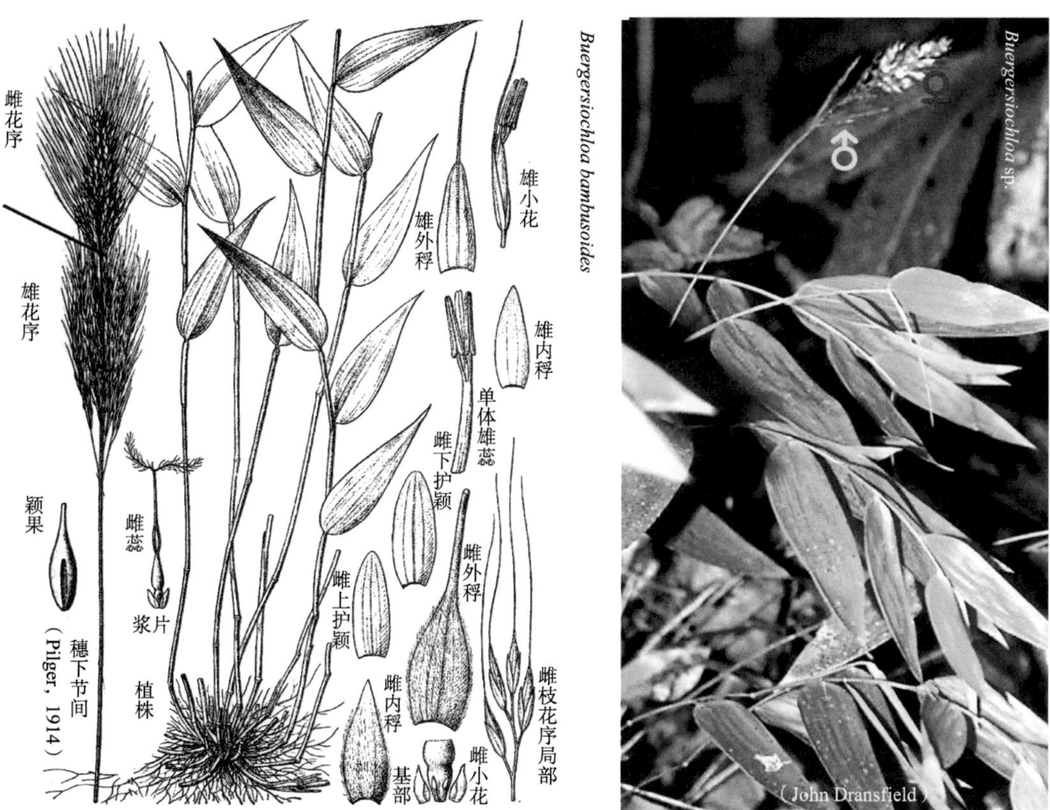

备注：雄花枝聚集在主穗轴下方，如果花药不是爆射式散粉，必应有下方热气上升之助力，否则花粉粒上扬到吐露出的雌蕊柱头上是较难以实现的。进化选择出的此

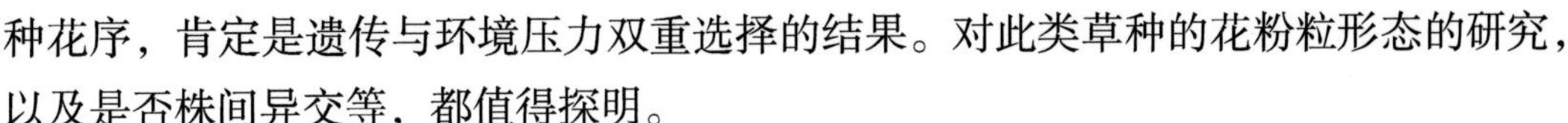

种花序，肯定是遗传与环境压力双重选择的结果。对此类草种的花粉粒形态的研究，以及是否株间异交等，都值得探明。

第四节　*Raddiella* 小黍竺属同花序异段雌上雄下1种

【竹亚科>>黍竺族>黍竺亚族→小黍竺属***Raddiella*** **Swallen**（**1848**）】

伏黍竺属***Parodiolyra*** **Soderstr. & Zuloaga**

一、*Raddiella lunata* Zuloaga & Judz.（1991）

*Raddiella lunata*记录于1991年。仅只出现在巴西朗多尼亚州的Serra dos Pacatas Novos地区。一年生。形成草垛。蔓茎7～15厘米长，弱，下方节生根。茎节膨大披细毛。叶鞘有条纹脉，鞘口无毛。叶舌膜无纤毛。叶片矛尖形，1～1.5厘米长，2.4～3.5毫米宽，软膜质，两面光或披稀疏短毛（尤其在背脉上），边缘粗糙，顶尖，基部不对称，有拟柄连鞘，拟柄0.1毫米长，浅棕色，披细软毛。顶生拟圆锥花序0.5～1厘

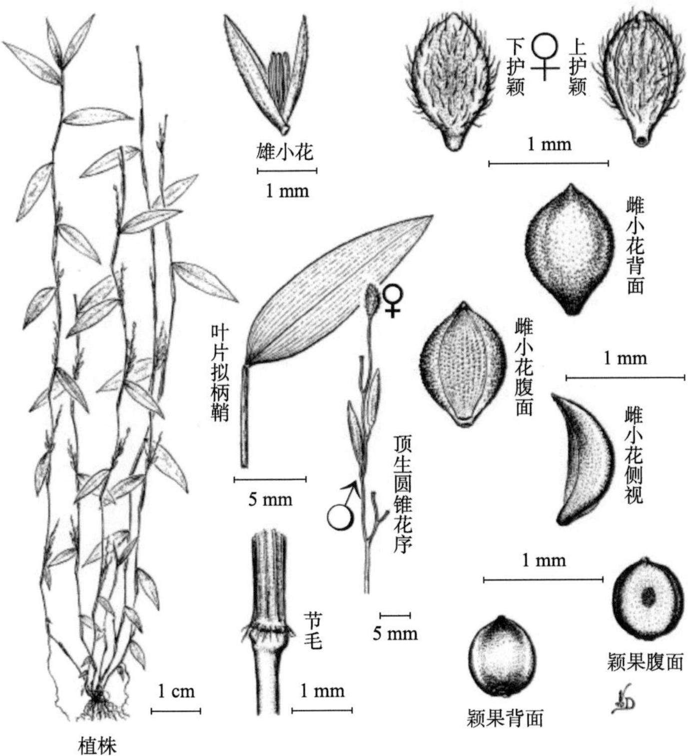

Raddiella lunata（Rondon s. n.）

米长，顶1雌小穗，下方数个雄小穗。穗下节间0.5～1厘米长。腋生1至数个拟圆锥花序，轴光。雌雄小穗皆有柄，柄0.5～1.5毫米长，皆单生。雌小穗倒卵形，侧视弯月形，1毫米长，仅轴顶1雌小花，护颖比外稃薄，间距长。下护颖椭圆形—卵圆形，0.9毫米长，膜质，无脊，3脉，表披毛，顶小尖。上护颖1毫米长，余同下护颖。小穗基盘方形，0.2毫米长。雌小花式∑♀$L_{?}$〉：内稃等长外稃，侧视弯月形，变硬；雌蕊；浆片未述；外稃倒卵圆形，侧视弯月形，0.8～1毫米长，变硬，淡白色或浅棕色，无脊，表面有乳突，边缘内卷，顶端有喙。颖果卵形—弯月形，0.6～0.8毫米长，略带翅，胚0.3～0.4毫米长，脐点状。雌小花弯月形为本种的最大区别特征。雄小穗矛尖形，1.7～2.7毫米长，仅轴顶1雄小花，透亮，光，无护颖。雄小花式∑♂$_{3}L_{?}$〉：内稃；3雄蕊，花药1～1.5毫米长；浆片未述；外稃3脉，无芒。

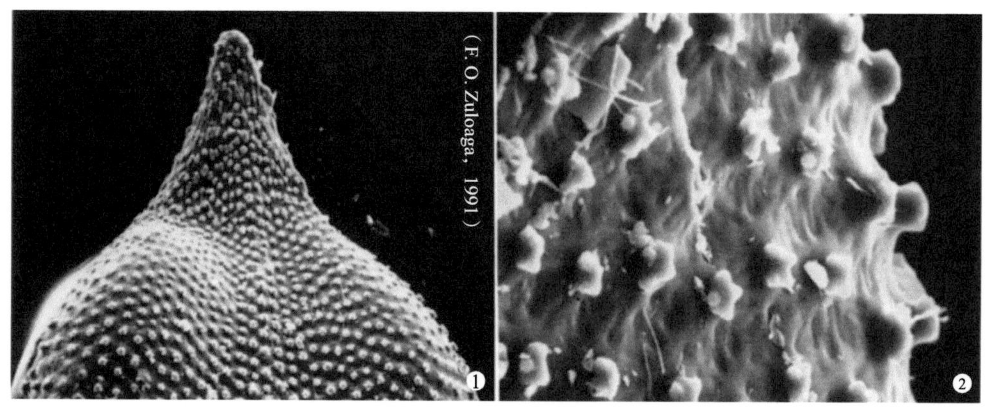

①*Raddiella lunata*的雌小花稃顶喙尖；②表有乳突。

参考文献

Zuloaga F O, Judziewicz E J, 1991. A Revision of *Raddiella* (Poaceae: Bambusoideae: Olyreae) [J]. Annals of the Missouri Botanical Garden, 78 (4): 928-941.

（潘幸来　审校）

第九章

同花序雌雄异花枝3属4种

第一节　*Mniochloa* 藓竺属雌雄异花枝1种

【竹亚科>>黍竺族>黍竺亚族→藓竺属*Mniochloa* Chase（1908）】

*Mniochloa*由希腊词“*mnio*＝苔藓”和“*chloa*＝禾草”组成，指其似苔藓。汉译“藓竺属”光合C_3，XyMS+。属内1种。

一、*Mniochloa pulchella*（Griseb.）Chase（1908）

*Mniochloa pulchella*记录于1908年。原生古巴低地石灰岩峭壁上。2个异名：①*Strephium pulchellum*（Griseb.）C. Wright（1871）；②*Digitaria pulchella* Griseb.（1866）。

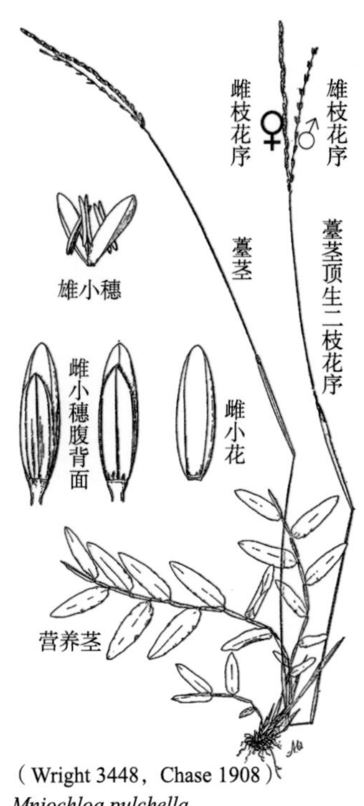

（Wright 3448，Chase 1908）
Mniochloa pulchella

*Mniochloa pulchella*多年生。阴地丛生。根茎粗型有结节。开花茎高10～25厘米，有1～3个无叶片叶鞘。营养茎3～12厘米高，上方不分枝，叶茎生，叶片窄椭圆形，8～18毫米长，3～5毫米宽，平展，基部稍不对称，有短拟柄。叶耳无刚毛。叶舌膜或有纤毛，0.1毫米长，顶沿平截。雌雄小穗异形同花序异花枝。薹茎顶生2枝花序收紧，主枝雌总状花序较长，直挺，侧枝雄总状花序较短瘦、贴近雌花枝。穗轴皆韧。雌小穗有棒状短柄，单生，窄椭圆形，2～4.5毫米长，腹背平，基盘无毛，护颖韧，比外稃薄。下护颖卵圆形，草质，无脊，5脉，顶尖。上护颖1.8～1.9毫米长，3脉，顶渐

尖，余同下护颖，轴顶1雌小花。雌小花式∑♀L_3〉：内稃等长外稃，皮质，2脉，表光，变硬；雌蕊；3浆片；外稃卵圆形，2.4～2.6毫米长，草质变白软骨质，光，无脊，边缘内卷包内稃，顶钝或具尖。颖果裸粒，纺锤形，1.5～2毫米长，胚小，脐长条形。雄小穗单生，椭球形，1.3～1.7毫米长，无护颖，轴顶1雄小花。雄小穗在雄穗轴上单侧排列，码稀疏。雄小花式∑♂$_3L_2$〉：内稃膜质，2脉；3雄蕊；2浆片；外稃膜质，1脉，无芒。甄别：薛竺属开花茎高于营养茎，矮薛竺属开花茎低于营养茎。

第二节　*Ekmanochloa* 古巴竺属雌雄异花枝2种

【竹亚科>>黍竺族>黍竺亚族→古巴竺属*Ekmanochloa* Hitchc.（1936）】

*Ekmanochloa*古巴竺属光合C_3, XyMS+。阴地草竹, 属内2种, 皆雌雄同花序异花枝。

一、*Ekmanochloa subaphylla* Hitchc.（1936）

*Ekmanochloa subaphylla*记录于1936年。原生古巴。多见于海拔500米左右的石灰岩上和松林中。多年生，丛生。开花茎33～60厘米长，茎节收缩。营养茎50～100厘米长，叶茎生。叶片条形或矛尖形，0.2～3.5厘米长，1～4毫米宽，基部有拟柄连鞘，表面有脊棱，光，或有疏长毛，两边糙，顶钝圆，茎下方叶片很小，无叶舌。雌雄小穗异形同花序异花枝。开花茎顶生1主枝雌总状花序3～4厘米长，直挺，1侧枝雄总状花序1.5～2厘米长。雌雄小穗皆有楔形柄，单生，小穗轴有棱角。雌小穗矛尖形，背平，6毫米长，含轴顶1雌小花，护颖比外稃薄。下护颖长椭圆形，1.5～2毫米长，草质，无脊，顶端微凹，3脉，侧脉间有横脉。上护颖2～2.5毫米长，余同下护颖。雌小穗熟自花间断落。雌小花式∑♀L_3〉：内稃皮质，2脉；雌蕊子房顶端光，花柱分离，2柱头；3浆片，膜质，0.4毫米长，扇形，罕有维管束；外稃矛尖形，6毫米长，皮质，无脊，边缘扁平，顶弯芒5～10毫米长。颖

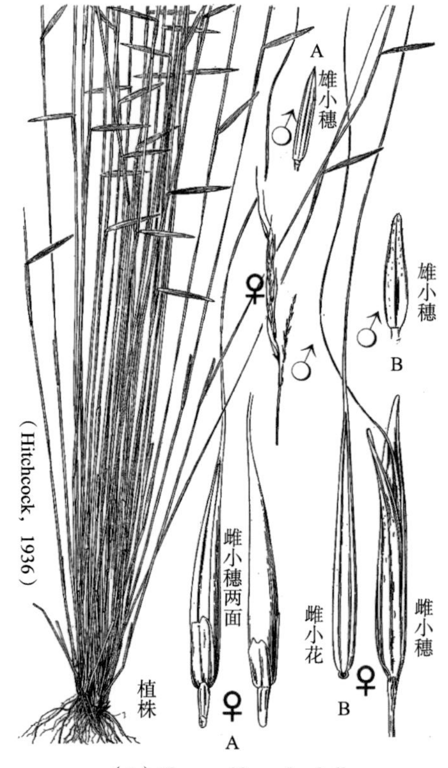

（A）*Ekmanochloa subaphylla*
（B）*Ekmanochloa aristata*

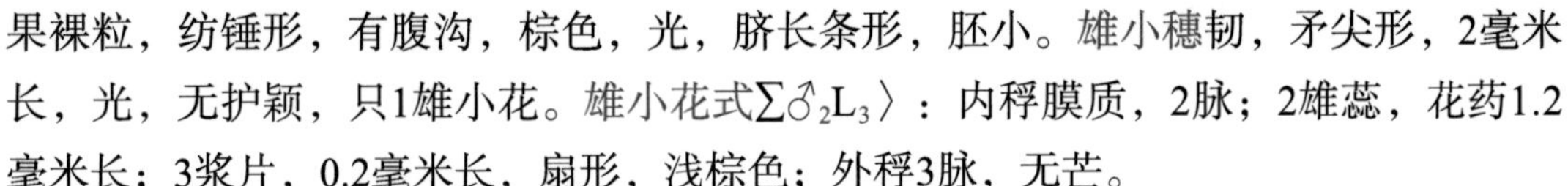

果裸粒，纺锤形，有腹沟，棕色，光，脐长条形，胚小。雄小穗韧，矛尖形，2毫米长，光，无护颖，只1雄小花。雄小花式∑♂$_2$L$_3$〉：内稃膜质，2脉；2雄蕊，花药1.2毫米长；3浆片，0.2毫米长，扇形，浅棕色；外稃3脉，无芒。

二、*Ekmanochloa aristata* Ekman（1936）

*Ekmanochloa aristata*记录于1936年。原生古巴东部莫阿一带。丛生。根茎短。开花茎20～50厘米高。营养茎30～50厘米高，茎节膨大。叶茎生。鞘口多刚毛。无叶舌。叶片条形或矛尖形，1～3.7厘米长，1.5～4毫米宽，表有脊棱，两面有疏长毛或密毛，基部有拟柄连鞘，顶钝圆，茎下方叶片很小。雌雄小穗异形同花序异花枝。花期3月、6月、12月。茎顶生二指状拟圆锥花序收紧，主枝雌总状花序3～4厘米长，直挺，仅1枝雄总状花序比雌主枝短一半。雌小穗有楔形柄，单生，8～9毫米长，仅轴顶1雌小花，2护颖韧，不等宽，比可育外稃薄，披疏毛。下护颖矛尖形，8～9毫米长，草质，无脊，5脉，侧脉间有横脉，顶渐尖。上护颖矛尖形，6.5～8毫米长，3脉，余同下护颖。雌小穗熟自小花下方断落。雌小花式∑♀L$_3$〉：内稃皮质，2脉；子房顶端光，花柱分离，2柱头；3浆片，膜质，扇形，罕有维管束；外稃矛尖形，6毫米长，皮质，无脊，边缘平展，顶芒弯，10～18毫米长。颖果裸粒，4.2毫米长，棕色，纺锤形，有腹沟，光，脐长条形，胚0.6毫米长。雄小穗有楔形柄，成对共轭，矛尖形，3～3.2毫米长，光，无护颖，仅轴顶1雄小花，小穗轴有棱角。雄小花式∑♂$_3$L$_3$〉：内稃膜质，2脉；3雄蕊，花药0.8毫米长；3浆片，扇形，0.5毫米长；外稃3脉，无芒。

*E. aristata*雄蕊3、护颖披疏毛、芒更长。*E. subphylla*雄蕊2、护颖光、芒较短。（这些差异在作物育种家看来，可能只是不同品种而非不同种。例如，三粒小麦虽单花三子房，仍属普通小麦种。）

第三节　*Piresiella* 矮藓竺属雌雄异花枝1种

【竹亚科>>黍竺族>黍竺亚族→矮藓竺属*Piresiella* Judz., Zuloaga & Morrone（1993）】

一、*Piresiella strephioides*（Griseb.）Judz., Zuloaga & Morrone（1993）

*Piresiella strephioides*订正记录于1993年。原生古巴。2个异名：①*Mniochloa strephioides*（Griseb.）Chase（1908）；②*Olyra strephioides* Griseb.（1866）。

*Piresiella strephioides*多年生，丛生，柔弱。根茎粗型。开花茎有1～2个无叶片叶

鞘，3～20厘米高，比营养茎低矮。营养茎圆筒形，3～9节露出披逆向毛，茎上方叶聚集不分枝。叶鞘光、边缘粗糙、上方披纤毛。无叶耳。叶舌膜纤毛，平截，0.1毫米长。叶片卵圆形或长椭圆形，14～20毫米长，6～10毫米宽，基部不对称，有短拟柄连鞘。雌雄小穗异形同花序异花枝。臺茎顶生1雌1雄枝总状花序带苞片，各着生6～9个小穗，雄枝花序比雌枝花序短，枝穗轴纤细。雌小穗有0.2～0.6毫米长的柄，单生，卵形，腹背平，4～4.8毫米长，含轴顶1雌小花。2护颖似同，比小穗长，窄卵圆形不隆突，坚纸质，光，浅绿色或浅白色，有时顶尖紫色，3～5脉，有少量横脉。小穗轴节间0.3～0.5毫米长，似油质体。雌小穗熟与护颖一起掉落，或护颖迟落。雌小花式∑♀L_3〉：内外稃等长；内稃披毛，2脉，2脊无翅，无芒；雌蕊子房顶端光，3柱头；3浆片；外稃披毛，不隆突，边缘包内稃，脉不明显，或多少具短尖，质地或比护颖结实，变硬。颖果裸粒，椭球形，2毫米长，有腹沟，胚0.2～0.3毫米长。雄小穗有0.3～1.5毫米长的柄，单生，椭圆形，1.3～1.8毫米长，光，韧，仅轴顶1雄小花，无护颖，皆着生在雄穗轴单侧，呈一边倒。雄小花式∑♂$_2$〉：内稃；2雄蕊；外稃无芒。

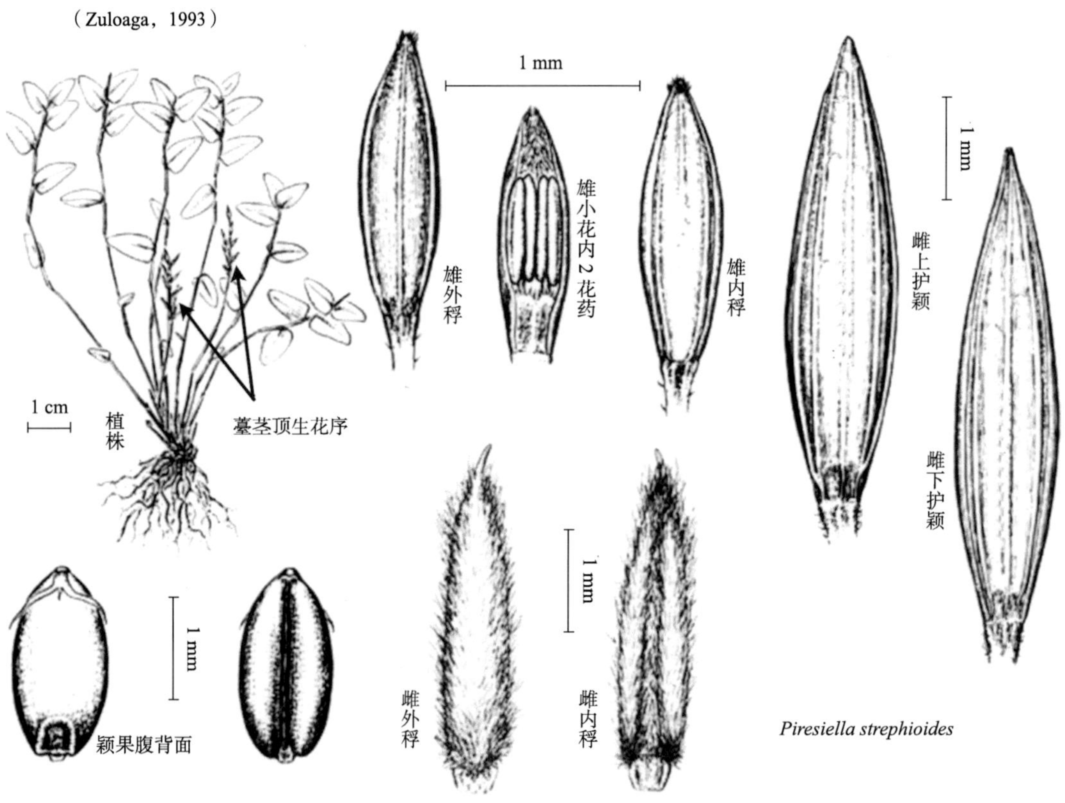

甄别：矮藓竺属开花茎低于营养茎，藓竺属开花茎高于营养茎。

（潘幸来　审校）

第十章

同花枝雌雄异段6属19种

第一节　*Sucrea* 旋颖竺属雌雄同枝花序雌上雄下3种

【竹亚科>>黍竺族>黍竺亚族→旋颖竺属*Sucrea* Soderstr.（1981）】

Sucrea取自巴拿马竹类植物学家Dimitri Sucre的姓，以资纪念。光合C_3，XyMS+。染色体基数$x=11$，二倍体$2n=22$。属内3种。与玉米竺属*Raddia*、蕨状玉米竺属*Strephium*、小黍竺属*Raddiella*三属近似。2016年被归入*Raddia*属，但*Sucrea*属雌上雄下排序，且成熟护颖皆打纽，故有研究者认为应单列一属。

一、*Sucrea maculata* Soderstr.（1981）

*Sucrea maculata*记录于1981年。原生巴西东部。1个异名：*Raddia maculata*（Soderstr.）J. R. Grande（2016）。

*Sucrea maculata*多年生，丛生。根茎短。二型茎。营养茎高约30厘米，节间有脊棱，节收缩，棕色或黑色，或有倒细毛，下方各节间有鞘无叶片，上方生4～8叶。叶鞘有脊棱，间脉乳突，淡绿色有暗绿色斑点，无叶片鞘薄如纸、光、闪亮、变窄成尖条状。叶领处有棱纹多疣披疏长毛。叶舌纤毛膜，0.2毫米长。叶片卵圆形或三角形，6～7厘米长，2～2.5厘米宽，或下披，上表面披短毛，中脉凸显，光，下表面网脉明显，下方边缘光，向上渐粗糙，基部有拟柄连鞘，拟柄1.2～1.3毫米长，顶尖。薹茎稍高，近似光秆，有鞘无叶或仅最上方鞘带极小叶片，顶生圆锥花序展开成金字塔形，15厘米长，5厘米阔，主穗轴节间长，下方轴节窝生枝花序7～8厘米长，披刚毛，穗下节间上方披细毛。同枝花序顶端1～2雌小穗，下段数个雄小穗沿穗轴单侧互生。雌雄小穗异形，单生或双生，皆有柄，柄披短纤毛。雌小穗卵圆形，10毫米长，柄粗，仅轴顶1雌小花，成年护颖打纽，比外稃薄，质地同外稃。下护颖卵圆形，5脉

间有横脉，披细毛，边缘软骨质，基部围抱上护颖，颖嘴尖；上护颖下方边缘弓弯，3脉，无颖嘴，余同下护颖。雌小穗熟自小花下方脱落。雌小花式∑♀L_3〉：内稃稍短于外稃，质地及表面同外稃，或变硬，2脉间有横脉，无脊；子房窄长，花柱平展，2柱头披绒毛；3浆片，楔形，肉质，维管束化；外稃窄卵圆形，7毫米长，白色，幼时皮质，光，表面有坑，5脉间有横脉，变硬，边缘包内稃多。颖果小，脐条形。雄小穗条形，7～10毫米长，光，无护颖，仅轴顶1雄小花，单落，常一长柄一短柄成对互生于枝轴单侧。雄小花式∑♂$_3L_3$〉：内稃膜质，2脉，光，半透明；3（偶有4～6）雄蕊，花药4～5毫米长，橙色，基部1/5处着花丝；3浆片，楔形，肉质，略维管束化；外稃3脉（个别有4脉），膜质，光，半透明，或有芒。

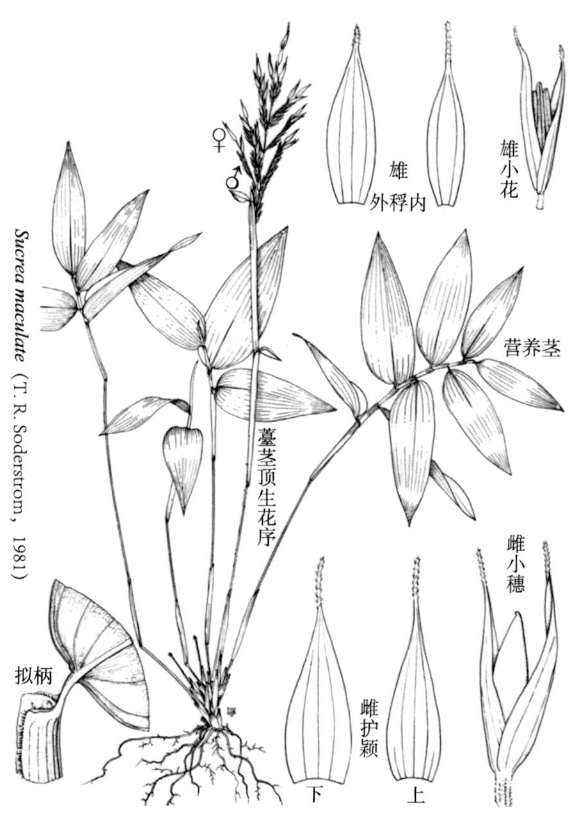

二、*Sucrea monophylla* Soderstr.（1981）

*Sucrea monophylla*记录于1981年。原生巴西。一个异名：*Raddia monophylla*（Soderstr.）J. R. Grande（2016）

*Sucrea monophylla*多年生，丛生。根茎短。二型茎。营养茎长50～100厘米，无分枝，数节，黑色，光亮，不生根，节间肋条明显，光，无叶片鞘棕色，纸质，表有针状物，口尖，只最上方一片叶呈椭圆形，顶尖，叶片20～38厘米长，4～10厘米宽，

有拟柄连鞘，有交叉脉（极个别竹种有如很大的叶片！）。无叶茎或只一极小叶片的薹茎顶生圆锥花序展开呈金字塔形，17厘米长，8～10厘米阔，主花序轴下方节间打纽，每节窝生6～7枝花序，5～10厘米长，花序轴皆披白色细短毛，下方枝花序只着生雄小穗或象上方枝花序一样下段雄小穗、顶端雌小穗。雌小穗单生，卵圆形，背平，6.5～8.5毫米长，绿色，脉紫色，有粗柄，仅轴顶1雌小花，护颖比外稃薄，成熟后打纽。下护颖等长上护颖，卵圆形，膜质，披短柔毛，边缘软骨质较结实，5脉间有横脉，无脊，颖嘴2毫米长。上护颖，3脉，无颖嘴，余同下护颖。雌小穗熟自小花下方掉落。雌小花式$\sum$♂^{3}♀L_{3}〉：内稃稍短于外稃，质地及表面同外稃，无脊，2脉间有横脉；3退化雄蕊；雌蕊子房窄长，花柱扁平，2柱头披绒毛；3浆片，楔形，1毫米长；外稃纺锤形，5.7毫米长，淡白，起初皮质后变硬，光，表面有小坑，无脊，5脉间有横脉，表披细短柔毛，边缘包内稃多，顶尖。颖果纺锤形，胚小。雄小穗单生，条形，5～7毫米长，褐红色，有柄，无护颖，仅轴顶1雄小花。雄小花式$\sum$♂$_{3}$$L_{3}$〉：内稃稍短于外稃，顶尖稍呈2齿，膜质，光，半透明，2脉；3雄蕊，花药黄色，4毫米长，基部1/6处着花丝；3浆片，肉质，楔形，1或2维管束痕迹，上侧领0.5毫米长；外稃膜质，半透明，顶端急尖或延长成芒，3脉，脉有疏毛。

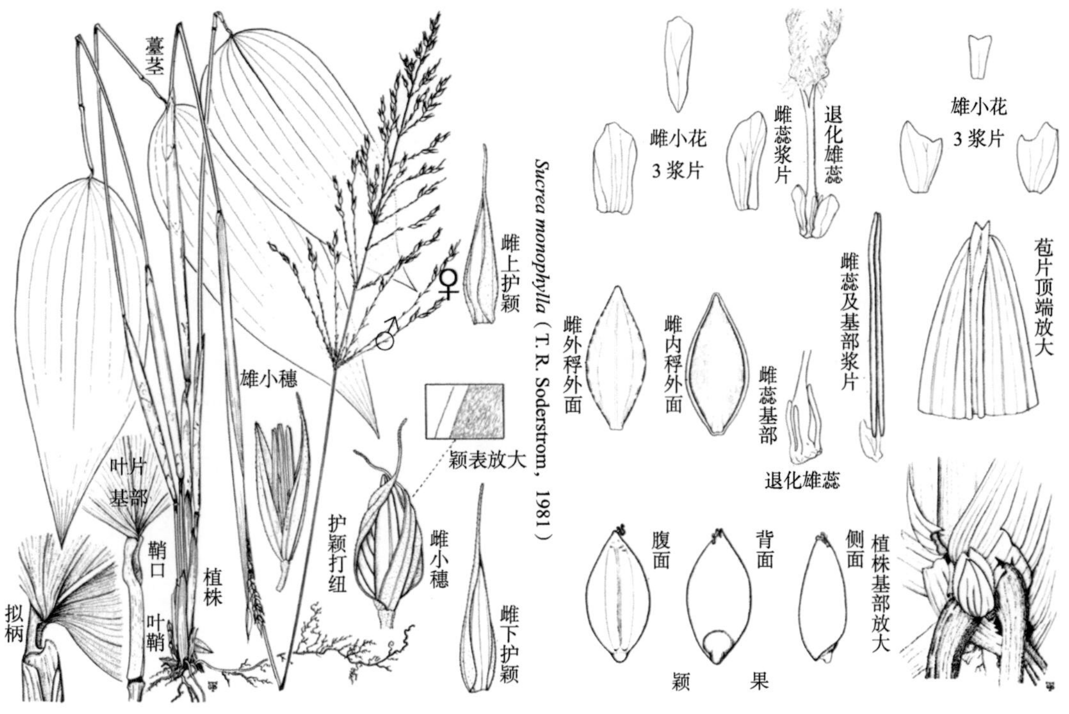

三、*Sucrea sampaiana* Soderstr.（1981）

*Sucrea sampaiana*记录于1981年，原生巴西。1个异名：*Brasilochloa sampaiana*

（Hitchc.）R. P. Oliveira & L. G. Clark（2019）。

*Sucrea sampaiana*多年生，簇生。芽苞叶明显。根茎短，有块茎。茎高约35厘米，节收缩披柔毛，不生根。节间有脊。每茎2叶。叶鞘有棱纹带乳突。叶舌纤毛膜，1 ~ 2毫米长。叶片矛尖形到长椭圆形，13 ~ 15厘米长，4.5 ~ 5毫米宽，脉间有横脉，基部阔圆，有拟柄连鞘。特化单叶茎或无叶茎顶生圆柱形穗状花序6厘米长，1厘米阔，上方渐尖。枝花序0.9 ~ 1.2厘米长，多刚毛。同花序下段雄小穗，上段雌小穗。雌雄小穗有短柄。雌小穗卵圆形，背平，1 ~ 7毫米长，含1雌小花，小穗轴不伸出，护颖相似，超过小花顶端，比外稃薄，质地似外稃。下护颖椭圆形—卵圆形，6 ~ 7毫米长，边缘软骨质更结实，无脊，5脉间有横脉，表披微柔毛到柔毛，边缘纤毛，顶渐尖。上护颖3脉，表面光到披柔毛，边缘或无纤毛，顶端变薄，余同下护颖。雌小穗熟自小花下方折断。雌小花式∑♂^{3}♀L$_{3}$〉：内稃等长外稃，膜质或变硬，2脉，无脊；3退化雄蕊；雌蕊2柱头；3浆片，楔形；外稃椭圆形，5 ~ 6毫米长，草质变硬，苍白，无脊，5脉间有横脉，边缘包内稃大部，披柔毛，上方有毛。颖果6毫米长，披模糊小坑。脐条形。雄小穗矛尖形—椭圆形，3 ~ 4毫米长，光，无护颖，外稃3脉，无芒，含1雄小花，无轴顶伸出。雄小花式∑♂$_{3}$L$_{3}$〉：内稃；3雄蕊；3浆片；外稃。本种柱穗状花序明显有别于其余2种的圆锥花序。有块茎又一大特征。显然是雌雄同花序异段种而非同花枝异段种噢。

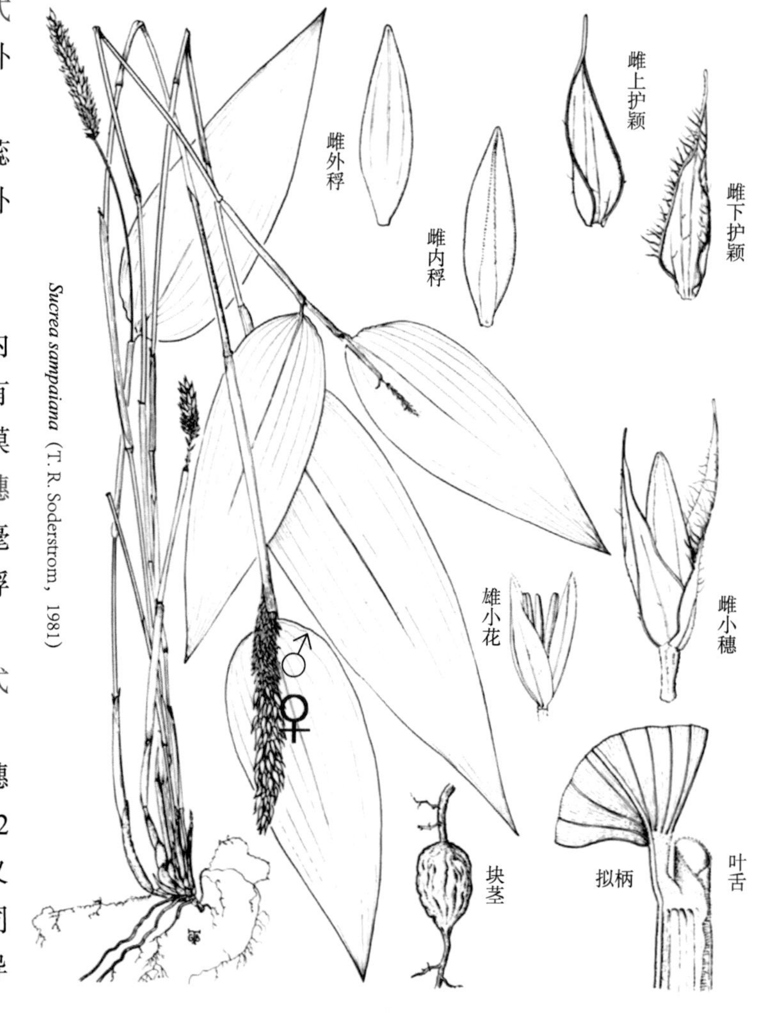

Sucrea sampaiana（T. R. Soderstrom，1981）

第二节　*Luziola* 漂筏菰属雌雄同枝花序异段2种

【稻亚科>>稻族>菰亚族→漂筏菰属 *Luziola* Juss.（1789）】

*Luziola*漂筏菰属11种，其中9种雌雄同株异花序见前。下述2种雌雄同枝花序异段。

一、*Luziola brasiliensis*（Trin.）Swallen（1965）

*Luziola brasiliensis*订正记录于1965年。原生巴西东南部。3个异名：①*Luziola micrantha* Benth.（1881）；②*Arrozia micrantha* Schrad. ex Kunth（1833）；③*Caryochloa brasiliensis* Trin.（1826）。

*Luziola brasiliensis*多年生。茎或膝曲，40～80厘米长，松软，下方节生根。叶鞘膨，叶耳直立。叶舌膜无纤毛，8毫米长。叶片窄矛尖形，30～70厘米长，2～3厘米宽。顶生圆锥花序开展，10～22厘米长，枝花序细长。同枝花序顶端雄小穗、下段雌小穗。雌小穗有柄，单生，椭圆形—近圆筒形，2.5毫米长，仅轴顶1雌小花，护颖无或模糊，熟掉落。雌小花式∑♀〉：内稃矛尖形，等长外稃，4脉，无脊，顶钝圆；雌蕊；无浆片；外稃椭圆形，2.5毫米长，膜质，无脊，5～7脉，侧脉有脊棱，表面光滑，顶尖。颖果蛋形，2毫米长，光滑，果皮脆，胚小，胚乳硬。雄小穗卵圆形，4毫米长，无护颖。雄小花式∑♂$_?$〉：内稃；雄蕊未述；无浆片；外稃7脉。

二、*Luziola caespitosa* Swallen（1965）

*Luziola caespitosa*记录于1965年。原生巴西东北部。多年生，丛生。茎高15～115厘米。鞘基松软。叶舌膜无纤毛，7～8毫米长。叶片11～80厘米长，3～18毫米宽。顶生圆锥花序开展，长椭圆形，8～36厘米长，基部有苞片，主穗轴每节1枝花序，2～5厘米长，枝轴有棱角。同枝花序上段雄小穗、下段雌小穗。雌小穗有尖杯状柄，单生，球形，1.5毫米长，仅轴顶1雌小花，护颖无或模糊，熟掉落。雌小花式∑♀〉：内稃等长外稃，4脉，无脊；雌蕊；无浆片；外稃球形，1.5毫米长，膜质，无脊，5脉，侧脉有棱，顶钝圆。颖果蛋形。胚小，胚乳硬。雄小穗椭圆形，2.5～3毫米长，光，无护颖，仅轴顶1雄小花，熟自掉落。雄小花式∑♂$_6$〉：内稃；6雄蕊；外稃5脉。

第三节 *Zizaniopsis* 假菰属同枝花序雌上雄下3种

【稻亚科>>稻族>菰亚族→假菰属 ***Zizaniopsis*** **Döll & Asch.（1871）**】

*Zizaniopsis*由“*Zizania*＝菰属”加希腊词“*opsi*＝外貌”组成，指其貌似菰属（译作“拟菰属”似比“假菰属”可能更合适）。沼泽湿地禾草，光合C_3，XyMS+。染色体基数$x=12$，二倍体$2n=24$。属内6种，其中同枝花序雄下雌上4种。雌雄小穗异花枝1种。颖果裸粒，6～7毫米长，胚乳硬，脐长条形。

一、*Zizaniopsis microstachya*（Nees ex Trin.）Döll & Asch.（1871）

*Zizaniopsis microstachya*订正记录于1871年。原生巴西。1个异名：*Zizania microstachya* Nees ex Trin.（1840）。

*Zizaniopsis microstachya*多年生。根茎伸长。茎长170～250厘米，苇状，软绵。叶片50～100厘米长，1.4～1.8厘米宽，顶长尖。叶舌膜。顶生圆锥花序长椭圆形展开，60～90厘米长，枝花序轴多节打纽。同枝花序下段雄小穗、上段雌小穗。雌雄小穗皆单生、1花、无护颖，有杯形柄。雌小穗卵圆形，4～5毫米长，熟自落。雌小花式$\sum♀L_2\rangle$：内稃等长外稃，坚纸质，3脉，无脊；2柱头；2浆片；外稃卵圆形，4～5毫米长，坚纸质，无脊，7脉，芒1～4毫米长。雄小穗矛尖形，4～5毫米长。雄小花式$\sum♂_6♀^0L_2\rangle$：内稃；6雄蕊；雌蕊退化；2浆片；外稃7脉，芒1～4毫米长。

二、*Zizaniopsis bonariensis*（Balansa & Poitr.）Speg.（1902）

*Zizaniopsis bonariensis*订正记录于1902年。原生巴西到阿根廷东北部。1个异名：*Zizania bonariensis* Balansa & Poitr.（1878）。

*Zizaniopsis bonariensis*多年生。根茎长。茎长150～300厘米，苇状，绵软。叶片直立，85～130厘米长，0.7～1.3厘米宽，中脉凸显，表面粗糙。叶舌膜15～40毫米长。顶生圆锥花序开展，矛尖形，90～100厘米长。同枝花序下段雄小穗、上段雌小穗。雌雄小穗皆无护颖、单生、1花，有柄，柄顶杯状。雌小穗矛尖形10～16毫米长，熟自掉落。雌小花式$\sum♀L_2\rangle$：内稃等长外稃，坚纸质，3脉，无脊；2柱头；2浆片；外稃矛尖形，10～16毫米长，坚纸质，无脊，7脉，芒总长7～50毫米。颖果椭球体，6～7毫米长，顶端有喙，脐条形。雄小穗矛尖形，8～13毫米长。雄小花式$\sum♂_6L_2\rangle$：内稃；6雄蕊，花药5～7毫米长；2浆片；外稃7脉，无芒。

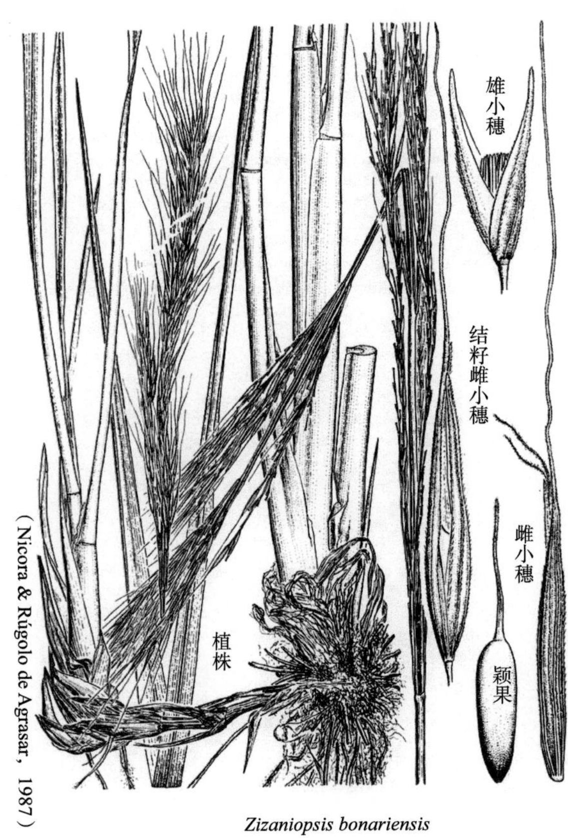

Zizaniopsis bonariensis

三、*Zizaniopsis villanensis* Quarín（1976）

*Zizaniopsis villanensis*记录于1976年。原生阿根廷东北部。多年生。根茎伸长。茎似苇状绵软，约120厘米长。叶片50～90厘米长，0.7～1.2厘米宽。叶舌膜35～80毫米长。顶生圆锥花序开展，50～60厘米长，基部有苞叶。有的株同枝花序下段雄小穗、上段雌小穗；有的株同花序上半部雄小穗、下半部雌小穗（可能进化中途还未统一）。雌雄小穗皆单生、1花、无护颖、有柄、柄顶杯形。雌小穗卵圆形，5～6毫米长，熟自落。雌小花式$\sum$♀L_2〉：内稃等长外稃，坚纸质，3脉，无脊；2柱头；2浆片；外稃椭圆形，5～6毫米长，坚纸质，黄紫色，无脊，7脉，表面粗糙，顶尖，芒长20～30毫米。颖果蛋形，顶有喙，脐条形。雄小穗椭圆形，4～5毫米长。雄小花式$\sum$♂$_6L_2$〉：内稃；6雄蕊，花药3毫米长；2浆片；外稃7脉，芒长1～6毫米。

如下几种大同小异：

Zizaniopsis killipii Swallen（1948）同枝花序雄下；

Zizaniopsis miliacea（Michx.）Döll & Asch.（1871）同枝花序雄下；

Zizaniopsis longhi-wagnerae Dalmolim，A. Zanin & R. Trevis.（2015）。

第四节　*Polytoca* 多裔草属同枝花序雌下雄上2种

【黍亚科>>高粱族>葫芦草亚族→多裔草属（多裔黍属）*Polytoca* R. Br.（1838）】

*Polytoca*多裔草属种光合C_4，XyMS-。染色体基数$x=10$；二倍体、四倍体$2n=20$，40。属内11种，下述2种同枝花序雌下雄上。

一、*Polytoca digitata* Wu Zhengyi（2003）多裔草

*Polytoca digitata*记录于1916年。原生中国南部及新几内亚。4个异名：①*Polytoca heteroclita*（Roxb.）Koord.（1911）；②*Polytoca bracteata* R. Br.（1838）；③*Coix heteroclita* Roxb.（1832）*Apluda digitata* L. f.（1782）。

《中国植物志》记录有此种，补遗：雌小花式∑♀〉：内稃略短于外稃，上方有毛；雌蕊柱头长达2厘米，黄褐色，吐露；无浆片；外稃上方有毛。雄小花式∑♂$_3$L$_?$〉：内外稃薄膜质；3雄蕊，花药3毫米长，橙黄色；浆片未述。

二、*Polytoca cyathopoda*（F. Muell.）F. M. Bailey（1902）

*Polytoca cyathopoda*订正记录于1902年。原生新几内亚到澳大利亚。2个异名：①*Chionachne cyathopoda*（F. Muell.）F. Muell. ex Benth.（1878）；②*Sclerachne cyathopoda* F. Muell.（1873）。

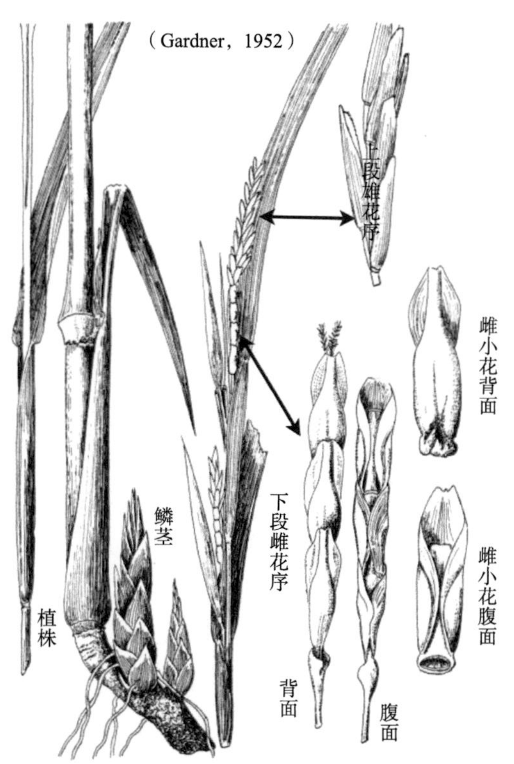

Chionachne cyathopoda

*Polytoca cyathopoda*多年生，簇生。根茎伸长，有鳞茎。茎直立，似芦苇，200～300厘米长，侧枝无或稀少。节光或披细毛。节间有刻槽。叶茎生。叶片40～60厘米长，10～30毫米宽，边缘软骨质带小刺，顶长尖。叶舌纤毛膜，1～1.5毫米长。顶生/腋生穗状花序，基部有苞片，主穗轴6～12厘米长，轴节脆，节顶漏斗状，同枝花序下段雌小穗、上段雄小穗派对。雌小穗无柄，单生，15毫米长，1雌小花。小穗基盘基部平截，有中栓，横贴附。护颖比外稃结实。

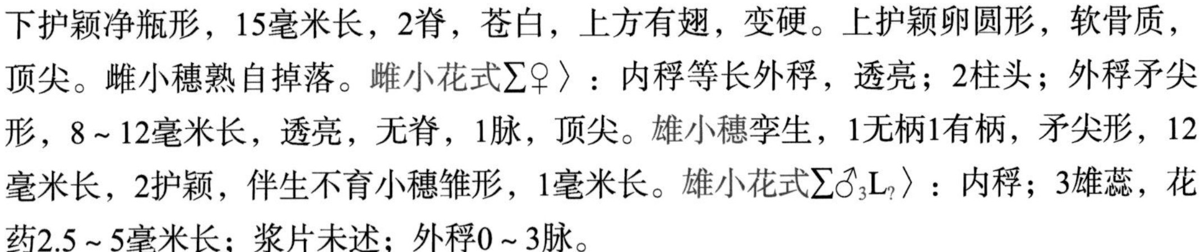

下护颖净瓶形，15毫米长，2脊，苍白，上方有翅，变硬。上护颖卵圆形，软骨质，顶尖。雌小穗熟自掉落。雌小花式∑♀〉：内稃等长外稃，透亮；2柱头；外稃矛尖形，8～12毫米长，透亮，无脊，1脉，顶尖。雄小穗孪生，1无柄1有柄，矛尖形，12毫米长，2护颖，伴生不育小穗锥形，1毫米长。雄小花式∑♂$_3$L$_?$〉：内稃；3雄蕊，花药2.5～5毫米长；浆片未述；外稃0～3脉。

第五节　*Tripsacum* 摩擦草属同枝花序雌下雄上8种记述4种

【黍亚科>>高粱族>摩擦草亚族→摩擦草属***Tripsacum*** **L.**（**1759**）】

*Tripsacum*由希腊词“*tri*=3”和“*psakas*=片段”合成，指其穗子成熟后至少自断3截。原生美洲温暖开阔林荫地及沼泽地。多年生丛生草本，宿根性强，长势旺盛，可多次收割，每公顷产鲜草45～75吨，叶片占全株鲜重的60%以上，适于青饲或青贮。亦是园林及水土保持良种。属内14种（无根茎4种，短根茎8种，长根茎2种；有支持根3种；无叶耳13种；叶片基部有拟柄连鞘3种。非洲1种，亚洲热带2种，澳洲1种，北美12种，南美13种）。光合C_4，XyMS-。染色体基数x=9；有四、八、十、十二倍体，2n=36，72，90，108。颖果胚大、脐短，胚乳硬。

摩擦草属亦被认为是玉米的近缘属。1992年以来，人们试利用摩擦草属培育多年生粮食作物新品种。有用鸭茅状摩擦草（*Tripsacum dactyloides*）与玉蜀黍属大刍草（*Zea diploperennis*）杂交，得到类似原始玉米的果穗（Mary Eubanks，1995）。已培育出14种含有“鸭茅状摩擦草”基因的、有利于人心脏健康的新玉米品种，其玉米油单不饱和脂肪酸含量达到60%～70%，饱和脂肪酸含量仅为6.5%。而普通玉米油的单不饱和脂肪酸含量仅为20%～30%，饱和脂肪酸却高达13%。《中国植物志》记录我国台湾引进1种，x=10，论述中的磨擦草、腐擦草似皆有误。

一、*Tripsacum dactyloides*（L.）L.（1759）鸭茅状摩擦草

*Tripsacum dactyloides*记录于1759年。原生美国中东部到厄瓜多尔、加勒比至南美南部。18个异名：①*Tripsacum dactyloides* f. *prolificum* R. S. Dayton & Dewald（1985）；②*Tripsacum dactyloides* var. *hispidum*（Hitchc.）De Wet & J. R. Harlan（1982）；③*Tripsacum dactyloides* var. *mexicanum* De Wet & J. R. Harlan（1982）；④*Tripsacum dactyloides* var. *meridionale* De Wet & Timothy（1981）；⑤*Tripsacum bravum* J. R. Gray（1976）；⑥*Tripsacum dactyloides* var. *occidentale*

Cutler & E. S. Anderson（1941）；⑦*Tripsacum dactyloides* subsp. *hispidum* Hitchc.（1906）；⑧*Dactylodes dactyloides*（L.）Kuntze（1898）；⑨*Tripsacum dactyloides* var. *angustifolium* Scribn.（1897）；⑩*Tripsacum dactyloides* var. *floridanum*（Porter ex Vasey）Beal（1896）；⑪*Dactylodes angulatum* Kuntze（1891）；⑫*Tripsacum dactyloides* var. *genuinum* Hack.（1883）；⑬*Tripsacum compressum* E. Fourn.（1876）；⑭*Tripsacum dactyloides* var. *monostachyon*（Willd.）Eaton & Wright（1840）；⑮*Tripsacum monostachyon* Willd.（1805）；⑯*Ischaemum glabrum* Walter（1788）；⑰*Coix angulata* Mill.（1768）；⑱*Coix dactyloides* L.（1753）。

*Tripsacum dactyloides*多年生，丛生。根茎短有结节，有支持根。茎直立或膝曲向上，壮实，150～400厘米长，直径3～4厘米，节间实心。茎基部有聚生叶。叶鞘基部疏长毛，鞘表光。叶舌纤毛膜，1毫米长。叶片60～120厘米长，1.8～6厘米宽，表面及边缘粗糙。顶生/腋生指穗状花序。同枝花序下段雌小穗、上段雄小穗。雌雄小穗异形。雌小穗无柄，单生，1雌小花。雌小花式∑♀〉：内稃；花柱光，2柱头长而披毛；无浆片；内外稃透亮。雄小花式∑♂$_3$L$_2$〉：3雄蕊；2浆片；内外稃亮。

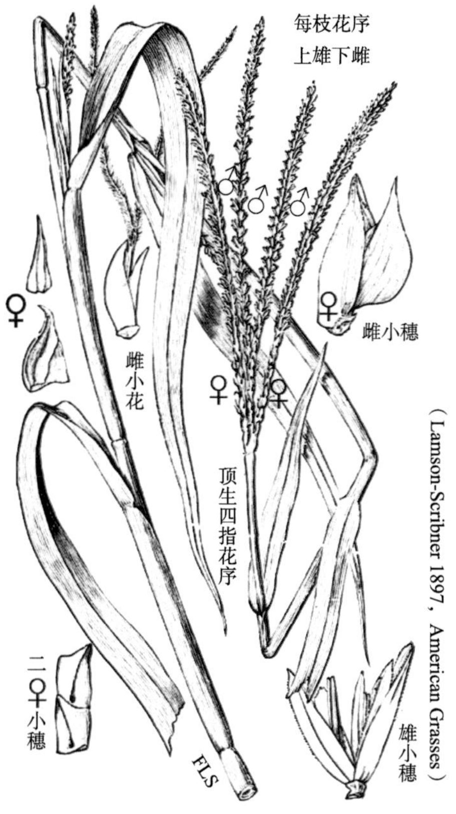

Tripsacum dactyloides（Lamson-Scribner 1897，American Grasses）

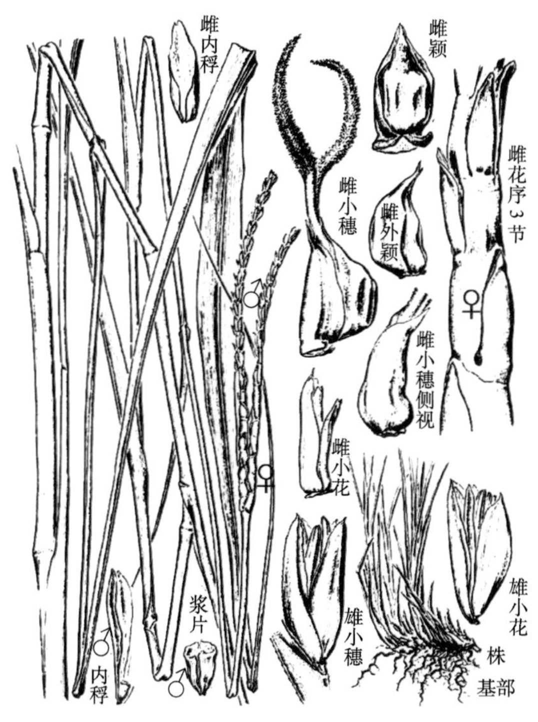

（Nicora et al.，1987 据 Todo de Z. Rúgolo 1037（SI）绘制）
顶生二指花序，每枝花序下段雌花序上段雄花序。
幼株基部短根茎多近地叶

二、*Tripsacum laxum* Nash（1909）

*Tripsacum laxum*记录于1909年。原生哥伦比亚海拔500～1 500米地区。多年生。茎高300～500厘米，直径5～10毫米，壮实。叶茎生。叶鞘基部披疏长毛，鞘表光。叶舌膜有纤毛。叶片40～80厘米长，30～70毫米宽，表面光，顶渐尖。顶生/腋生指状花序或圆锥花序，主穗轴4～10厘米长，着生12～23枝花序弓弯下垂。枝花序下段着生雌小穗部分为穗状花序，节间长椭圆形，2～3毫米长，节间顶端平截呈火山口状，同枝花序上段着生雄小穗部分为拟穗状花序。雌小穗无柄，单生，卵圆形，5毫米长，含基部1不育小花，轴顶1可育雌小花，下护颖5毫米长，闪亮，无脊，顶尖，变硬，上护颖卵圆形，软骨质，闪亮，无脊，顶尖。雌小花式∑♀〉：内稃透亮；雌蕊；外稃长椭圆形，透亮，无脊。雄小穗4～6毫米长，孪生，1无柄1有柄（柄长2.5～7毫米长），2护颖，膜质，无芒。雄小花式∑♂$_{?}$L$_{?}$〉：不详。甄别：雄穗轴节间0.3～0.5毫米宽。

三、*Tripsacum australe* Cutler & E. S. Anderson（1941）

*Tripsacum australe*记录于1941年。原生哥伦比亚海拔0～1 500米草地。多年生，丛生。茎高200～350厘米，直径10～15毫米。叶片30～140厘米长，18～40毫米宽。顶生指状花序直立，有1～4枝花序。枝花序17～22厘米长，下段雌穗状花序5.5～7.5厘米长，3.4～5毫米阔，上段为雄拟穗状花序。雌小穗无柄，单生，卵梯形，5.5～7毫米长，顶底平截，底有中栓，下护颖卵圆形，等长小穗，变硬。上护颖软骨质，无脊，顶尖，变硬，基部1不育小花，轴顶1雌小花。雌小花式∑♀〉：内稃透亮；花柱基部融合；外稃长椭圆形，透亮。雄小穗矛尖形或椭圆形，7～8.5毫米长，披毛，顶钝圆或尖，2护颖，皮质，无嘴。雄小花式∑♂$_{3}$L$_{?}$〉。内稃；3雄蕊，花药3.2～3.5毫米长；浆片未述；外稃6～8毫米长，5脉。

四、*Tripsacum andersonii* J. R. Gray（1976）

*Tripsacum andersonii*记录于1976年。原生墨西哥南部到巴西一带。多年生。根茎短。茎膝曲向上或膝弯，300～500厘米长，直径20～30毫米，壮实。可形成直径达5米的草垛。扎根浅，或有支持根。节间上方光。叶鞘基部疏长毛，鞘表光。叶舌纤毛膜，1毫米长。叶片60～120厘米长，40～100毫米宽，顶渐尖，叶表披柔毛或稀疏毛，毛基瘤。年降水量（1 000～）1 500～2 000（～3 000）毫米的热带地区，可作刈割牧草、绿篱及水土保持等之用。顶生指穗状花序直立，聚3～8枝花序。枝花序15～20厘米长，下段着生4～12雌小穗为雌穗状花序，雌穗轴节4～5.5毫米阔，节间6～10毫米长，顶端平截呈火山口状；同枝花序上段为雄穗总状花序，着生数十个雄小穗。雌小穗无柄，单

生，底部平截，有中栓，横贴基盘，雌小穗卵梯形，8～10毫米长，2护颖，软骨质，基部1空花，轴顶1雌小花。熟自断落。雌小花式∑♀〉：内稃透亮；雌蕊；外稃透亮，无脊。基部空花秃，无明显内稃，外稃透亮。雄小穗6～10毫米长，披毛，孪生，1无柄1有柄（柄长1～3毫米），2护颖，皮质，无嘴。含基部1空花，轴顶1雄小花。雄小花式∑♂?L?〉：不详。

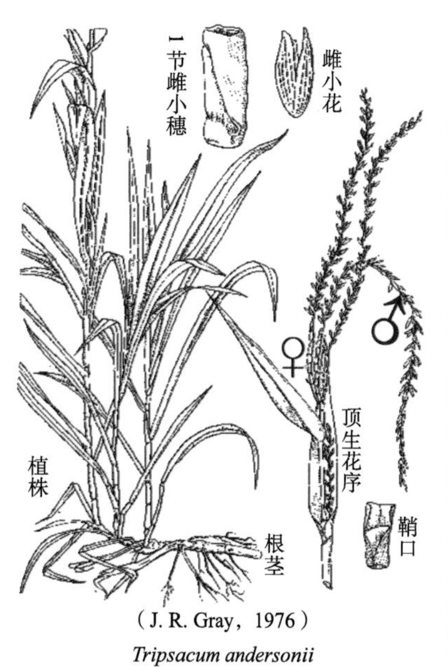

（J. R. Gray，1976）
Tripsacum andersonii

摩擦草属种株花穗式彩照辑录：

第六节　*Olyra*黍竺属同枝花序雄下雌上5种

【竹亚科>>簕竹族>黍竺亚族→黍竺属*Olyra* L.（1759）】

*Olyra*源自希腊词"*olura*=一种籽粒"之意。美洲非洲热带林阴低盐地多年生草竹，光合C_3，XyMS+。染色体2*n*=14，20，22，30，40，44。属内23种，同枝花序上段雌小穗、下段雄小穗，或雌雄小穗派对生。雌小穗远大于雄小穗。雌雄小花皆3楔形小浆片顶端平截。下述5种。

一、*Olyra latifolia* L.（1759）

*Olyra latifolia*记录于1759年。原生墨西哥、科摩罗、马达加斯加林中散片及拓荒地边缘地带，海拔300～1 300米。16个异名：①*Olyra latifolia* var. *vestita* Henrard（1943）；②*Olyra cordifolia* var. *scabriuscula* Döll（1877）；③*Olyra latifolia* var. *glabriuscula* Döll（1877）；④*Olyra latifolia* var. *pubescens*（Raddi）Döll（1877）；⑤*Olyra latifolia* var. *arundinacea*（Kunth）Griseb.（1864）；⑥*Olyra surinamensis* Hochst. ex Steud.（1853）；⑦*Olyra guineensis* Steud.（1853）；⑧*Olyra brasiliensis* Desv.（1831）；⑨*Olyra media* Desv.（1831）；⑩*Olyra scabra* Nees（1829）；⑪*Olyra brevifolia* Schumach.（1827）；⑫*Stipa latifolia*（L.）Raspail（1825）；⑬*Olyra pubescens* Raddi（1823）；⑭*Olyra arundinacea* Kunth（1816）；⑮*Olyra cordifolia* Kunth（1816）；⑯*Olyra paniculata* Sw.（1788.）。

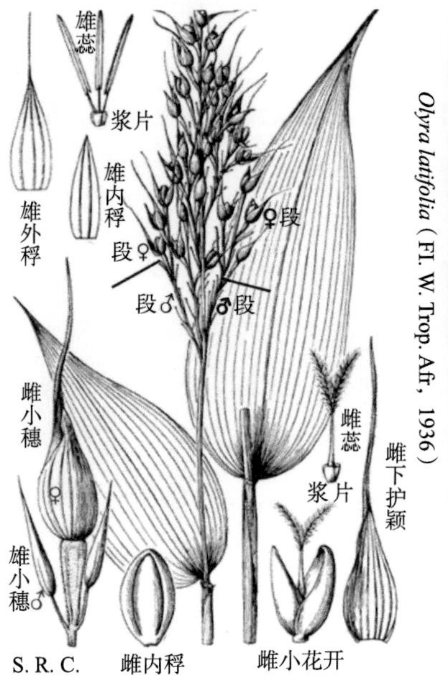

Olyra latifolia（Fl. W. Trop. Afr. 1936）

Olyra latifolia（R. P. Oliveira，巴西UEFS大学）

*Olyra latifolia*多年生，丛生。茎似甘蔗直立或攀缘，60～400（～500）厘米长，有光泽，茎上方分枝多叶，茎下方2/3或有暗紫斑。多节、节光或披细毛、无节生根。节间有条纹、上方或披细毛。叶茎生。叶鞘紧、脉密、有条纹，表面或披细毛或有时有长硬毛，鞘口有短纤毛。叶舌膜1～5毫米长，平截。叶片长椭圆形—卵圆形，7～20厘米长，2.5～7厘米宽，有横脉，基部阔圆，有拟柄连鞘，拟柄披短毛，顶长尖。圆锥花序3～25厘米长，穗轴有棱角，有时有毛，枝花序基部有小穗。同枝花序顶端1至数个雌小穗、下段数个较小的雄小穗。穗下节间上部披细毛。雌小穗单生，7～12毫米长，卵圆，有棒槌形柄，仅轴顶1雌小花，护颖韧，草质，超过小花顶端，比外稃薄。下护颖卵圆形，无脊，7～9脉，主脉或有时有纤毛，或有横脉，表披细毛，颖嘴3～20毫米长。上护颖同下护颖，颖嘴0～7毫米长。雌小穗熟时不带护颖自断落。雌小花式$\sum$♀L_3〉：内稃椭圆形内卷，等长外稃，变硬，无脊，表光，顶钝圆；2柱头；3浆片，楔形，膜质，有脉；外稃椭圆形5～6毫米长，变硬，淡白闪亮，无脊，侧脉模糊，边缘内卷，顶钝圆。颖果长椭圆形，扁平，2.5～3毫米长，暗棕色。胚占颖果长的1/5；条形脐占颖果长的4/5；胚乳粉质。雄小穗侧列，条形，3～8毫米长，长尖，有丝状柄，无护颖，仅轴顶1雄小花。雄小花式$\sum$♂$_3L_3$〉：内稃；3雄蕊，花药2.5毫米长；3浆片，楔形，膜质，有脉；外稃3脉，芒长3～4毫米。

二、*Olyra caudata* Trin.（1836）

*Olyra caudata*记录于1836年。原生哥伦比亚海拔300～650米的Orinoquia地区。3个异名：①*Olyra speciosa* Mez（1921）；②*Olyra pittieri* Hack.（1901）；③*Olyra dimidiata* Hochst. ex Steud.（1853）。

*Olyra caudata*多年生，丛生。木质茎高100～250厘米。节间壁薄，披细毛。叶茎生。叶鞘表光或疏长毛，外边缘有毛。叶耳直立。叶舌纤毛膜，5～10毫米长，背面披细毛。叶片矛尖形或卵圆形，18～30厘米长，1～2厘米宽，表光—疏长毛，边缘粗糙，顶长尖，基部阔圆，不对称，有拟柄连鞘，拟柄0.5～0.8毫米长，疏长毛。顶生或顶生/腋生圆锥花序疏展豁开，15～20厘米长，1～2厘米阔，枝花序伸展，多数节处打纽。同枝花序上段1至数个雌小穗、下段数个较小雄小穗。雌小穗单生，卵圆形，仅轴顶1雌小花，小穗轴基部伸长0.4毫米，有条形柄有棱角粗糙或有纤毛顶端变宽。护颖比外稃薄。上下护颖似同，卵圆形，膜质，无脊，9脉，侧脉间有横脉，表面疏长毛，顶端有尾状附属物，颖嘴20～30毫米长。雌小花式$\sum$♀L_3〉：内稃变硬，无脊；2柱头；3浆片；外稃卵圆形，背平，8.2～10毫米长，变硬，灰色到浅棕色，闪亮，无脊，表光滑，顶尖，有封盖，边缘内卷。颖果卵形，6～6.8毫米长，传播体带花。雄小穗矛尖形，3.3～4.8毫米长，光，有柄，无护颖，含1雄小花。雄小花式$\sum$♂$_3L_3$〉：

内稃；3雄蕊；3浆片；外稃3脉，无芒。

三、*Olyra fasciculata* Trin.（1834）

*Olyra fasciculata*记录于1834年。原生秘鲁、巴西、阿根廷北部。1个异名：*Olyra heliconia* Lindm.（1900）。

*Olyra fasciculata*多年生。丛生，根茎短。茎攀缘或直立，150～300厘米长，木质化。茎节光。侧枝稀疏，叶茎生。叶鞘表光或疏长毛。叶舌纤毛膜，1～4毫米长，平截。叶片矛尖形或卵圆形，24～32厘米长，5～13.2厘米宽，平行叶脉间有横脉，基部有拟柄连鞘，顶尖。圆锥花序20～30厘米长，16～25厘米阔。枝花序轴粗糙，下方节处打纽，下垂。同枝花序上段1至数个雌小穗、下段数个较小雄小穗。雌小穗有柄，单生，矛尖形，背平，22～23毫米长，2.9～3.2毫米阔，护颖韧，比可育外稃薄。下护颖卵圆形，22～33毫米长，草质，无脊，5～9脉，侧脉间有横脉，表光—细毛，上方有毛，顶长尖或有尾状附属物，或有颖嘴。上护颖17～20毫米长，7～9脉，顶长尖，余同下护颖，仅轴顶1雌小花，小花基盘0.8～1毫米长。雌小花式∑♀L_3〉：内稃椭圆形，内卷，等长外稃，变硬，无脊，顶钝圆；2柱头；3浆片，楔形，膜质，有脉；外稃椭圆形，背平，9～11.5毫米长，变硬，苍白，无脊，5脉，侧脉模糊，表面有坑，边缘内卷，顶尖。颖果纺锤形，6.8毫米长，传播体带花。雄小穗矛尖形，8～13毫米长，柄楔形有棱角披纤毛，无护颖，仅1雄小花。雄小花式∑♂$_3L_3$〉：内稃；3雄蕊，花药7.6～8.5毫米长；3浆片，楔形，膜质，有脉；外稃3脉，有芒。

四、*Olyra filiformis* Trin.（1834）

*Olyra filiformis*记录于1834年。原生巴西巴伊亚。多年生，丛生。根茎短。茎攀缘，40～125厘米长，木质化，基部节或生根。节间薄壁，上方披纤毛。茎节披细毛或须毛。叶茎生，一边倒。叶鞘披疏长毛，叶耳直立。叶舌膜0.5～1.8毫米长，背面有细毛。叶片矛尖形或长椭圆形，11～14厘米长，12～28毫米宽，或两面粗糙有硬毛，边缘粗糙，基部不对称，有拟柄连鞘，拟柄0.2厘米长，披疏长毛。顶生/腋生圆锥花序收紧，5～10厘米长，0.7～2厘米阔。同枝花序雄小穗在下段、雌小穗在上段。雌小穗单生，矛尖形，背平，17～24毫米长，仅轴顶1雌小花，有棒槌柄带棱角披细毛，护颖韧，比可育外稃薄。下护颖矛尖形，17～24毫米长，草质，苍白，无脊，7～9脉，侧脉间有横脉，表面微糙，顶尖，颖嘴6毫米长。上护颖13～20毫米长，余同下护颖。雌小穗熟自小花下方掉落。雌小花式∑♀L_3〉：内稃变硬，无脊；2柱头；3浆片；外稃矛尖形，背平，6.8～8.5毫米长，变硬，苍白，无脊，5脉，表面有坑，光，边缘内卷，顶尖。颖果梭形，4.8～5.5毫米长，浅棕色。雄小穗2个一束，1无柄

1有柄。雄小穗矛尖形，4.3～5.7毫米长，光或有毛，无护颖，仅1雄小花。雄小花式∑♂$_3$L$_3$〉：内稃；3雄蕊，花药1.8～2.5毫米长；3浆片；外稃3脉，无芒。

五、*Olyra obliquifolia* Steud.（1853）

*Olyra obliquifolia*记录于1853年。原生圭亚那北部及东北部。1个异名：*Olyra longifolia* Hochst. ex Steud.（1853）。

*Olyra obliquifolia*多年生。根茎短，茎直立或膝曲向上，30～300厘米长，木质化。节间壁薄，上方光或疏长毛，有弯毛。茎节臌胀紫色披细毛。每茎5～9叶一边倒。叶鞘有脊棱，表光或疏长毛，外边缘光或有毛。叶耳直立。叶舌纤毛膜，3～3.5毫米长。叶片长椭圆形，16～30厘米长，4～9厘米宽，背面光，边缘或有纤毛，基部阔圆不对称，有拟柄连鞘，拟柄0.2～0.4厘米长，披疏长毛。顶生/腋生圆锥花序，12～16厘米长，12～20厘米阔，枝花序伸展，多节打纽。同枝花序下段雄小穗、上段雌小穗。雌小穗矛尖形，背平，13～17毫米长，3.4～4毫米阔，仅轴顶1雌小花（小花下方小穗轴伸长0.6～1毫米），有柄楔形有棱角披微柔毛。护颖韧，比外稃薄。下护颖椭圆形，13～17毫米长，草质，无脊，7～9脉，侧脉间有横脉，表或披疏长毛，顶尖。上护颖13～15毫米长，内表面疏长毛，余同下护颖。雌小花式∑♀L$_3$〉：内稃变硬，无脊；2柱头；3浆片；外稃矛尖形，背平，9.2～11.5毫米长，3.1～3.4毫米宽，变硬，苍白，无脊，表面有坑，光，边缘内卷，顶尖。颖果卵形，5.8毫米长，暗棕色。传播体带花。雄小穗矛尖形，5.5～5.7毫米长，光或有毛，无护颖。雄小花式∑♂$_3$L$_3$〉：内稃；3雄蕊，花药4毫米长；3浆片；外稃3脉，无芒。

参考文献

Eubanks M，1995. A Cross between Two Maize Relatives：*Tripsacum dactyloides* and *Zea diploperennis*（Poaceae）[J]. Economic Botany，49（2）：172-182.

Soderstrom T R，1981. Sucrea（Poaceae：Bambusoideae），a New Genus from Brazil[J]. Brittonia，33（2）：198-210.

（潘幸来　审校）

第十一章

雌雄异小穗11属32种

同株花序中有雌小穗和雄小穗两种小穗混生。

第一节　*Pharus* 服叶竺属雌雄小穗伴生6种记述4种

【服叶竺亚科>>服叶竺族→服叶竺属（原禾属）***Pharus*** **P. Browne（1756）**】

*Pharus*源自希腊词“*pharos*＝布或披风”，指其阔叶象布衣。美洲热带阴地生。光合C_3，XyMS+。染色体基数$x=12$；二倍体$2n=24$，四倍体$2n=48$。颖果胚乳硬质，含复粒淀粉，有外胚叶。属内7种，雌雄小穗伴生。下述4种。

一、*Pharus latifolius* L.（1759）

*Pharus latifolius*记录于1759年。原生墨西哥南部到美洲热带地区。5个异名：①*Pharus scaber* var. *pictus* Döll（1871）；②*Pharus glochidiatus* J. Presl（1830）；③*Pharus latifolius* var. *elegantissimus* Raspail（1825）；④*Pharus ovalifolius* Ham.（1825）；⑤*Pharus scaber* Kunth（1816）。

Pharus latifolius（P. Beauv., 1812）

*Pharus latifolius*多年生，丛生。茎高30～100厘米，直径3毫米，无侧枝。节间实心。节光。叶鞘松弛表光有脊。叶舌膜0.5～1毫米长，有刻痕。叶片椭圆形，15～30厘米长，3～8厘米宽，倒转，顶长尖，侧脉皆自中脉斜向上，脉间有横脉，拟柄5～7毫米长，顶生圆锥花序展开或收紧，15～30厘米长，枝花序单生，紧缩，僵硬，披细毛，有勾毛，熟自断落。穗下节间上方披细毛。雌雄小穗伴生。雌小穗线筒形，顶弯，10～17毫米长，仅1雌小花，护颖韧，比外稃薄，下护颖卵圆形，9～12毫米长，粗糙，暗

棕色，无脊，7脉，顶尖；上护颖卵圆形，10～13毫米长，余同下护颖。雌小穗熟自花下断落。雌小花式∑♀〉：内稃条形，2脉；花柱细长，3柱头披毛；无浆片；外稃线筒形，10～17毫米长，软骨质，无脊，7脉，侧脉模糊，表披细毛，上方有勾毛，边缘内卷，与内稃脊重叠，顶尖，有1～1.5毫米长的锥形喙。颖果长椭圆形，脐面有沟，9～10毫米长。雄小穗矛尖形，2.8～4毫米长，有丝状柄，2护颖，1雄小花。雄小花式∑♂$_6$〉：内稃线形；6雄蕊，花药1.4～1.7毫米长；无浆片；外稃5脉。

二、*Pharus lappulaceus* Aubl.（1775）

*Pharus lappulaceus*记录于1775年。原生哥伦比亚海拔400～1 900米地区，暨美洲热带亚热带区。14个异名：①*Pharus micranthus* Schrad. ex Nees（1929）；②*Pharus latifolius* var. *angustifolius*（Nees）Prodoehl（1922）；③*Pharus latifolius* var. *parvifolius* Prodoehl（1922）；④*Pharus angustifolius*（Nees）Döll（1871）；⑤*Pharus glaber* var. *pubescens*（Spreng.）Döll（1871）；⑥*Pharus micranthus* var. *concolor* Döll（1871）；⑦*Pharus micranthus* var. *discolor* Döll（1871）；⑧*Pharus brasiliensis* var. *angustifolius* Nees（1829）；⑨*Pharus brasiliensis* var. *latifolius* Nees（1829）；⑩*Pharus lancifolius* Ham.（1825）；⑪*Pharus brasiliensis* Raddi（1823）；⑫*Pharus pubescens* Spreng.（1820）；⑬*Pharus glaber* Kunth（1816）；⑭*Abildgaardia polystachya* Spreng.（1807）。

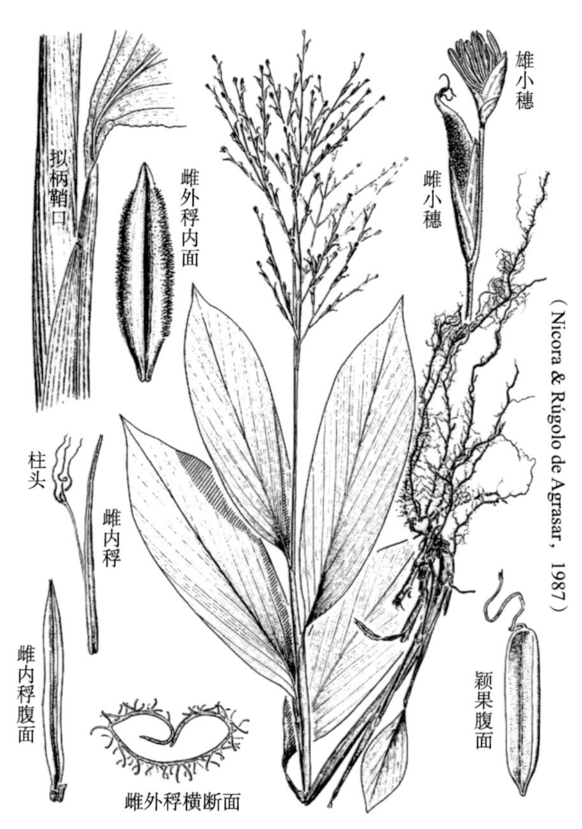

Pharus lappulaceus

*Pharus lappulaceus*多年生，丛生。茎高50～100厘米，直径3毫米。节间实心。叶片11～22厘米长，3.5～4.5厘米宽，倒转，侧脉皆自中脉斜向上，脉间有横脉，顶尖，基部有拟柄连鞘。叶舌纤毛膜，1～1.5毫米长。圆锥花序11～22厘米长，主轴节间长，枝花序轴僵硬，披细毛，有勾毛，有支序。1～2雌小穗+1雄小穗伴生。雌小穗椭圆筒形，8～12毫米长，无柄，只1雌小花，熟自花下断落。雌小花式∑♀〉：内稃条形，2脉；3柱头披细毛；无浆片；外稃椭筒形，8～12毫米长，皮

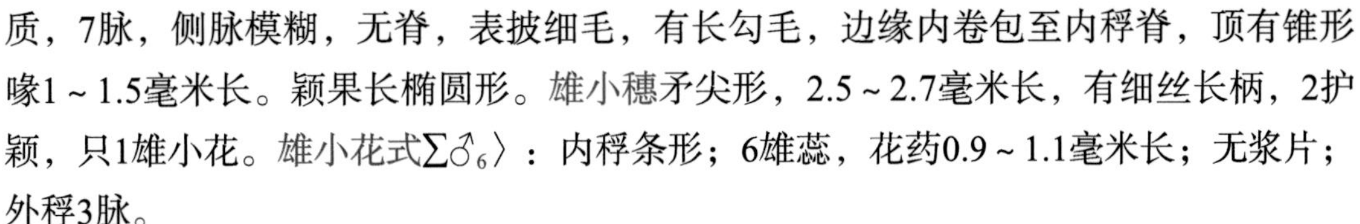
质，7脉，侧脉模糊，无脊，表披细毛，有长勾毛，边缘内卷包至内稃脊，顶有锥形喙1～1.5毫米长。颖果长椭圆形。雄小穗矛尖形，2.5～2.7毫米长，有细丝长柄，2护颖，只1雄小花。雄小花式∑♂$_6$〉：内稃条形；6雄蕊，花药0.9～1.1毫米长；无浆片；外稃3脉。

三、*Pharus virescens* Döll（1871）

*Pharus virescens*记录于1871年。原生哥伦比亚海拔230～500米地带，美洲热带中南部、特立尼达有分布。多年生。茎膝曲，50～100厘米长，无侧枝。下部节生根。节间实心。叶片椭圆形，25～33厘米长，4～7厘米宽，倒转，有拟柄，顶长尖。侧脉皆自中脉斜向上，间有横脉。叶舌纤毛膜，1毫米长。圆锥花序开展，15～30厘米长，轴披微毛，有勾毛，枝花序单生，僵硬，披细毛，有勾毛。雌雄小穗伴生。雌小穗细筒形，13～15毫米长，含1雌小花，无柄，护颖韧，比可育外稃薄。下护颖矛尖形，10～11毫米长，表面粗糙，黄色或中绿，无脊，5脉，顶尖；上护颖10～12毫米长，余同下护颖。雌小花式∑♀〉：内稃等长外稃，2脉；3柱头披细毛；无浆片；外稃线筒形，13～15毫米长，皮质，无脊，7脉，侧脉模糊，表披细毛，有长勾毛，边缘内卷覆盖内稃脊，顶有锥形喙1～1.5毫米长。雄小穗矛尖形，2.5～4.2毫米长，有细丝长柄，2护颖，1雄小花。雄小花式∑♂$_6$〉：内稃；6雄蕊，花药0.7～0.9毫米长；无浆片；外稃。

四、*Pharus ecuadoricus* Judz.（1991）

*Pharus ecuadoricus*记录于1991年。原生厄瓜多尔。多年生。茎长80～100厘米，直径4～6毫米。无侧枝。每茎5～8叶。鞘表光。叶舌纤毛膜，0.7～1.3毫米长。叶片长椭圆形，25～38厘米长，5～7.5厘米宽，倒转，暗绿色，底色褪色，叶表背粗糙，拟柄1.2～1.3毫米长，顶长尖。圆锥花序基部或有苞片，25～50厘米长，4～5枝花序，枝花序单生、收紧，僵硬，披细毛。雌雄小穗成对。雌小穗椭筒形，11.5～13.5毫米长，无柄，1雌小花，护颖韧，比可育外稃薄。下护颖椭圆形，6～7.5毫米长，粗糙，浅棕色，无脊，5～7脉，顶尖。上护颖6.5～8毫米长，余同下护颖。雌小穗熟自小花下方断落。雌小花式∑♀〉：内稃等长外稃，2脉；3柱头；无浆片；外稃椭筒状，11.5～13.5毫米长，2～3毫米阔，皮质，浅棕色，无脊，7脉，侧脉模糊，表披细毛，有勾毛，边缘内卷包覆内稃脊，顶有锥形喙。颖果条形，9～10毫米长，具柄。雄小穗卵圆形，3.2～4.3毫米长，丝状柄6～10毫米长，1雄小花，2护颖，2.3～4.1毫米长，膜质，2～5脉，无颖嘴。雄小花式∑♂$_6$〉：内稃；6雄蕊，花药1.2～2.1毫米长；无浆片；外稃3.2～4.3毫米长，3脉，有横脉，无芒。

第二节　*Pariana* 雨林竺属雄闹雌2种

【竹亚科>>簕竹族>雨林竺亚族→雨林竺属*Pariana* Aubl.（1775）】

*Pariana*雨林竺属内34种皆多年生。光合C_3，XyMS+。染色体基数$x=11$或12，四倍体$2n=44$或48。南美热带林下阴地生。二型茎（开花茎和营养茎）22种，顶生花序29种，顶/腋生花序1种。拟穗状花序轴每节着生1枝极短柄雄闹雌环围花序——5雄小穗闹1雌小穗的29种，6雄小穗闹1雌小穗的1种。雌小穗长2.5～15毫米。2柱头的27种。3浆片的28种。雄小穗雄蕊数变幅2～40。颖果裸粒，胚乳单粒淀粉粒，有外胚叶，中胚轴似显不显。下述2种。

一、*Pariana campestris* Aubl.（1775）

*Pariana campestris*记录于1775年。原生哥伦比亚海拔250～580米地带，美洲热带南部有分布。6个异名：①*Pariana glauca* var. *scabra*（Nees）Döll（1877）；②*Pariana inaequalis* Miq.（1846）；③*Pariana nivea* Huber ex Tutin（1936）；④*Pariana glauca* Nees（1829）；⑤*Pariana scabra* Nees（1829）；⑥*Pariana sylvestris* Nees（1829）。

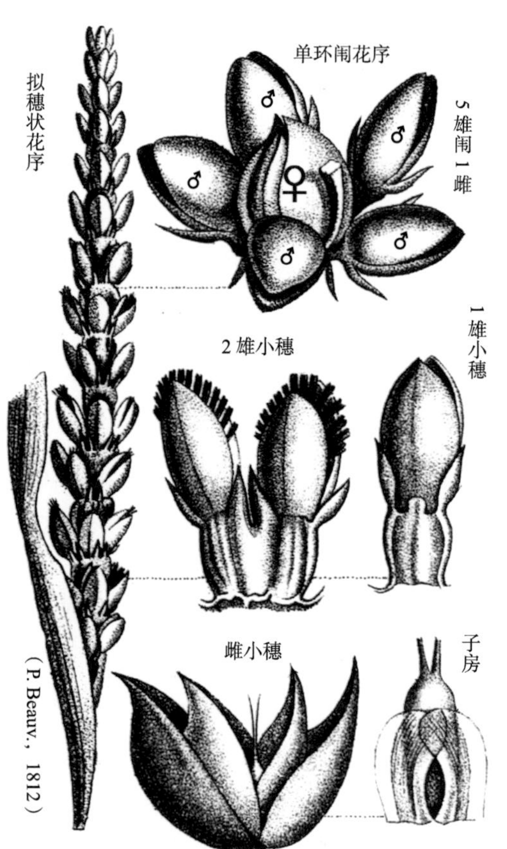

Pariana campestris

*Pariana campestris*多年生。茎高50～100厘米。叶茎生。叶片椭圆形—卵圆形，10～25厘米长，3～5厘米宽，顶长尖，叶片基部阔圆，有拟柄连鞘。叶舌膜无纤毛。顶生拟穗状花序10～15厘米长，主穗轴节顶杯状，节脆，每节雄闹雌环围花序——5有柄雄小穗环围中央1无柄雌小穗，皆无芒。雌小穗卵圆形，6～7毫米长，上下护颖同，6～7毫米长，坚纸质，无脊，3脉，顶尖，只1雌小花。雌小花式∑♀L_3〉：内稃5.5～6毫米长，皮质，无脊，3脉，顶尖；子房光，2柱头；3浆片，有纤毛；外稃等长内稃，皮质，无脊，2脉，顶尖。雄小穗卵圆

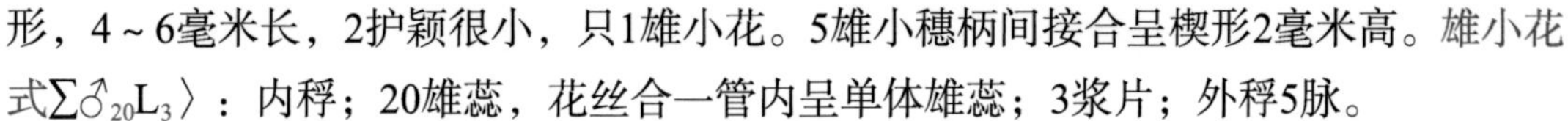

形，4～6毫米长，2护颖很小，只1雄小花。5雄小穗柄间接合呈楔形2毫米高。雄小花式$\sum ♂_{20}L_3$〉：内稃；20雄蕊，花丝合一管内呈单体雄蕊；3浆片；外稃5脉。

二、*Pariana radiciflora* Sagot ex Döll（1877）

*Pariana radiciflora*记录于1877年。原生哥伦比亚海拔80米地带。美洲热带南部有分布。2个异名：①*Pariana longiflora* Tutin（1936）；②*Pariana zingiberina* Rich. ex Döll（1877）。

*Pariana radiciflora*多年生。或有爬地茎。茎高20～100厘米。无侧枝。营养茎4～12叶。鞘表光或披细毛，鞘口刚毛8～12毫米长。叶耳或直立0～5毫米长。叶舌膜，0.7～3毫米长。叶片12～23厘米长，2.5～6厘米宽，拟柄1～4毫米长，顶长尖。无叶薹茎顶生花序6～11厘米长，1～1.4厘米阔，穗轴节脆，每节生5雄围1雌环围花序——5有柄雄小穗环围中央1无柄雌小穗，皆无芒，基部总苞由雄小穗柄间结合呈杯状。雌小穗卵圆形，5～7毫米长，仅1雌小花，下护颖卵圆形，5～7毫米长，坚纸质，无脊，顶尖；上护颖边缘有纤毛，顶钝圆，余同下护颖。雌小穗熟与附属结构一起掉落。雌小花式$\sum ♀L_3$〉：内稃4～6毫米长，皮质，2脉，无脊；子房光，2柱头；3浆片；外稃卵圆形，等长内稃，皮质，无脊，顶尖。雄小穗卵圆形，5.5～8.5毫米长，2护颖，仅1雄小花。雄小花式$\sum ♂_{(12\sim)\,18\sim24\,(\sim30)}L_3$〉：内稃；雄蕊（12～）18～24（～30）；3浆片；外稃5.5～8.5毫米长，2～3脉。

第三节　*Leptaspis* 囊稃竺属雌雄小穗伴生3种

【服叶竺亚科>>服叶竺族→囊稃竺属 ***Leptaspis*** **R. Br.（1810）**】

*Leptaspis*由希腊词“*leptos*（薄）+*aspis*（圆盾）”缩合成，指其雌小花外稃象薄圆盾呈蜗牛状瓮球形，顶有小孔供内稃顶及柱头穿出。汉译“囊稃竺属”。大洋洲及西非热带、亚洲温带有分布。林荫地草竹。光合C_3，XyMS+。染色体基数$x=12$，二倍体$2n=24$。属内3种，雌雄小穗异形成对。

一、*Leptaspis zeylanica* Nees ex Steud.（1853）

*Leptaspis zeylanica*记录于1853年。原生非洲热带、印度洋西部，斯里兰卡，马来西亚到巴布亚细亚，海拔400～1 500米林荫地。1个异名：*Leptaspis cochleata* Thwaites（1864）。

*Leptaspis zeylanica*多年生。根茎长。茎膝曲向上，30～100厘米长，下方节生根。节间实心。叶鞘比节间长，有条纹，或披细毛。叶舌膜纤毛，0.25毫米长，背面有细毛。叶片长椭圆形，10～30厘米长，2.5～6厘米宽，基部有拟柄，顶急尖，侧脉皆自中脉斜向上，脉间有横脉。圆锥花序开展，10～45厘米长，穗轴紫绿色，光，每节3～5枝花序基部有苞片，枝花序5～15厘米长，枝轴僵直，披细毛，有勾毛，枝基枕凸显，枝节有螺纹。雌雄小穗派对。雌小穗蜗牛形螺球状盈凸，侧平，4～6.5毫米长，无柄，仅1雌小花，护颖韧，比可育外稃薄。下护颖卵圆形，常显紫色，2～3毫米长，膜质，无脊，1脉，表披细勾毛，顶尖；上护颖1～3脉，余同下护颖。雌小穗熟自小花下方掉落。雌小花式∑♀〉：内稃窄条形，2～3毫米长，脊相接，上方有间沟；雌蕊花柱下部合一，3柱头披细毛；外稃螺球囊状盈凸，4～6毫米长，坚纸质，无脊，5脉，侧脉有棱纹，表披细勾毛，边缘封闭，顶有小孔，包裹内稃大部。雄小穗3.5～4毫米长，有1～2毫米长的条形柄，仅1雄小花，2护颖紫色，2毫米长。雄小花式∑♂$_6$〉：内稃；6雄蕊，花药2.1～2.6毫米长；无浆片；外稃。

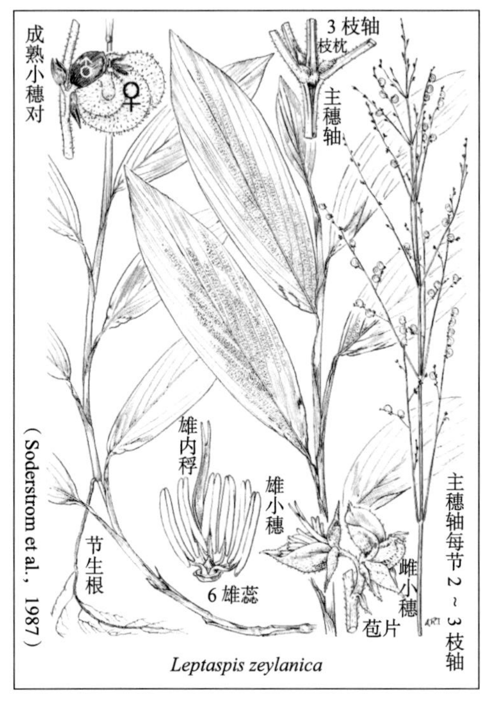

Leptaspis zeylanica

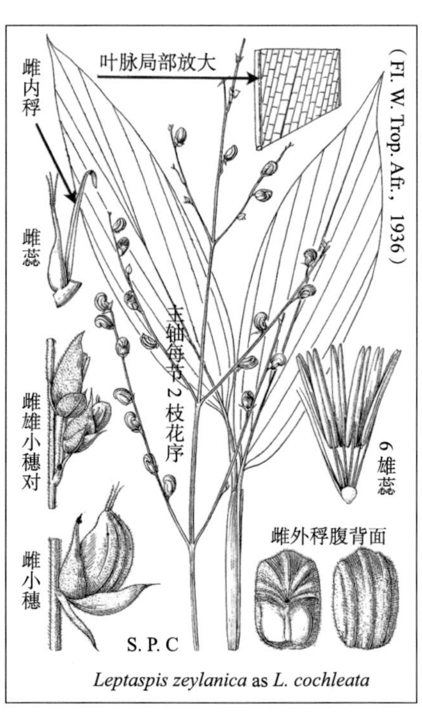

Leptaspis zeylanica as *L. cochleata*

注：[FZ]记罕有单株有极个别雌雄同花小穗，若此则应是三异花种了。

二、*Leptaspis banksii* R. Br.（1810）

*Leptaspis banksii*记录于1810年。原生泰国到我国台湾，以及新喀里多尼亚。6个异名：①*Leptaspis formosana* C. C. Hsu（1971）；②*Leptaspis sessilis* Ohwi（1942）；③*Leptaspis umbrosa* Balansa（1872）；④*Leptaspis lanceolata* Zoll.（1854）；⑤*Leptaspis cumingii* Steud.（1854）；⑥*Pharus banksii*（R. Br.）Spreng.（1825）。

*Leptaspis banksii*多年生。丛生。茎高20～40厘米。节间实心。叶片矛尖形，10～25厘米长，1～2.5厘米宽，表披细毛，背面有毛，侧脉皆自中脉斜向上，间有横脉，有拟柄连鞘，顶尖。叶舌纤毛膜。圆锥花序展开，15～20厘米长。每节1枝花序1～5厘米长，雌雄小穗派对生。雌小穗蜗牛形螺球状，侧平，盈凸，5～7毫米长，1花，有极短柄。护颖韧，比可育外稃薄。下护颖卵圆形，2毫米长，膜质，暗棕色，无脊，1脉，背面披细毛，有勾毛，顶尖。上护颖1～3脉，余同下护颖。雌小穗熟自小花下方掉落。雌小花式∑$♂^{6}$♀〉：内稃条形，脊相接，上方有沟；6退化雄蕊痕迹；雌蕊子房全披细毛，1花柱，3柱头披细毛；外稃螺球形，5～7毫米长，坚纸质，无脊，5脉，侧脉有棱纹，表披细毛，有勾毛，边缘闭合，包覆内稃，顶钝圆有小孔。雄小穗似雌小穗，2毫米长，1雄小花，有柄，2护颖微小。雄小花式∑$♂_{6}♀^{0}$〉：内稃；6雄蕊；退化雌蕊痕迹；无浆片；外稃。

三、*Leptaspis angustifolia* Summerh. & C. E. Hubb.（1927）

*Leptaspis angustifolia*记录于1927年。原生新几内亚。多年生，丛生。根茎长。茎长30～60厘米，无侧枝。节间实心。叶片20～45厘米长，0.4～1厘米宽。圆锥花序10～13厘米长，主穗轴3～5节，每节1枝花序1.5～2.5厘米长，轴有棱角粗糙，小穗间距疏远。雌雄小穗派对。雌小穗蜗牛形螺球状，3毫米长，1雌小花，有极短柄，护颖韧，比外稃薄。下护颖卵圆形，2毫米长，草质，暗棕色，无脊，1脉，表披细毛，有勾毛，顶尖。上护颖3毫米长，余同下护颖。雌小穗熟自花下方掉落。雌小花式∑♀〉：内稃条形，2毫米长，2脉，脊相接，上方有间沟，披微毛，顶圆；子房全披细毛，1花柱，3柱头披细毛；外稃蜗牛形盈凸，3毫米长，坚纸质，无脊，9脉，表披细毛，有勾毛，边缘封闭，包裹内稃，顶钝圆有小孔。雄小穗2毫米长，有柄，2护颖，1雄小花。雄小花式∑$♂_{6}$〉：内稃；6雄蕊；浆片无；外稃。

第四节　*Agenium* 沟黄草属雌雄小穗伴生3种

【黍亚科>>高粱族>甘蔗亚族→沟黄茅属*Agenium* Nees（1836）】

*Agenium*沟黄草属内4种，光合C_4，XyMS-。

一、*Agenium villosum*（Nees）Pilg.（1938）

*Agenium villosum*订正记录于1938年。原生玻利维亚到巴西和阿根廷东北部。20个异名：①*Andropogon villosus*（Nees）Ekman（1912）；②*Andropogon neesii* subvar. *glabrescens* Pilg.（1901）；③*Andropogon neesii* var. *apogynus*（Hack.）Hack.（1889）；④*Andropogon neesii* var. *dactyloides*（Hack.）Hack.（1889）；⑤*Andropogon neesii* subvar. *gardneri*（Hack.）Hack.（1889）；⑥*Andropogon neesii* subvar. *leianthus*（Hack.）Hack.（1889）；⑦*Andropogon neesii* subvar. *leiophyllus*（Hack.）Hack.（1889）；⑧*Andropogon nutans* subvar. *elongatus* Hack.（1889）；⑨*Andropogon nutans* subvar. *fuliginosus* Hack.（1889）；⑩*Heteropogon villosus* var. *apogynus* Hack.（1883）；⑪*Heteropogon villosus* var. *dactyloides* Hack.（1883）；⑫*Heteropogon villosus* subvar. *gardneri* Hack.（1883）；⑬*Heteropogon villosus* var. *genuinus* Hack.（1883）；⑭*Heteropogon villosus* subvar. *leianthus* Hack.（1883）；

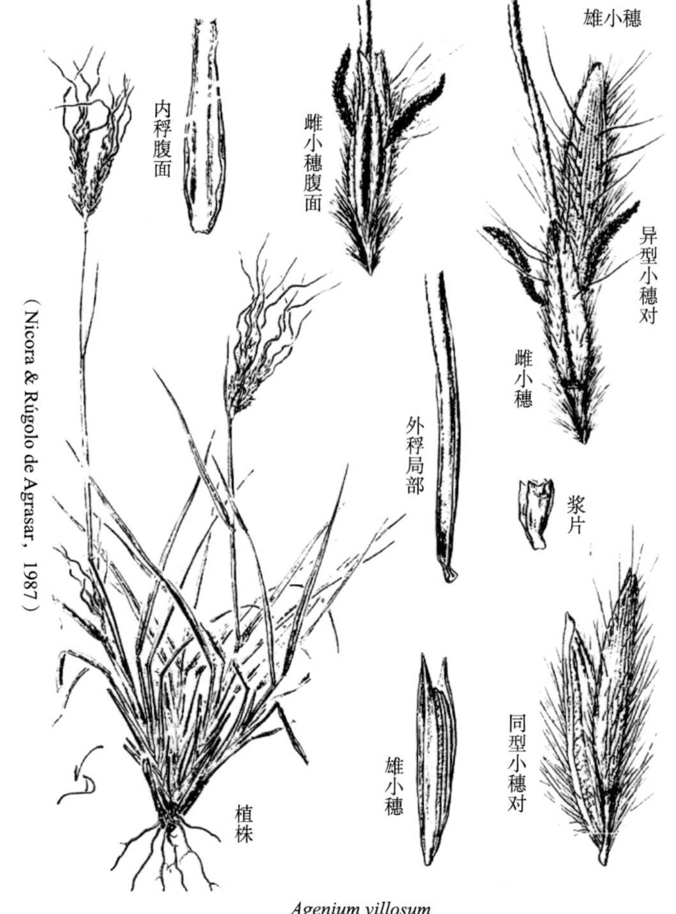

Agenium villosum

⑮*Heteropogon villosus* subvar. *leiophyllus* Hack.（1883）；⑯*Heteropogon villosus* subvar. *typicus* Hack.（1883）；⑰*Andropogon agenium* Steud.（1854）；⑱*Agenium nutans* Nees（1836）；⑲*Andropogon neesii* Kunth（1833）；⑳*Heteropogon villosus* Nees（1829）。

*Agenium villosum*多年生。密丛生。茎高15～50厘米。叶片10～25厘米长，2～4毫米宽，顶长尖。叶舌膜。顶生指状花序，主穗轴0.5～1厘米长，扁平，边缘有纤毛，轴节脆，节顶扁斜，着生2～7枝总状花序，枝轴3～4厘米长，下垂，雌雄小穗派对。雌小穗线筒形，5～7.5毫米长，基盘斜贴附，披1毫米长红毛，无柄，下护颖矛尖形，5～7.5毫米长，皮质，无脊，8脉，表有纵沟，疏长毛，顶钝圆，上护颖矛尖形，皮质，无脊，顶钝圆，基部1空花，轴顶1雌小花。空花无明显内稃，外稃长椭形，3～4毫米长，透亮，2脉。雌小花式∑$♂^3$♀L_2〉：内稃缺无或极微小；3退化雄蕊；2柱头；2浆片；外稃条形，5毫米长，坚纸质，无脊，1脉，顶芒总长30～40毫米，芒柱扭曲光，雄小穗矛尖形，5～6毫米长，基盘楔形，0.5毫米长，柄扁平，1～2毫米长，披绒毛；护颖草质，有瘤突，披绒毛，尖，包裹外稃。雄小花式∑$♂_3L_2$〉。

二、*Agenium majus* Pilg.（1938）

*Agenium majus*记录于1938年。原生巴西中西部到巴拉圭。5个异名：①*Andropogon neesii* subvar. *paraguayensis* Hack.（1889）；②*Andropogon neesii* subvar. *riedelianus*（Hack.）Hack.（1889）；③*Andropogon neesii* subvar. *selloanus*（Hack.）Hack.（1889）；④*Heteropogon villosus* subvar. *riedelianus* Hack.（1883）；⑤*Heteropogon villosus* subvar. *selloanus* Hack.（1883）。

*Agenium majus*多年生，密丛生。茎高100～120厘米。节披毛。叶片对折，15～30厘米长，3～6毫米宽，僵硬，顶长尖。叶舌膜3毫米长。顶生/腋生指状花序，主穗轴1～2厘米长，扁平，边缘有纤毛，节间4毫米长，节脆，节顶扁斜，着生2～6枝总状花序，各5厘米长，下垂，雌雄小穗派对。雌小穗细筒形，6.5毫米长，基盘1～1.5毫米长披毛，无柄，下护颖矛尖形，6.5毫米长，皮质，无脊，8脉，表有纵沟，披细毛，上部有毛，顶钝圆，上护颖矛尖形，皮质，无脊，顶钝圆，含基部1空花及轴顶1雌小花（基部空花，无明显内稃；外稃椭圆形，3毫米长，透亮，平截）。雌小花式∑♀L_2〉：内稃无或极小，雌蕊；2浆片；外稃线条形，2毫米长，软骨质，无脊，1脉，顶芒膝曲60毫米长，芒柱扭曲披细毛。雄小穗矛尖形，侧平，12毫米长，基盘方形0.5毫米长钝圆，柄扁平4～5毫米长披纤毛，护颖坚纸质，8脉，尖，包裹2外稃。雄小花式∑$♂_3L_2$〉。

三、*Agenium leptocladum*（Hack.）Clayton（1972）

*Agenium leptocladum*订正记录于1972年。原生巴西到阿根廷东北部。6个异名：①*Agenium goyazense*（Hack.）Clayton（1972）；②*Heteropogon leptocladus*（Hack.）Roberty（1960）；③*Andropogon leptocladus* f. *simplex* Hack.（1904）；④*Andropogon goyazensis* Hack.（1901）；⑤*Sorghum leptocladum*（Hack.）Kuntze（1891）；⑥*Andropogon leptocladus* Hack.（1885）。

*Agenium leptocladum*多年生，丛生。茎弱，50～60厘米长。叶片6～10厘米长，2～3毫米宽，表或披疏长毛，顶长尖。叶舌纤毛膜1.5毫米长。顶生总状花序直挺，3.5～4.5厘米长，穗轴扁平，边缘有纤毛，节间3毫米长，节间顶斜扁平，节脆。下方枝花序着生8～12个雄小穗，上方枝花序上雌雄小穗派对。雌小穗圆筒形，7～8毫米长，基盘楔形，1～2毫米长，疏长毛，基部斜贴附，无柄，下护颖椭圆形7～8毫米长，皮质，无脊，8脉，表有纵沟，披细毛，顶钝圆。上护颖矛尖形，皮质，无脊，顶钝圆。含基部1空花无明显内稃，外稃椭圆形，3毫米长，透亮，轴顶1雌小花或偶尔合性花。雌小花式∑♀L_2〉：内稃极小或无；雌蕊；2浆片；外稃线条形4毫米长软骨质，无脊，1脉，顶芒膝曲总长20～50毫米，芒柱扭曲披细毛。伴生雄小穗矛尖形，背平，7～10毫米长，基盘方形0.5毫米长钝圆，护颖草质，尖，包裹2外稃。雄小花式∑♂$_3L_2$〉。

第五节　*Iseilema* 合穗茅属雄围雌4种

【黍亚科>>高粱族>菅亚族→合穗茅属*Iseilema* Andersson（1856）】

*Iseilema*由希腊词“*isos*＝同”与“*eilema*＝一包”合成，指其同一束小穗“雄围雌”。光合C_4，XyMS-。染色体基数$x=4$，或$x=5$（？）；有二、七、九倍体？属内20～25种，下述4种。

一、*Iseilema dolichotrichum* C. E. Hubb.（1935）

*Iseilema dolichotrichum*记录于1935年。原生澳洲西北部和北部。一年生。丛生。草垛松散。茎或膝曲向上，6～8厘米长，1～2节。节间上方光。节光或披柔毛。叶鞘脊上有腺体。叶舌膜1毫米长。叶片对折，2～4厘米长，1～2.5毫米宽，僵硬，披粉，边缘有腺体，粗糙，顶尖。顶生/腋生复圆锥花序3～4.5厘米长，苞片矛尖形，1～1.2厘米长，草质，绿色，中脉有瘤突。穗下节间上部有瘤突。主穗轴每节1枝总状花序，基部平截，长椭圆形，0.7～0.8厘米长，枝穗轴节间2毫米长，轴表披疏长

毛。每枝总状花序雄围雌——基节4个有柄雄小穗合围顶节2个有柄秃小穗伴生1个无柄产籽小穗（雌小穗或合性小穗），基节4雄小穗发育良好，各有2～3毫米长的丝状柄披疏长毛，长椭圆形，护颖坚纸质，光或粗糙，边缘粗糙，只1雄小花。顶节2秃小穗矛尖形，2.3～3毫米长，具长柄，2护颖不等长，坚纸质，7脉，光，无芒，全包外稃，空花或雄花。（空花光秃，无明显内稃，外稃长椭圆形，3毫米长，透亮，无脉，顶钝圆）。雄小花式$\Sigma ♂_3 L_2 \rangle$：无明显内稃；3雄蕊；2浆片；外稃长椭圆形，3毫米长，透亮，无脉，顶钝圆。产籽小穗无柄，矛尖形，4～5.5毫米长，背平，长尖，基部1空花，轴顶1雌小花或合性花，下护颖椭圆形，皮质，无脊，10脉，顶端平截；上护颖矛尖形，等长小穗，皮质，3脉。雌小花式$\Sigma ♀ L_2 \rangle$：内稃极小或无；雌蕊；2浆片；外稃长椭圆形，3毫米长，膜质，1脉，顶端有2窦，芒自窦道出，总长15～20毫米，芒柱曲折表光。颖果倒卵形，1毫米长。或合性花式$\Sigma ♂_3 ♀ L_2 \rangle$。

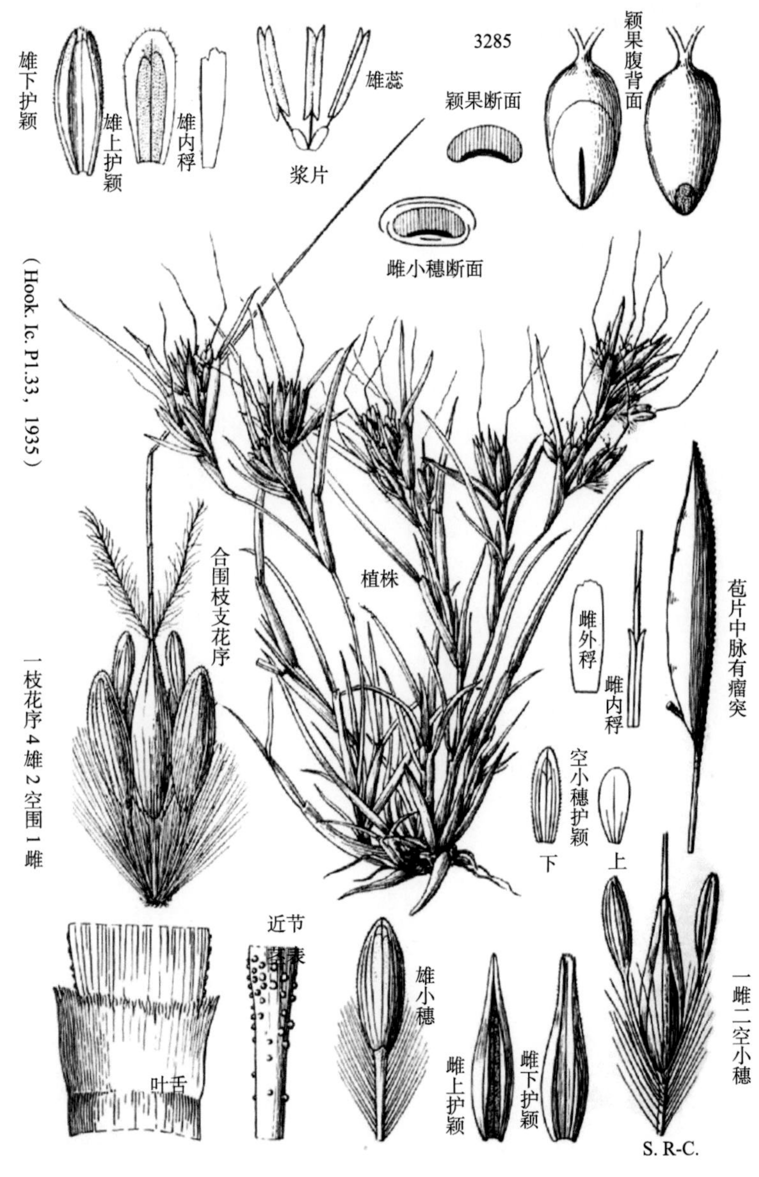

Iseilema dolichotrichum

【上述“基节”是平周环穗轴表而生的节，类似茎节，所生小穗位置似同茎节的腋芽位置——这与通常所说的穗轴节如小麦穗轴节是截然不同的一类型穗轴节。禾本科植物的穗轴节大体上就如此两种类型】

二、*Iseilema windersii* C. E. Hubb.（1935）

*Iseilema windersii*记录于1935年，原生澳洲昆斯兰中部。一年生。丛生。茎高20～40厘米，1～2节，无侧枝，或稀有侧枝。叶鞘光。叶舌纤毛膜，1～1.5毫米长。叶片对折，8～16厘米长，3～6毫米宽，披粉，边缘粗糙，顶尖。顶/腋生拟圆锥花序收紧，6～8厘米长，基部苞片矛尖形或椭圆形，1～2厘米长，膜质，棕色，中脉有瘤突。穗下节间0.4～0.5厘米长，上部披柔毛。主穗轴每节1枝总状花序，0.8～1厘米长，枝轴基部平截披疏长毛，基节4有柄无芒雄小穗合围顶节2有柄秃小穗（空花小穗或雄小穗）伴1无柄有芒产籽小穗「雌小穗或合性小穗」。基顶节间距0.8毫米。基节雄小穗椭圆形3～4毫米长，柄长1.5～2毫米披疏长毛，护颖坚纸质，披柔毛。顶节秃小穗椭圆形，4～5毫米长，2护颖膜质，7～11脉，披柔毛，顶尖，外稃被护颖包裹，为空花小穗或雄小穗。雄小花式$\sum ♂_3 L_2\rangle$：无明显内稃；3雄蕊，花药1.5～2.2毫米长；2浆片；外稃长椭圆形，3～4毫米长，透亮，1脉。产籽小穗矛尖形，7～8毫米长，下护颖椭圆形，皮质，无脊，8～10脉，平展，边缘有纤毛，顶端微凹或平截，上护颖矛尖形，皮质，3脉，主脉有纤毛。雌小花式$\sum ♀ L_2\rangle$：内稃无或极小；雌蕊2花柱，2柱头披毛；外稃线条形，4～5毫米长，膜质，1脉，顶端有丝状领，切入外稃1～1.2毫米深，1芒自窦道出，曲折，含芒柱总长18～33毫米。或合性花式$\sum ♂_3 ♀ L_2\rangle$。颖果长椭圆或倒卵形，2.5～3.5毫米长。

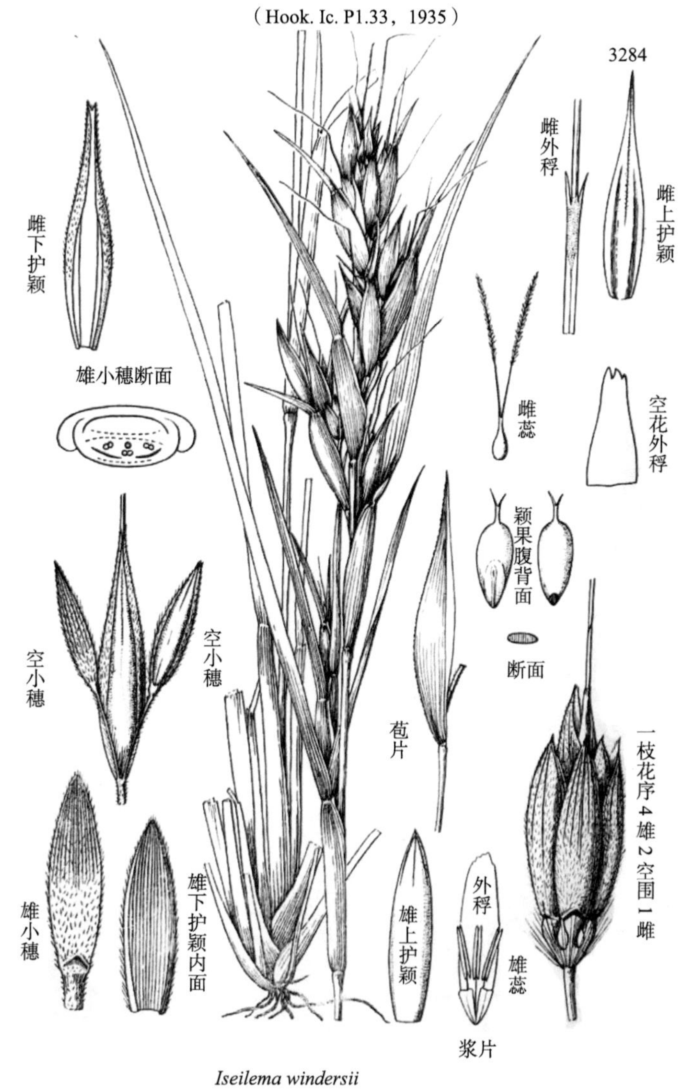

Iseilema windersii

三、*Iseilema vaginiflorum* Domin（1915）

*Iseilema vaginiflorum*记录于1915年。原生澳洲。一年生。丛生。茎直立或膝曲向上，45～75厘米长。叶鞘有脊。叶舌纤毛膜0.5～1毫米长。叶片或对折，10～20厘米长。顶/腋生拟圆锥花序10～22厘米长，基部苞片矛尖形，0.9～1.2厘米长，皮质，无瘤突。穗下节间1～2厘米长。主穗轴每节1枝总状花序0.7～0.8厘米长，着生1～2小穗簇，枝轴基部平截或披疏长毛，带小苞片，基节生4同型有柄无芒雄小穗或及空花小穗，顶节2有柄秃小穗或空花小穗伴生1无柄产籽小穗，基顶节间距1毫米，基节雄小穗或空花小穗，长椭圆形，2～4毫米长，柄长1～1.5毫米，护颖膜质，光或粗糙。顶节2雄小穗或空花小穗矛尖形或长椭圆形，3～5毫米长，条形柄2.5～3毫米长或披柔毛，护颖软骨质，5～7脉，光，无芒。雄小花式$\sum♂_3L_2$〉：内稃极小或无；3雄蕊，花药1～2毫米长；2浆片；外稃长椭圆形，3.5～4毫米长，透亮，0脉。顶节产籽小穗无柄，矛尖形，6.5～7毫米长，下护颖矛尖形，皮质，无脊，8～10脉，顶2齿；上护颖3脉，顶端长尖，余同下护颖。雌小花式$\sum♀L_2$〉：内稃极小或无；雌蕊；2浆片；外稃线条形，4～5.5毫米长，膜质，1脉，顶芒总长15～23毫米含芒柱6～9毫米长。合性花式$\sum♂_3♀L_2$〉。颖果2.5～3毫米长。

四、*Iseilema membranaceum*（Lindl.）Domin（1915）

*Iseilema membranaceum*订正记录于1915年。原生澳洲。3个异名：①*Anthistiria membranacea* Lindl.（1848）；②*Iseilema actinostachys* Domin（1915）；③*Iseilema mitchellii* Andersson（1856）。

*Iseilema membranaceum*一年生。丛生。茎直立或膝曲向上，5～40（～90）厘米长。叶鞘有脊。叶舌膜有纤毛。叶片扁平或对折，2～20厘米长，2～5毫米宽。顶/腋生拟圆锥花序收紧，10～18厘米长，基部苞片椭圆形0.8～1.2厘米长，草质，无瘤突。主穗轴每节1枝总状花序0.5～0.7厘米长，枝轴基节4有柄雄小穗合围顶节2有柄秃小穗伴1无柄产籽小穗（雌小穗或合性小穗），枝轴节间0.5～1毫米长，上方披1～2毫米长毛，枝轴基部平截光或疏长毛2毫米长。基节雄小穗长椭圆形，3～4毫米长，柄长1.5～2毫米，护颖皮质，粗糙。秃小穗雄性或空花，椭圆形或卵圆形，2～3.5毫米长，丝状柄2.5～3毫米长，护颖坚纸质，7～9脉，粗糙，无芒。雄小花式$\sum♂_3L_2$〉。产籽小穗无柄，矛尖形，5～6毫米长，基部1空花，轴顶1雌小花或合性花，护颖比可育外稃结实，下护颖矛尖形，5～6毫米长，皮质，无脊，8脉，表粗糙，顶端完整或有刻齿，平截，上护颖3脉，顶长尖，余同下护颖。基部空花光秃，无明显内稃，外稃长椭圆形，2～3毫米长，透亮，0脉。雌小花式$\sum♀L_2$〉：内稃无或极小；雌蕊；2浆片；外稃线条形，2.5～3.5毫米长，膜质，1脉，顶端完整，无

芒或有直芒或曲芒0～15毫米（总长），无芒柱或有曲芒柱，外稃芒柱光。合性花式∑♂$_3$♀L$_?$〉。

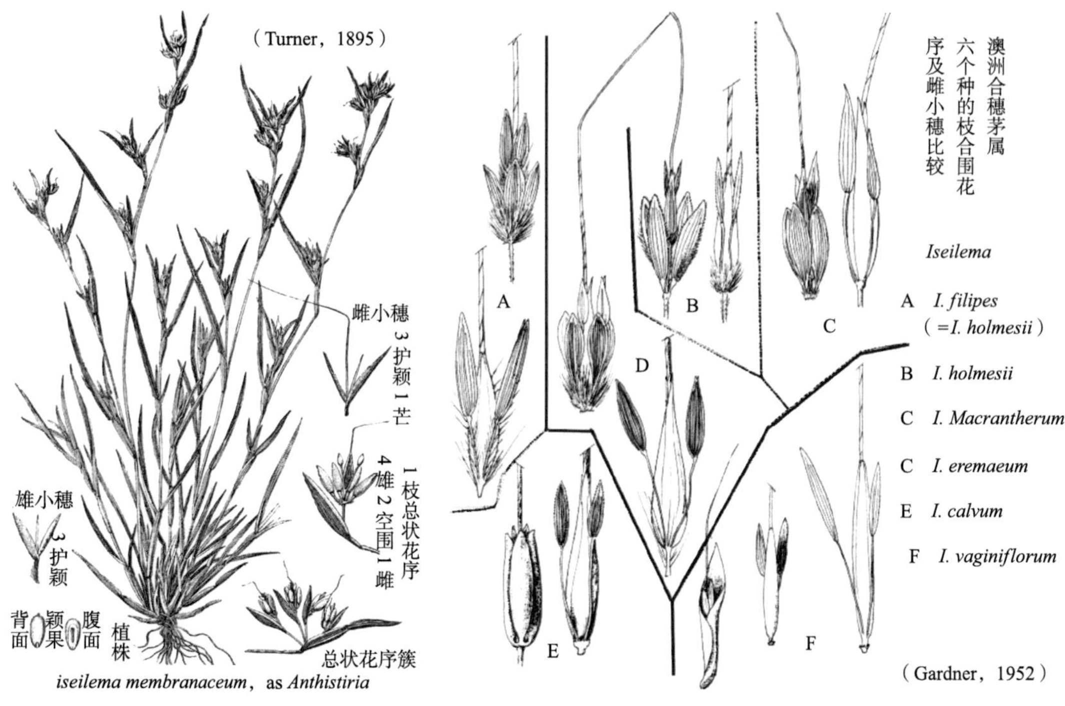

第六节　*Germainia* 筒穗草属雌雄小穗伴生7种记述4种

【黍亚科>>高粱族>筒穗草亚族→筒穗草属（吉曼草属）

***Germainia* Balansa & Poitr.（1873）**】

*Germainia*属内9种。光合C_4，XyMS-。染色体基数$x=7$，二倍体$2n=14$。《中国植物志》记录广东产*Germainia capitata* Balansa & Poitr.（1873）=吉曼草1种。下述4种。

一、*Germainia truncatiglumis*（F. Muell. ex Benth.）Chai-Anan（1972）

*Germainia truncatiglumis*订正记录于1972年。原生新几内亚到澳大利亚北部。4个异名：①*Apocopis tridentatus* var. *truncatiglumis*（F. Muell. ex Benth.）Roberty（1960）；②*Sclerandrium truncatiglume*（F. Muell. ex Benth.）Stapf & C. E. Hubb.（1935）；③*Lophopogon truncatiglumis*（F. Muell. ex Benth.）Hack.（1889）；④*Is-*

chaemum truncatiglume F. Muell. ex Benth.（1878）。

*Germainia truncatiglumis*多年生，丛生。茎长100～150厘米，4～5节。无侧枝。鞘枕光。叶舌纤毛膜，1～2毫米长。叶片10～50厘米长，2～10毫米宽。顶生指状花序收紧，同基盘3～6个枝穗状花序，枝轴5～12厘米长，有棱角，边缘有纤毛，着生数十支穗，雌雄小穗派对，雄小穗在下，雌小穗在上。雌小穗近圆筒形，3.2～4毫米长，基部1空花，轴顶1雌小花，基盘楔形0.5毫米长，有1～2毫米长披纤毛柄，下护颖矛尖形，坚纸质，无脊，3～5脉，表披疏长毛，边缘有白纤毛，顶平截；上护颖长椭圆形，坚纸质，无脊，1～3脉，顶平截。雌小花式∑♀〉：内稃极小或无，边缘有纤毛；2花柱短，2柱头长帚状；无浆片；外稃线条形，透亮，无脊，1脉，顶芒膝曲15～25毫米长，芒柱披纤毛。雄小穗椭圆形，5～6.5毫米长，无柄，2护颖皮质，7脉，无嘴，边缘多刚毛，下护颖顶平截或有2～3齿。雄小花式∑♂$_2$♀〉：内稃上方披纤毛；2雄蕊；无浆片；外稃顶长尖，被护颖包覆。

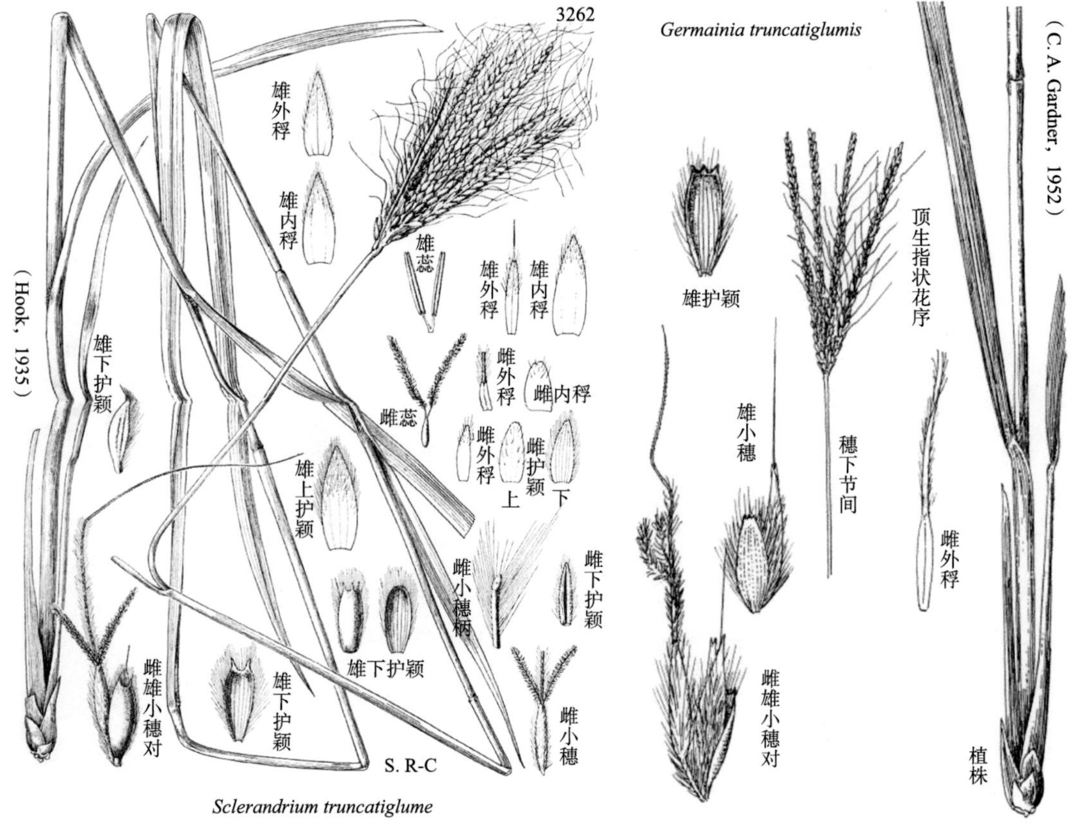

Sclerandrium truncatiglume

二、*Germainia khasyana* Hack.（1891）

*Germainia khasyana*记录于1891年。原生阿斯曼到印支。多年生。茎长25～40厘

米，10～20节。鞘基光，鞘表光。叶舌膜，1～1.5毫米长。叶片矛尖形，2.5～4厘米长，2～3毫米宽，表披疏长毛，背面有毛，边缘粗糙。顶生指穗状花序中的枝花序1～1.5厘米长，着生（2～）3（～4）个小穗。雌雄小穗成对。雌小穗长椭圆形—圆筒形，6毫米长，基盘条形下尖，1～1.2毫米长，披红纤毛1.5毫米长，斜贴附，柄长2.5～4毫米，护颖比可育外稃结实，下护颖长椭圆形，6毫米长，皮质，无脊，0～5脉，顶平截，上护颖长椭圆形，5毫米长，皮质，无脊，0～3脉，顶钝圆，基部1空花，轴顶1雌小花。雌小穗熟全掉落。雌小花式∑♀〉：内稃微小或无；2花柱，2柱头；无浆片；外稃透亮，无脊，顶芒总长35～55毫米长（曲芒柱25～40毫米长），披细毛。颖果3.2毫米长。伴生无柄雄小穗长椭圆形，背平，15～17毫米长，韧，护颖皮质，7～9脉，完整，顶微凹或平截，包裹2外稃，雄小花式∑♂$_2$♀〉：无明显内稃，2雄蕊；无浆片；外稃14毫米长，完整，无芒。

三、*Germainia lanipes* Hook. f.（1896）

*Germainia lanipes*记录于1896年。原生印支中部。多年生。茎长20～45厘米，3～5节。鞘基白毛。叶舌一缕毛。叶片20～30厘米长，2～3毫米宽，表面粗糙。顶生1～2枝花序直立，1.5～2.5厘米长，着生4～11小穗。雌雄小穗三联成束——2雄小穗伴生1雌小穗。雌小穗矛尖形—圆筒形，5～7毫米长，基盘条形，0.5～1毫米长，基部尖，斜贴附，柄2～3毫米长，护颖比可育外稃结实。下护颖矛尖形，5～7毫米长，坚纸质，无脊，3～5脉，顶钝圆。上护颖5～6毫米长，3脉，余同下护颖，含基部1空花，轴顶1雌小花。雌小花式∑♀〉：内稃微小或无；雌蕊；外稃条形，透亮，无脊，顶芒总长30～50毫米，曲芒柱15～25毫米长披细毛。雄小穗长椭圆形，背平，10～15毫米长，韧，无柄，护颖皮质，7～9脉，光，顶平截或微凹，含2花，下方空花长椭圆形，无内稃，外稃2.8～3.2毫米长，透亮。雄小花式∑♂$_2$♀〉：内稃不明显；2雄蕊，花药2毫米长；无浆片；外稃9～10毫米长，完整，无芒被护颖包裹。

四、*Germainia thailandica*（Bor）Chai-Anan（1972）

*Germainia thailandica*订正记录于1972年。原生泰国北部。1个异名：*Chumsriella thailandica* Bor（1968）。

*Germainia thailandica*一年生，丛生。茎多侧枝。叶片1～2厘米长，2～3毫米宽，两面披毛，毛基疣凸。叶舌一缕毛。顶生指状花序基部带一叶鞘臌胀的苞叶。2枝总状花序，1～1.5厘米长，轴近圆筒形，边缘光，着生3～4小穗。雌雄小穗成对。雌小穗卵圆形，4～4.3毫米长，背平，基盘基部钝圆，披疏长毛，圆筒形柄1～1.5毫米长，柄顶圆盘形，下护颖椭圆形，坚纸质，暗棕色，披黄毛，顶有齿刻。上护颖2.8～3.2毫米

长，余同下护颖。雌小穗熟完整掉落。雌小花式∑♀〉：内稃无或极微小：雌蕊；外稃2毫米长，透亮，无脊，1脉，顶主芒扭曲，带柱芒长25～45毫米，芒柱有硬微毛。颖果椭球体双面凸。伴生无柄雄小穗长椭圆形，3.5～4.5毫米长，护颖坚纸质，7～9脉，顶端3～4齿，含基部1空花光秃，无内稃，外稃长椭圆形，1～1.7毫米长，透亮，尖，轴顶1雄小花。雄小花式∑♂$_2$♀〉：内稃；2雄蕊；无浆片；外稃。

第七节　*Diandrolyra* 南星竺属孪生雌雄小穗3种

【竹亚科>>黍竺族>黍竺亚族→南星竺属 ***Diandrolyra*** **Stapf（1906）**】

*Diandrolyra*南星竺属草种光合C_3，XyMS+。染色体基数$x=11$。属内3种皆雌雄小穗孪生。颖果裸粒，脐长条形，中胚轴短，胚小，胚乳硬，复粒淀粉。幼苗第一叶无叶片（2鞘）。

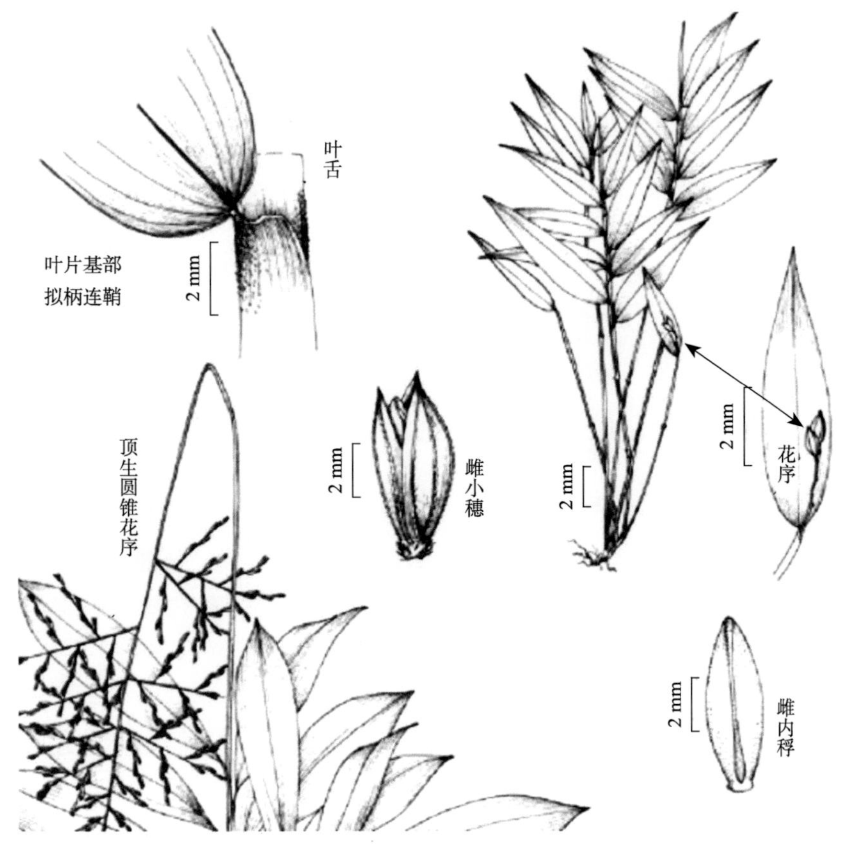

Diandrolyra 南星竺属种的一般特性

一、*Diandrolyra bicolor* Stapf（1906）

*Diandrolyra bicolor*双色南星竺记录于1906年。原生巴西巴伊亚州到里约热内卢一带。丛生。营养茎高10～20厘米，茎生5～8叶。叶片矛尖形，6～9厘米长，10～15毫米宽，中绿色到紫色，有模糊横脉，基部阔圆，有拟柄连鞘，顶尖。无叶舌。同花序中雌雄小穗混生。单叶苔茎低矮，顶生（或罕有多叶茎顶生）穗总状花序，随顶叶平伸，1.5厘米长，着生1至数对孪生雌雄小穗。雌小穗椭圆形，6毫米长，有柄，含轴顶1雌小花，护颖比外稃薄，下上护颖同，卵圆形，6毫米长，草质，无脊，7脉，侧脉间有横脉，顶渐尖。小穗基盘方形，0.5毫米长，雌小穗熟自掉落。雌小花式$\sum♂^2♀L_3$〉：内外稃等长，变硬，2脉；2退化雄蕊；雌蕊花柱基部融合有毛，2柱头；3浆片，肉质，平截，罕有维管束化的；外稃卵圆形，5毫米长，变硬，淡白色，无脊，5脉，边缘内卷，顶尖。雄小穗矛尖形，5毫米长，光，护颖无或极小，仅轴顶1雄小花。雄小花式$\sum♂_2L_?$〉：内稃；2雄蕊，花药1毫米长；浆片未述；外稃3脉，无芒。

二、*Diandrolyra tatianae* Soderstr. & Zuloaga（1985）

*Diandrolyra tatianae*记录于1985年。原生巴西东南部到巴伊亚州。丛生。根茎短。茎直立或膝曲向上，40～50厘米长，节间壁薄。茎节棕色披细毛，茎生叶4～6片。叶鞘有脊棱，表光。叶舌膜，白色。叶片条形或椭圆形，10～16厘米长，10～40毫米宽，中绿或带紫，中脉明显，表光，边缘光，顶尖，基部阔圆对称，有拟柄连鞘，拟柄2毫米长，披纤毛。特化单叶茎顶生总状花序轴扁平，边缘光，3厘米长，倒向顶叶，着生6～8孪生雌雄小穗，穗下节间上方披纤毛。雌小穗卵圆形，背平，6.1～6.2毫米长，2～3毫米阔，有长椭圆形柄，仅轴顶1雌小花。护颖比外稃薄。下护颖卵圆形，约5.4毫米长，草质，无脊，9脉，侧脉间有交叉脉，脉上有毛，表披细毛，顶尖。上下护颖等长。雌小花式$\sum♀L_3$〉：内稃等长外稃，变硬，2脉；2柱头；3浆片联合，肉质，平截；外稃卵圆形，5毫米长，2毫米阔，变硬，淡白色，无脊，5脉，边缘平展，顶尖，粗糙。雄小穗矛尖形，5毫米长，光，无柄，无护颖（顶端雄小穗或有微护颖），仅轴顶1雄小花。雄小花式$\sum♂_2$〉：内稃；2雄蕊，花药1毫米长；无浆片；外稃3脉，无芒。

三、*Diandrolyra pygmaea* Soderstr. & Zuloaga ex R. P. Oliveira & L. G. Clark（2009）

*Diandrolyra pygmaea*记录于2009年。原生巴西巴伊亚州。丛生。茎高8.5～19厘

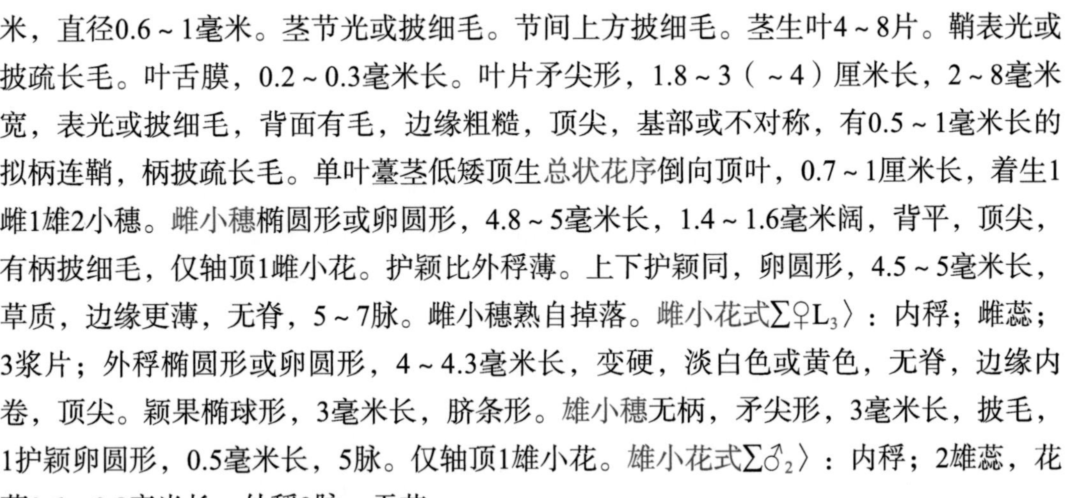

米，直径0.6～1毫米。茎节光或披细毛。节间上方披细毛。茎生叶4～8片。鞘表光或披疏长毛。叶舌膜，0.2～0.3毫米长。叶片矛尖形，1.8～3（～4）厘米长，2～8毫米宽，表光或披细毛，背面有毛，边缘粗糙，顶尖，基部或不对称，有0.5～1毫米长的拟柄连鞘，柄披疏长毛。单叶薹茎低矮顶生总状花序倒向顶叶，0.7～1厘米长，着生1雌1雄2小穗。雌小穗椭圆形或卵圆形，4.8～5毫米长，1.4～1.6毫米阔，背平，顶尖，有柄披细毛，仅轴顶1雌小花。护颖比外稃薄。上下护颖同，卵圆形，4.5～5毫米长，草质，边缘更薄，无脊，5～7脉。雌小穗熟自掉落。雌小花式∑♀L_3〉：内稃；雌蕊；3浆片；外稃椭圆形或卵圆形，4～4.3毫米长，变硬，淡白色或黄色，无脊，边缘内卷，顶尖。颖果椭球形，3毫米长，脐条形。雄小穗无柄，矛尖形，3毫米长，披毛，1护颖卵圆形，0.5毫米长，5脉。仅轴顶1雄小花。雄小花式∑$♂_2$〉：内稃；2雄蕊，花药0.6～0.8毫米长；外稃3脉，无芒。

第八节　*Cryptochloa* 隐黍竺属雌雄小穗伴生/异段/异花序4种

【竹亚科>>簕竹族>黍竺亚族→隐黍竺属*Cryptochloa* Swallen（1942）】

*Cryptochloa*隐黍竺属约9种。光合C_3，XyMS+。染色体基数$x=10$或11，二倍体$2n=20$或22。下述雌雄小穗伴生2种，同枝花序异段1种，异花序或异花枝1种。

一、*Cryptochloa concinna*（Hook. f.）Swallen（1942）

*Cryptochloa concinna*订正记录于1942年。原生哥伦比亚海拔0～500米地带。2个异名：①*Raddia concinna*（Hook. f.）Chase（1908）；②*Olyra concinna* Hook. f.（1896）。

*Cryptochloa concinna*多年生。丛生。茎长20～40厘米，细硬。叶茎生，二列。叶鞘比所在节间长。叶舌膜0.2～0.8毫米长。叶片1.8～2.5厘米长，6～8毫米宽，边缘粗糙，顶急尖，夜间折卷。顶/腋生圆锥花序仅数个小穗，雌雄小穗派对——雄下雌上。雌小穗有柄，矛尖形，8.4～11.7毫米长，下护颖卵圆形，膜质，无脊，5脉，顶长尖；上护颖顶急尖，余同下护颖，仅1雌小花。雌小穗熟自落。雌小花式∑♀L_3〉：基盘1毫米长；内稃6～7毫米长，变硬，2～4脉；1花柱，2柱头；3浆片；外稃6～7毫米长，变硬，淡白色，闪亮，无脊，5脉，边缘内卷，顶尖。雄小穗2～2.5毫米长，有柄，无护颖。仅1雄小花。雄小花式∑$♂_3L_3$〉：内稃；3雄蕊，花药1.2～1.5毫米长；3浆片；外稃3脉，无芒。

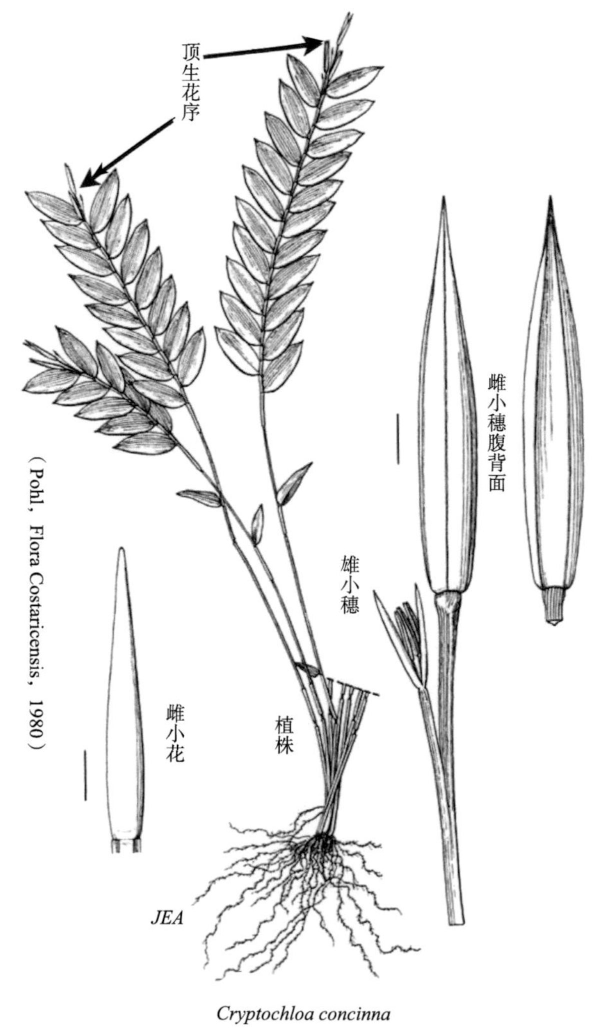

Cryptochloa concinna

二、*Cryptochloa decumbens* Soderstr. & Zuloaga（1985）

*Cryptochloa decumbens*记录于1985年。原生巴拿马。多年生。茎长15～30厘米，多侧枝，下部节生根，节间壁薄。每茎4～6叶二列。叶鞘有脊，外边缘有毛。叶舌纤毛膜0.9～1.5毫米长。叶片1.8～2.1厘米长，0.6～0.7厘米宽，中绿—紫色，与底色一起褪色，两面有毛，边缘粗糙，顶急尖。腋生花序仅数个小穗，基部有苞叶。雌雄小穗3联——下1雄小穗上2雌小穗。雌小穗7.6～8毫米长，1.8～2毫米阔，有棒槌形柄，下护颖矛尖形7.6～8.5毫米长，膜质，中绿或紫色，无脊，5脉，有横脉，表面粗糙，顶长尖；上护颖7.4～8.2毫米长，5～7脉，余同下护颖，仅1雌小花。雌小花式 $\sum$♀L_3〉：基盘1毫米长；内稃等长外稃，变硬，表面有乳突；2柱头；3浆片，膜质，1.3毫米长；外稃6～6.2毫米长，1.6～1.9毫米阔，变硬，淡白色，闪亮，无脊，表有

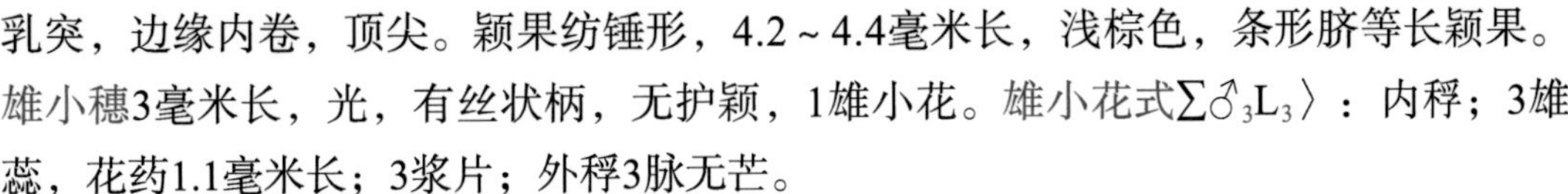

乳突，边缘内卷，顶尖。颖果纺锤形，4.2～4.4毫米长，浅棕色，条形脐等长颖果。雄小穗3毫米长，光，有丝状柄，无护颖，1雄小花。雄小花式Σ♂$_3$L$_3$〉：内稃；3雄蕊，花药1.1毫米长；3浆片；外稃3脉无芒。

三、*Cryptochloa capillata*（Trin.）Soderstr.（1982）

（R. P. Oliveira，Bahia，Brazil-CNpq.）

*Cryptochloa capillata*订正记录于1982年。原生法属几内亚到巴西。4个异名：①*Raddia capillata*（Trin.）Hitchc.（1927）；②*Olyra podachne* Mez（1921）；③*Olyra capillata* var. *segregata* Döll（1877）；④*Olyra capillata* Trin.（1834）。

*Cryptochloa capillata*多年生。丛生。有块茎。茎长50～80厘米。每茎4～6叶。叶片10～13厘米长，3～4.2厘米宽，表面光，基部阔圆，顶长尖，叶舌膜4～8毫米长，尖。顶生圆锥花序3～8厘米长。同枝花序雌雄小穗异段。上段雌小穗、下段雄小穗。雌小穗单生，11～13毫米长，棒状柄披细毛，上下护颖同，矛尖形11～13毫米长，膜质，无脊，5～7脉，表披细毛，下部有毛，顶长尖，颖嘴2～4毫米长，仅1雌小花。雌小花式Σ♀L$_3$〉：基盘1毫米长；内稃内卷，变硬；2柱头；3浆片；外稃7.5～9毫米长，淡白色—暗棕色，与底色间杂，闪亮，无脊，变硬，内卷，顶尖。颖果6毫米长。雄小穗5～9毫米长，有柄，无护颖，仅1雄小花。雄小花式Σ♂$_3$L$_3$〉：内稃；3雄蕊；3浆片；外稃3脉，芒2～3毫米长。

四、*Cryptochloa strictiflora*（E. Fourn.）Swallen（1942）

Cryptochloa strictiflora 订正记录于1942年。原生墨西哥中部到厄瓜多尔。4个异名：①*Cryptochloa granulifera* Swallen（1942）；②*Raddia strictiflora*（E. Fourn.）Chase（1908）；③*Olyra strictiflora*（E. Fourn.）Hemsl.（1885）；④*Strephium strictiflorum* E. Fourn.（1876）。

*Cryptochloa strictiflora*多年生。簇生。茎膝曲向上，35～55厘米长。节膨胀，披细毛。节间壁厚，上部多硬毛。每茎5～17叶。叶鞘紧，披细毛，外边缘有毛。叶耳直立。叶舌膜，4～6毫米长，背面披细毛，尖。叶领披细毛。叶片椭圆形，5～8厘

米长，1.4～2.4厘米宽，深绿紫，与底色一起褪色，顶急尖。顶/腋生圆锥花序基部有苞片，仅含数个小穗。雌雄小穗异花序或异花枝。雌小穗10.5～12毫米长，柄棒槌形，下护颖矛尖形，10.5～12毫米长，膜质，无脊，3～5脉，顶长尖，颖嘴0.5～1.5毫米长，上护颖，5脉，余同下护颖，仅1雌小花，熟自掉落。雌小花式∑♀L_3〉：基盘1.2～1.5毫米长；内稃卵圆形，6～7毫米长，变硬；2柱头；3浆片，膜质，有脉；外稃卵圆形，等长内稃，变硬，淡白色，闪亮，无脊，5脉，边缘内卷，顶尖。颖果椭球体或蛋形，5毫米长，浅棕色，条形脐等长颖果。雄小穗4.8～6毫米长，柄丝状，无护颖，仅1雄小花。雄小花式∑♂$_3$$L_3$〉：内稃；3雄蕊，花药2.4～2.6毫米长；3浆片；外稃3脉，无芒。

（Zoquiapan puebla，México 网图）

第九节　*Reitzia* 细黍竺属雌雄小穗伴生1种

【竹亚科>>簕竹族>黍竺亚族→细黍竺属 *Reitzia* Swallen（1956）】

一、*Reitzia smithii* Swallen（1956）

*Reitzia smithii*记录于1956年，原生巴西南部及东南部阴地。光合C_3，XyMS+。多年生。丛生。茎直立或膝曲，15～30厘米长。节披细毛。叶茎生。叶片矛尖形，4～7.5厘米长，1.2～2厘米宽，顶端长尖，基部阔圆，有拟柄连鞘，叶舌膜。兼生混限花序——顶/腋生圆锥花序紧缩呈拟穗状，基部有苞片。主穗轴每节生1枝总状花序1～3厘米长。雌雄小穗成对或三联，1雌小穗伴生1～2雄小穗。雌小穗矛尖形，5～6（～7.2）毫米长，有楔形柄，下护颖卵圆形，6毫米长，皮质，无脊，3脉，顶长尖；上护颖卵圆形，5.5毫米长，皮质，无脊，3脉，顶尖，仅轴顶1雌小花，熟掉落不带护颖。雌小花式∑♀L_3〉：内稃软骨质，2脉，无脊；2柱头，羽毛状长；3浆片；外稃长椭圆形，4毫米长，软骨质，有白紫斑驳，闪亮，无脊，3脉，边缘包内稃多，顶尖。雄小穗矛尖形，2.5～3毫米长，无柄，无护颖，1雄小花。雄小花式∑♂$_3$$L_3$〉：内稃；3雄蕊，花药1毫米长；3浆片；外稃薄，3脉，无芒。

第十节　*Piresia* 问荆竺属雌雄小穗伴生3种

【竹亚科>>箣竹族>黍竺亚族→问荆竺属*Piresia* Swallen（1964）】

*Piresia*以巴西植物学家J. M. Pires的姓命名。属内5种。光合C_3，XyMS+。染色体基数$x=11$，二倍体$2n=22$。下述3种。

一、*Piresia goeldii* Swallen（1964）

*Piresia goeldii*记录于1964年。原生哥伦比亚海拔100米的阿玛桑尼亚。多年生。茎长7～14厘米，营养茎15～18叶，二列。叶片卵圆形，1～1.7厘米长，2.5～6毫米宽。薹茎无叶，顶生复式花序，主穗轴每节1枝花序5厘米长，着生少数小穗。雌雄小穗成对。雌小穗卵圆形，约6毫米长，柄楔形，下护颖椭圆形，6毫米长，草质，无脊，5脉，顶尖，上护颖3脉，余同下护颖，仅轴顶1雌小花。雌小花式$\sum♂^{3}♀L_{?}\rangle$：内稃变硬，2脉；3退化雄蕊；雌蕊；浆片未述；外稃椭圆形，6毫米长，变硬，无脊，5脉，表披细毛。雄小穗矛尖形，3毫米长，无柄，无护颖，仅1雄小花。雄小花式$\sum♂_{3}L_{?}\rangle$：内稃；3雄蕊；浆片未述；外稃3脉，无芒。

（R. P. Oliveira，UEFS，Brazil-CNpq.）

二、*Piresia sympodica*（Döll）Swallen（1964）

*Piresia sympodica*订正记录于1964年。原生哥伦比亚海拔100米阿玛桑尼亚。3个异名：①*Raddia sympodica*（Döll）Hitchc.（1936）；②*Raddia biformis* Hitchc. & Chase（1917）；③*Olyra sympodica* Döll（1877）。

*Piresia sympodica*多年生。丛生。茎直立或膝曲向上，15～30厘米长，细硬。每茎5～7叶。叶片矛尖形，3～7厘米长，6～12毫米宽，中绿

（R. P. Oliveira，UEFS，Brazil-CNpq.）

且光，表面疏长毛，背面有毛，顶尖，基部阔圆，有拟柄连鞘。叶舌膜。主穗轴每节1枝花序着生2～3小穗。雌雄小穗成对。雌小穗椭圆形，7～8毫米长，柄楔形，下护颖椭圆形，7～8毫米长，草质，无脊，5脉，侧脉有棱纹，表披细毛，顶长尖；上护颖3脉，余同下护颖，仅轴顶1雌小花。雌小花式∑♂^{3}♀$L_{?}$〉：内稃变硬，2脉；3退化雄蕊；雌蕊；浆片未述；外稃7～8毫米长，变硬，无脊，5脉，表披细毛。雄小穗矛尖形，3毫米长，无柄，无护颖，仅轴顶1雄小花。雄小花式∑♂$_{3}$$L_{?}$〉：内稃；3雄蕊；浆片未述；外稃3脉，无芒。

三、*Piresia leptophylla* Soderstr.（1982）

*Piresia leptophylla*记录于1982年。原生哥伦比亚到厄瓜多尔及巴西北部和东北部。多年生。丛生。茎长20～35厘米。茎节披细毛。营养茎上方聚生6～12叶。叶片矛尖形，5～6厘米长，4～7毫米宽，顶尖，有拟柄连鞘。叶舌膜。薹茎顶生花序轴每节1枝花序，3.5～4厘米长，着生4～8对雌雄小穗。雌小穗卵圆形，5～7毫米长，有楔形柄，下护颖卵圆形，5～7毫米长，草质，无脊，5脉，有横脉，顶长尖；上护颖同下护颖，仅轴顶1雌小花。雌小花式∑♀$L_{?}$〉：内稃2脉，变硬；雌蕊；浆片未述；外稃卵圆形，5毫米长，变硬，淡白色暗棕色相间，最终成斑驳状，闪亮，无脊，5脉，有横脉，表披细毛，顶平截。颖果蛋形，4毫米长，脐条形等长颖果。雄小穗矛尖形，4毫米长，无柄，无护颖，仅轴顶1雄小花。雄小花式∑♂$_{3}$$L_{?}$〉：内稃；3雄蕊；浆片未述；外稃3脉，无芒。

第十一节　*Maclurolyra* 卷柱竺属雌雄小穗伴生1种

【竹亚科>>簕竹族>黍竺亚族→卷柱竺属
Maclurolyra C. E. Calderón & Soderstr.（1973）】

一、*Maclurolyra tecta* C. E. Calderón ex Soderstr.（1973）

*Maclurolyra tecta*记录于1973年。巴拿马特有草竹。光合C_3，XyMS+。染色体基数$x=11$，二倍体$2n=22$。丛生。根茎粗型。茎高20～50厘米，无分枝。节披毛。节间硬实，中部节间更长。基部分蘖或破鞘而出。叶片卵圆形—矛尖形，10～21厘米长，3～5厘米宽，有横脉，基部不对称，有拟柄，枕状，扭曲。叶耳无刚毛。叶舌厚，0.5～1.2毫米长。薹茎下方节间鞘无叶片，上方1～3片叶，顶生总穗状花序，僵直，自最顶叶鞘口出，藏于叶片背后。1至数个雄小穗伴生1～2个雌小穗。雌小穗矛尖

形，9.5～11.5毫米长，有楔形柄，2护颖近等长，比外稃长，矛尖形—尖，皮革质，下护颖5～6脉，上护颖5～7脉。雌小穗熟自护颖上方掉落。雌小花式$\sum ♂^{3} ♀ L_{3\sim4}$〉：内稃长椭圆形—长尖，无芒，变硬，2～4脉，无脊；3退化雄蕊与浆片相间；子房顶端光，1花柱长，花柱中下部披毛，2柱头；3浆片（罕有4浆片），光，无齿，维管束多；外稃窄矛尖形—长尖，比护颖结实，硬皮壳，披疏长毛，不隆突，5～7脉，边缘包内稃，顶尖无芒。颖果5.5毫米长，胚小，胚乳含复粒淀粉。雄小穗矛尖形，4～5.25毫米长，有细长柄，无护颖，仅轴顶1雄小花。雄小花式$\sum ♂_{3/6} L_{3}$〉。内稃；3或6雄蕊（带3个退化雄蕊）；3浆片；外稃7～10脉，无芒。

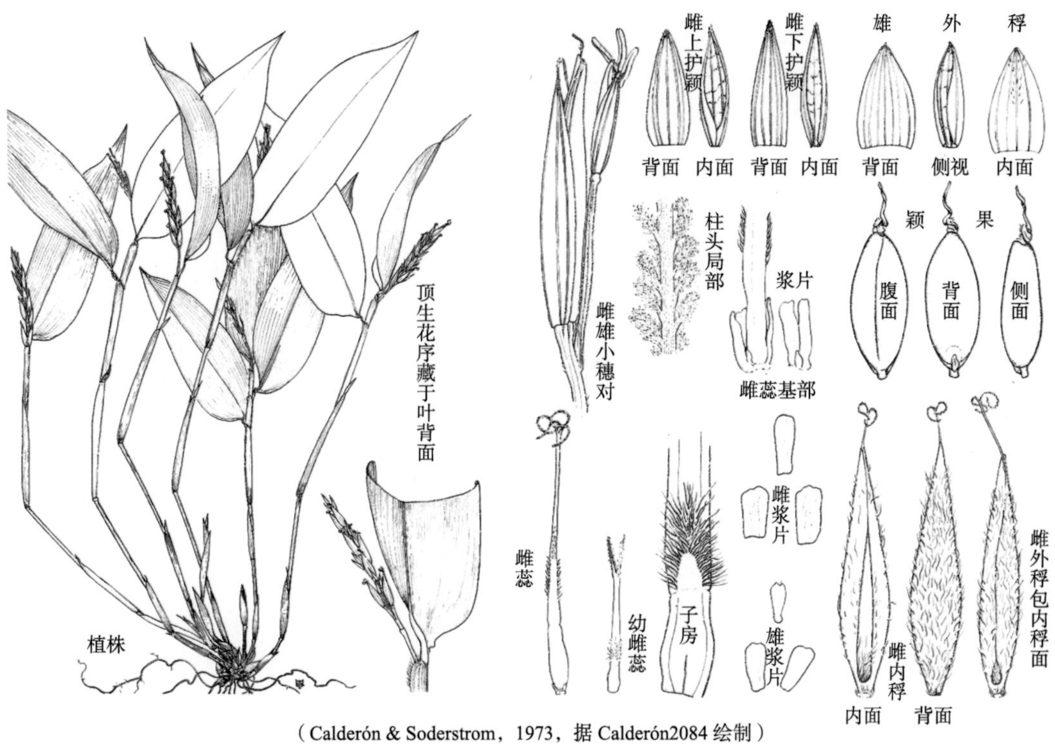

（Calderón & Soderstrom，1973，据 Calderón2084 绘制）

参考文献

Daker M G，1968. Karyotype Analysis of *Diandrolyra bicolor* Stapf（Gramineae）[J]. Kew Bulletin，21（3）：433. doi：10. 2307/4107923.

Mitchel I A C，Fernando O Z，Cassiano A D W，2019. Lectotypification of the names of all accepted species of *Agenium*（Poaceae，Andropogoneae）[J]. Phytotaxa，422（2）：186-194.

Aline Costa da Mota，Reyjane Patrícia de Oliveira，Tarciso de Souza Filgueiras，2009. Poaceae de uma area de floresta montana no sul da bahia，Brazil：Bambusoideae e Pharoideae[J]. Rodriguésia，60（4）：747-770.

（潘幸来　审校）

第十二章

雌雄同小穗异花5属8种

同株花序中每个小穗皆有雌小花和雄小花两种花式。

第一节　*Zeugites* 轭草属同小穗异花雌下雄上7种记述3种

【黍亚科>>轭草族→轭草属*Zeugites* **P. Browne**（**1756**）】

*Zeugites*轭草属约11种，光合C_3，XyMS+。染色体2*n*=46。同小穗雌雄异花——雌小花在下，雄小花在上。下述3种。

一、*Zeugites americanus* Willd.（1805）

*Zeugites americanus*记录于1805年。原生墨西哥到玻利维亚、加勒比一带。18个异名：①*Zeugites americanus* var. *mexicanus*（Kunth）McVaugh（1983）；②*Zeugites americanus* var. *pringlei*（Scribn.）McVaugh（1983）；③*Zeugites haitiensis*（Pilg.）Urb.（1920）；④*Senites haitiensis*（Pilg.）Hitchc. & Chase（1917）；⑤*Senites mexicanus*（Kunth）Hitchc.（1913）；⑥*Senites pringlei*（Scribn.）Hitchc.（1913）；⑦*Zeugites americanus* subsp. *mexicanus*（Kunth）Pilg.（1909）；⑧*Zeugites americanus* subsp. *haitensis* Pilg.（1909）；⑨*Senites zeugites*（L.）Nash ex Hitchc.（1908）；⑩*Zeugites pringlei* Scribn.（1898）；⑪*Zeugites galeottianus* Hemsl.（1885）；⑫*Krombholzia mexicana*（Kunth）Rupr. ex E. Fourn.（1876）；⑬*Zeugites coloratus* Griseb.（1864）；⑭*Apluda zeugites* L.（1859）；⑮*Zeugites mexicanus*（Kunth）Trin. ex Steud.（1841）；⑯*Panicum schiedei* Spreng. ex Steud.（1841）；⑰*Despretzia mexicana* Kunth（1831）；⑱*Zeugites jamaicensis* Raeusch.（1797）。

*Zeugites americanus*多年生。或有根茎。茎膝曲，100～200厘米长，有侧枝。鞘表或有直硬毛。叶舌膜1～2毫米长。叶片矛尖形，2.5～4厘米长，7～17毫米宽，有横

脉，表或有疏长毛，顶尖，基部阔圆，有拟柄0.7～1厘米长。顶生圆锥花序7～10厘米长，穗下节间7～15厘米长。小穗长椭圆形，侧平，6～8毫米长，单生，有细丝柄，下护颖倒卵圆形，2～3毫米长，膜质，1脊，5～7脉，有横脉，顶平截或啮噬状；上护颖长椭圆形，3～5脉，有横脉，余同下护颖，小穗下方1雌小花，上方1～2雄小花。雌小花式$\sum$♀L_2〉：内稃稍长于外稃；雌蕊；2浆片，肉质；外稃长椭圆形，3.5～4.5毫米长，软骨质，有脊，9～11脉，上方或有膜翅，顶有芒。雄小花式$\sum$♂$_3L_2$〉：卵圆形，3～3.5毫米长。内稃；3雄蕊，花药1.5～2毫米长；2浆片；外稃尖。

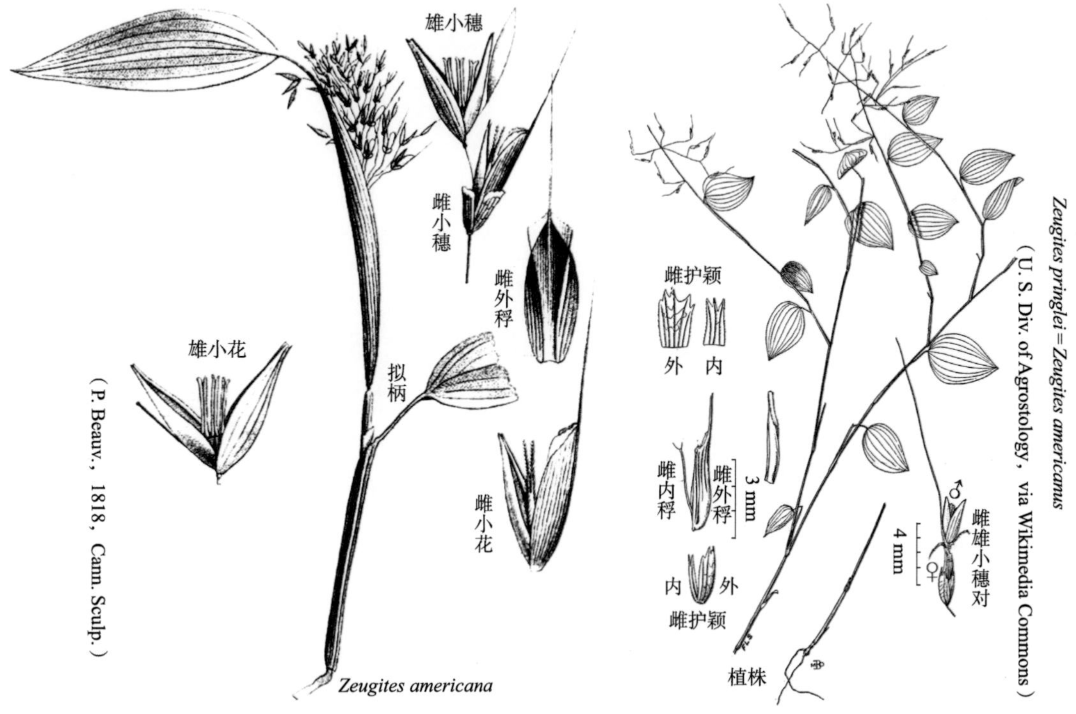

二、*Zeugites sylvaticus*（Soderstr. & H. F. Decker）A. M. Soriano & Dávila（2007）

*Zeugites sylvaticus*订正记录于2007年。原生巴拿马中到西北部。1个异名：*Calderonella sylvatica* Soderstr. & H. F. Decker（1973）。

*Zeugites sylvaticus*多年生，丛生。根茎短。茎高30～60厘米。叶片矛尖形，8～20厘米长，10～15毫米宽，有横脉，表有乳突，背面粗糙，顶尖，基部有拟柄，叶舌膜0.1～0.2毫米长。顶生圆锥花序主轴每节一枝总状花序，3～5厘米长，枝轴宽边一侧着生6～7个小穗。小穗矛尖形或成熟时楔形顶平截，8毫米长，单生，有柄1～2毫米长，下护颖椭圆形，6.5毫米长；上护颖卵圆形4.5～5毫米长。同小穗雌雄异花——1

雌小花在下，2～4个雄小花在上，轴顶花微。小穗成熟时完整掉落。雌小花式∑♀L_2〉：内稃2脉，脊有翅，顶端有纤毛；2柱头；2浆片；外稃扁球形盈凸，5毫米长，草质，无脊，表披疏长毛，15～19脉，侧脉有棱纹，有横脉，脉间有毛，下方边缘与外稃合，顶钝圆。颖果长椭圆形，2.3毫米长，脐点状。雄小花式∑♂$_3$$L_2$〉：矛尖形，2.7毫米长。3雄蕊；2浆片，楔形，0.5～1.2毫米长，肉质，有脉；内外稃。

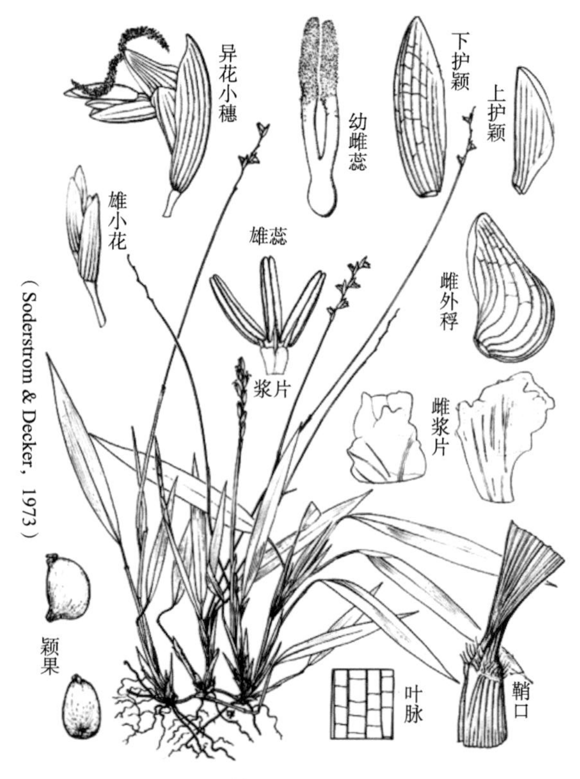

Calderonella sylvatica

三、*Zeugites latifolius*（E. Fourn.）Hemsl.（1885）

*Zeugites latifolius*订正记录于1885年。原生墨西哥南部到洪都拉斯一带。2个异名：①*Senites latifolius*（E. Fourn.）Hitchc.（1913）；②*Krombholzia latifolia* E. Fourn.（1876）。

*Zeugites latifolius*多年生。茎高100～200厘米，节光。叶片椭圆形，15～20厘米长，4～6厘米宽，有横脉，顶长尖，基部阔圆，有1～2毫米长披细毛的拟柄连鞘。叶舌膜。顶生圆锥花序密集，13～20厘米长，枝花序上挺。穗下节间光。小穗雌雄异花，长椭圆，侧平，12～19毫米长，单生，有丝状柄，护颖各4毫米长，含1雌小花在下，7～10雄小花在上，轴顶花微小，轴节间1毫米长。小穗成熟时完整掉落。雌小花式∑♀$L_?$〉：内稃；雌蕊；浆片未述；外稃卵圆盈凸，5毫米长，软骨质，1脊，9～11脉，顶尖。雄小花式∑♂$_3$$L_?$〉：雄小花卵圆形，4毫米长；3雄蕊；浆片未述；外稃尖。

第二节　*Chamaeraphis* 鬃针茅属同小穗异花雄下雌上1种

【黍亚科>>黍族>蒺藜草亚族→鬃针茅属*Chamaeraphis* R. Br.（1810）】

一、*Chamaeraphis hordeacea* R. Br.（1810）

*Chamaeraphis hordeacea*记录于1810年。原生昆士兰州半湿润开阔林地和沿岸草

地。光合C_4，XyMS-。4个异名：①*Setosa hordeacea*（R. Br.）Ewart（1920）；②*Setosa erecta* Ewart & Cookson（1917）；③*Panicum chamaeraphis* Trin.（1834）；④*Panicum hordeaceum*（R. Br.）Raspail（1825）。

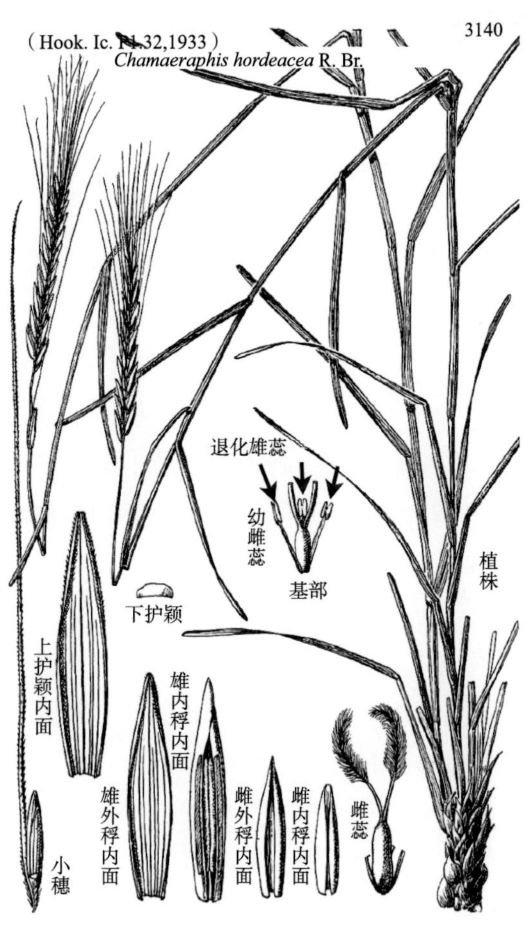

Chamaeraphis hordeacea

*Chamaeraphis hordeacea*多年生，丛生，基部有鳞茎。茎长25～60厘米，节光，节间实心。叶多基部聚生。叶片3～10厘米长，2～3毫米宽，基部阔圆，顶钝圆。叶舌膜有纤毛。顶生穗总状花序，3～5厘米长，轴扁平，顶秃针状刺出，枝总状花序二列，间距小，基部条形，1.5～3毫米长，披细毛，顶尖，小穗着生于枝轴背侧。枝穗成熟后自主轴脱落。同小穗雌雄异花。小穗条形，单生，6～8毫米长，含基部1雄小花，轴顶1雌小花或罕为1合性花。下护颖极小或无，上护颖条形，6～8毫米长，皮质，2脊，7脉，主脉粗糙，顶钝圆。小穗基底有一长“针芒”与小穗一起熟自掉落。雌小花式∑$♂^3$♀L_2〉：内稃软骨质，无脊，2脉；或有3退化雄蕊；子房光，2花柱基部融合光，2柱头羽毛状；2浆片，肉质，光；外稃矛尖形，4～6毫米长，软骨质，无脊，3脉，顶尖，边缘包卷内稃大部。颖果小，缩腰，脐短，胚大。雄小花式∑$♂_3L_2$〉：内稃矛尖形；3雄蕊；2浆片；外稃条形或长椭圆形，等长小穗，皮质，粗糙，7脉，顶尖。

第三节　*Pseudoraphis* 伪针茅属同小穗异花雄下雌上

【黍亚科>>黍族>蒺藜草亚族→伪针茅属***Pseudoraphis* Griff. ex Pilg.**（**1828**）】

*Pseudoraphis*由希腊词“*pseudos*=伪”与“*raphis*=针”合成，指其针状刺毛。属内6或7种（其中2个种2雄蕊，4个种3雄蕊。皆同小穗雌雄异花）。光合C_4，XyMS-。

染色体基数$x=8$，二倍体$2n=16$。中国记录2种1变种：伪针茅*Pseudoraphis spinescens*（R. Br.）Vickery（1952），长稃伪针茅*Pseudoraphis longipaleacea* Chia（1976），文述“染色体X =7，9”似有误。

第四节　*Puelia* 姜叶竺属同小穗异花雄下雌上3种

【姜叶竺亚科>>姜叶竺族→姜叶竺属***Puelia*** **Franch.（1887）**】

*Puelia*姜叶竺属5种，皆同小穗雌雄异花。光合C_3，XyMS+。染色体基数$x=12$，二倍体$2n=24$。属异名Atractocarpa Franch.（1887）柄穗姜叶竺属。下述3种。

一、*Puelia ciliata* Franch.（1887）

*Puelia ciliata*记录于1887年。原生非洲热带中西部。3个异名：①*Puelia acuminata* Pilg.（1901）；②*Puelia subsessilis* Pilg.（1901）；③*Puelia occidentalis* Franch. ex T. Durand & Schinz（1894）。

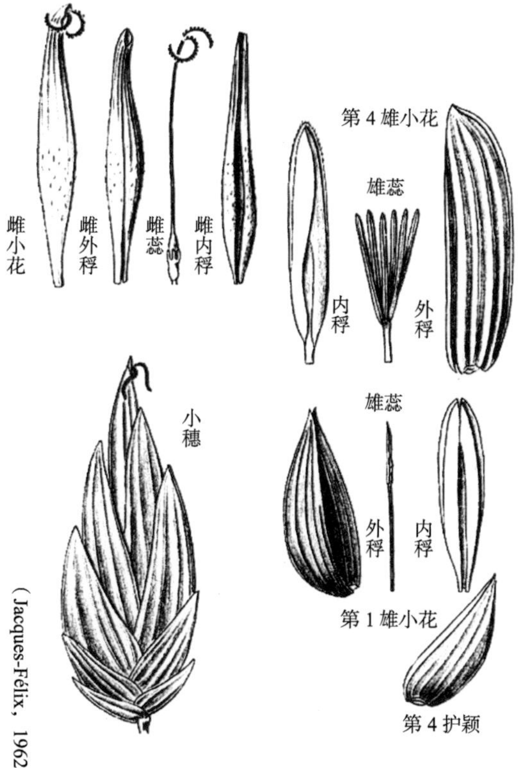

Puelia ciliata

*Puelia ciliata*多年生，根茎短，粗型，结节。茎高30～70厘米，结实，无侧枝。每茎4～14叶。叶鞘披细毛，鞘口有毛。叶舌膜有纤毛。叶领有外舌。叶片椭圆形，9～20厘米长，20～35毫米宽，有横脉，顶长尖，基部拟柄连鞘。顶生圆锥花序收紧，1.5～3.5厘米长，枝花序基部有苞片，小穗一边倒。小穗卵圆形，9～10毫米长，侧平，单生，有柄，同小穗雌雄异花，护颖上方有5～6雄小花，轴顶1雌小花，护颖韧，比外稃薄。上下护颖似同，卵圆形，3～4毫米长，坚纸质，1脊，9～11脉，边缘有纤毛，顶尖。小穗成熟时自各小花间断落。小花基盘有肉质褶边。雌小花式∑♀L_3〉：内稃9毫米长，皮质，无脊；子房凸形，1花柱细长，2柱头多疣；3浆片，膜质，倒矛尖形；外稃卵

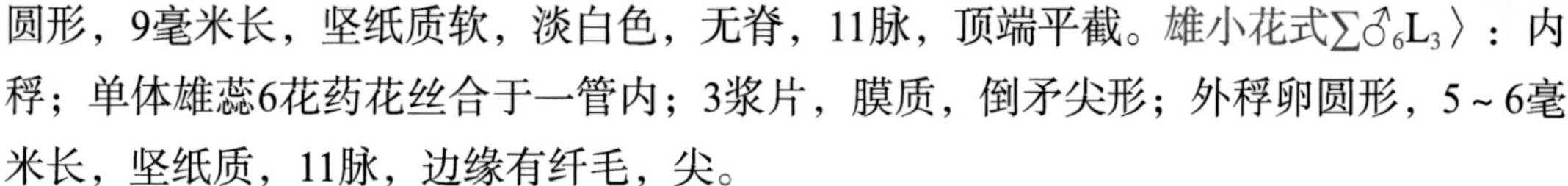

圆形，9毫米长，坚纸质软，淡白色，无脊，11脉，顶端平截。雄小花式∑♂$_6$L$_3$〉：内稃；单体雄蕊6花药花丝合于一管内；3浆片，膜质，倒矛尖形；外稃卵圆形，5～6毫米长，坚纸质，11脉，边缘有纤毛，尖。

二、*Puelia olyriformis*（Franch.）Clayton（1966）

*Puelia olyriformis*订正记录于1966年。原生非洲西部热带到坦桑尼亚。2个异名：①*Atractocarpa congolensis* T. Durand & Schinz（1894）；②*Atractocarpa olyriformis* Franch.（1887）。

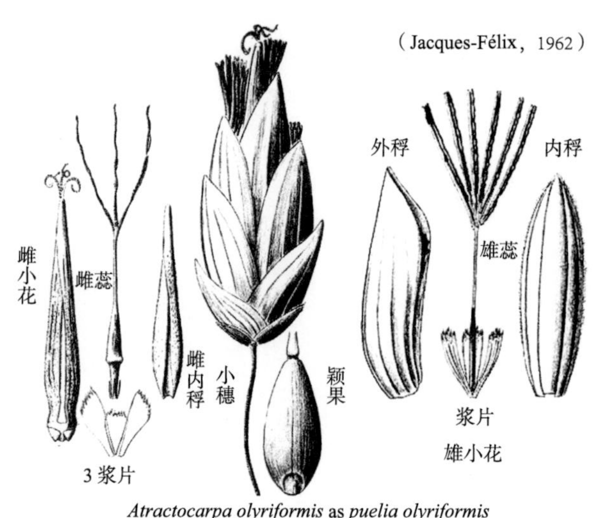

Atractocarpa olyriformis as *puelia olyriformis*

三、*Puelia schumanniana* Pilg.（1901）

*Puelia schumanniana*记录于1901年。原生喀麦隆南部到加蓬西北部。多年生。根茎短，粗型，结节。茎高50～100厘米，结实，无侧枝。每茎1叶。叶鞘表光。无叶舌。叶领有外舌。叶片椭圆形，25～30厘米长，60～90毫米宽，有横脉，顶长尖，基部有拟柄连鞘。无叶茎顶生圆锥花序收紧或呈头状，3～4厘米长。同小穗雌雄异花。小穗卵圆形，侧平，15～17毫米长，单生，有柄，护颖韧，比外稃薄。下护颖卵圆形，3～4毫米长，草质，无脊，5脉，边缘包卷；上护颖卵圆形，4～5毫米长，草质，无脊，7脉，顶尖，含4～5雄小花+轴顶1雌小花。小穗熟自花间掉落。小花基盘有牛角形肉质褶边。雌小花式∑♀L$_3$〉：内稃等长外稃，皮质，无脊；子房凸形，1花柱，3柱头多疣；3浆片，倒矛尖形，膜质；外稃椭圆形，9～11毫米长，皮质软，淡白色，无脊，11脉，顶平截。雄小花式∑♂$_6$L$_3$〉：内稃；单体雄蕊6花药；3浆片，倒矛尖形，膜质；外稃卵圆形，9～11毫米长，草质，11～15脉，尖。

第五节　*Lecomtella* 黍芦属同小穗异花1种

【黍亚科>>雀稗族>雀稗亚族→黍芦属 *Lecomtella* A. Camus（1925）】

一、*Lecomtella madagascariensis* A. Camus（1925）

*Lecomtella madagascariensis*记录于1925年。原生马达加斯加安德林吉特拉国家公园，非洲、西印度洋群岛有分布。光合C_3，XyMS+。多年生，有铺地茎，茎长100～200厘米。叶片12～22厘米长，1～1.8厘米宽，边缘粗糙，顶长尖。叶舌一缕毛。顶生圆锥花序收紧，5～6厘米长。枝花序下段4～6个雄小穗，顶端1个雌雄异花小穗——1雄小花在下1雌小花在上（似二异花小穗）。小穗柄细3～5毫米长，柄顶呈四角形。雄小穗矛尖形，9～10毫米长，护颖膜质，2雄小花或空花，小穗熟自花间断落。异花小穗矛尖形，侧平，9～10毫米长，含1雄小花+轴顶1雌小花，下护颖矛尖形，6～7毫米长，膜质，表光，顶长尖，1脊，3脉，上护颖7毫米长，7脉，余同下护颖。雌小花式$\sum♀L_2\rangle$：内稃皮质，2脉，脉顶有3个加厚瘤领；子房顶端光，2花柱细长，2柱头披毛；2浆片，四角形，肉质，光，或有维管束；外稃4～5毫米长，皮质，无脊，5脉，表披细毛，顶钝圆有瘤突。颖果皮薄。雄小花式$\sum♂_3L_2\rangle$：内稃；3雄蕊，花药4毫米长；2浆片；外稃9～10毫米长，膜质，1脊，5脉，光，长尖，基盘有翅，顶端翅长0.5毫米。

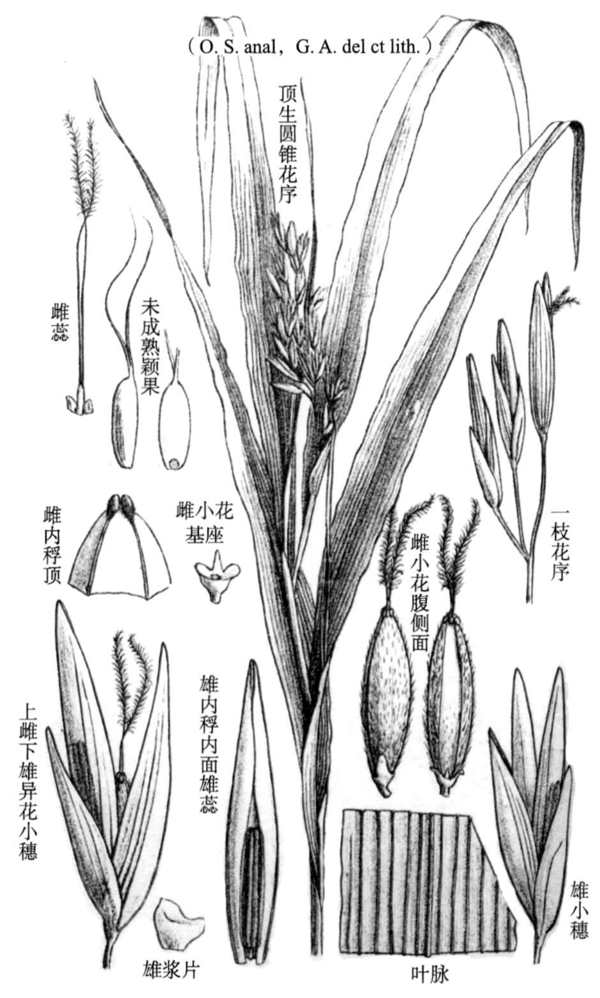

Lecomtella madagascariensis

（潘幸来　审校）

第十三章

同株雌异花2属9种

同株花序中有雌小花与合性花两种花式。

第一节　*Poa* 早熟禾属同株雌异花8种

【早熟禾亚科>>早熟禾族>早熟禾亚族→早熟禾属*Poa* L.（1753）】

一、*Poa ramifer* Soreng & P. M. Peterson（2010）

Poa ramifer 2008年被发现于秘鲁科龙戈省安卡什地区沿安第斯山西坡的里约圣诞老人峡谷北支海拔2 750～3 040米的山脊上，群落灌丛中有画眉草属、羊茅属、臭草

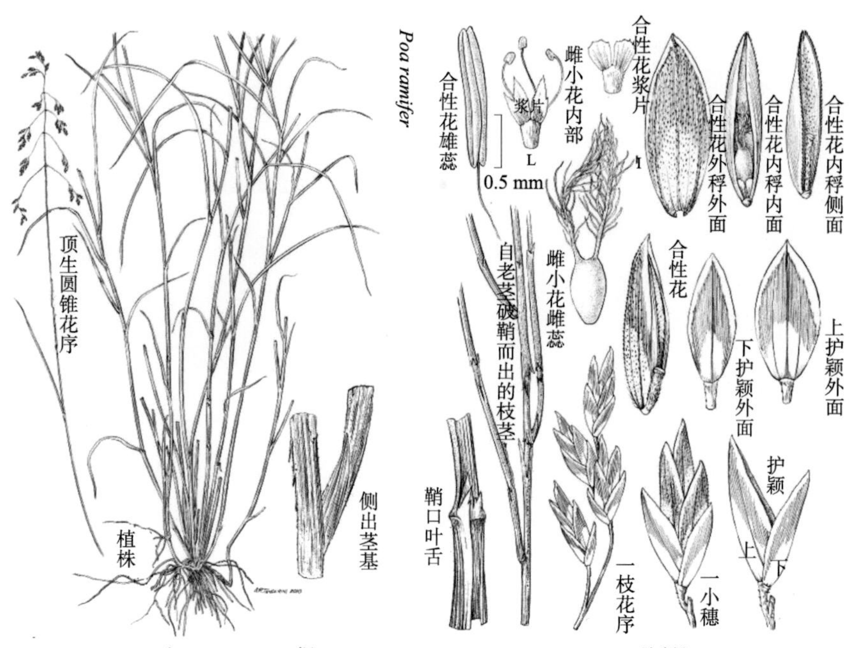

（Tangerini 2010据P. M. Peterson & R. J. Soreng 21804 US 绘制）

属、鼠尾草属、丹参属、酒神菊属，以及其他菊科的种混生。正式记录于2010年。同小穗雌异花——同小穗中有雌小花和合性花两种花式。

*Poa ramifer*多年生，丛生，单丛直径可达1米。基部分蘖茎横穿鞘而出，主茎80～100厘米长（含圆锥花序），直立或稍膝曲，茎基直径1～1.5毫米，光。越年茎有7～10节生叶，节光。次生茎基以上5～60厘米的节有鞘内和穿鞘枝茎，次生茎下季开花，并次生数个4叶茎。叶大多茎生。叶鞘柔而糙、纸质不纤维化，下部叶筒鞘，上部叶鞘筒鞘部分占鞘长的40%，微糙。叶舌膜质，2～4毫米长，浅白色，常有深裂，背面粗糙，上部叶舌顶尖。叶片2～15厘米长，12毫米宽，薄，有浅脊，主脉表背粗糙，两侧各有6～7肋脉，间隔1～3倍于肋脊宽，中脉表面有单列泡状细胞。主茎或前季茎上的侧茎顶生雌异花圆锥花序4～10厘米长，展开，顶弯。主轴每节（1～）2～3枝花序，斜下垂，枝轴直径0.1～0.2毫米，下部光轴长2.5～5.5厘米，顶部有3～10个小穗。小穗柄比小穗短，粗糙，下部1～2或3个合性花仅部分结籽，上部1～2个雌小花全结籽；护颖有脊，光或微糙，边缘光—密糙，顶尖；下护颖矛尖形，2.2～2.4毫米长，1脉；上护颖阔矛尖形，2.9～3.2毫米长，0.9～1.35毫米阔，3～4脉。小穗轴圆筒形，第一、第二小花轴距0.6毫米，密毛粗糙。雌小花式∑♂^{3}♀L$_{2}$〉：内稃等长外稃，脊粗糙；3退化雄蕊，0.2毫米长；子房光，2花柱；2柱头，1.5毫米长，白色；2浆片，0.5～0.6毫米长，顶端有2侧领；外稃3.3～3.8毫米长，0.7～1.1毫米阔，膜质，脊强，5脉，间脉或明显，边缘窄内卷，白干膜质，有脊，顶尖。合性花式∑♂$_{3}$♀L$_{2}$〉：内外稃似同上；3雄蕊，花药2～2.8毫米长；雌蕊；2浆片，0.2～0.3毫米长，短钝无侧领。颖果窄矛尖形，1.7～2毫米长，硬，浅绿色，紧粘内稃，脐窄椭圆形，0.2毫米长。

Poa ramifer 草垛有灌木支撑

（R. J. Soreng，2010）

甄别：

1. *Poa ramifer*的分枝习性独特——单株形成基部宽阔的茎丛直径可达1米，直立茎7～10节伸展至1米高而由灌丛支撑，主茎或越年侧枝茎顶生圆锥花序——这一点明显不同于早熟禾其他各种。

2. *Poa ramifer*是迄今为止，已知早熟禾属中唯一浆片异形种——合性花的浆片小而短钝无齿领，雌小花的浆片既长且大顶端还有2矛尖形齿领。

在智利雌雄异株种*P. cumingii*中，雄小花浆片不发育或缺无，而雌小花浆片发育良好。在*Pharus*服叶竺属、*Leptaspis*囊稃竺属和*Bouteloua*垂穗草属中，雄小花浆片发育良好，而雌小花无浆片。在*Cortaderia*蒲苇属的一些雌异株种中，雌小花浆片比合性花的浆片更长。

以下早熟禾属7个同株雌异花种，皆由Pilg.记录于1906年，最初标本由德国植物学家和探险家Weberbauer于1901—1905年搜集于秘鲁海拔3 000～4 500米的安第斯山区（Anton et al.，1997）。其中多年生丛生6种，短根茎1种，顶生雌异花圆锥花序7种，小穗单生7种、有柄7种，2浆片膜质7种，3花药7种。其中*P. fibrifera*和*P. horridula*属于季增型雌异花种Soreng et al.，2010。

二、*Poa humillima* Pilg.（1906）

*Poa humillima*茎长1～4厘米，无侧枝。叶片0.5～3厘米长，1～2毫米宽。叶舌膜0.5～0.8毫米长，平截。顶生雌异花圆锥花序头状，0.5～1.5厘米长，小穗3.3～4.5毫米长，下护颖1.6～2毫米长，膜质，1脊，1脉，顶钝圆，上护颖1.8～2.3毫米长，膜质，1脊，3脉，顶钝圆，含3～4小花，轴顶花微小。雌异花。合性花式∑♂$_2$♀L_2〉：内稃脊粗糙；2雄蕊，花药0.6～0.7毫米长；雌蕊；2浆片；外稃2.3～3毫米长，膜质，脊，5脉，顶钝圆。雌小花式∑♂^{2}♀L_2〉：有2退化雄蕊。

（Anton et al.，1997，Nidia Flury）

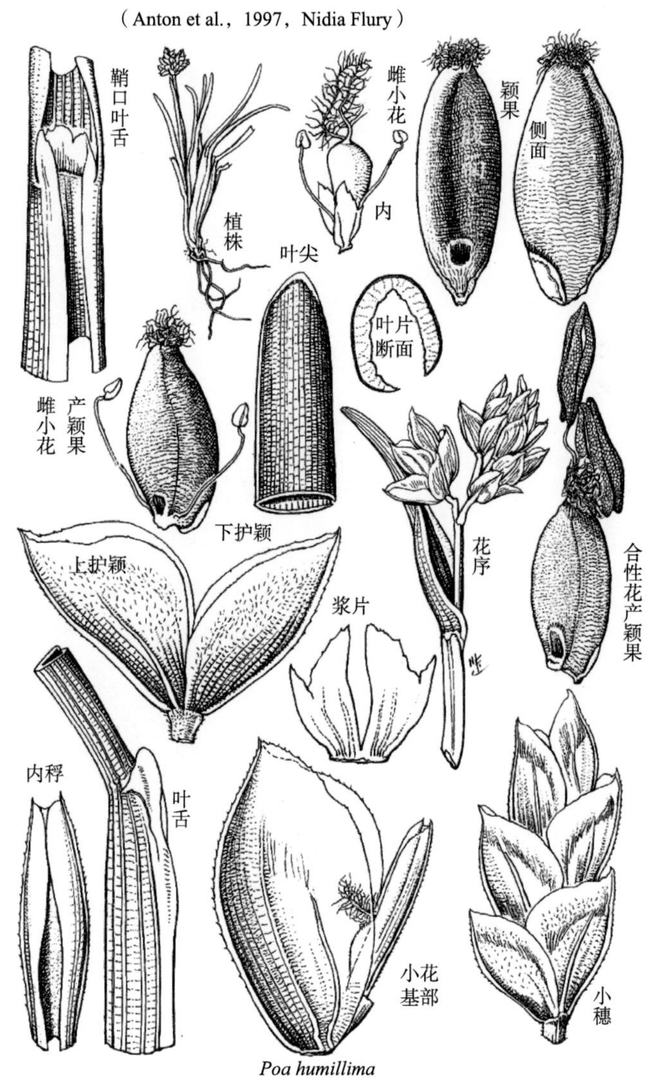

Poa humillima

三、*Poa candamoana* Pilg.（1906）

*Poa candamoana*有1个异名：*Poa adusta* J. Presl（1830）。

*Poa candamoana*茎秆膝曲，10～30厘米长，无侧枝。叶多基部聚生。叶舌膜0.5～1.8毫米长，平截。叶片5～16厘米长，2～3毫米宽，内卷，两面及边缘粗糙，顶急尖或尖。顶生雌异花圆锥花序卵圆形4～8厘米长，主轴每节1～3枝花序，枝轴生数支轴，每支轴数小穗。小穗4.3～5.5毫米长，下护颖2.8～3.5毫米长，膜质，1脊，脉，顶尖，上护颖，3.5～4毫米长，膜质，1脊，3脉，顶尖，含2～3小花，轴顶秃刺出。雌异花。合性花式∑♂$_3$♀L$_2$〉：内稃脊有纤毛；3雄蕊，花药1.5～2.2毫米长；雌蕊；2浆片；外稃3.5～4.3毫米长，膜质，有脊，5脉，披细毛，下部有毛，顶尖。雌小花式∑♂^{3}♀L$_2$〉：有3退化雄蕊。

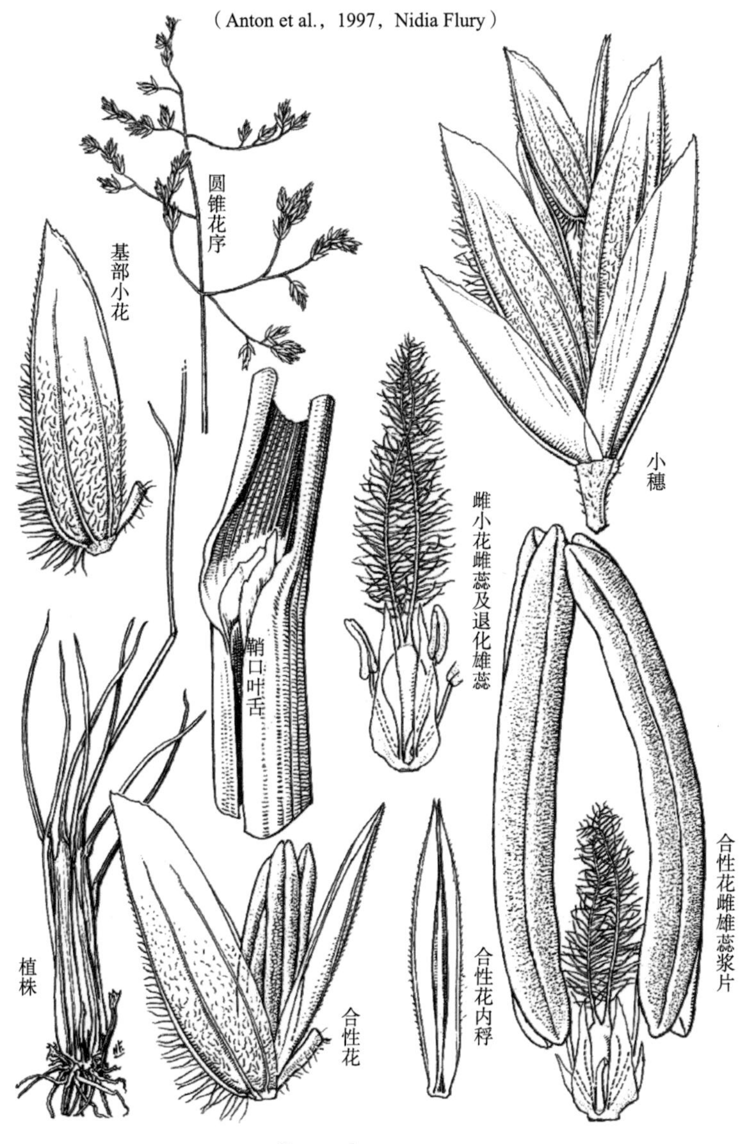

Poa candamoana

四、*Poa carazensis* Pilg.（1906）

*Poa carazensis*茎或膝曲，10～24厘米长，2～3节，无侧枝。叶多基部聚生。叶片4～12厘米长，1.5～4毫米宽，或对折，两面及边缘粗糙，顶尖。叶舌膜1.5～2.5毫米长，啮噬状。顶生雌异花圆锥花序5～12厘米长，1～2厘米阔，主轴每节1至数枝花序。小穗5～7毫米长，下护颖1.7～2.4毫米长，膜质，1脊，1脉，顶尖，上护颖2.2～2.8毫米长，膜质，1脊，3脉，顶尖，含3～4小花，轴顶花微小。雌异花。合性花式∑♂$_3$♀L_2〉：内稃脊有纤毛；3雄蕊，花药2.7毫米长；雌蕊；2浆片；外稃3.5～5毫米长，膜质，有脊，5脉，表面粗糙，顶或啮噬状。雌小花式∑♂^{3}♀L_2〉：有3退化雄蕊。

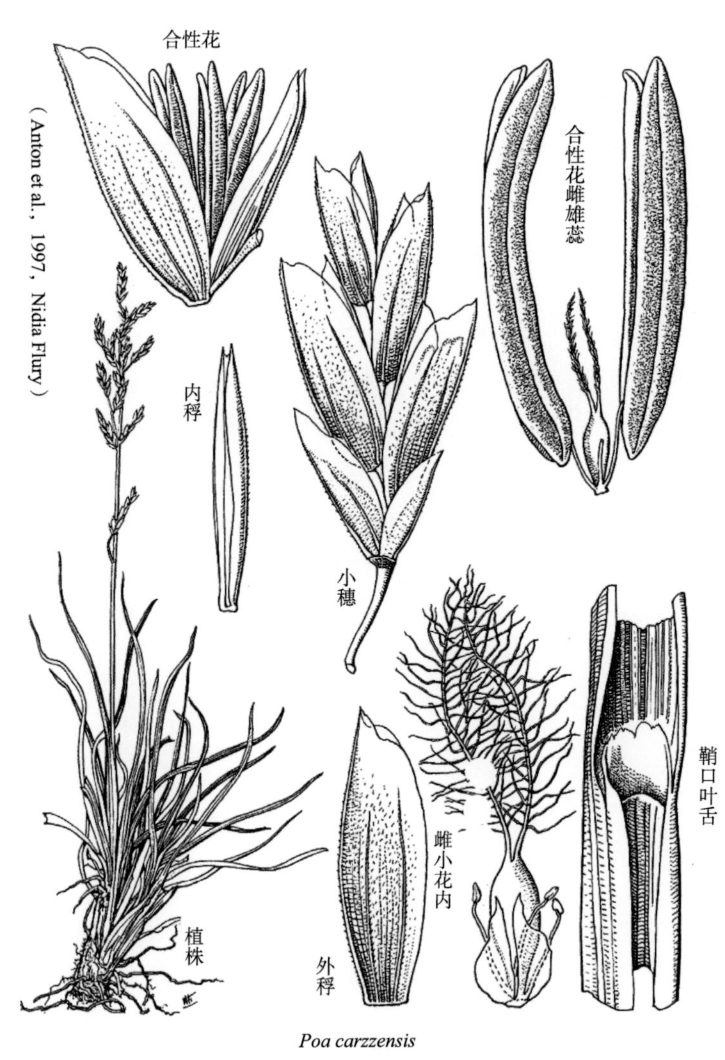

Poa carzzensis

五、*Poa fibrifera* Pilg.（1906）

*Poa fibrifera*茎膝曲，20～60厘米长，3～4节，无侧枝。叶片10～20厘米长，2～3.8毫米宽，两面及边缘粗糙，顶尖。叶舌膜3～5毫米长，啮噬状。顶生季增型雌异花圆锥花序（Soreng et al., 2010），10～16厘米长，主轴每节1～数枝花序，支轴生数有柄小穗。小穗6～9毫米长，下护颖2.5～4毫米长，膜质，1脊，1脉，顶尖，上护颖2～3.5毫米长，膜质，1脊，3脉，边缘粗糙，顶尖，含4～5小花，轴顶花微小。雌异花。合性花式∑♂$_3$♀L_2〉：内稃脊粗糙，上部有饰物；3雄蕊，花药2.4～2.7毫米

长；雌蕊；2浆片；外稃卵圆形，4.2～5.5毫米长，膜质，脊，5脉，表面粗糙，顶尖。雌小花式∑♂^{3}♀L_{2}〉：有3退化雄蕊。

Poa fibrifera

六、*Poa gilgiana* Pilg.（1906）

*Poa gilgiana*根茎短。茎高25～35厘米，3～4节，无侧枝。叶片8～25厘米长，3～4毫米宽，对折，两面及边缘粗糙，顶尖。叶舌膜2～3.5毫米长，啮噬状。顶生雌异花圆锥花序，8～13厘米长，主轴每节1枝花序，枝轴上方小穗成束。小穗含7～8

毫米长，护颖韧，下护颖4.5～5.5毫米长，膜质，1脊，1脉，顶尖，上护颖6.2～6.5毫米长，膜质，1脊，3脉，顶尖，含3～4小花，轴顶花微，小花间距1.2～1.7毫米长。雌异花。合性花式∑♂$_3$♀L$_2$〉：内稃脊粗糙；3雄蕊，花药2.5～2.8毫米长；雌蕊；2浆片；外稃6.2～6.5毫米长，膜质，脊，5脉，表面或粗糙，脉糙，顶尖。雌小花式∑♂^{3}♀L$_2$〉：有3退化雄蕊。

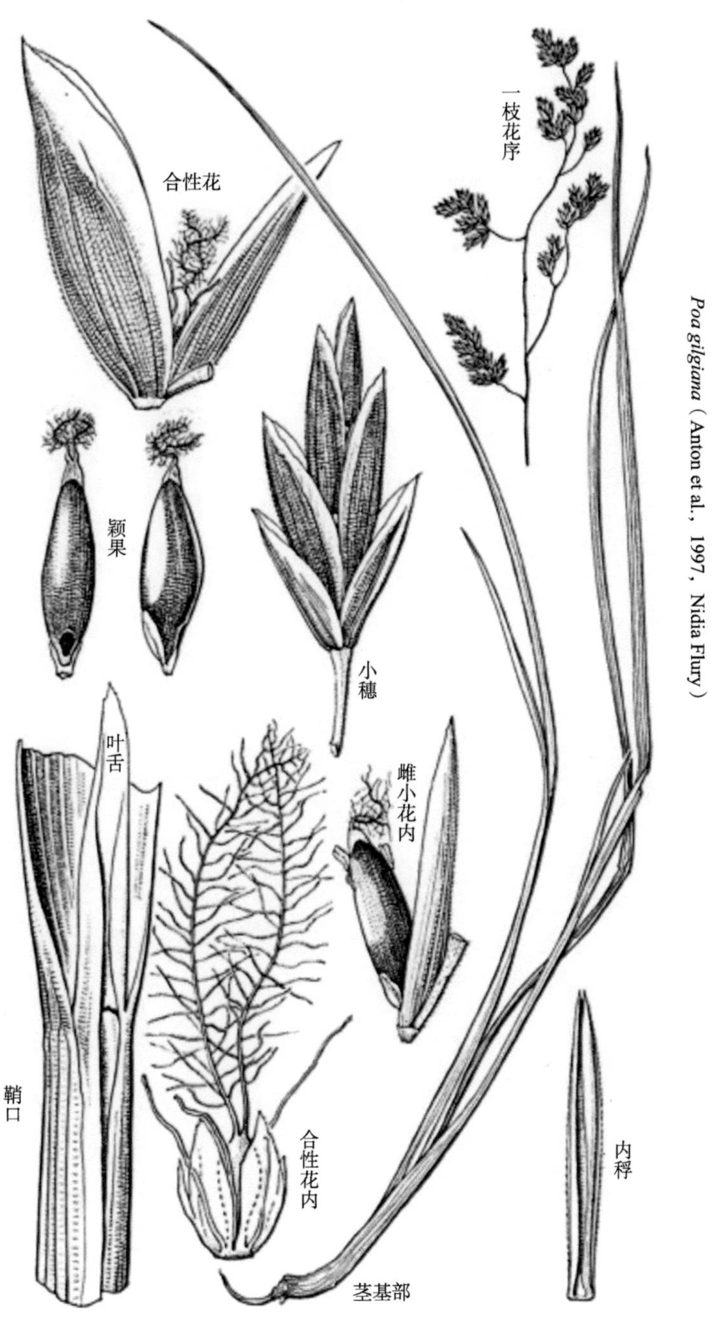

Poa gilgiana（Anton et al.，1997，Nidia Flury）

七、*Poa horridula* Pilg.（1906）

*Poa horridula*有4个异名：①*Poa piifontii* J. Fernandez Casas，J. Molero & A. Susanna（1988）；②*Poa dumetorum* Hack.（1912）；③*Poa dumetorum* var. *unduavensis* Hack.（1912）；④*Poa unduavensis* Hack.（1912）。

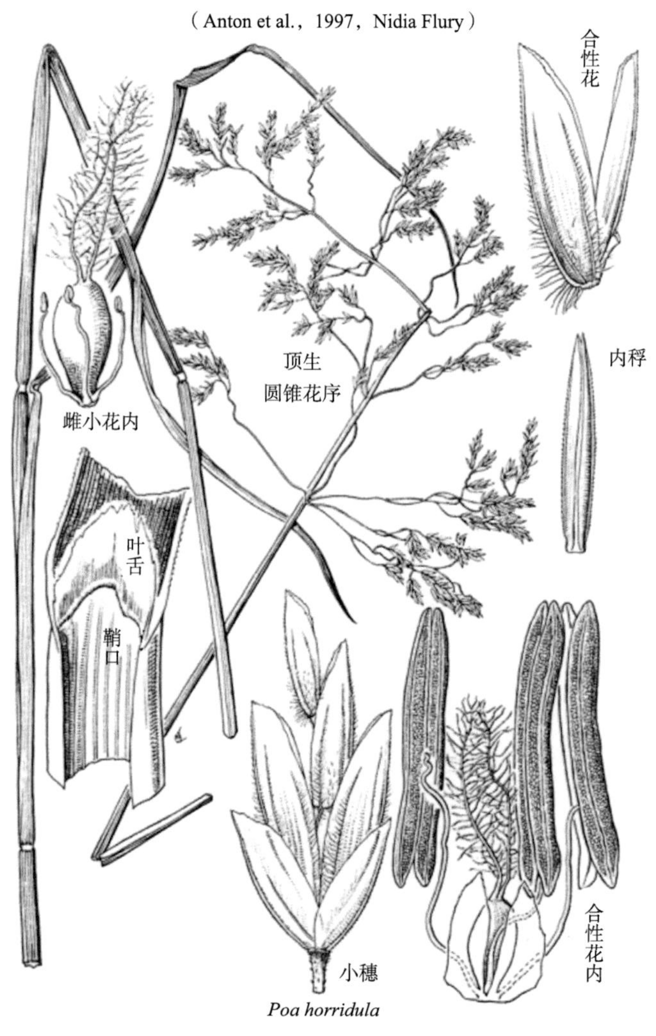

Poa horridula

*Poa horridula*根茎短。茎或膝曲，壮实，30～90厘米长，3～4节，无侧枝。叶片10～40厘米长，5～10毫米宽，或皮质，两面及边缘粗糙。叶舌膜3～6毫米长，平截。顶生季增型雌异花圆锥花序（Soreng et al.，2010），16～30厘米长，每节1～5枝花序7～15厘米长，纤细弯垂，粗糙。支花序上着生数小穗。小穗5.7～8毫米长，下护颖2.5～3.5毫米长，膜质，1脊，1脉或粗糙，顶尖，上护颖3～4.2毫米长，3脉，余同下护颖，含3～5小花，轴顶花微小。雌异花。合性花式∑$♂_3$♀L_2〉：内稃脊有纤毛；3雄蕊，花药2.2～2.8毫米长；雌蕊；2浆片；外稃4.5～6毫米长，膜质，有脊，5脉，表面光或粗糙，顶钝圆。雌小花式∑$♂^3$♀L_2〉：有3退化雄蕊。

八、*Poa pardoana* pilg.（1906）

*Poa pardoana*有1异名*Poa pauciflora* Roem & Schult（1817）。

*Poa pardoana*茎高15～35厘米，2～3节，无侧枝。叶片7～17厘米长，0.5～1毫米宽，对折或内卷，皮质，边缘粗糙，顶急尖。叶舌膜4～4.5毫米长，尖。顶生雌异花圆锥花序8～15厘米长，枝轴纤细。小穗3.2～4毫米长，下护颖2.8～3.4毫米长，膜质，1脊，1～3脉，顶尖，上护颖3～3.5毫米长，3脉，余同下护颖，含2小花。

雌异花。合性花式$\sum♂_3♀L_2〉$：内稃脊粗糙；3雄蕊，花药1.3～1.5毫米长；雌蕊；2浆片；外稃卵圆形，3～3.4毫米长，皮质，脊，5脉，主脉粗糙，顶尖。雌小花式$\sum♂^3♀L_2〉$：有3退化雄蕊。

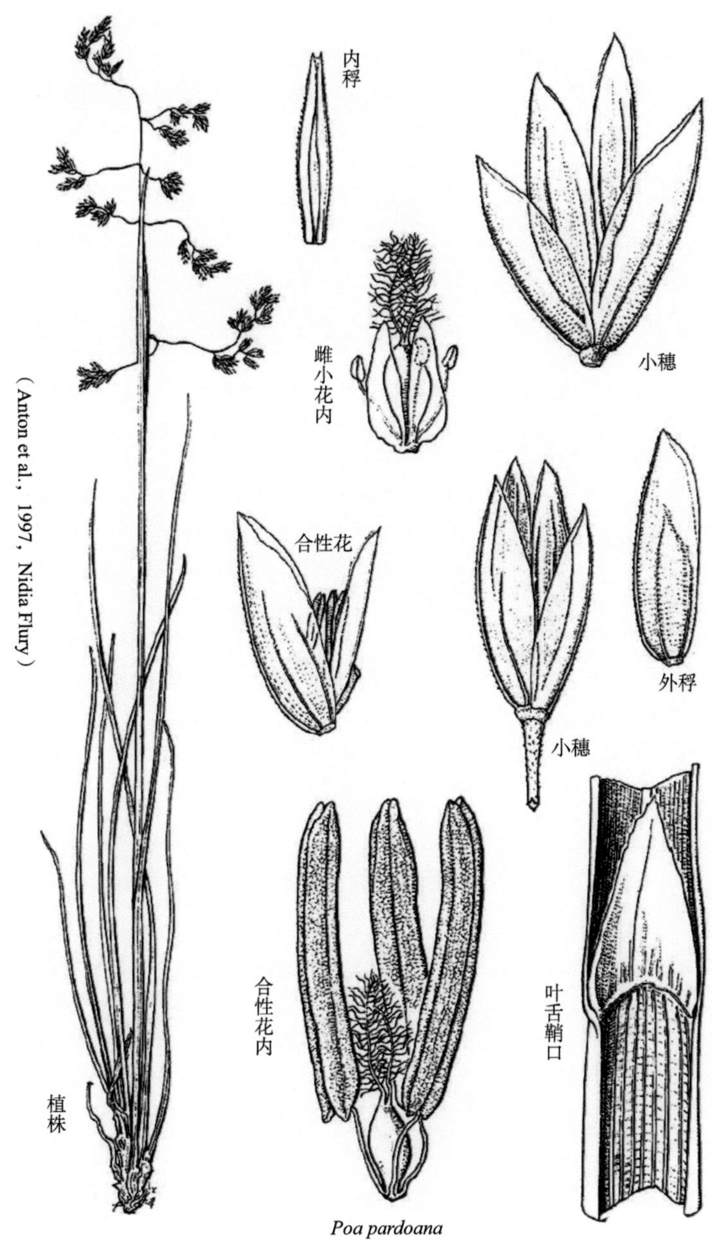

Poa pardoana

【注1】南北美的*P. fibrifera*、*P. plicata*、*P. horridula*、*P. cuspidata*和*P. tracyi*等，都是季增型雌异花草种，即雌小花的占比随季节推进而增加，待确认*Poa ramifer*是否也是季增型雌异花种。

【注2】季增型雌小花中都有3退化雄蕊，是否温敏雄不育？二型花产籽后代何比？

【注3】同小穗中合性花多而结实率低，若是合性花中的雌蕊不育而不结实，即是只雄小花了，如此以来，便成了只雌花、只雄花、合性花三种花式的三性种了。不结实合性花自交不相容的可能性应该不太大。

第二节　*Heteranthoecia* 异花稗属雌异花1种

【百生草亚科>>柳叶箬族→异花稗属*Heteranthoecia* Stapf（1911）】

一、*Heteranthoecia guineensis*（Franch.）Robyns（1932）

*Heteranthoecia guineensis*订正记录于1932年。原生非洲热带沼泽溪流浅水地，海拔1 120～1 200米。光合C_3，XyMS+。3个异名：①*Dinebra tuaensis* Vanderyst（1920）；②*Heteranthoecia isachnoides* Stapf（1911）；③*Dinebra guineensis* Franch.（1895）。

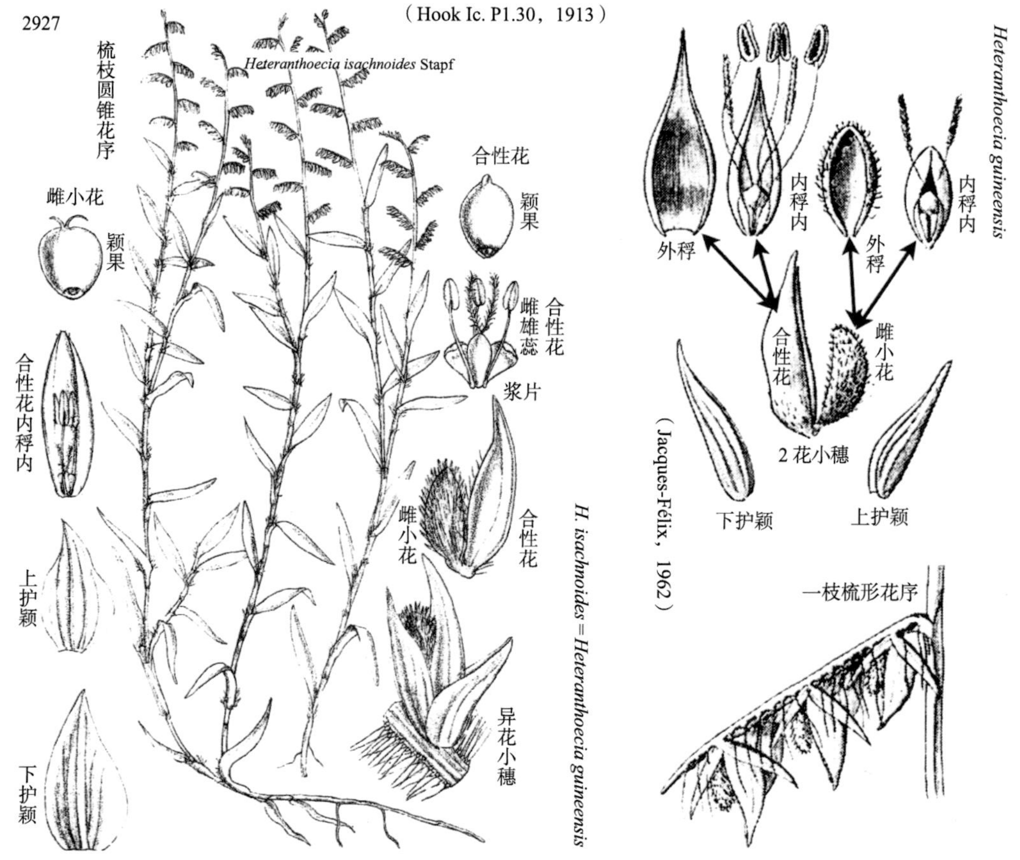

*Heteranthoecia guineensis*一年生。形成草垛。茎长10～30厘米，茎基部膝曲匍匐而后上挺，下部节生根有分枝。叶片矛尖形，1～3厘米长，2～5毫米宽，僵硬。叶舌一缕毛。顶生雌异花圆锥花序直立，2～8厘米长，主轴2～15节，1小穗封顶，每节1枝穗状花序0.5～1.2厘长，平展开或下斜，枝轴扁平，边缘多刚毛，背侧着生二列小穗呈梳齿状一边倒，小穗间距疏，轴顶秃锥刺出。小穗单生，卵圆形，1.7～2.3毫米长，无柄，下护颖卵圆形，纸质，1.5～2.3毫米长，3～7脉，基部边缘有毛，上护颖阔卵圆形，纸质，等长下护颖，5～7脉，边缘透亮，含2小花——基部1合性花，轴顶1雌小花。小穗熟自花间断落。雌小花式∑♀L_2〉：内稃卵圆形，顶端略有齿刻，无芒，无刚毛，纸质结实，不变硬，2脉；子房顶端光，2花柱各1柱头披毛；2浆片，楔形，肉质，光；外稃卵圆形，纸质结实，不变硬，顶端钝圆，表披密毛，边缘包卷内稃。合性花约倍长于雌小花。合性花式∑♂$_3$♀L_2〉：内稃长椭圆形，顶长尖；3雄蕊；子房顶端光，2花柱各1柱头自两侧吐露；2浆片，楔形，肉质，光；外稃椭圆形，纸质结实，变硬，顶长尖。颖果倒卵形，0.5毫米长，脐点状，胚乳单粒淀粉，无外胚叶，有盾尾，中胚轴节间伸长。

【注1】合性花与雌小花所产之种子是否形态差异可辨？各自所生新植株是否有所差异？

【注2】同株雌异花种在禾本科中并不多见，大体上有如下几种类型：

1. 小穗雌异花——同小穗中有合性小花和雌小花

①下部雌小花，上部合性小花；②下部合性小花，上部雌小花。

2. 雌异小穗——雌小穗与合性小穗成对或成束排列

①无柄小穗合性，有柄小穗雌性；②无柄小穗雌性，有柄小穗合性；③侧生小穗雌性，顶生小穗合性。

参考文献

Anton A M，Negritto M A，1997. On the names of the Andean species of *Poa* L.（Poaceae）described by Pilger[J]. Willdenowia，27：235-247.

Soreng R J，Peterson P M，2010. *Poa ramifer*（Poa Ceae：Pooideae：Poeae：Poinae），A new aerially branching gynomonoecious species from Peru[J]. J. Bot. Res. Inst. Texas，4（2）：587-594.

（潘幸来　审校）

第十四章

雄异花4属2种

同株花序中有雄小花与合性花两种花式。

第一节　*Andropogon* 须芒草属雄异花3种

【黍亚科>>高粱族>须芒草亚族→须芒草属***Andropogon*** **L.**（**1753**）】

*Andropogon*由希腊词“*aner*（男人）和*pogon*（胡须）”合成，指雄小穗柄多须毛。汉译为“须芒草属”，约113种。光合C_4，XyMS-。染色体基数x=5或10；2～18倍体2n=20，40，60，100，120，180。遍布全球温暖地带。欧洲2种，非洲50种，温带亚洲8种，热带亚洲11种，澳洲3种，大洋洲3种，北美20种，南美44种。中国记录自产3个雄异花种，补遗：雄异花，无柄或极短柄合性小穗与长柄雄小穗派对生。合性花式$\Sigma♂_3♀L_2$〉，雄小花式$\Sigma♂_3L_2$〉。

第二节　*Themeda* 菅属雄异花9种

【黍亚科>>高粱族>菅亚族→菅属（黄背草属）***Themeda*** **Forssk.**（**1775**）】

Themeda（阿拉伯词）=备用小水沟，意指不明。亚非澳洲温带开阔地低盐地，中生禾草。光合C_4，XyMS-。染色体基数x=5，10；二、四、六、八倍体2n=20，40，60，80，有非整倍体。或有无融合生殖。全球约30种，其中多年生24种。一年生4种。单浆片1种。茎高变幅15～600厘米。顶生/腋生（聚伞）拟圆锥花序，枝总状花序由数个雄小穗/空小穗围抱1个雌小穗或1合性花小穗。有的种是雄异花=（雄小穗+合性小穗）。有的种是雌雄异小穗=（1～2有柄雄小穗伴生1无柄雌小穗）。还可能有三异花种。菅属分布：非洲3种，亚洲温带14种、亚洲热带22种，澳洲5种，大洋洲6

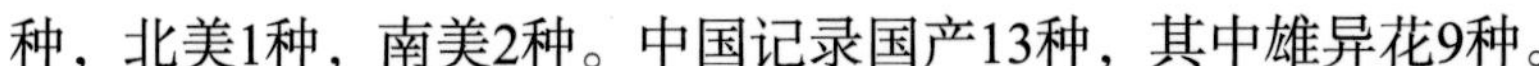
种，北美1种，南美2种。中国记录国产13种，其中雄异花9种。

【注1】同株若有的枝总状花序是雌雄异小穗，有的是雄异花，即三异花。

【注2】合性小穗小花是否自交不相容？何选择压造成雄异花？

【注3】雌小穗或合性小穗均在雄小穗上方，枝花序下垂后则位于雄小穗的下方，既有利于授粉，也有利于外围接受更多光照等生境资源、熟后随风传播等。

第三节　*Hierochloe* 茅香属雄异花30～50种记述2种

【早熟禾亚科>>燕麦族>黄花茅亚族→黄花茅属*Anthoxanthum* L.（1753）】

茅香属*Hierochloe* R. Br.（1810），nom. et typ. cons.

*Hierochloe*茅香属记录于1810年，由希腊词“*hieros*＝神圣”与“*chloë*＝禾草”合成，指进教堂门时用的圣洁草——有香豆素香气。温带、寒带，阴地、开阔地，林草灌丛，冻原苔原，沼生，中生禾草。光合C_3，XyMS+。染色体基数$x=7$；二、四、六、八、九、十、十一倍体$2n=14$，28，42，56，64，66，68，71，72，或74～78，有非整倍体。30～60种。皆雄异花，雄小花3雄蕊，合性花2雄蕊。中国记录西南—东北自产4种2变种，其中3种2变种雄异花。

一、*Hierochloe antarctica*（Labill.）R. Br.（1810）

*Hierochloe antarctica*记录于1810年。原生阿根廷南部、玻利维亚、智利南部、新几内亚、澳洲新南威尔士等地。20个异名。多年生，丛生。根茎短。茎高50～100厘米，4～5节，节光，无侧枝。叶片15～45厘米长，5～12毫米宽，僵硬，表有脊棱，粗糙，背面糙，边缘粗糙，顶长尖。叶舌膜，4～9毫米长，钝圆。顶生雄异花圆锥花序矛尖形，10～20厘米长，主轴每节2枝花序，5～10厘米长，枝轴细披疏长毛。小穗单生，长椭圆形，侧平，6～8毫米长，基部2雄小花，轴顶1合性花，小穗熟自花下断落。合性花式$\sum$♂$_2$♀L_2〉：2雄蕊；2浆片。雄小花式$\sum$♂$_3$〉：3雄蕊。

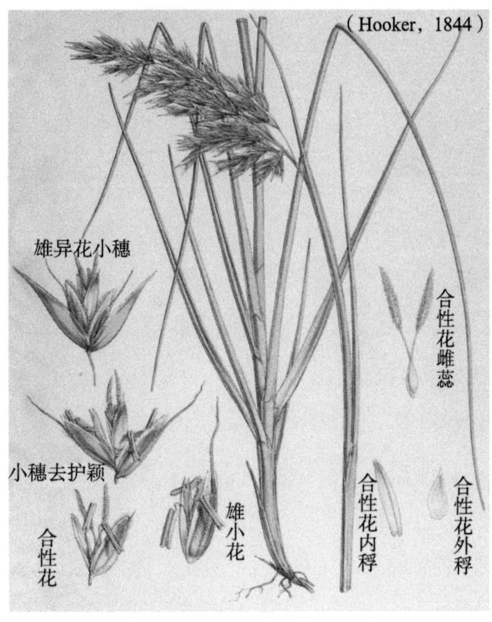

Hieochloe brunonis＝*H. antaictica*

二、*Hierochloe rariflora* Hook. f.（1845）

*Hierochloe rariflora*记录于1845年。原生澳洲昆士兰东南到塔斯马尼亚东部。1个异名：*Anthoxanthum rariflorum*（1985）。

*Hierochloe rariflora*多年生。根茎明显。茎膝曲向上或攀缘，细硬，60～100厘米长。近地叶多。叶片或内卷，10～20厘米长，2～9毫米宽，顶长尖。顶生雄异花圆锥花序，4～10厘米长，3～8厘米阔。每轴节1～2枝花序。小穗单生，卵圆形，侧平，5～5.5毫米长，护颖近等长，含3花——基部2雄小花，轴顶1合性花。雄小花式$\sum♂_3$〉：内外稃无芒；3雄蕊。合性花式$\sum♂_2♀L_2$〉：内外稃无芒；2雄蕊；子房光，1花柱，2柱头披毛；2浆片。

【注】茅香属种的合性花2雄蕊——是否雌蕊发育抢夺了1雄蕊？雄小花3雄蕊——是否多1雄蕊发育剥夺了雌蕊的发育？

第四节　*Isachne* 柳叶箬属雄异花1种

【百生草亚科>>柳叶箬族→柳叶箬属***Isachne*** **R. Br.**（**1810**）】

*Isachne*由希腊词“*isos*＝相等”＋“*achne*＝谷壳”合成，指二小花或二护颖相等，或护颖等长外稃，或护颖外稃小花皆相等。热带亚热带沼泽地，低盐地，阴地，或开阔地，或中生草本。光合C_3，XyMS+。染色体基数$x=10$；二、五、六倍体$2n=20$，50，60。属内约105种，其中多年生32种；一年生67种。顶生花序95种；顶生/腋生花序2种。单花小穗2种；2花小穗99种。3雄蕊80种；2雄蕊1种。单浆片1种。2花小穗的性别组合有：①下雄小花上雌小花＝同小穗雌雄异花；②下雄小花上合性花＝雄异花；③下合性花上雌小花＝雌异花；④下上皆合性花；⑤雄小花+合性花+雌小花＝三异花。

柳叶箬属非洲14种，亚洲热带59种，亚洲温带20种，大洋洲9种，澳洲4种，北美3种，南美12种。中国记录*Isachne*柳叶箬属16种7变种，其中雄异花1种，或雄异花2种，罕雄异花1种，或3异花1种，雌异花2种，雌雄异花3种。

（潘幸来　审校）

第十五章

三异花2属3种

同株花序中有雌小花、雄小花、合性花三种花式。

第一节　*Lophopogon* 冠须茅属雄异花或三异花2种

【黍亚科>>高粱族>筒穗草亚族→冠须茅属***Lophopogon*** **Hack.（1889）**】

一、*Lophopogon tridentatus*（Roxb.）Hack.（1889）

*Lophopogon tridentatus*订正记录于1889年，土著印度开阔地草种。5个异名：①*Lophopogon duthiei* Stapf ex Bor（1960）；②*Apocopis tridentatus*（Roxb.）Benth.（1881）；③*Saccharum tridentatum*（Roxb.）Spreng.（1824）；④*Andropogon tridentatus* Roxb.（1820）；⑤*Andropogon incurvatus* Retz.（1789）。

*Lophopogon tridentatus*一年生，丛生，细弱。生育期短。茎长8～45厘米。节光或披细毛。鞘基部或疏长毛。叶舌纤毛膜。叶片或对折内卷，5～12厘米长，1～2毫米宽。枝总状花序长椭圆形，2厘米长，穗轴扁平，边缘红纤毛，节脆，节顶倾斜。小穗密覆瓦状，有柄无柄一上一下组合——上小穗基盘平截，有短柄，柄扁平、顶披纤毛，矛尖形，侧平，5毫米长，下护颖楔形，4～4.5毫米长，坚纸质，无脊，7脉，表面有倒钩毛丛，顶端3齿，平截；上护颖椭圆形，5.5毫米长，膜质，无脊，3脉，边缘纤毛，芒5～7毫米长。下小穗无柄或近无柄，雄性，7毫米长，楔形，护颖皮质光。含基部1雄小花和轴顶1雌小花或合性花——雌雄异花或雄异花或三异花。合性花式∑♂$_2$♀〉：内稃透亮；2雄蕊；雌蕊；无浆片；外稃椭圆形，4毫米长，透亮，无脊，3脉，顶齿领2刻，1芒自窦道出，总长17毫米，芒柱扭曲5毫米长，光。雌小花式∑♀〉。雄小花式∑♂$_2$〉：内稃；雄蕊2；无浆片；外稃椭圆形，透亮，1脉，尖，无芒。

二、*Lophopogon kingii* Hook. f.（1896）

记录于1896年，土著印度开阔地草种，多年生，丛生。茎长10～25厘米，节或披细软毛。鞘枕披疏长毛。叶舌纤毛膜。叶片10～20厘米长，4～6毫米宽。花序由枝总状花序组成。枝总状花序成对，背对背压平1.8厘米长，穗轴扁平，边缘纤毛红色，节顶倾斜，节脆。小穗无柄有柄组合——下方1无柄或近无柄小穗，5毫米长，楔形，护颖皮质，披红毛。上方1有柄小穗，矛尖形，侧平，5毫米长，柄扁平披纤毛顶方。下护颖楔形，4.5毫米长，坚纸质，无脊，7脉，表面有反向毛丛，顶端齿刻3，平截；上护颖椭圆形，5毫米长，膜质，无脊，5～7脉，表面疏长毛，脉间有毛，边缘纤毛红色，颖嘴5毫米长。有柄无柄小穗基盘基部平截贴附，皆含基部1雄小花和轴顶1产籽小花（合性花或雌小花）。合性花式∑♂$_2$♀〉：内稃透亮；2雄蕊；雌蕊；浆片无；外稃椭圆形，3.5毫米长，透亮，无脊，3脉，顶2齿领，1芒自窦道出，总长12毫米，芒柱3.5毫米长扭曲，光。雌小花式∑♀〉。雄小花式∑♂$_2$〉：内稃；2雄蕊；无浆片；外稃椭圆形，透亮，1脉，尖。

参考Chandramoham等2016年的实地描述，*Lophopogon kingii*应是雄异花而不是三异花。记述如下：

该草种仅局限于印度Tikarpada of Satkosia Wildlife Sanctuary山区的有限区域内，种群分散在海拔433米的石缝之间。一年生，丛生，茎高可达35厘米，基部披丝绒毛，茎节光。叶片窄细，4～15厘米长，0.06～0.1毫米宽，顶长尖，全展后弯曲。叶鞘2.5～4厘米长包穗下节间，鞘口软绒毛状。叶舌白毛脊。花序带苞片，苞片鞘窄矛尖形，2.5～3厘米长，有尾状附属物或长尖。2总状花序紧凑，1.5～2厘米长，黄棕色，从苞片中伸出可达6.5厘米长。小穗密覆瓦状，倒卵形—长椭圆形，脆，基盘有1.5～2毫米长的棕色

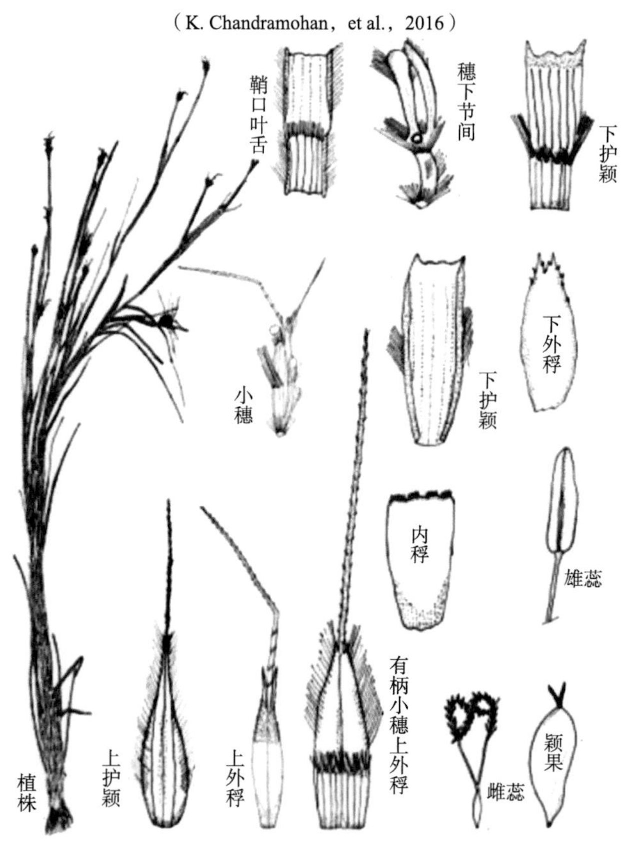

Lophopogon kingii

须毛。下方小穗无柄上方小穗有柄。无柄小穗4.2～4.5毫米长，含2小花，下雄小花或光秃，上合性花。下护颖长椭圆形，3.5～3.8毫米长，0.8～0.9毫米阔，顶平截有2钝侧齿及2～3个较短侧齿居间，基部窄，黄棕色，7～9脉明显，脉间毛撮在中部形成连续的横带，边缘弯曲，光。上护颖长椭圆形—椭圆形，颖嘴5.5毫米，棕色—黄色，3脉，光，边缘基部阔而透亮，上侧边有棕色长纤毛。有柄小穗5～6毫米长，柄基部披密棕色毛，上护颖5～7脉有毛撮，中部形成一连续横带，颖嘴10毫米长，余同有柄小穗。合性花式∑$♂_2$♀〉：内稃长方形，2.2毫米长，1毫米宽，膜质，透亮，无脉，顶端波纹状，有纤毛，边缘内折；2雄蕊；雌蕊花柱1.5毫米长，柱头2，羽毛状，紫色，长可达3毫米；无浆片；外稃长椭圆形—矛尖形，4.4毫米长，1脉暗淡，中部以下光，中部以上有纤毛或细软毛，尖，尖而微糙的2领之间有曲芒，芒柱4毫米长，边缘有稀疏钩形短刺，刺长9毫米，芒比无柄小穗的上外稃芒更长，有时，长尖微糙的2领之间的芒缩减成一短的触觉芒。颖果窄，1.8毫米长，基部倾斜，下方渐尖，中部以上凸出。雄小花式∑$♂_2$〉：内稃；2雄蕊，花丝1.6毫米长，花药2.1毫米长，浅黄色；无浆片；外稃长椭圆形—矛尖形，4.1毫米长，0.9毫米宽，略带2领，顶端有毛且尖，膜质，透亮，无脉。花果期：9—10月生长习性：山上干旱落叶林地中的石缝间。分布：印度的Monghyr。GPS坐标：N 20°35′268″，E 084°47′355″。

第二节　*Triplopogon* 沟蔗草属三异花1种

【黍亚科>>高粱族>鸭嘴草亚族→沟蔗草属***Triplopogon*** **Bor**（**1954**）】

*Triplopogon*由希腊词“*triplasios*＝3”与“*pogon*＝胡须毛”合成，指其护颖有三撮毛。属内1种。光合C_4，XyMS-。

一、*Triplopogon ramosissimus*（Hack.）Bor（1954）

*Triplopogon ramosissimus*订正记录于1954年。印度孟买马哈拉施特拉邦高止山的西部北部林地边缘地带生。6个异名：①*Sehima ramosissima*（Hack.）Roberty（1960）；②*Triplopogon spathiflorus*（Hook. f.）Bor（1954）；③*Sehima spathiflora*（Hook. f.）Blatt. & McCann（1927）；④*Trachypogon fasciculatus* Munro ex Hook. f.（1896）；⑤*Ischaemum spathiflorum* Hook. f.（1896）；⑥*Ischaemum ramosissimum* Hack.（1889）。

*Triplopogon ramosissimus*一年生。茎高100～180厘米，有支持根。叶片30～60

厘米长，1.5～3.5厘米宽，柔软，两面有毛，边缘粗糙，有拟柄连鞘。叶舌膜无纤毛，1.5毫米长。主茎上方节腋生多枝茎各顶生穗总状花序，簇拥呈帚丛状花序。穗总状花序4～8厘米长，穗下节间长，穗轴6节以上，节脆，雌雄小穗成对长短组合，或合性小穗与雄小穗成对组合，三种花式——雌小花、雄小花、合性花。雌小穗8～10毫米长，无柄，含基部1空花，轴顶1雌小花或合性花，只1护颖，皮质，披细毛，中脉1丛毛。合性花式∑♀♂$_3$L$_2$〉：内稃短，薄，2脉，无脊，顶无芒无刚毛，不变硬；3雄蕊；雌蕊子房顶端光，2花柱，2柱头；2浆片，楔形，膜质；外稃薄，光，不隆突，3脉，不变硬，比护颖结实，顶芒自窦道出，弯曲，全长4～5厘米。雌小花式∑♀L$_2$〉。颖果3.5毫米长，腹面有纵沟，3个角，脐短，胚大。伴生雄小穗5毫米长，有柄，只1护颖，皮质，披绒毛，中脉有沟槽，顶齿二丛毛，长尖，全包内稃，雄小穗2花，基部1空花，轴顶1雄小花。雄小花式∑♂$_3$L$_2$〉：内稃；3雄蕊；2浆片；外稃。

参考文献

Chandramohan K，Prasanna P V，Reddy P R，2016. Note on the distribution of *Lophopogon kingii* Hook. f.（Poaceae），an endemic grass from Eastern Ghats[J]. Int. J. Adv. Res. Sci. Technol.，5（2）：604-605.

Singh P，Karthigeyan K，Lakshminarasimhan P，et al.，2015. Endemic vascular plants of India[C]，Botanical Survey of India，Kolkata ：339.

Tiwari A P，Gavade S，Mujaffar S，2017. Lectotypification of *Lophopogon kingii*（Poaceae，Andropogoneae）[J]. Phytotaxa，296（3）：295-296.

（潘幸来　审校）

第十六章

自交不亲和15属21种

同株合性花自交不产籽。

概述

一、早期的自交不亲和报告

紫毛蕊（*Verbascum pheoniceum*=Purple Mullein）同株合性花自授粉或互授粉都不产籽，异株花授粉才产籽（Kolreuter，1764）。

葱莲（*Zephyranthes carinata*）、国王朱顶红（*Hippeastrum aulicum*）自交不产籽（Herbert，1837）。

唐菖蒲属（*Gladiolus*）有些种内同株无性繁殖的植株间杂交不产籽（Rawson）。

金蝶兰属（*Oncidium*）的几个种自授粉的花粉管进入花柱但无受精（Scott，1865）。

翅茎西番莲（*Passiflora alata*）植株自交不产籽，但与其后代植株间杂交可育。同种内有些植株间杂交不产籽，而另外一些植株间杂交则产籽（Munro，1868）。

苘麻（*Abutilon*）姊妹株间杂交多不产籽，非姊妹株间杂交则产籽（Mueller 1873）。

花菱草（*Eschscholzia californica*）、达尔文苘麻（*Abutilon darwinii*）、瓜叶菊（*Senecio cruentus*）、木犀草（*Reseda odorata*）、黄木犀草（*Reseda lutea*）等5个种皆自交不产籽（Darwin，1876）。

（*Eschscholzia californica*）在巴西表现完全自交不亲和（Mueller，1868），而在英格兰则表现部分自交亲和（Darwin，1876）。

珠芽百合（*Lilium bulbiferum*）同株无性系繁殖的植株间杂交不产籽，而与它株间杂交则产籽（Focke，1890）。

梨（pear）的同品种无性系株间杂交不结果实（Waite，1895）。

甜樱桃（*Prunus avium*）少数品种间杂交不结果实（Crane，1925）。

1880年达尔文著述，报春花属（*Primula* spp.）、亚麻属（*Linum* spp.）、蓼属（*Polygonum* spp.）以及赫顿草属（*Hottonia* spp.）的一些种有异花柱（Heterostyled）花型，即同种内有2种花型的植株：①约一半的植株上的花全都是长花柱+粗短雄蕊；②另一半的植株上的花全都是粗短花柱+长雄蕊——只有不同花型的株间杂交才产籽，同株自花异花授粉或与其同型花株间授粉皆极少产籽。

千屈菜属（*Lythrum* spp.）及酢酱草属（*Oxalis* spp.）的一些种，有3种花型的植株：①长花柱+短雄蕊+中雄蕊；②中花柱+长雄蕊+短雄蕊；③短花柱+长雄蕊+中雄蕊。其中短雄蕊花粉粒较小，中雄蕊花粉粒中等，长雄蕊花粉粒较大。同种花型的植株自花异花授粉皆不产籽，只有与另外两种不同花型的植株株间杂交才可育。

1917年Stout首次用self-incompatibility＝SI一词，直译“自交不相容”或“自不融合”，植物学名词规定为“自交不亲和”，表述同株合性花自花异花授粉不产籽及其同株无性繁殖的个体株间授粉不产籽的现象。

需注意，Burton（1974）报告，雌先熟种御谷（*Pennisetum americanum*）就是同株异花授粉才产籽、极个别自花授粉可育。

二、自交不亲和（SI）的分类

据说迄今已鉴别出3 000多种自交不亲和植物。根据花型结构，SI可分为两大类：

（1）异型自交不亲和（heteromorphic self-incompatibility）——具异形的雌雄蕊（如相对长度不同）之间的自交不亲和。

（2）同型自交不亲和（homomorphic self-incompatibility）——同一物种内不同个体中花粉形态无差异的不亲和。根据其遗传机制不同又可分为：

①配子体自交不亲和GSI（gametophytic self-incompatibility）——自交不亲和表型由花粉（配子体）本身的基因型决定。

②孢子体自交不亲和SSI（sporophytic self-incompatibility）——自交不亲和表型由产生该花粉的植株（孢子体）的基因型决定。

Arasu（1968）综述被子植物130科产2核花粉粒，47科产3核花粉粒，22科既有2核也有3核花粉粒。一般2核花粉粒植物多配子体型自交不亲和，3核花粉粒植物多孢子体型自交不亲和。而禾本科植物虽3核花粉粒却多为配子体型自交不亲和。

三、自交不亲和的遗传解释及利用

1. 单位点控制的自交不亲和

1925年East和Mangelsdorf首次用Self-Sterility的首字母S标识烟草的自不育位点。提出等位基因对抗假设（Oppositional allele hypothesis），认为当柱头与花粉的S基因型相同时即自交不亲和。例如，S_1S_2基因型植株自产的花粉基因型为S_1或S_2，其柱头基因型为S_1S_2（柱头是体细胞），所以任何S_1或S_2基因型花粉皆不能对该柱头授粉成功（包括由S_1S_2基因型植株无性繁殖的其他植株所产的花粉），只有$S_3\sim S_n$基因型的花粉才能对该柱头授粉成功。这种单位点假设，解释了很多自交不亲和事实。例如，两个自交不亲和的植株杂交$S_1S_2\times S_3S_4$→可产生4等份S_1S_3、S_1S_4、S_2S_3、S_2S_4基因型的植株，及S_1、S_2、S_3、S_4等4种基因型的花粉，由此可知，①异株杂交不亲和的有：$S_1S_3\times S_1S_4$、$S_2S_3\times S_2S_4$、$S_1S_3\times S_2S_3$、$S_1S_4\times S_2S_4$。②异株杂交亲和的有：$S_1S_3\times S_2S_4$和$S_1S_4\times S_2S_3$。这就很好地解释了完全自交不亲和及部分自交不亲和等许多看似怪异的事实。

2. 两位点控制的自交不亲和

1930年Lawrence首次用Zygotic＝受精卵的首字母Z来标识他推断的可能来自于卵核的自交不亲和位点。S-Z互不连锁的2位点假设问世。有些植物的的自交不亲和是由互不连锁的2个基因位点S和Z上的多个复等位基因控制的，当花粉的S-Z基因型与柱头的S-Z基因型一致时，即自交不亲和。例如，$S_1S_2Z_1Z_2$基因型的柱头拒绝接受本株或它株所产生的S_1Z_1、S_2Z_2、S_1Z_2、S_2Z_2基因型的花粉，但却与至少有一个不同等位基因的花粉如S_3Z_1基因型的花粉亲和，若是S_3Z_4基因型之类的花粉则100%亲和。分型图示如下：

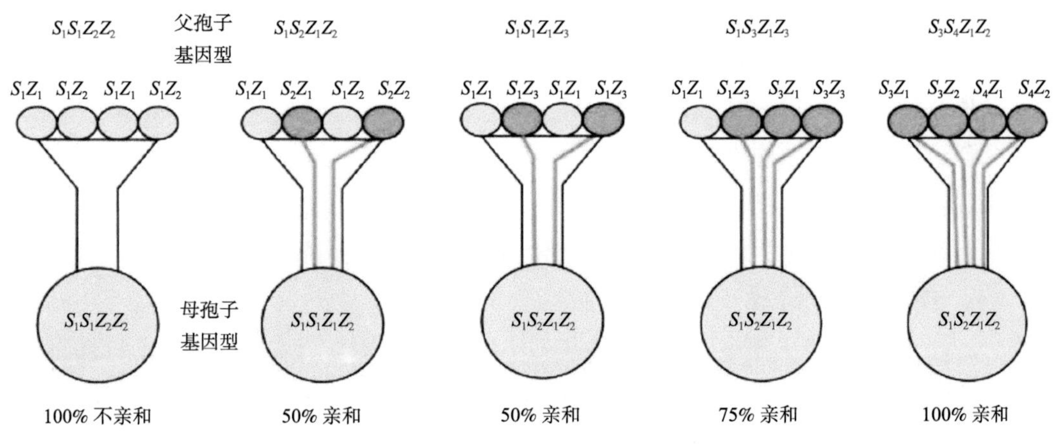

（Bicheng Yang et al.，2008，New phytologist，179：740 ~ 753）

此后发现，禾本科自交不亲和性多为S-Z两位点机制，渐深入也有3位点个例，仍有不少疑问。花粉粒及花粉管分泌的蛋白酶类物质，与柱头分泌的同工酶类之间的互作，也可能有互识别蛋白等，自交不亲和的物质究竟是什么？如何互作等仍待分子水平揭晓。如上图示，一般异株间杂交亲和率有变异者多为两位点机制。

3. 雄先熟或雌先熟（Protandry or protogyny）

雄先熟或雌先熟都不一定是自交不亲和的。*Anthoxanthum odoratum*和*Alopecurus* spp.是雌先熟，自交不亲和。*Holcus* spp. 是雄先熟，自交不亲和。而*Pennisetum ameri-*

*canum*是雌先熟却自花授粉自交亲和。

4. 自交不亲和的柱头与花药之互作

自交不亲和的花粉粒接触自交不亲和的柱头后，有3种形变：①不与柱头乳突形成半月形界面，或虽形成半月面但不萌发，而后自死；②萌发后花粉管一旦进入花柱，管尖即形成胼胝质而终止生长；③花粉管进入花柱并生长但到达珠孔前终止生长。

5. 自交不亲和的进化意义及利用

植物种间杂交不亲和是保证物种纯稳性的一种重要生殖隔离机制。而种内自交不亲和婚配制则是避免同胞个体间近亲交配衰退、确保种内异型个体间交配产籽、维系种内个体间杂合优势及遗传多样性，以利于适应多种环境压力而进化保留的一种重要的生殖隔离机制，自交不亲和显著影响种群结构、潜在遗传多样性及进化因果关系等。同时也是研究植物细胞识别机制的首选试材。

在植物育种中，利用自交不亲和婚配制，无须雄性不育系就能大量生产F_1杂种种子，以利用杂种优势。应用于甘蓝、大白菜、萝卜等蔬菜作物以及在红三叶草等牧草的杂种生产且成效显著。自交不亲和亦或可用于水稻等谷物的杂优育种（冉志伟，2014）。

自交不亲和婚配制不利的一面是，限制了固定有利遗传变异的能力。美国有采用细胞悬浮培养、试管组培苗等方式大量生产纯合亲本株系，而后进行杂种生产的实际应用。

另外自交不亲和婚配制似也不符合进化经济学原理。而且克服杂交障碍对植物进化及育种研究和生产都是极具利益的。大多数植物都选择了自花授粉婚育制说明自交不亲和婚育制还是有其进化劣势的。

四、禾本科的自交不亲和

在遗传生态适应过程中，大多数禾草选择了自花受精。一般认为，自花受精是从自交不亲和进化而来的，这是一种整合进化，而不是一种退化。

1877年Rimpau证明黑麦群体中自交不育的植株居多。Bauman（2000）综述，已鉴别出禾本科47属有自交不亲和或异交为主的种：

亚科	族	有SI种的属数	参考文献
Pooideae	Poeae早熟禾族	7	Hayman（1992）、Conner（1979）
	Aveneae燕麦族	9	Bush and Barrett（1993）
	Agrogtideae	5	Hayman（1992）、Conner（1979）
	Triticeae小麦族	4	Hayman（1992）、Conner（1979）

（续表）

亚科	族	有SI种的属数	参考文献
Pooideae	Bromeae雀麦族	1	Hayman（1992）、Conner（1979）
	Stipeae针茅族	1	Hayman（1992）、Conner（1979）
Panicoideae	Paniceae黍族	5	Hayman（1992）、Conner（1979）
	Andropogoneae高粱族	8	Mckone et al.（1998）
hloridoideae	Chlorideae虎尾草族	4	Daehler（1999）
	Eragrostideae画眉草族	1	Hayman（1992）、Conner（1979）
Arundinoideae	Arundineae芦竹族	1	Hayman（1992）、Conner（1979）
	Danthonieae扁芒草族	1	Hayman（1992）、Conner（1979）
Bambusoideae		0	Hayman（1992）、Conner（1979）
总计：47个属有SI种			

实际上禾本科只有少数几个种是完全自交不亲和的，大多自交不亲和种都属于自交产籽率很低的种。

1954—1956年瑞典隆德大学的Lundqvist用自交产籽率小于5%的22株铁杆黑麦（steel-rye）作为试验材料，严格处理获得一个自交不亲和群体，而后一系列回交、异交测试，首次报道了黑麦中的自交不亲和是由2个位点*S-Z*控制的。1956年Hayman对天蓝虉草（*Phalaris coerulescens*），1979年Cornish等对黑麦草（*Lolium perenne*）的研究表明，两个种的自交不亲和也都是由互不连锁的2个基因位点*S-Z*上的多个复等位基因控制的。即当花粉的*S-Z*基因型与柱头的一致时，即自交不亲和。此后发现，禾本科自交不亲和性多为*S-Z*位点机制，随之而来也有不少疑问。例如，在*Lolium perenne*和*Phalaris coerulescens*的突变体中，除了S、Z位点，可能还有第三个位点T与自可育相关。在*Secale cereale*中也发现有第三位点。McCraw和Spoor（1983）通过5个杂交组合共120个F_1植株，苯胺蓝染色法检测自交杂交亲和性，证明*Lolium rigidum*和*Lolium multiflorum*都是三位点控制的配子型自交不亲和草种。

禾本科植物的自交不亲和由2位点甚或3位点、多位点控制，分子机制复杂，自交不亲和分析群体的构建易出现偏分离，而且S、Z位点都位于近着丝粒区域，不易进行序列分析，研究难度较大。

查很多数据库中的属种描述均无自交不亲和记录，从文献中检索到的20个禾本科自交不亲和种如下：

种名	族	参考文献及描述种
Secale cereale	Triticeae	Lundqvist（1954） 铁杆黑麦
Festuca pratensis=Lolium perenne	Poeae	Lundqvist（1955） 草甸羊茅
Festuca rubra	Poeae	Weimarck（1968） 紫羊茅
Phalaris coerulescens	Aveneae	Hayman（1956） 天蓝虉草
Phalaris arundinacea	Aveneae	Weimarck（1968） 虉草
Hordeun bulbosum	Triticeae	Lundqvist（1965） 球茎大麦
Dactylis aschersoniana	Poeae	Lundqvist（1965） 阿氏鸭茅
Briza media	Poeae	Murray（1974） 凌风草
Briza spicata		Murray（1979）
Lolium perenne	Poeae	Cornish et al.（1979） 黑麦草
Lolirm multiflorutn	Poeae	Fearon et al.（1983） 多花黑麦草
Lolium rigidum GAUD		McCraw J M，Spoor W（1983）
Panicum virgatum		Martinez-Reyna，Vogel（2002） 柳枝稷
Alopecurus myosuroides	Aveneae	Leach and Hayman（1987）
Alopecurus pratensis	Aveneae	Weimarck（1968） 绒毛草
Alopecurus mosuroiides		Baumann et al.（2000） 鼠尾看麦娘
Cynosurus cristatus	Poeae	Weimarck（1968） 大穗看麦娘
Holcus lanatus	Aveneae	Weimarck（1968） 洋狗尾草
Arrhenatherum elatius	Aveneae	Weimarck（1968） 燕麦草
Deschampsia flexuosa	Aveneae	Weimarck（1968） 曲芒发草
Helictotrichon pubescens		Weimarck（1968） 毛轴异燕麦
Anthoxanthum odoratum	雌先熟待定是否SI	Weimarck（1968） 黄花茅
Anthoxanthum odoratum	是SI	Bicheng Yang et al.（2008）
Oryza longistaminata		冉志伟等（2014） 长雄野生稻
Oryza barthii		Bicheng Yang et al.（2008）
Gaudinia fragilis		Leach（1987）
Sorghastrum nutans	金粱草属	Bicheng Yang et al.（2008）
Chloris gayana	虎尾草属	Bicheng Yang et al.（2008）
Molinia caerulea	蓝沼草属	Bicheng Yang et al.（2008）
Cynodon dactylon	狗牙根属	Klaas et al.（2011）

*Briza*属有15个种，其中3个种是自交不亲和种。

【禾本科为什么自交近交的合性花种占统治地位？而所谓的有杂合优势的异交物种却极少呢？11 000多种中可能仅有不到500个种异花婚育！大约为5%。】

第一节　*Lolium* 黑麦草属自交不亲和3种

【早熟禾亚科>>早熟禾族>黑麦草亚族→黑麦草属 *Lolium* L.（1753）】

《中国植物志》记录引进黑麦草属7种，皆无自交不亲和描述，下述3种。

一、*Lolium perenne* L.（1753）黑麦草

*Lolium perenne*记录于1753年。原生玛卡罗尼西亚、北非、欧洲到西伯利亚和喜马拉雅地区。具有环保用途。31个异名：①*Festuca perennis*（L.）Columbus & J. P. Sm.（2010）；②*Lolium perenne* subsp. *stoloniferum*（C. Lawson）Wipff（2010）；③*Lolium perenne* subsp. *trabutii*（Hochr.）Dobignard（2009）；④*Lolium perenne* var. *scabriculme* Maire（1942）；⑤*Lolium trabutii* Hochr.（1904）；⑥*Lolium perenne* var. *brasilianum*（Nees）Kuntze（1898）；⑦*Hordeum compressum* Boiss. & Orph.（1884）；⑧*Lolium pseudoitalicum* Schur（1866）；⑨*Lolium compressum* Boiss. & Orph. ex Nyman（1859）；⑩*Lolium marschallii* Steven（1857）；⑪*Lolium aechicum* Rouville（1853）；⑫*Lolium canadense* Bernh. ex Rouville（1853）；⑬*Lolium felix* Rouville（1853）；⑭*Lolium rosetlanum* Fig. & Delile ex Rouville（1853）；⑮*Lolium glumosum* Planellas（1852）；⑯*Lolium jechelianum* Opiz（1852）；⑰*Lolium perenne* var. *stoloniferum* C. Lawson（1836）；⑱*Lolium cechicum* Opiz（1836）；⑲*Lolium brasilianum* Nees（1829）；⑳*Lolium perenne* var. *monstrosum* G. Sinclair（1825）；㉑*Lolium perenne* var. *ramosum* G. Sinclair（1825）；㉒*Lolium perenne* var. *stickneiensis* G. Sinclair（1825）；㉓*Lolium latum* Roth ex Steud.（1821）；㉔*Lolium agreste* Roem. & Schult.（1817）；㉕*Lolium halleri* C. C. Gmel.（1805）；㉖*Lolium perenne* var. *cristatum* Pers.（1805）；㉗*Lolium vulgare* Host（1801）；㉘*Lolium annuum* Bernh.（1801）；㉙*Lolium gmelinii* Honck.（1782）；㉚*Lolium repens* Honck.（1782）；㉛*Lolium tenue* L.（1762）。

*Lolium perenne*多年生，丛生。茎直立或膝弯，30～90厘米长，3～4节。叶鞘口无毛，叶耳钩状，叶舌纤毛膜。叶片3～20厘米长，2～6毫米宽。顶生复穗状花序，10～20厘米长，覆瓦状小穗平面二列互生。合性花式$\Sigma♂_3♀L_2$〉：内稃等长外稃，两脊短纤毛；3雄蕊，花药3～4毫米长；子房光；2浆片；外稃长椭圆形，5～9毫米长，无脊，5脉，顶钝圆无芒。颖果4.5毫米长，脐条形。

随机检测3株*Lolium perenne*自交不亲和，株间杂交亲和，其中EG、EH两株间正反交亲和率有差异（Weimarck，1968）。Cornish等（1980）确认，*Lolium perenne*是

*S-Z*位点控制的配子体自交不亲和风媒异交草种。其*S*与位于*L. perenne*染色体6上的*PGI-2*连锁，所以*S*位于染色体6上。

二、*Lolium multiflorum* Lamk.（1779）多花黑麦草

*Lolium multiflorum*记录于1779年。原生玛卡罗尼西亚、撒哈拉、地中海到中亚和喜马拉雅，有药用、环境用途。15个异名：①*Lolium multiflorum* f. *submuticum*（Mutel）Anghel & Beldie（1972）；②*Lolium multiflorum* var. *laeviculme* Maire（1942）；③*Lolium multiflorum* var. *latifolium* Maire（1942）；④*Lolium lesdainii* Sennen（1928）；⑤*Lolium perenne* subsp. *italicum* Husn.（1899）；⑥*Lolium temulentum* var. *multiflorum*（Lam.）Kuntze（1891）；⑦*Lolium elongatum* Rouville（1853）；⑧*Lolium osiridis* Fig. & Delile ex Rouville（1853）；⑨*Lolium gaudinii* Parl.（1850）；⑩*Lolium siculum* Parl.（1845）；⑪*Lolium temulentum* Bertero ex Steud.（1841）；⑫*Lolium ambiguum* Desp.（1838）；⑬*Lolium scabrum* J. Presl（1830）；⑭*Lolium aristatum*（Willd.）Lag.（1816）；⑮*Lolium compositum* Thuill.（1799）。

*Lolium multiflorum*一年生或越年生，丛生。茎直立或膝曲向上，30～90厘米长。叶片6～25厘米长，4～10毫米宽。顶生复穗状花序10～30厘米长，多花覆瓦状无柄小穗平面二列互生。合性花式$\sum ♂_3 ♀ L_2\rangle$：内稃约等长外稃，2脊具纤毛；3雄蕊；雌蕊子房光，2柱头；2浆片；外稃长椭圆形，5～8毫米长，皮质，无脊，5脉，顶钝圆有刻，1芒长5～10毫米。

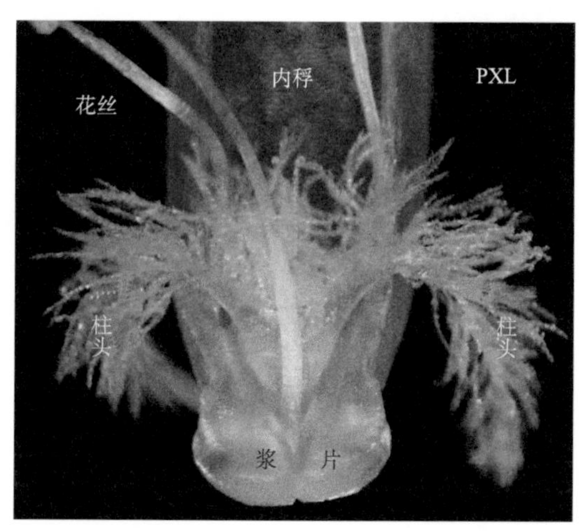

通过5个杂交组合共120个F_1植株，苯胺蓝染色法检测自交杂交亲和性，证明*Lolium multiflorum*和*Lolium rigidum*都是三位点控制的配子型自交不亲和草种。

三、*Lolium rigidum* Gaudin（1811）硬直黑麦草

*Lolium rigidum*记录于1811年。原生玛卡罗尼西亚到中南欧及喜马拉雅，28个异名：①*Lolium scholzii* Greuter（2012）；②*Lolium rigidum* subsp. *parabolicae*（Sennen ex Samp.）O. Bolòs & Vigo（2001）；③*Lolium rigidum* subsp. *negevense* Feinbrun（1986）；④*Lolium perenne* subsp. *rigidum*（Gaudin）Á. Löve & D. Löve（1975）；⑤*Lolium crassiculme* Rech. f.（1943）；⑥*Lolium rigidum* var. *atherophorum* Maire

（1942）；⑦*Lolium teres* H. Lindb.（1932）；⑧*Lolium husnotii* Sennen（1927）；⑨*Lolium parabolicae* Sennen ex Samp.（1922）；⑩*Lolium loliaceum*（Bory & Chaub.）Hand. -Mazz.（1914）；⑪*Lolium humile* Rouy（1913）；⑫*Lolium suffultum* Sieber ex Huter（1908）；⑬*Lolium flagellare* Spruner ex Boiss.（1884）；⑭*Arthrochortus loliaceus* Lowe（1856）；⑮*Festuca aleppica* Hochst. ex Steud.（1854）；⑯*Lolium lepturoides* Boiss.（1854）；⑰*Lolium arenarium* Rouville（1853）；⑱*Lolium phoenice* Rouville（1853）；⑲*Lolium cylindricum* K. Koch（1848）；⑳*Lolium durum* K. Koch（1848）；㉑*Crypturus loliaceus*（Bory & Chaub.）Link（1844）；㉒*Lolium macilentum* Delastre（1842）；㉓*Lolium strictum* Decker ex Steud.（1841）；㉔*Monerma stricta* J. Presl ex Steud.（1841）；㉕*Rottboellia loliacea* Bory & Chaub.（1832）；㉖*Lolium strictum* C. Presl（1820）；㉗*Lolium rigidum* var. *aristatum* Hack.（1906）；㉘*Lolium lowei* Menezes（1906）。

*Lolium rigidum*越年生。茎直立或膝曲或爬地，18～43厘米长，2～4节。叶片5～17厘米长，0.5～5毫米宽，表面光或粗糙，顶尖到急尖。小穗下护颖无或模糊，顶端小花不发育。合性花式$\sum$♂$_3$♀L_2〉：内稃脊粗糙；3雄蕊，花药1.2～3.1毫米长；雌蕊子房光；2浆片，矛尖形，0.8～1毫米长，膜质；外稃矛尖形，3.2～8.5毫米长，皮质，无脊，3～5脉，表面光或粗糙，顶端钝或啮齿，或有1芒0～3毫米。颖果纺锤形，2.7～5.5毫米长，脐条形。

Lolium rigidum

硬直黑麦草*Lolium rigidum*是三位点控制的配子型自交不亲和草种。

第二节　*Alopecurus* 看麦娘属自交不亲和2种

【早熟禾亚科>>早熟禾族>看麦娘亚族→看麦娘属 ***Alopecurus*** **L.（1753）**】

*Alopecurus*由希腊词“*alopes*，*-ekos*（狐狸）”与“*oura*（尾巴）”合成，英译*Foxtails*（狐尾草），汉译看麦娘属。属内约40种，皆无浆片，株间异交。仅1种2雄蕊，余皆3雄蕊。光合C_3；XyMS+。染色体基数$x=7$；二、四、六、八倍体$2n=14$，28，42，56。颖果裸粒。《中国植物志》记录国产9种，补遗2种如下。

一、*Alopecurus pratensis* L.（1753）大看麦娘（狐尾草）

*Alopecurus pratensis*记录于1753年。原生亚速尔群岛、欧洲到蒙古国和喜马拉雅

西部。2个异名：①*Tozzettia vulgaris* Bubani（1901）；②*Tozzettia pratensis*（L.）Savi（1798）。

*Alopecurus pratensis*多年生丛生。茎直立或膝曲向上，30～120厘米长。叶片6～40厘米长，3～10毫米宽。顶生圆柱穗花序，2～13厘米长，0.5～1厘米阔，主穗轴圆而有棱。枝支叉多级分枝。小穗椭圆形侧平，4～6毫米长，单生，有柄，2护颖基部同体，上下护颖似同，椭圆形，4～6毫米长，膜质，1脊，3脉，主脉有纤毛，表面披细软毛，顶尖或钝圆，含1小花，轴顶不伸出。合性花式∑♂$_3$♀〉：内稃无或微小；3雄蕊，花药2～3.5毫米长；雌蕊子房光，2柱头披细软毛，雌蕊先熟；无浆片；外稃椭圆形或卵圆形，4～6毫米长，膜质，有脊，4脉，顶钝圆，背生1芒6～10毫米长，刺出小穗。

Alopecurus pratensis

随机检测8株*Alopecurus pratensis*自交不亲和，株间杂交亲和，其中AH×AG、FU×AG、AM×AI、FU×AL等株间杂交组合的正反交亲和率有差异（Weimarck，1968）。*Alopecurus pratensis*是雌先熟型自交不亲和草种。

二、*Alopecurus myosuroides* Huds.（1762）大穗看麦娘

*Alopecurus myosuroides*记录于1762年。原生西欧到地中海及华中地区。10个异名：①*Alopecurus myosuroides* var. *tonsus*（C. I. Blanche ex Boiss.）R. R. Mill（1985）；②*Alopecurus myosuroides* f. *levis* Pamp.（1920）；③*Tozzettia agrestis*（L.）Bubani（1901）；④*Alopecurus creticus* Willk.（1861）；⑤*Alopecurus purpurascens* Link（1844）；⑥*Alopecurus coerulescens* Steud. & Hochst.（1840）；⑦*Alopecurus affinis* Desv.（1831）；⑧*Alopecurus tonsus* Dumort.（1824）；⑨*Phleum flavum* Scop.（1771）；⑩*Alopecurus agrestis* L.（1762）。

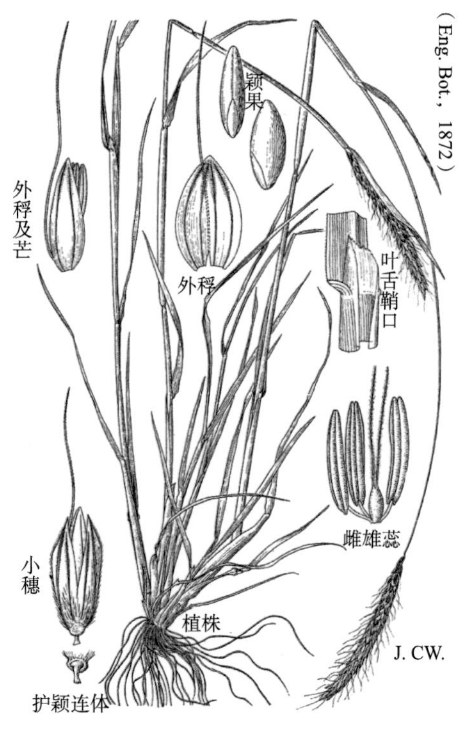

Alopecurus myosuroides

*Alopecurus myosuroides*一年生，丛生。茎长20～80厘米。叶片3～16厘米长，2～8毫米宽。顶生圆柱穗花序上方渐细，1～12厘米长，

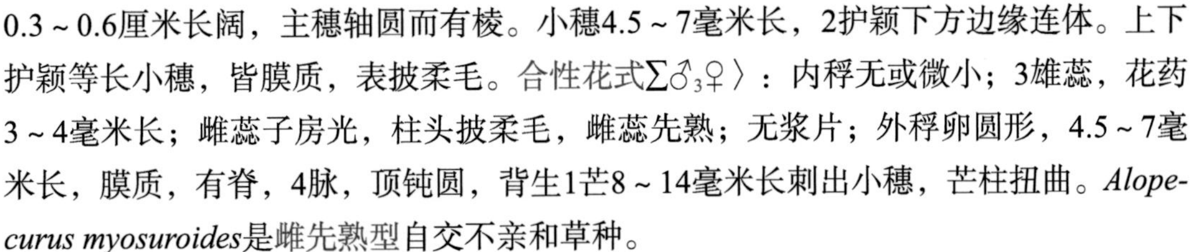
0.3～0.6厘米长阔，主穗轴圆而有棱。小穗4.5～7毫米长，2护颖下方边缘连体。上下护颖等长小穗，皆膜质，表披柔毛。合性花式Σ♂$_3$♀〉：内稃无或微小；3雄蕊，花药3～4毫米长；雌蕊子房光，柱头披柔毛，雌蕊先熟；无浆片；外稃卵圆形，4.5～7毫米长，膜质，有脊，4脉，顶钝圆，背生1芒8～14毫米长刺出小穗，芒柱扭曲。*Alopecurus myosuroides*是雌先熟型自交不亲和草种。

第三节　*Briza* 凌风草属自交不亲和2种

【早熟禾亚科>>燕麦族>凌风草亚族→凌风草属***Briza*** **L.**（**1753**）】

*Briza*源自希腊词*brizo*（摇摆），英译quaking grass，汉译凌风草属，约20种。光合C_3；XyMS+。染色体基数$x=5$或7；$2n=10$，14，28。有株间异交种。《中国植物志》9（2）：278～280记录凌风草属3种：大凌风草*Briza maxima* L.；凌风草*Briza media* L.；银鳞茅*Briza minor* L.。补遗如下。

一、*Briza media* L.（1753）

凌风草*Briza media*记录于1753年。原生玛卡罗尼西亚、欧洲到西伯利亚及中国中南部。13个异名：①*Briza elatior* var. *australis*（Prokudin）Tzvelev（1976）；②*Briza media* f. *murrii* Soó（1972）；③*Briza media* f. *pilosa*（Schur）Ghisa（1972）；④*Briza media* f. *repens*（Roth）Ghisa（1972）；⑤*Briza australis* Prokudin（1954）；⑥*Briza pilosa* Schur（1866）；⑦*Briza anceps* L. ex Munro（1861）；⑧*Briza pauciflora* Schur（1853）；⑨*Briza viridis* Pall. ex Steud.（1840）；⑩*Briza lutescens* Foucault（1814）；⑪*Briza elatior* Sm.（1806）；⑫*Poa media*（L.）Cav.（1803）；⑬*Briza tremula* Lam.（1779）。

*Briza media*多年生，丛生。根茎短。茎直立，15～75厘米高。叶舌膜质，0.5～1.5毫米长。叶片4～15厘米长，2～4毫米宽，表面光，边缘粗糙。圆

锥花序展开，金字塔形，4～18厘米长，着生多小穗。枝花序伸展。小穗单生，有柄5～20毫米长下垂。小穗卵圆形，4～7毫米长，4～7毫米阔，侧平，含4～12小花，轴顶花微小。熟自花间掉落。合性花式∑♂$_3$♀L$_2$〉：内稃略短于外稃；3雄蕊，花药2～2.5毫米长；子房光，2柱头；2浆片；外稃扁椭圆盈突，基部耳状对称，4毫米长，膜质，边缘薄，有脊。

培养皿法随机检测8株自交不亲和，株间杂交亲和，其中HF×HE、HH×HE、HI×HE、HH×HF等株间正反交亲和率有差异（Weimarck，1968）。Murray（1979）报道为配子体型2位点控制的自交不亲和种。

二、*Briza spicata* Sm.（1806）

*Briza spicata*记录于1806年。原生欧洲东南部到克里米亚及伊朗。3个异名：①*Brizochloa humilis*（M. Bieb.）Chrtek & Hadac（1969）；②*Brizochloa spicata* V. Jirásek & Chrtek（1967）；③*Briza spicata* Sm.（1806）。

*Briza spicata*一年生，单生或疏丛生。茎直立，8～40厘米长。叶片4～15厘米长，1～3毫米宽，对折或包卷，松软，表面粗糙，边缘粗糙。叶舌膜质。顶生圆锥花序展开，2～10厘米长，0.5～1厘米阔。小穗单生，卵圆形，侧平，4～5毫米长，3～4毫米阔，有条形柄5毫米长，含5～7小花，轴顶花微小，上下护颖似同，圆鼓，2.5～3毫米长，膜质，韧，无脊，3～5脉，表披柔毛，顶钝圆。熟自花间断落。合性花式∑♂$_3$♀L$_2$〉：内稃长椭圆形，比外稃略短，2脉，脊有窄翅；3雄蕊；子房光；2浆片；外稃圆鼓，2.5～3毫米长，膜质，边缘更薄，下方有浅脊，5～7脉，表光，顶尖。

*Briza spicata*为多位点控制的配子体自交不亲和草种（Murray，1979）。

第四节　*Holcus* 绒毛草属雄异花自交不亲和1种

【早熟禾亚科>>早熟禾族>绒毛草亚族→绒毛草属*Holcus* L.（1753）】

*Holcus*源自拉丁词*holkos*（吸引），英译Fog grasses雾草，汉译绒毛草属，属内约12种，株间异交。光合C_3，XyMS+。染色体基数$x=7$（有时有1B附加系）或4；二、四、五、六、七倍体$2n=7$，8，14，28，35，42，49。《中国植物志》记录引进1种绒毛草*Holcus lanatus* L. 未述自己不亲和。下述1种。

一、*Holcus lanatus* L.（1753）

*Holcus lanatus*记录于1753年。原生玛卡罗尼西亚、地中海地区、大欧洲及高加索。19个异名：①*Holcus lanatus* subsp. *tuberosus*（Salzm. ex Trin.）M. Seq. & Castrov.（2006）；②*Holcus lanatus* subsp. *vaginatus*（Willk. ex Pérez Lara）M. Seq. & Castrov.（2006）；③*Holcus lanatus* var. *sobolifer* Duwensee（1995）；④*Holcus lanatus* f. *viviparus* Cheshm.（1977）；⑤*Holcus oriolis* Sennen & Gonzalo（1925）；⑥*Ginannia lanata*（L.）F. T. Hubb.（1916）；⑦*Nothoholcus lanatus*（L.）Nash（1913）；⑧*Notholcus lanatus*（L.）Nash ex Hitchc.（1912）；⑨*Ginannia pubescens* Bubani（1901）；⑩*Holcus lanatus* var. *vaginatus* Willk. ex Pérez Lara（1886）；⑪*Holcus aestivalis* Jord. & Fourr.（1868）；⑫*Holcus glaucus* Willk.（1862）；⑬*Holcus tuberosus* Salzm. ex Trin.（1840）；⑭*Holcus lanatus* var. *tuberosus* Salzm. ex Trin.（1839）；⑮*Holcus argenteus* C. Agardh ex Roem. & Schult.（1817）；⑯*Avena lanata*（L.）Koeler（1802）；⑰*Avena pallida* Salisb.（1796）；⑱*Aira holcus-lanata* Vill.（1787）；⑲*Holcus intermedius* Krock.（1787）。

*Holcus lanatus*多年生，丛生。圆锥花序展开。小穗基部1合性花，上方1雄小花，轴顶1空花，显然是雄异花草种。合性花式∑♂$_3$♀L_2〉：内稃等长外稃，软骨质，不固结；子房顶端光，花柱短、基部分离，2柱头，白色；3雄蕊，花药1.6～2.5毫米长；2浆片，膜质，光，或有齿；外稃椭圆形，2～2.5毫米长，软骨质，闪亮，上方有脊，3～5脉，侧脉模糊，顶钝圆。雄小花式∑♂$_3L_2$〉：外稃顶短芒。

Weimarck（1968）随机检测5株*Holcus lanatus*自交不亲和，株间杂交亲和，其中KA×KC组合的正反交亲和率有差异。特注：绒毛草*Holcus lanatus*是雄异花自交不亲和草种。

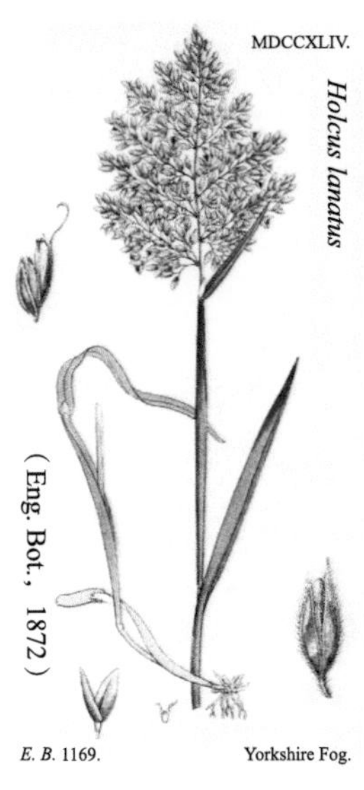

Holcus lanatus 二花小穗

第五节　*Festuca* 羊茅属自交不亲和1种

【早熟禾亚科>>早熟禾族>黑麦草亚族→羊茅属*Festuca* L.（1753）】

一、*Festuca rubra* L.（1753）

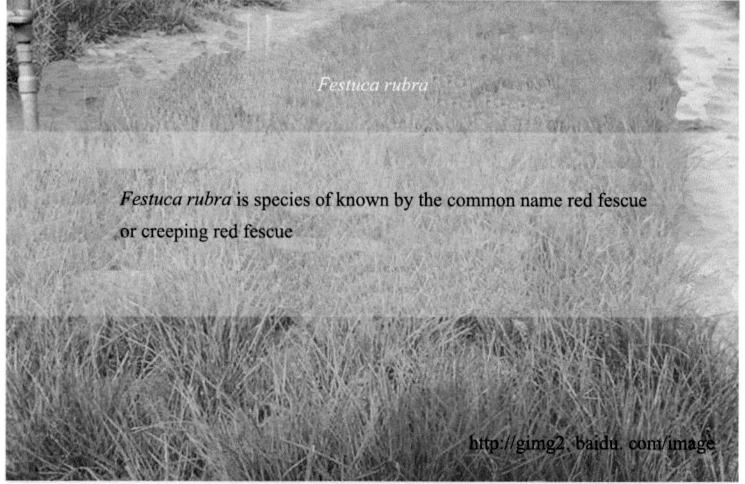

*Festuca rubra*记录于1753年。原生近极地及北半球温带到墨西哥。136个异名（略），足见种内之表型多样性。《中国植物志》第9卷第2册有记录，补遗如下。

*Festuca rubra*多年生，或丛生。茎直立或膝曲向上，柔弱，15~90厘米长，1~3节光，节间圆筒形。叶多基部聚生，管筒鞘无脊，鞘基不加厚，有条纹脉，鞘表光或披柔毛。叶舌膜无纤毛，0.2毫米长，白色，平截。叶片基部对称，3~40厘米长，0.5~2毫米宽，皮质，中脉及叶脉皆不明显，5~7个维管束，边缘光，顶钝圆或急尖，或对折。圆锥花序3~17厘米长，枝花序收紧或上挺，间距稀疏，小穗着生至基部。小穗椭圆

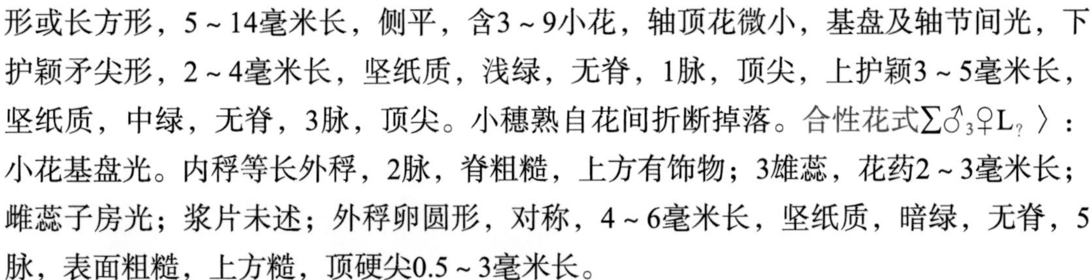
形或长方形，5～14毫米长，侧平，含3～9小花，轴顶花微小，基盘及轴节间光，下护颖矛尖形，2～4毫米长，坚纸质，浅绿，无脊，1脉，顶尖，上护颖3～5毫米长，坚纸质，中绿，无脊，3脉，顶尖。小穗熟自花间折断掉落。合性花式$\sum$♂$_{3}$♀$L_{?}$〉：小花基盘光。内稃等长外稃，2脉，脊粗糙，上方有饰物；3雄蕊，花药2～3毫米长；雌蕊子房光；浆片未述；外稃卵圆形，对称，4～6毫米长，坚纸质，暗绿，无脊，5脉，表面粗糙，上方糙，顶硬尖0.5～3毫米长。

Weimarck（1968）随机检测5株*Festuca rubra*自交不亲和，株间杂交亲和，其中FF×FD、FG×FD、FF×FE等组合的正反交亲和率有差异。

第六节　*Phalaris* 虉草属自交不亲和2种

【早熟禾亚科>>燕麦族>虉草亚族→虉草属***Phalaris*** **L.（1753）**】

一、*Phalaris coerulescens* Desf.（1798）天蓝虉草

*Phalaris coerulescens*记录于1798年。原生玛卡罗尼西亚、地中海。6个异名：①*Phalaris coerulescens* subsp. *lusitanica* Rocha Afonso & Franco（1997）；②*Phalaris villosula* De Not. ex Parl.（1848）；③*Phleum alatum* Host（1827）；④*Phalaris variegata* Spreng.（1821）；⑤*Phalaris commutata* Roem. & Schult.（1817）；⑥*Phalaris tuberosa* Link（1800）。

*Phalaris coerulescens*多年生，丛生。茎长100～150厘米，茎基圆鼓成球茎。叶片5～25厘米长，1.5～4毫米宽。叶舌膜。圆柱穗花序直筒型或长椭形，3～11厘米长，1～2.3厘米阔，穗轴韧。小穗倒卵形，5.3～9毫米长，侧平，含基部2退化小花及轴顶1合性花，上下护颖相同，椭圆形，等长小穗，坚纸质韧，1脊上方有翅，3脉，表光或披绒毛，顶尖，小穗熟自花间断落。合性花式$\sum$♂$_{3}$♀L_{2}〉：内稃软骨质，2脉，无脊，表光；3雄蕊；子房光；2浆片；外稃椭圆形2.7～4.4毫米长，侧平，软骨质，闪亮，有脊，5脉，表光，顶尖。

Hayman（1956）选取三株*Phalaris coerulescens*两两组合正反测交证实是配子型自交不亲和，由*S-Z*互不连锁2位点控制。Li等（1994）从*Phalaris coerulescens*（purple canary grass紫色金丝雀草）中分离出一个可能是*S*的基因约3 kb长，有5个内含子，只在成熟花粉中表达，所编码的蛋白N端多变，C端保守且有似硫氧还蛋白区。

二、*Phalaris arundinacea* L.（1753）玉带草

*Phalaris arundinacea*记录于1753年。原生北半球温带到亚热带及热带山地。可药用。39个异名，至少反映出种内个体类型还是很多的。《中国植物志》第9卷第3册记录有虉草1a. 虉草（原变种）、1b. 丝带草（变种）。补遗如下。

*Phalaris arundinacea*合性花式$\sum ♂_3 ♀ L_2$〉：内稃软骨质，2脉，无脊，表披细毛；3雄蕊，花药2.5～3毫米长；子房光；浆片2，膜质；外稃卵圆形，2.7～4.5毫米长，软骨质，黄到暗棕色，闪亮，有脊，5脉，表披细毛，顶尖。

Weimarck（1968）在一个湿地小群体*Phalaris arundinacea*中检测到多个自交不亲和等位基因。

第七节　*Poa* 早熟禾属自交不亲和1种

【早熟禾亚科>>早熟禾族>早熟禾亚族→早熟禾属*Poa* L.（1753）】

一、*Poa labillardieri*澳洲早熟禾

*Poa labillardieri*是土著澳洲西南部的一种多年生密丛高挑禾草。叶柔弱。圆锥花序10～25厘米长，分枝直立或松散展开，下方分枝的一半长度上没有小穗。小穗有柄，含3～4罕有8小花，浅绿色到紫色，侧平，护颖宽阔或相当窄、急尖或偶尔近渐尖。合性花式$\sum ♂_3 ♀ L_2$〉：内稃硬结，近等长外稃；3雄蕊，花丝长；雌蕊子房光，花柱基部分离，2柱头；2浆片，基部连体；外稃2.5～4.5毫米长，结实，窄到中等宽，下方脉上常有毛，基部有明显的长毛结网。或有拟胎生。

Ahmad等（2009，2013）用采自堪培拉以南（东经149°07′、南纬35°27′）的塔吉隆镇附近的*P. labillardieri*野生群体的种子，繁殖出66个幼苗，选出11个株系对之进行温室套袋自交杂交实验，自交的皆不产籽或产籽极少，异交的皆正常产籽，表明*P. labillardieri*是自交不亲和草种。又对这11个株系做离体雌蕊培养皿授粉后苯胺蓝染色

UV光镜观察试验，所有异交授粉的花粉管皆正常穿入花柱并进入胚珠，而自交的花粉管皆被柱头阻滞在萌发阶段而不能进入花柱，不同方法重复表明*P. labillardieri*是完全的配子体自交不亲和草种。

野生*Poa labillardieri*的群体中有个别花变叶殖体的拟胎生现象——以区别于通过有性生殖的真胎生（true vivipary）。

*Poa labillardieri*的外稃变成叶殖体拟胎生可有图示3种情况：①小穗中只有1个外稃变成叶殖体L，其腋内雌雄蕊发育正常；②小穗中所有外稃都发育成叶殖体L，其腋内缺性器官；③花序中所有小花的外稃都变成叶殖体。

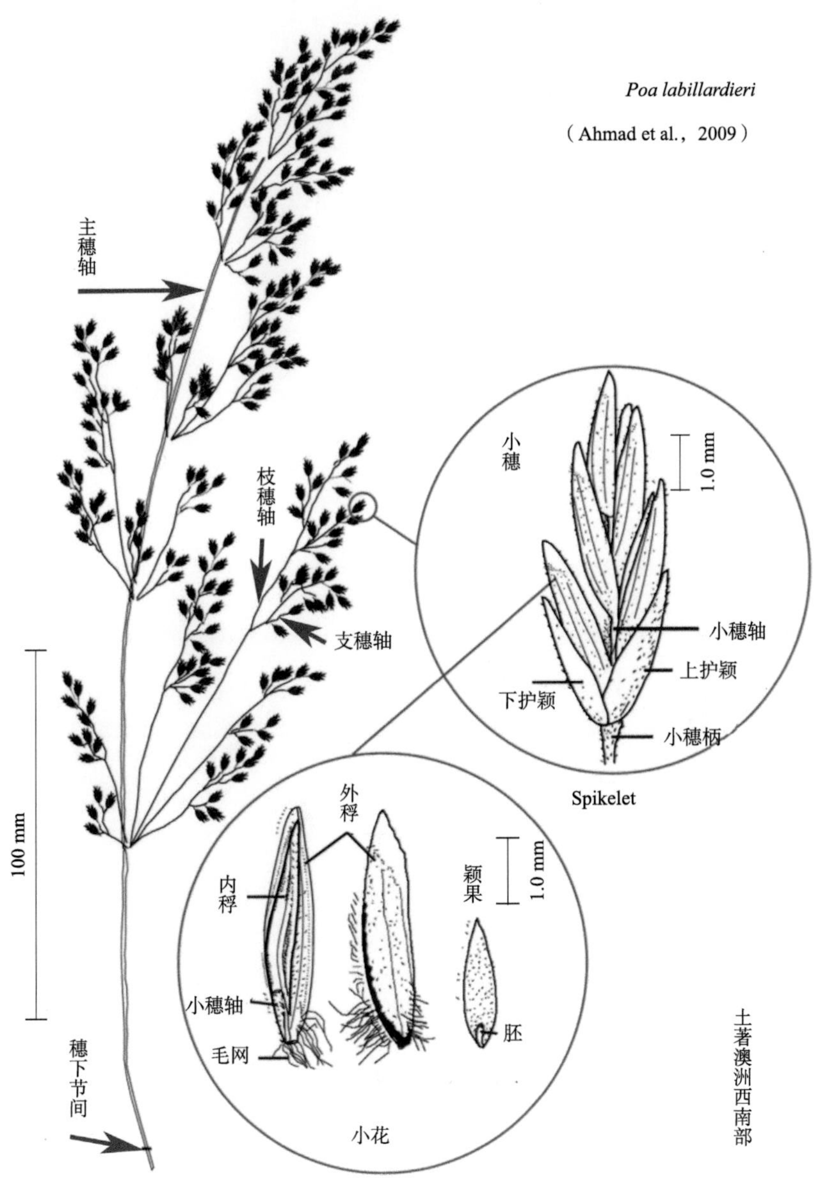

*Poa labillardieri*的花变叶殖体准胎生应是一种特殊的无性繁殖机制，这种机制在作物的无性系繁殖技术以及固定杂种优势方面的利用，尚属处女地。

第八节　*Hordeum* 大麦属雄异花自交不亲和1种

【早熟禾亚科>>小麦族→大麦属*Hordeum* L.（1753）】

一、*Hordeum bulbosum* L.（1756）球茎大麦

*Hordeum bulbosum*记录于1756年。原生地中海到中西亚一带。10个异名：①*Critesion bulbosum*（L.）Á. Löve（1984）；②*Hordeum brevicomum* C. Presl（1845）；③*Hordeum bulbosum* subsp. *nodosum*（L.）B. R. Baum（1985）；④*Hordeum kaufmannii* Regel（1880）；⑤*Hordeum lycium* Boiss.（1884）；⑥*Hordeum nodosum* Ucria（1789）；⑦*Hordeum nodosum* L.（1762）；⑧*Hordeum strictum* Desf.（1798）；⑨*Zeocriton nodosum*（L.）P. Beauv.（1812）；⑩*Zeocriton strictum*（Desf.）P. Beauv.（1812）。《中国植物志》记录有球茎大麦*Hordeum bulbosum* L.，青海有栽培。补遗如下。

*Hordeum bulbosum*球茎大麦多年生丛生。顶生穗总状花序3～13厘米长，主穗轴每节着生3个小穗，2有柄雄小穗伴生1无柄合性花小穗，应是雄异花种。合性花式∑♂$_3$♀L$_2$〉：内稃相对长，无芒，2脉，2脊；子房顶端披柔，花柱基部分离，2柱头，白色；3雄蕊，花药紫色；2浆片，膜质；外稃矛尖形，8～11毫米长，皮质，无脊，5脉，顶渐尖，主芒总长20～35毫米。雄小花式∑♂$_3$L$_2$〉。

Lundqvist（1962，1965）检测*Hordeum bulbosum*是*S-Z*两位点控制的配子体型自交不亲和。应注意，球茎大麦同株雄异花，同株合性花自交不亲和、雄小花与合性花异交也不亲和。

第九节　*Molinia*蓝沼草属自交不亲和1种

【芦竹亚科>>蓝沼草族→蓝沼草属（麦氏草属/蓝禾属）***Molinia*** **Schrank（1789）**】

一、*Molinia caerulea*（L.）Moench（1794）

*Molinia caerulea*订正记录于1794年。叶舌欧洲到哈萨克斯坦、地中海、埃塞俄比亚。31个异名：①*Molinia horanszkyi* Milk.（1987）；②*Molinia hungarica* Milk.（1987）；③*Molinia simonii* var. *major* Milk.（1987）；④*Molinia simonii* Milk.（1987）；⑤*Molinia caerulea* f. *variegata* Beetle（1978）；⑥*Molinia caerulea* subsp. *hispanica* L. Frey（1975）；⑦*Molinia euxina* Pobed.（1949）；⑧*Molinia caerulea* var. *africana* Maire（1942）；⑨*Molinia bertinii* Carrière（1890）；⑩*Molinia rivulorum* Pomel（1875）；⑪*Amblytes caerulea* Dulac（1867）；⑫*Melica variabilis* Schur（1866）；⑬*Arundo agrostis* Lapeyr. ex Willk. & Lange（1861）；⑭*Molinia depauperata* Lindl. ex D. Don（1831）；⑮*Melica alpina* G. Don ex D. Don（1831）；⑯*Molinia sylvatica* Link（1827）；⑰*Cynodon caeruleus*（L.）Raspail（1825）；⑱*Melica atrovirens*（Thuill.）Le Turq.（1825）；⑲*Enodium sylvaticum* Link（1821）；⑳*Melica sylvatica* Link ex Steud.（1821）；㉑*Hydrochloa caerulea*（L.）Hartm.（1819）；㉒*Melica divaricata* Meigen & Weniger（1819）；㉓*Enodium caeruleum*（L.）Gaudin（1811）；㉔*Festuca caerulea*（L.）DC.（1805）；㉕*Poa caerulea*（L.）Bernh.（1800）；㉖*Aira atrovirens* Thuill.（1799）；㉗*Molinia variabilis* Wibel（1799）；㉘*Melica arundinacea* Raeusch.（1797）；㉙*Molinia varia* Schrank（1789）；㉚*Aira caerulea* L.（1753）；㉛*Melica caerulea*（L.）L.（1771）。

*Molinia caerulea*多年生丛生。茎直立，15～120厘米长，基部形成长球茎。叶多基部聚生。叶片10～45厘米长，3～10毫米宽，边缘粗糙，有蓝白条带。叶舌一缕发毛。圆锥花序展开或收紧，5～40厘米长，1～10厘米宽。小穗有柄，单生，矛尖形，

侧平，4～9毫米长，含1～4小花，轴顶花微小，轴节间1～2毫米长，粗糙，下护颖矛尖形或卵圆形，1.5～3毫米长，膜质，无脊，0～1脉，顶尖。上护颖2.5～4毫米长，1～3脉，余同下护颖。

合性花式$\Sigma ♂_3 ♀ L_2$〉：内稃等长外稃，2脉，脊粗糙；3雄蕊，花药1.5～3毫米长；雌蕊2柱头，紫色；2浆片，楔形，肉质；外稃卵圆形，剖面矛尖形或长椭圆形，4～6毫米长，膜质，无脊，3～5脉，顶端钝圆或尖。

Vogel et al.（2002）确定*Molinia caerulea*是自交不亲和草种。市售有多个育成品种。

第十节　*Gaudinia* 脆燕麦草属自交不亲和1种

【早熟禾亚科>>燕麦族>落草亚族→脆燕麦属***Gaudinia*** **P. Beauv.（1812）**】

一、*Gaudinia fragilis*（L.）P. Beauv.（1812）脆燕麦草

*Gaudinia fragilis*记录于1812年。原生中南欧洲到地中海一带。24个异名：①*Avena fragilis* L.（1753）；②*Cylichnium fragile*（L.）Dulac（1867）；③*Gaudinia affinis* Gand.（1881）；④*Gaudinia avenacea* P. Beauv.（1812）；⑤*Gaudinia bicolor* Gand.（1881）；⑥*Gaudinia biloba* Gand.（1881）；⑦*Gaudinia castellana* Gand.（1881）；⑧*Gaudinia colorata* Gand.（1881）；⑨*Gaudinia conferta* Gand.（1881）；⑩*Gaudinia eriantha* Gand.（1881）；⑪*Gaudinia filiformis* Albert（1887）；⑫*Gaudinia fragilis* var. *verticicola* Rivas Mart. & A. Galán（2002）；⑬*Gaudinia gracilescens* Gand.（1881）；⑭*Gaudinia multiculmis* Gand.（1881）；⑮*Gaudinia neglecta* Gand.（1881）；⑯*Gaudinia orientalis* Gand.（1881）；⑰*Gaudinia pallida* Gand.（1881）；⑱*Gaudinia pluriflora* Gand.（1881）；⑲*Gaudinia pubiglumis* Gand.（1881）；⑳*Gaudinia rigida* Gand.（1881）；㉑*Gaudinia stenostachya* Gand.（1881）；㉒*Gaudinia todaroi* Gand.

（1881）；㉓*Meringurus africanus* Murb.（1900）；㉔*Trisetum hohenackeri* C. Presl（1845）。

Gaudinia fragilis—一年生，茎直立或膝曲向上，10～33厘米长。叶鞘直硬毛。叶舌膜，0.5～0.7毫米长，平截。叶片1～6.5厘米长，0.6～4毫米宽，表面有硬毛，顶渐尖。光合C_3，XyMS+，染色基数$x=7$，二倍体$2n=14$（有时有附加系）。顶生复穗状花序6～15厘米长，穗轴扁平，节脆，每节1枝花序，两侧对称互生。小穗楔形，7～18毫米长，侧平，单生，无柄，含3～6小花，轴顶花微小，小穗轴节间2～3毫米长，下护颖矛尖形3.2～5毫米长，草质，1脊，3脉，表面光或粗糙、或有绒毛，顶尖。上护颖长椭圆形，5～10毫米长，5～7脉，侧脉有棱，余同下护颖。小穗熟后完整掉落。合性花式∑$♂_3$♀L_2〉：内稃0.9倍长于外稃，2脉，脊有纤毛；3雄蕊，花药2.5～5毫米长；雌蕊子房全披柔毛，花柱基部分离，2柱头，白色；2浆片，分离，膜质，光；外稃矛尖形，4.3～8毫米长，皮质，边缘更薄，有脊，7～9脉，侧脉模糊，顶端渐尖，1芒背出总长10～15毫米，芒柱打纽。

Leach（1987）从丘园G86和G286两个*Gaudinia fragilis*群体中随机各取2株共4株测交检测，皆自交不亲和，株间杂交亲和，但不同株正反交亲和率有差异，应是配子体型自交不亲和草种。

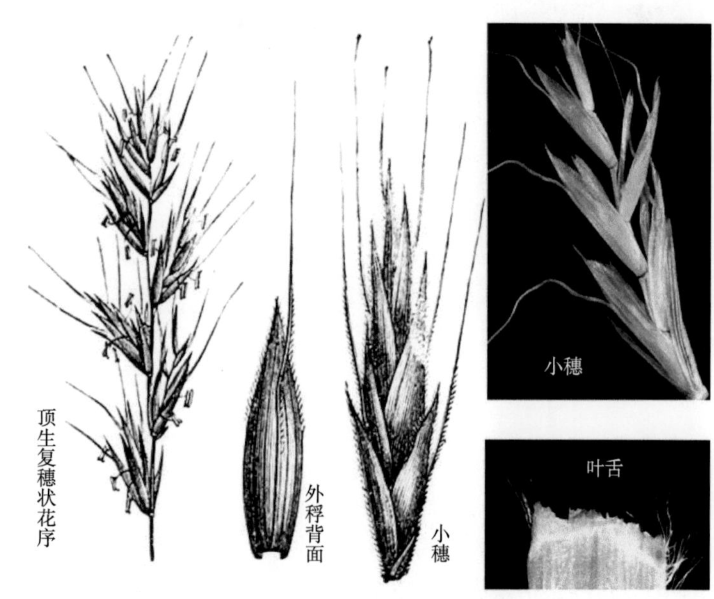

Gaudinia fragilis（Lamson-Scribner，1890）

第十一节　*Deschampsia* 发草属自交不亲和1种

【早熟禾亚科>>早熟禾族>发草亚族→发草属***Deschampsia* P. Beauv.**（**1812**）】

《中国植物志》记录有6种3变种。补遗1种。

一、*Deschampsia flexuosa*（L.）Trin.（1836）曲芒发草

*Deschampsia flexuosa*订正记录于1838年。原生欧洲到日本和马来西亚山地，玛卡罗尼西亚、西南及热带山地非洲，格陵兰到中东美国，南美洲到福克兰群岛。7个异名：①*Aira flexuosa* L.（1753）；②*Arundo flexuosa*（L.）Clairv.（1811）；③*Avena flexuosa*（L.）Schrank（1818）；④*Avenella flexuosa*（L.）Drejer（1838）；⑤*Lerchenfeldia flexuosa*（L.）Schur（1866）；⑥*Podionapus flexuosus*（L.）Dulac（1867）；⑦*Salmasia flexuosa*（L.）Bubani（1901）。

*Deschampsia flexuosa*多年生丛生。或有根茎。茎直立，20～200厘米长，细瘦硬实，1～3节。叶多基部聚生。叶片内卷，5～20厘米长，0.3～0.8毫米宽，僵硬，顶急尖或尖。顶生圆锥花序4～15厘米长，3～20厘米阔。小穗4～6毫米长，单生，有柄3～10毫米长，粗糙，含2小花，轴顶秃出，下护颖卵圆形，3～5毫米长，膜质，透亮，1脊，1脉，表面光或微糙，顶尖。上护颖椭圆形，4～6毫米长，1～3脉，余同下护颖。小穗熟自护颖上方折断。合性花式$\sum \male_3 \female L_2$〉：内稃脊粗糙；3雄蕊，花药2～3毫米长；雌蕊子房光，花柱基部分离，2柱头；2浆片，膜质；外稃长椭圆形，3.5～5.5毫米长，膜质，透亮，无脊，4脉，顶端平截或钝圆，1芒自背侧出，膝曲，总长4～7毫米，芒柱打纽。

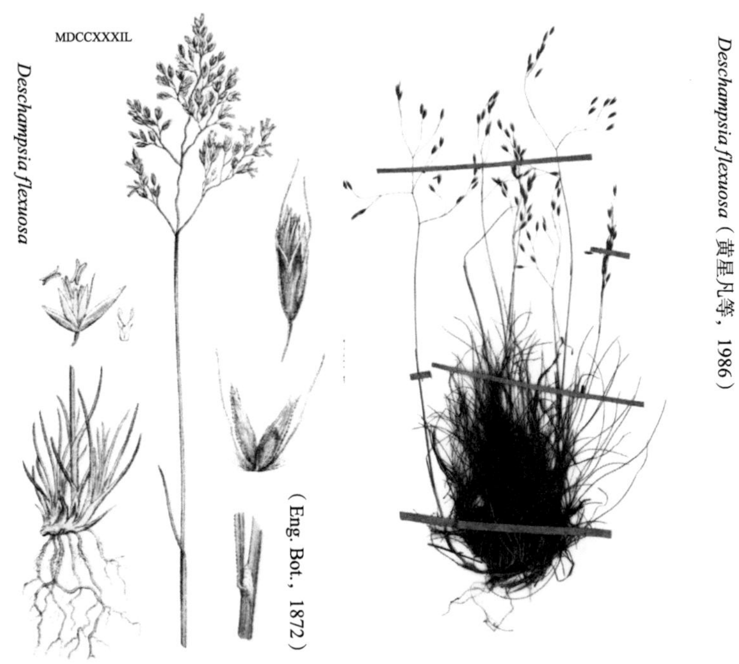

（Eng. Bot., 1872）

Deschampsia flexuosa（黄星凡等，1986）

Weimarck（1968）随机检测5株*Deschampsia flexuosa*自交不亲和，株间杂交亲和，其中FA×EU组合的正反交亲和率有差异。

第十二节　*Arrhenatherum* 燕麦草属雄异花自交不亲和1种

【早熟禾亚科>>燕麦族>燕麦亚族→燕麦草属*Arrhenatherum* P. Beauv.（1812）】

《中国植物志》记录有引进1种。补遗如下。

一、*Arrhenatherum elatius*（L.）P. Beauv. ex J. Presl & C. Presl（1819）

*Arrhenatherum elatius*燕麦草初始记录于1753年，订正记录于1819年，种内变异较多。原生玛卡罗尼西亚、欧洲到中亚和伊朗，西南非洲。5个异名：①*Avena elata* Salisb.（1796）；②*Avena elatior* L.（1753）；③*Avenastrum elatius*（L.）Jess.（1863）；④*Holcus avenaceus* Scop.（1771）；⑤*Holcus elatior*（L.）Scop.（1777）。

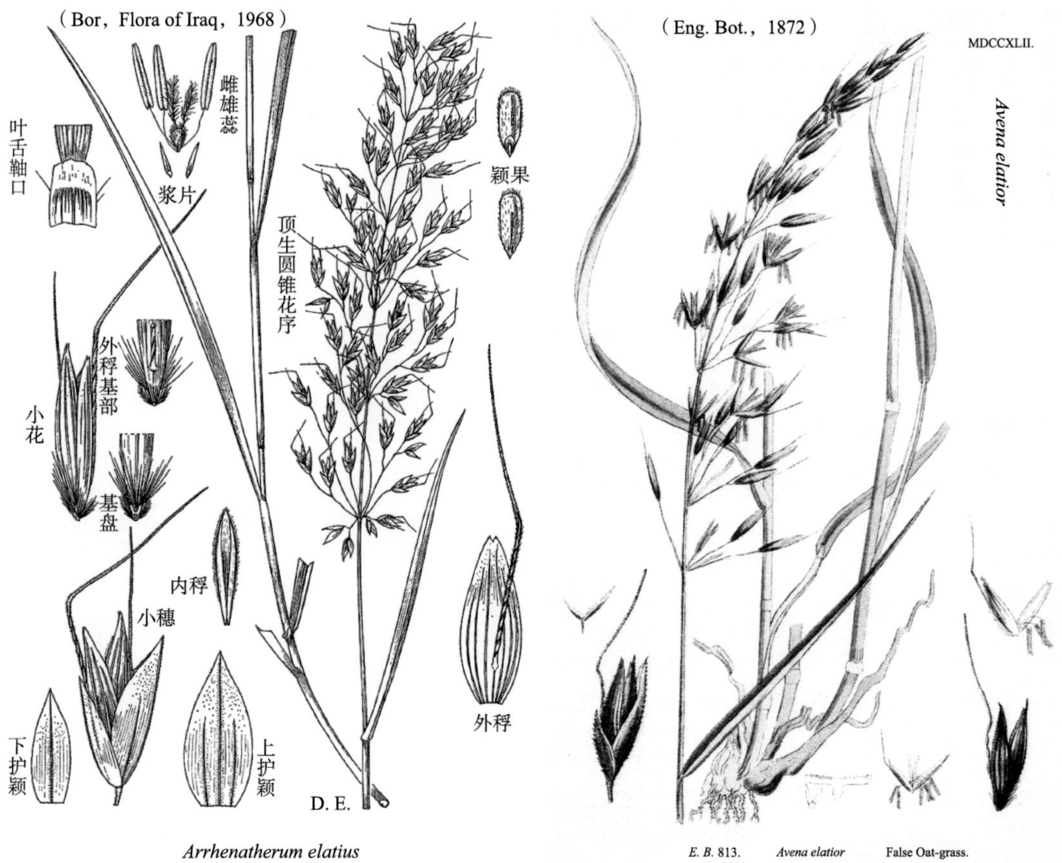

Arrhenatherum elatius　　*E. B.* 813.　*Avena elatior*　False Oat-grass.

*Arrhenatherum elatius*多年生丛生。茎直立50～180厘米长，3～5节，基部或形成念珠状的球茎。叶片10～40厘米长，4～10毫米宽，表面粗糙，疏长毛稀疏。圆锥花

序展开，10～30厘米长。小穗长椭圆形，侧平，7～11毫米长，单生，有柄丝状或条形1～10毫米长。小穗含基部1雄小花，上方1合性花，小穗轴顶光秃伸出，小花基盘疏长毛。雄小花式∑♂$_3$L$_2$〉：内稃；3雄蕊；2浆片；外稃卵圆形，6～9毫米长，坚纸质，上方更薄，7脉，光或疏长毛，下方有毛，顶2齿，芒背出，膝曲，10～20毫米长。合性花式∑♂$_3$♀L$_2$〉：内稃脊有纤毛；3雄蕊，花药3.7～5.2～5.5毫米长；雌蕊子房全披柔毛，2柱头；2浆片，肉质；外稃卵圆形，7～10毫米长，坚纸质，上方更薄，无脊，7脉，表面光或疏长毛，下方有毛，顶端2刻齿，或1芒，主芒近顶，直或膝曲，总长2～10.5毫米。

Weimarck（1968）随机检测4株*Arrhenatherum elatius*自交不亲和，株间杂交亲和，其中GS×GP、GT×GP组合的正反交亲和率有差异。

第十三节　*Miscanthus* 芒属自交不亲和1种

【黍亚科>>高粱族>甘蔗亚族→芒属*Miscanthus* Andersson（1855）】

*Miscanthus*由希腊词*mischos*（柄）与*anthos*（花）合成，指其派对小穗皆有柄。光合C_4；XyMS-。染色体基数 $x=19$；$2n=35～43$，或57，76，95，114。属内约20种。《中国植物志》记录6种。

一、*Miscanthus sinensis* Andersson（1855）

*Miscanthus sinensis*记录于1855年，原生中国到俄罗斯远东温带地区。36个异名（略），足见其种内变异之多样性。

*Miscanthus sinensis*多年生，丛生。地下根茎短，茎高60～200厘米，直径3～7毫米。叶片20～70厘米长，6～20毫米宽。茎叶有绿白环带相间。合性花式∑♂$_3$♀L$_2$〉：内稃半长外稃；3雄蕊，花药2～2.5毫米长，紫色；花柱基部分离，2柱头羽毛状，紫褐色；2浆片；外稃矛尖形，3～4.5毫米长，透亮，无脊，1脉，顶2齿，刻深达外稃1/4到1/3，窦道出1芒总长6～12毫米，芒柱扭曲。

（2020，丹麦Aarhus植物园，无名氏）

Miscanthus sinensis 品种 Kleine Silberspinne

雄先熟。

*Miscanthus sinensis*水肥农药需求少而生物产量极高，是纤维素乙醇生产原材料，为生物柴油生产候选草种，且极具遗传多样性，广受关注。

Jiang等（2017）用*Miscanthus sinensis*的Gross Fontaine品种与Undine品种的单株正反交获得的F_1种子生成180株的杂合群体，检测了1 000多个离体杂交组合，发现群体中的自交不亲和性有4种表现型：①100%自交不亲和——大多数花粉粒在柱头表面仅只生成短的花粉管而中止，有些花粉粒的花粉管进入花柱传输通道但不进入胚珠，极少有自交受精的。②50%的自交亲和——50%的花粉粒的花粉管进入胚珠。③75%的自交亲和——75%的花粉粒的花粉管进入胚珠。④100%的自交亲和——100%的花粉粒的花粉管进入胚珠。

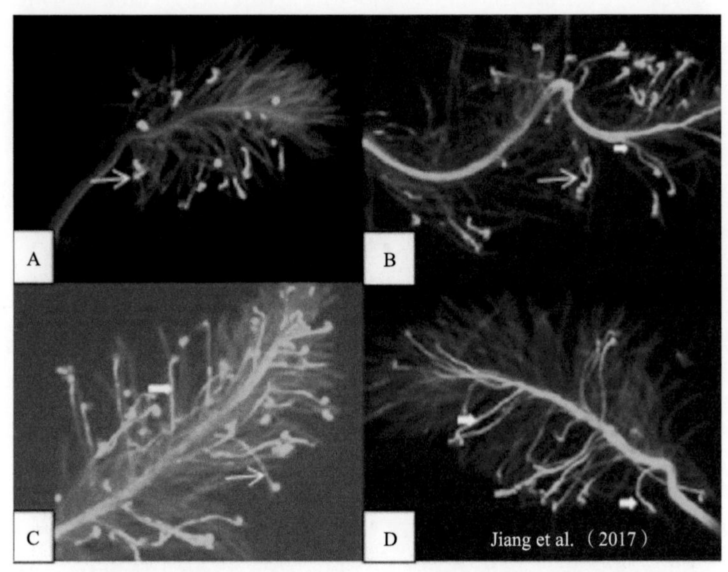

A=1-42×1-33 同系株间杂交，100% 不亲和；B=2-22×2-38 同系株间杂交，50% 亲和；C=2-1×1-69 不同系株间杂交，75% 亲和；D=1-22×2-4 不同系株间杂交，100% 亲和。

实测结论：*Miscanthus sinensis*是*S-Z*位点控制的自交不亲和草种。

第十四节 *Sorghastrum* 金粱草属自交不亲和1种

【黍亚科>>高粱族>甘蔗亚族→金粱草属***Sorghastrum*** **Nash（1901）**】

*Sorghastrum*由*Sorghum*（高粱）加拉丁后缀*astrum*（拙劣的模仿）组成，指其似高粱稍差。属内约20种，光合C_4。染色体基数$x=10$；二、四、六倍体$2n=20$，40，60。株间异交。

一、*Sorghastrum nutans*（L.）Nash（1903）印度草

*Sorghastrum nutans*订正记录于1903年。原生中北美洲。有30个异名：①*Sorghastrum albescens*（E. Fourn.）Beetle（1982）；②*Digitaria nutans*（L.）Beetle（1982）；③*Trichachne nutans*（L.）B. R. Baum（1967）；④*Sorghastrum flexuosum* Swallen（1966）；⑤*Sorghum nutans* subvar. *avenaceum*（Michx.）Roberty（1960）；⑥*Rhaphis nutans*（L.）Roberty（1954）；⑦*Chalcoelytrum nutans*（L.）Lunell（1915）；⑧*Holcus nutans* var. *avenaceus*（Michx.）Stuck.（1904）；⑨*Sorghastrum linnaeanum* Nash（1903）；⑩*Sorghastrum avenaceum*（Michx.）Nash（1901）；⑪*Andropogon linnaeanus* Scribn. & C. R. Ball（1901）；⑫*Chrysopogon nutans* var. *linnaeanus* C. Mohr（1897）；⑬*Andropogon nutans* var. *avenaceus*（Michx.）Hack.（1889）；⑭*Andropogon nutans* var. *linnaeanus* Hack.（1889）；⑮*Chrysopogon minor* Vasey（1887）；⑯*Andropogon confertus* Trin. ex E. Fourn.（1886）；⑰*Andropogon albescens* E. Fourn.（1886）；⑱*Sorghum nutans* subsp. *avenaceum*（Michx.）Hack.（1883）；⑲*Sorghum nutans* var. *elongatum* Hack.（1883）；⑳*Chrysopogon avenaceus* Benth.（1881）；㉑*Chrysopogon nutans* Benth.（1881）；㉒*Sorghum nutans*（L.）A. Gray（1856）；㉓*Andropogon rufidulus* Steud.（1854）；㉔*Andropogon stipoides* Trin.（1832）；㉕*Poranthera nutans*（L.）Raf.（1830）；㉖*Andropogon ciliatus* Elliott（1816）；㉗*Andropogon avenaceus* Michx.（1803）；㉘*Stipa stricta* Lam.（1791）；㉙*Stipa villosa* Walter（1788）；㉚*Andropogon nutans* L.（1753）。

*Sorghastrum nutans*多年生。根茎长，有鳞片。茎高50～230厘米，直径1.5～4.5毫米。叶鞘10～40毫米长，表面光或疏长毛。叶耳直立。叶舌膜，2～5毫米长。叶片10～50厘米长，1～4毫米宽，表面光或披柔毛，边缘粗糙，顶渐尖。顶生圆锥花序展开，10～35厘米长，穗下节间20～60厘米长。主花序轴披绒毛尖部呈总状花序。小穗成对，1无柄可育小穗+1伴生不育小穗光秃，顶端小穗或三联，1可育+2伴生不育。可育小穗矛尖形，5～8毫米长，背平，含基部1空花及上方1可育小花，无轴顶伸出，下护颖长椭圆形，等长小穗，皮质，浅棕色，无脊，7～9脉，表披柔毛，顶端平截。上护颖5脉，表光，顶尖，余同下护颖。小穗基盘基部钝圆有须毛。小穗熟自掉落。基部空花无明显内稃，外稃长椭圆形，4～6毫米长，透亮，2脉，边缘有纤毛，顶端2齿。合性花式∑$♂_3$♀L_2〉：内稃无或微小；3雄蕊，花药3～5毫米长；子房顶端光，花柱基部分离，2柱头；2浆片，光；外稃长椭圆形，3～5.5毫米长，透亮，无脊，3脉，边缘纤毛，顶端有褶边，2齿，1芒自窦道出，膝曲，总长10～22毫米，芒柱扭曲，披硬短毛。颖果2.3毫米长。

Vogel等（2002）确定*Sorghastrum nutan*是自交不亲和草种。市售有多个育成品种。

第十五节　*Oryza* 稻属自交不亲和2种

【稻亚科>>稻族>稻亚族→稻属***Oryza*** **L.**（1753）】

一、*Oryza longistaminata* A. Chev. & Roehr.（1914）

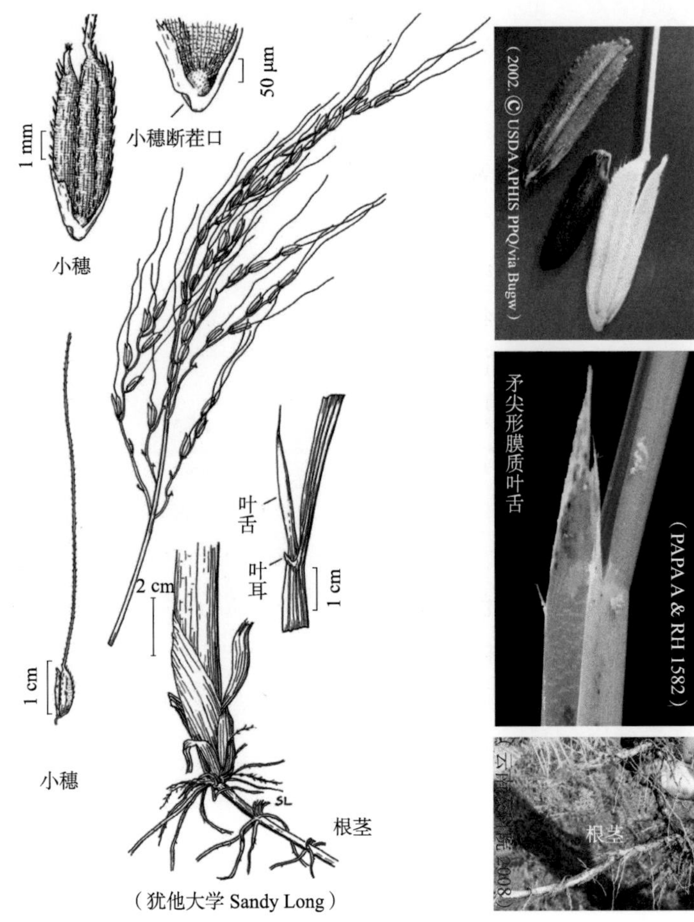

*Oryza longistaminata*记录于1914年，汉译“长雄野生稻”，土著热带非洲马达加斯加，生于河边、沼泽等湿地。3个异名：①*Oryza madagascariensis*（A. Chev.）Roshev.（1937）；②*Oryza dewildemanii* Vanderyst（1920）；③*Oryza silvestris* Stapf ex A. Chev.（1910）。

*Oryza longistaminata*多年生，丛生，簇生，水生。幼苗基部分蘖可直立向上生成茎秆，也可平伸铺地生成多节且长而有分岔的地下根茎，安全越冬后再生成新株。茎膝曲向上，70～250厘米高，直径5～25

毫米，2～10节，下方节生根，茎心海绵状。叶鞘表光。叶耳直立，10～15毫米长。叶舌膜15～45毫米长，矛尖形完整或撕裂。叶片10～75厘米长，5～25毫米宽，中脉或明显，叶表及边缘粗糙，顶渐尖。顶生圆锥花序16～40厘米长，1.5～8厘米阔，由枝、支或叉三级花序及其上的小穗小花组成。枝花序收紧或上挺，有棱，粗糙，轴或披柔毛。小穗窄长椭形，7～12毫米长，2～3毫米宽，侧平，单生，有条形柄0.5～4（～7）毫米长有棱或粗糙，柄顶壳斗形具两苞片，无护颖或仅为膜状镶边，含基部2空花，及上1小花，小穗轴顶不伸出，小穗基盘光，基部平截，斜贴附。成熟小穗完整掉落。2空小花相似，光秃，无明显内稃，外稃矛尖形，2～4.5毫米长，膜质，1脉，顶尖或1芒4～8毫米长。合性花式∑$♂_6$♀L_2〉：内稃椭圆形，比外稃略短，皮质，3脉，1脊粗糙，顶尖；6雄蕊，花药4.5～5.5毫米长；2柱头长，紫或黑色；2浆片，矛尖形，膜质；外稃椭圆形，侧平，7～12毫米长，皮质，有脊，5脉，中脉披小刺，表面有刚毛呈网状，边缘内卷，顶有喙，1芒总长26～75毫米，表粗糙。颖果7.5～8.5毫米长，易落粒，米粒红色。

利用*Oryza longistaminata*长雄蕊自交不亲和特性，或可另辟杂交稻新领域；利用其耐旱及地下根茎越冬再生习性或可开发多年生陆稻，其抗白叶枯病性状亦广受关注，中国虽无记录，但国内外研究报告甚多。

二、*Oryza barthii* A. Chev.（1910）

*Oryza barthii*记录于1910年。原生热带非洲到博茨瓦纳。4个异名：①*Oryza glaberrima* subsp. *barthii*（A. Chev.）De Wet（1981）；②*Oryza stapfii* Roshev.（1931）；③*Oryza mezii* Prodoehl（1922）；④*Oryza breviligulata* A. Chev. & Roehr.（1914）。

Oryza barthii

*Oryza barthii*一年生丛生水生稻田杂草。茎膝曲向上或平伸而后向上，60～120厘米长，松软，3～8节，下方节生根。叶鞘表光。叶耳直立。叶

舌膜2～6毫米长，平截或钝圆。叶片15～45厘米长，4～13毫米宽，上表面糙，边缘粗糙，顶尖。顶生圆锥花序展开，20～35厘米长，3～7.5厘米阔，枝轴有棱，粗糙。小穗长椭圆形，侧平，7～11毫米长，2.5～3.4毫米宽，单生，基盘光，基部平截，斜贴附，有条形柄1～6毫米长光滑或粗糙顶端壳斗形带2苞片，无护颖或模糊，基部2小花不育，上方1可育小花，小穗熟后完整掉落。基部不育小花光秃，无明显内稃，外稃矛尖形，2.5～4.5毫米长，膜质，1脉，光滑或粗糙，尖。合性花式$\Sigma♂_6♀L_2\rangle$：内稃椭圆形，等长外稃，皮质，3脉，1脊粗糙，顶尖；2柱头；6雄蕊；2浆片，矛尖形，膜质；外稃椭圆形，侧平，7～11毫米长，皮质，有脊，5脉，中脉披纤毛，上方毛长，表面网状，边缘内卷，顶端有喙，1芒总长65～190毫米长粗糙。Yang等（2008）确定*Oryza barthii*是自交不亲和草种。

参考文献

Ahmad N M，Martin P M，Vella J M，2009. Floral morphogenesis and proliferation in *Poa labillardieri*（Poaceae）[J]. Australian Journal of Botany，57，602–618.

Ahmad N M，Martin P M，2013. Flowering，Seed setting and self-incompatibility in *Poa labillardieri*[J]. The international Journal of Plant reproductive biology，5（1）：1–14.

Cornish M A，Hayward M D，Lawrence M J，1980. Self-Incompatibility in Ryegrass Ⅲ. The Joint Segregation of S and PGI-2 in *Lolium perenne* L. [J]. Heredity，44（1）：55–62.

Hayman D，1956. The genetical control of incompatibility in *Phalaris coerulescens* Desr[J]. Austrlian Journal of Biological Sciences，9（3）：321–331.

Jiang J X，Guan Y F，McCormick S，et al.，2017. Gametophytic Self-Incompatibility Is Operative in *Miscanthus sinensis*（Poaceae）and Is Affected by Pistil Age[J]. Crop Sci.，57：1948–1956.

Leach C R，1987. Studies on self-incompatibility in grasses[D]. Adelaide：The University of Adelaide.

Leach C R，Hayman D L，1987. The incompatibility loci as indicators of conserved linkage groups in the Poaceae，Heredity[A]. Carolyn R. Leach，1987. Studies on self-incompatibility in grasses.

Li X M，Nield J，Hayman D，et al.，1994. Cloning a Putative Self-Incompatibility Gene from the Pollen of the Grass *Phalaris coerulescens*[J]. The Plant Cell，6：1923–1932.

Lundqvist A，1962. Self-incompatibility in diploid *Hordeum bulbosum* L. [J]. Hereditas，48：138–152.

Lundqvist A，1969. The identification of the self-incompatibility alleles in a grass population[J]. Hereditas，61：345–352.

Martinez-Reyna J M，Vogel K P，2002. Incompatibility systems in switchgrass[J]. Crop Sci，42：1800–1805.

McCraw J M，Spoor W，1983. Self-Incompatibility in *Lolium* species 1. *Lolium rigidum* Gaud and *L. multiflorum* L. [J]. Heredity，50（1）：21–27.

Murray B G，1979. The genetics of self-incompatibility in *Briza spicara*，Incosnpat[J]. Newsletter，11：42–45.

Weimarck A，1968. Self-incompatibility in the Gramineae[J]. Hereditas，60：157–166.

Yang B C，Thorogood D，Armstead I，et al.，2008. How far are we from unraveling self-incompatibility in grasses?[J]. New Phytologist，179：740–753.

（潘幸来　审校）

第十七章

禾本科胎生3属3种

早熟禾亚科、黍亚科以及虎尾草亚科计有25属有胎生或拟胎生种，见下表（Vega and Agrasar，2006）。

属	参考文献
	有胎生小穗的属
穇属*Eleusine* Gaertn.	Li，1950
大麦属*Hordeum* L.	Pope，1941，1949
稻属*Oryza* L.	Claver，1951
狗尾草属*Setaria* P. Beauv.	Li，1950
玉蜀黍属*Zea* L.	Eyster，1924，1931
	有拟胎生小穗的属
剪股颖属*Agrostis* L.（1753）	Arber，1965；Moore and Doggett，1976
燕麦草属*Arrhenatherum* P. Beauv.	Arber，1965
凌风草属*Briza* L.	Martínez Crovetto，1944
雀麦属*Bromus* L.	Nielsen，1941；Martínez Crovetto，1945，1947
洋狗尾草属*Cynosurus* L.	Penzig，1922；Martínez Crovetto，1945；Arber，1965
鸭茅属*Dactylis* L.	Martínez Crovetto，1947；Arber，1965
发草属*Deschampsia* P. Beauv.	Arber，1965
马唐属*Digitaria*	Rendle，1899；Vega et al.，2006
穇属*Eleusine* Gaertn.	Martínez Crovetto，1945
画眉草属*Eragrostis* Wolf	Martínez Crovetto，1944，1945
羊茅属*Festuca* L.	Nielsen，1941；Martínez Crovetto，1945；Arber，1965；Moore and Doggett，1976

（续表）

属	参考文献
距花黍属*Ichnanthus* P. Beauv.	Martínez Crovetto，1945
落草属*Koeleria* Pers.	Martínez Crovetto，1947
黑麦草属*Lolium* L.	Martínez Crovetto，1947；Arber，1965
臭草属*Melica* L.	Martínez Crovetto，1945
黍属*Panicum* L.	Martínez Crovetto，1944
雀稗属*Paspalum* L.	Martínez Crovetto，1944
梯牧草属*Phleum* L.	Arber，1965
早熟禾属*Poa* L.	Martínez Crovetto，1944；Wycherley，1953；Arber，1965；Moore and Doggett，1976；Pierce et al.，2000，2003
高粱属*Sorghum* Moench	Arber，1965
山三毛草属*Trisetum* Pers.	Arber，1965

以下仅简示马唐属、羊茅属、早熟禾属3属3个胎生草种。

一、*Poa bulbosa* L.（1753）胎生鳞茎早熟禾

*Poa bulbosa*记录于1753年。原生欧洲到中国新疆，玛卡罗尼西亚到喜马拉雅，普罗维角。22个异名：①*Paneion bulbosum* var. *viviparum*（Koeler）Lunell（1915）；②*Poa alpina* Pall. ex Roem. & Schult.（1817）；③*Poa perligularis* H. Scholz（1987）；④*Poa bulbosa* subsp. *perligulata* H. Scholz（1983）；⑤*Poa cephalonica* H. Scholz（1983）；⑥*Poa carniolica*（Mutel）Kerguélen（1975）；⑦*Poa bulbosa* subsp. *nevskii*（Roshev. ex Ovcz.）Tzvelev（1973）；⑧*Poa bulbillifera* Chrtek & Hadac（1969）；⑨*Poa crassipes* Domin（1959）；⑩*Poa eigii* Feinbrun（1941）；⑪*Poa briziformis* Trab.（1895）；⑫*Poa praecox* Borbás（1878）；⑬*Poa montana* Balansa（1874）；⑭*Poa protuberata* Schur（1866）；⑮*Poa psammophila* Schur（1866）；⑯*Poa pseudoconcinna* Schur（1866）；⑰*Poa delicatula* Wilh. ex Steud.（1854）；⑱*Poa pasqualii* Heldr. ex Parl.（1850）；⑲*Poa desertorum* Trin.（1836）；⑳*Poa rhenana* Lej.（1811）；㉑*Poa crispa* Thuill.（1799）；㉒*Poa prolifera* F. W. Schmidt（1791）。

*Poa bulbosa*染色体2*n*=21，28，39，42。多年生，丛生。茎秆直立或膝曲向上，5～40厘米长，2～4节。节间圆筒形，光滑，无侧枝。叶多茎基聚生。叶鞘光滑，鞘枕加厚成球状。叶舌膜，2～4毫米长，尖。叶片平展或对折，1～10厘米长，1～2毫

米宽，表光，边缘粗糙，顶急尖。顶生圆锥花序紧密，2～6厘米长，1～2.5厘米阔。枝花序上挺。小穗单生。可育小穗长椭圆形或卵圆形，3～5毫米长，有柄0.3～3毫米长，含3～6小花，顶花微小，轴节间光，被外稃遮掩，护颖韧，相似，下护颖卵圆形，2～3毫米长，等长上护颖，膜质，边缘更薄，1脊，1～3脉，主脉粗糙，顶尖。上护颖卵圆形，膜质，边缘透亮，1脊，3脉，主脉粗糙，顶尖。小花基盘羊毛状。合性花式∑♂$_2$♀$L_?$〉：内稃等长外稃，脊有纤毛；3雄蕊，花药1～1.5毫米长；雌蕊；浆片未述；外稃卵圆形，2.5～3.5毫米长，膜质，上方更薄，有脊，5脉，中脉纤毛，下方有毛，侧脉伸至近顶端处，边缘纤毛，下方有毛，顶尖。外稃胎生繁殖体，成熟后随风落地，遇适生境即成新株。

*Poa bulbosa*土著地：欧亚大欧广泛分布。澳洲发现早熟禾属4个草种*Poa costiniana*、*Poa hiemata*、*Poa gunnii*、*Poa labillardieri*有少量的胎生现象。

二、*Digitaria angolensis* Rendle（1899）拟胎生安哥拉马唐

*Digitaria angolensis*记录于1899年。最早采自安哥拉，土著热带及亚热带非洲海拔850～2 600米的疏林草地。3个异名：①*Digitaria verrucosa* C. E. Hubb.（1928）；②*Digitaria yokoensis* Vanderyst（1925）；③*Panicum angolense*（Rendle）K. Schum.（1901）。

*Digitaria angolensis*一年生，散丛生或单生。茎高20～120厘米，直立或攀爬。叶片2～20厘米长，4～10毫米宽。顶生圆锥花序拟指状，主花序轴短，着生2～9枝总状花序，枝花序轴三棱形，3～20厘米长，每轴节着生一束3～4个小穗，小穗柄0.4～3毫米长。小穗椭圆形，背平，丰满，2～2.5毫米长，顶端有毛0.2毫米长伸出，下护颖无或仅为一个小而透亮的反折0.1毫米长，上护颖等长小穗，3～5脉，背面披软而杂乱的紫色疣毛散开超过顶端。小穗含基部1空花，轴顶1可育小花。基部空花无明显内稃，外稃椭圆形，等长小穗，膜质，5～7脉，披绒毛或中部间隙光，有疣毛，毛白色或紫色，尖。可育外稃椭圆形，光，2～2.5毫米长，软骨质，边缘更薄，浅棕色，有脊，外稃边缘平展，遮盖内稃大部，顶尖，内稃软骨质。

*Digitaria angolensis*有拟胎生——花序中既有产籽小穗又有胎苗小穗——其胎生性状可能受某些外界因子控制（Vega and Agrasar，2006）。

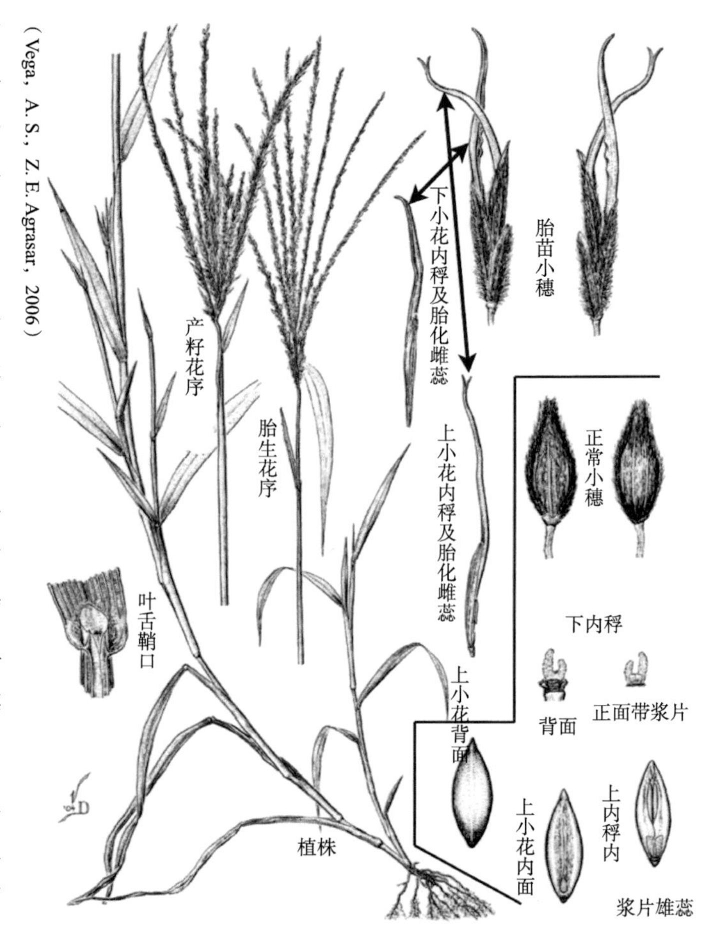

Digitaria angolensis

*Digitaria angolensis*的产籽小穗2～2.2（～2.5）毫米长，1～1.2毫米宽，披疏长毛及短于1.5毫米长的疣毛，银白色染紫色，成熟时展开超过小穗0.3毫米长。下护颖0.2～0.3毫米长，平截，缩减成一光而边缘透亮平截略包上护颖基部。上护颖近等长小穗，比上方小花更窄，尖，3～5脉，脉间及边缘区有疏长毛。下小花外稃等长小穗，膜质，7脉，中部有3脉在中脉两侧远离从边缘出的脉，但在其余区域则毛光交替，内稃及浆片极缩小。上小花2.0～2.2毫米长，平展—盈凸，顶尖，成熟时浅棕色，有纵条纹，软骨质，边缘膜质，2浆片膜质，平截，花药1.2～1.4毫米长，浅紫色。子房光，羽毛状柱头浅紫色。颖果椭球形，1.7毫米长，1毫米宽，脐0.3毫米长，胚1毫米长。颖果椭球形，略光，有背脊，成熟时浅黄色或浅棕色。

*Digitaria angolensis*的胎苗小穗正模式标本3株，圆锥花序拟指状，其中一株的胎苗小穗全在长枝花序上（图C），另一株的胎苗小穗多局限在长枝花序的下段（图D），短侧枝中的胎苗小穗则向上递减。只在正模式标本中观察到胎苗小穗：胎苗小穗的下护颖极小，上护颖3.5～4.5毫米长似叶。下小花被修饰成叶状屑片，外稃5.0～6.5毫米长；内稃1.2～2.5毫米长，透亮。上小花外稃8～9毫米长；内稃4～5毫米长，2脉；浆片0.5毫米长；3退化雄蕊，花药1～4毫米长，一似叶的顶2齿的像是雌蕊。上下小花之间的小穗轴节间增至2毫米长。

*Digitaria angolensis*抗Atrazine阿托拉辛除草剂和Triazine三氮杂苯敌菌灵。

*Digitaria angolensis*的正模式标本（Welwitsch2790，BM）：A=馆藏正模式标本；B=产籽枝花序上的产籽小穗；C=长枝花序上的胎苗小穗；D=长枝花序下段上的胎苗小穗。

【注】一年生草本，其胎生幼苗能在冬季到来之前的有限无霜期内再生一次新的植株吗？或其胎生幼苗是如何越冬而待下一年度重生呢？

三、*Festuca vivipara*（L.）Sm.（1800）胎生羊茅

*Festuca vivipara*订正记录于1800年。土著格陵兰、欧洲中部和北部，至俄罗斯远东地区。3个异名：①*Festuca villosa-vivipara*（Rosenv.）E. B. Alexeev（1985）；②*Festuca ovina* f. *vivipara*（L.）Rosenv.（1887）；③*Festuca ovina* var. *vivipara* L.（1762）。

*Festuca vivipara*多年生草本，密丛生。无根茎或短根茎。茎长8～20厘米。无侧枝。叶多基部聚生。叶鞘表面光。叶舌膜无纤毛。叶片纤丝状，内卷，2～7厘米长，0.5毫米宽，表面光。有拟胎生。圆锥花序开展，2～10厘米长。小穗单生，有柄。可育小穗矛尖形或楔形，侧平，10～15毫米长，像珠芽，含3～9小花，常生胎芽，轴顶花微小，下护颖矛尖形，2～4毫米长，坚纸质，无脊，1脉，顶端长尖。上护颖3～5毫米长，余同下护颖。可育小花内稃4～6毫米长，2脉；3雄蕊；外稃矛尖形，等长内稃，坚纸质，无脊，5脉，顶端长尖，无芒。熟全断落。颖果果皮粘连，脐条形。

*Festuca vivipara*可能是源自*Festuca ovina*的胎生种。

参考文献

Chiurugwi T, et al., 2011. Adaptive divergence and speciation among sexual and pseudoviviparous populations of Festuca[J]. Heredity, 106：854-861.

Vega A S, Agrasar Z E, 2006. Vivipary and pseudovivipary in the Poaceae, including the first record of pseudovivipary in *Digitaria*（Panicoideae：Paniceae）[J]. South African Journal of Botany, 72：559-564.

（潘幸来　审校）

第十八章

禾本科的无融合生殖草种

无融合生殖（apomixis），又称单性生殖、孤雌生殖。是不经雌雄配子融合而产籽的生殖制。

已知禾本科有60多个属有无融合生殖种。学界期冀借助无融合生殖途径，为实现一次性固定作物杂种优势寻求解决方案。花药培养法、双单倍体法（Double-Haploid）等已在小麦育种中试用。

一、从小麦的双受精产籽说起

1. 成熟麦花中的雌雄蕊及浆片

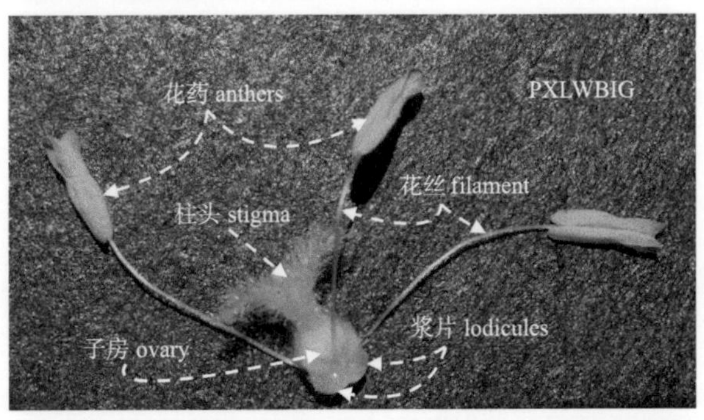

刚散粉的去掉内外稃的小麦花：雌蕊子房、花柱、柱头，雄蕊花丝、花药，2浆片。

2. 成熟麦花子房内的胚珠

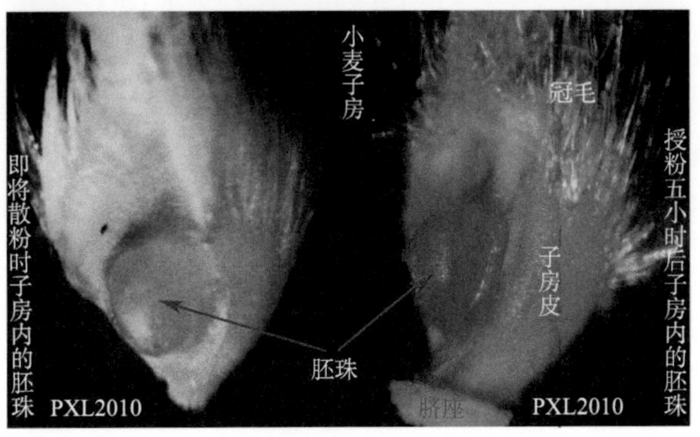

3. 成熟麦花胚珠内的胚囊——蓼型单孢子7细胞8核胚囊＝雌配子体

小麦成熟子房及胚珠内的雌配子体即蓼型单孢子8核胚囊如下图示，可见珠孔内侧有2个较小的助细胞把门似堵住珠孔，助细胞上接1较大的卵细胞，合点端有3个反足细胞，中央大细胞充斥其余所有空间而与助细胞、卵细胞、反足细胞都有接触界面。

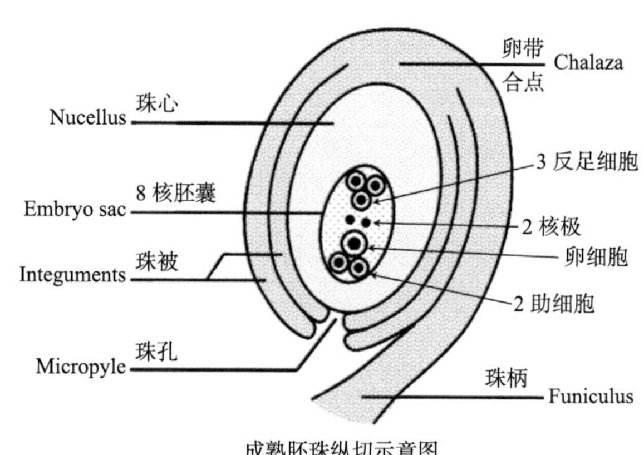

成熟胚珠纵切示意图

4. 蓼型胚囊的形成过程

小花分化期的子房原基中央区最初形成一个薄壁细胞团谓之珠原组织，珠原组织渐成纵向扁圆体时，其中心部位即出现1个质浓核大体大的大孢子母细胞（$2n=6x=42$）。成熟的大孢子母细胞进行2次直列式减数分裂，形成4个单倍体大孢子（$n=3x=21$），其下方的3个大孢子渐次凋亡，仅保留上方即合点端的1个功能大孢子（$n=3x=21$）叫做胚囊母细胞，胚囊母细胞营养成熟后再进行3次核分裂——1核⤳2核⤳4核⤳8核（一两天内即完成），首次分裂形成的2个子核分别移向胚囊母细胞的上下两端即合点端与珠孔端，各又分裂2次后在胚囊母细胞的上下两端各形成4个核共8核，两端的4个核中各有1个核移向胚囊中央称之为2个极核，珠孔端的3个核进行质分裂后，分别形成位于珠孔内侧的2个较小的助细胞和位于其正上方的1个较大的卵细胞，合谓之倒V字形卵器；合点端的3个核进行质分裂后则形成3个较小的反足细胞。至此，单核单套染色体的胚囊母细胞已发育成为一个7细胞8核的成熟胚囊，等待受精。如此形成的雌配子体胚囊叫做蓼型单孢子8核胚囊——因为这种胚囊发育模式最初是在分叉蓼（*Polygonum divaricatum*）中首次阐明如下图示。

壁细胞 大孢子母细胞	MMC	Meiosis 1	Meiosis 2	Functional Megaspore	Mitosis 1	Mitosis 2	Mitosis 3	成熟雌配子8核胚囊
	大孢子母细胞	减数分裂1	减数分裂2	功能大孢子	有丝分裂1	有丝分裂2	有丝分裂3	

【注1】位于珠孔口的2个助细胞内含大量细胞器，代谢性活跃，一旦受精完成就解体消失。助细胞的功能可能是：①通过珠孔为卵细胞和中央大细胞吸收传输营养物质；②合成并分泌识别蛋白引导花粉管顺利通过珠孔进入胚囊释放出精核使之移向卵核和极核而完成双受精；③保护卵细胞并防止其脱漏出珠孔而形成宫外孕；④为精卵合子核的最初分裂提供半成品核物质。

【注2】卵细胞无壁，邻接助细胞的细胞膜薄、邻接中央大细胞的为蜂窝状细胞膜，卵细胞内液泡大、细胞质浓细胞器少、卵核被挤到近中央大细胞一端，此时卵细胞的极性明显且代谢趋静。卵细胞将与1个精核融合形成1父1母的双倍体的合子细胞发育成胚，卵细胞也叫胚母细胞。

【注3】中央大细胞体积最大、膜较薄，液泡化程度最大，代谢更活跃，与卵细胞和助细胞以及反足细胞的接触界面处都有胞间连丝或管丝连通；中央大细胞中的2个极核互相靠近或融合为1个2套染色体的次生核居中或移向卵器，受精后与1个精核融合成1父2母的3倍体胚乳细胞核进而分裂发育成胚乳，中央细胞实为籽母细胞。

【注4】3个单核反足细胞位于中央大细胞之上。后可观察到有20～30个反足细胞的，而且有的反足细胞核染色体竟多达200多套，可见反足细胞是胚囊中变化最大的细胞。反足细胞与内珠被相接触的壁上多有乳突，似有传递功能。小麦胚囊中的反足细胞到胚乳核分裂初期即全部凋亡消失，一般推论反足细胞的主要功能可能是为胚乳核分裂提供核物质元件的，也可能与胚乳糊粉层细胞的形成有关。

【注5】从发芽籽粒中的内含物完全消耗殆尽的结果可以肯定：雌配子体亦即胚囊及其中的8核7细胞，都只有细胞膜而无含纤维素和木质素的细胞壁。

5. 双受精

正常条件下当花粉粒散落在柱头上着位1～1.5小时即萌发出花粉管进入花柱延伸至珠孔而刺入胚囊后即释放出2个精核，1个精核与卵核融合后将来发育成胚，另1个精核与两个极核融合后发育成胚乳。正常温度下花粉管到达胚囊约需40分钟，双受精过程1～3小时内完成（Bennett et al.，1973）。

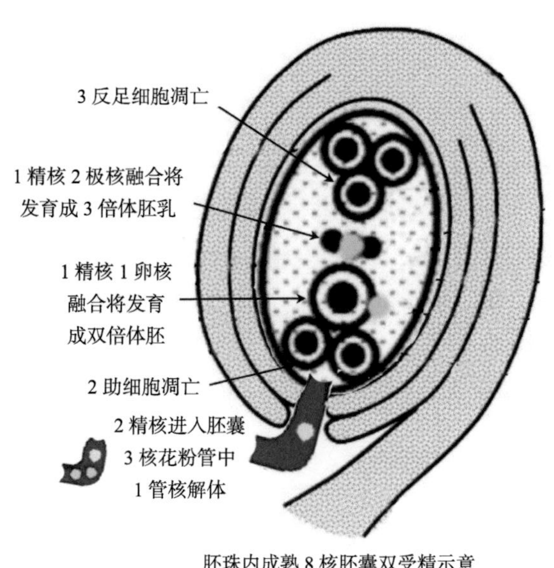

胚珠内成熟 8 核胚囊双受精示意

6. 胚的发育

受精卵核的分裂稍晚于胚乳核的分裂（Bennett et al.，1973）。尽管观察到的发育模式有所不同，但早期的分裂生成一个5基细胞胚（Percival，1921），继续分裂先形成一个棒槌形结构最终分化发育成为成熟胚。

7. 胚乳的发育

精核与两个极核结融合之后一段时间，细胞分裂即同步，每4 ~ 5小时胚乳细胞数目就翻一翻。开始时，胚乳是多核体，大约3天以后开始形成细胞壁（Bennett et al.，1975）。细胞分裂停止之前，造粉体停止分裂，胚乳中不同细胞层的淀粉粒生长速率各不相同（Briarty et al.，1979）。

二、植物无融合生殖类型

参照上述双受精过程，无融合生殖种的胚囊形成已知有5种类型：

①大黍型（*Panicum*）——胚囊母细胞直接有丝分裂形成二倍体4核胚囊——珠孔端2助细胞核1卵核，合点端1极核，无反足细胞。这是禾本科特有的无融合生殖的类型；

②山柳菊型（*Hiercium*）——胚囊母细胞直接有丝分裂形成二倍体8核胚囊；

③蝶须型（*Antennaria*）——大孢子母细胞直接进行有丝分裂形成二倍体8核胚囊；

④蒲公英型（*Taraxacum*）——大孢子母细胞第一次减数分裂形成重组核，第2次分裂形成二倍体的二分体，其一退化，另一个经过3次有丝分裂，形成二倍体的双极性胚囊；

⑤葱型（*Allium*）——由加倍的孢原细胞减数分裂发育形成胚囊（Czapik，2000）。

参照上述双受精过程，无融合生殖的胚形成也发现有5种类型：

①卵核胚——由卵核不经过受精或自2*n*或自加倍2*n*后发育成胚；

②精核胚——卵细胞中的卵核消失，进入卵细胞的精核自加倍2*n*后发育成胚；

③嵌合胚——精核不与卵核融合，卵核与精核各自单独分裂加成2*n*嵌合胚；

④非配子胚——由助细胞*n*或反足细胞*n*直接加合发育为2*n*的胚；

⑤不定胚——由珠心组织如珠被2*n*细胞直接有丝分裂而发育成的胚。

三、禾本科约60多属有无融合生殖种

山羊草属*Aegilops* L.（1753）

冰草属*Agropyron* Gaertn.（1770）

剪股颖属*Agrostis* L.（1753）

看麦娘属*Alopecurus* L.（1753）

须芒草属*Andropogon* L.（1753）
瓶刷草属*Anthephora* Schreb.（1810）
水蔗草属*Apluda* L.（1753）
燕麦草属*Arrhenatherum* P. Beauv.（1812）
燕麦属*Avena* L.（1753）
孔颖草属*Bothriochloa* Kuntze（1891）
糖蜜草属*Melinis* P. Beauv.（1812）
臂形草属*Moorochloa* Veldkamp（2004）
雀麦属*Bromus* L.（1753）
野牛草属*Buchloe* Engelm.（1859）
拂子茅属*Calamagrostis* Adans.（1763）
细柄草属*Capillipedium* Stapf（1917）
早熟禾属*Poa* L.（1753）
虎尾草属*Chloris* Sw.（1788）
薏苡属*Coix* L.（1753）
蒲苇属*Cortaderia* Stapf（1897）
鸭茅属*Dactylis* L.（1753）
发草属*Deschampsia* P. Beauv.（1812）
双花草属*Dichanthium* Willemet（1796）
马唐属*Digitaria* Haller（1768）
稗属*Echinochloa* P. Beauv.（1812）
披碱草属*Elymus* L.（1753）
画眉草属*Eragrostis* Wolf（1776）
沙茅属（旱茅属）*Eremopogon* Stapf（1917）
野黍属*Eriochloa* Kunth（1816）
类蜀黍属*Euchlaena* Schrad.（1832）
真穗草属*Eustachys* Desv.（1866）
羊茅属*Festuca* L.（1753）
指簕草属*Fingerhuthia* NeesexLehm.（1834）
毛虫草属*Harpochloa* Kunth（1829）
黄茅属*Heteropogon* Pers.（1807）
茅香属*Hierochloe* R. Br.（1810）
单矛草属*Hilaria* Kunth

绒毛草属*Holcus* L.（1753）
大麦属*Hordeum* L.（1753）
苞茅属*Hyparrhenia* Andersson ex E. Fourn.（1886）
山苇属*Lamprothyrsus* Pilg.（1906）
沼垫草属*Nardus* L.（1753）
垂穗草属*Bouteloua* Lag.（1805）
稻属*Oryza* L.（1753）
黍属*Panicum* L.（1753）
雀稗属*Paspalum* L.（1759）
狼尾草属*Pennisetum* Rich.（1805）
梯牧草属*Phleum* L.（1753）
蒺藜草属*Cenchrus* L.（1753）
小舟草属*Rendlia* Chiov.（1914）
甘蔗属*Saccharum* L.（1753）
裂稃草属*Schizachyrium* Nees（1829）
莎禾属*Coleanthus* Seidl（1817）
黑麦属*Secale* L.（1753）
狗尾草属*Setaria* P. Beauv.（1812）
高粱属*Sorghum* Moench（1794）
菅属（黄背草属）*Themeda* Forssk.（1775）
锥兔草属 *Tribolium* Desv.（1831）
贫地黍属*Tricholaena* Schrad.（1824）
摩擦草属*Tripsacum* L.（1759）
小麦属*Triticum* L.（1753）
尾稃草属*Urochloa* P. Beauv.（1812）
玉蜀黍属*Zea* L.（1753）

其中有的种是专性无融合生殖——后代仍然无融合生殖。有的种是兼性无融合生殖——后代有无融合生殖和有性生殖。有的种是自主无融合生殖——胚和胚乳的发生不需要花粉刺激。有的种是非自主的无融合生殖——胚和胚乳的发生需要花粉刺激。限于篇幅及时间关系，不一一列述。

（潘幸来　审校）

第十九章

禾本科的闭花授粉

授粉期雌雄蕊从不露天而总被包严在稃内或鞘内，甚或埋在土壤中的自花授粉，叫做闭花授粉；授粉期雌雄蕊吐露稃外而露天一段时间的都是开花授粉或开稃授粉。

一、禾本科的闭花授粉属种

1867年Kuhn在德国《植物学新闻》第25期的论文“Einige Bermerkungen über Vandellia und den Blüten Dimorphismus”中，首次使用Cleistogamy一词，表述那些花苞、花瓣一直闭合、雌雄蕊从不露天却仍产生果实种籽的现象，其字面意思是closed marriage=闭门婚配，汉译“闭花授粉”。显花植物大多选择了合性花自花开花授粉婚配制，少数闭花授粉种则是严格自花婚配制。

Culley等（2007）检索13个在线数据库1914—2007年的闭花授粉科属种数据，综述禾本科有88属326个闭花授粉草种，其中完全闭花授粉的36种，花序中既有闭花授粉又有开花授粉的二型闭花授粉282种，环境诱导的闭花授粉5种，闭花授粉类型未知的3种。列表如下：

属	完全闭花	诱发闭花	二型闭花	尚不清楚	参考文献
*Achnatherum*芨芨草属；直芒草属			1		Campbell et al.，1983
*Aciachne*卧针草属	1				Campbell et al.，1983
*Acrachne*阿拉克尼属	1				Campbell et al.，1983；Connor，1979
*Agrostis*剪股颖属			1		Campbell et al.，1983；Connor，1979
Amphibromus		1	2		Crozier & Thomas，1993；
Amphicarpum			2		Lord，1981；Cheplick，2005
*Andropogon*须芒草属；茅草属			10		Campbell，1982；Campbell et al.，1983

（续表）

属	完全闭花	诱发闭花	二型闭花	尚不清楚	参考文献
*Aristida*三芒草属			4		Lord，1981；Campbell et al.，1983
*Astrebla*阿司吹禾属；米契尔草属			2		Campbell et al.，1983
Austrodanthonia			1		Lord，1981
*Avena*燕麦属			4		Uphof，1938；Lord，1981；Campbell et al.，1983
*Bothriochloa*孔颖草属；兰草属			6		Lord，1981；Campbell et al.，1983
*Bouteloua*垂穗草属	2		1		Campbell et al.，1983；Columbus，1998
*Brachyachne*短颖草属	1		1		Campbell et al.，1983
*Briza*凌风草属	3		11		Campbell et al.，1983
*Bromus*雀麦属			8		Lord，1981；Campbell et al.，1983；Bartlett et al.，2002
*Calamagrostis*拂子茅属			2		Campbell et al.，1983
*Calyptochloa*纤隐草属			1		Campbell et al.，1983
Catapodium			1		Campbell et al.，1983
*Chasmanthium*小判草属			1		Campbell et al.，1983
*Chloris*虎尾草属			1		Campbell et al.，1983
Cleistochloa			2		Campbell et al.，1983
*Cleistogenes*隐子草属			3		Lord，1981；Campbell et al.，1983
*Cottea*解冠草属			1		Campbell et al.，1983
*Dactyloctenium*龙爪茅属			1		Campbell et al.，1983
*Danthonia*扁芒草属			17		Lord，1981；Campbell et al.，1983；Clay，1983a
*Deschampsia*发草属；髮草属	7		1		Campbell et al.，1983；Holderegger et al.，2003
*Desmazeria*沙硬禾属			1		Campbell et al.，1983
*Dichanthelium*二型花属			19		Lord，1981；Campbell et al.，1983；Bell & Quinn，1985；
*Dichanthium*双花草属			1		Campbell et al.，1983
Dichelachne			1		Campbell et al.，1983；Edgar & Connor，1982
*Digitaria*马唐属			5		Campbell et al.，1983

（续表）

属	完全闭花	诱发闭花	二型闭花	尚不清楚	参考文献
Dimorphochloa			1		Campbell et al.，1983
*Diplachne*双稃草属			3		Campbell et al.，1983
*Echinochloa*稗属			1		Campbell et al.，1983
*Ectrosia*兔足草属			4		Campbell et al.，1983
*Ehrharta*皱稃草属			1		Lord，1981
*Eleusine*穇属			1		Campbell et al.，1983
*Enneapogon*冠芒草属；九顶草属			4		Campbell et al.，1983
*Enteropogon*肠须草属	1				Campbell et al.，1983
*Eragrostis*画眉草属	2		4		Campbell et al.，1983；Judziewicz & Peterson，1990
*Eremitis*地花竺属			4		Campbell et al.，1983
*Eriachne*鹧鸪草属			3		Campbell et al.，198
*Erianthus*蔗茅属			1		Campbell et al.，1983
*Erioneuron*剑绒草属				1	Campbell et al.，1983
*Festuca*羊茅属		4	2	1	Campbell et al.，1983；Connor，1998
*Garnotia*耳稃草属	1				Campbell et al.，1983
*Gymnachne*裸稃草属	1				Campbell et al.，1983
*Gymnopogon*骨架草属			2		Campbell et al.，1983
Habrochloa	1				Campbell et al.，1983
*Helichtotrichon*异燕麦属			1		Campbell et al.，1983
*Heterachne*翼兔草属			3		Campbell et al.，1983
*Hordeum*大麦属			4		Campbell et al.，1983
Hypseochloa			1		Campbell et al.，1983
*Leersia*假稻属；李氏禾属			2		Lord，1981；Campbell et al.，1983
*Leptochloa*千金子属	1		1		Campbell et al.，1983
*Melica*臭草属；肥马草属			3		Campbell et al.，1983
Microlaena			1		Lord，1981
*Microstegium*莠竹属			1		Ehrenfeld，1999；Cheplick，2005a，2005b
*Muhlenbergia*乱子草属			1		Campbell et al.，1983
*Nassella*纳塞拉草属；单花针茅属	3		2		Lord，1981；Campbell et al.，1983

（续表）

属	完全闭花	诱发闭花	二型闭花	尚不清楚	参考文献
*Oryza*稻属			1		Kerner von Marilaun，1902
*Panicum*黍属；稷属；坚尼草属			2		Campbell et al.，1983
*Pappophorum*冠芒草属			3		Campbell et al.，1983
*Paspalum*雀稗属			1		Campbell et al.，1983
*Pennisetum*狼尾草属			3		Campbell et al.，1983
*Pheidochloa*草芦属			1		Campbell et al.，1983
*Piptatherum*落芒草属			1		Campbell et al.，1983
Piptochaetium	2		7		Campbell et al.，1983
*Poa*早熟禾属	1		2		Uphof，1938；Maheshwari，1962；Campbell et al.，1983
*Puccinellia*碱茅属；硷茅属			1		Campbell et al.，1983
Relchela			1		Campbell et al.，1983
*Rottboellia*筒轴茅属；罗氏草属			2		Campbell et al.，1983
Rytidosperma			1		Campbell et al.，1983
*Schizachyrium*裂稃草属；蜀黍属			17		Campbell et al.，1983
*Secale*黑麦属			1		Campbell et al.，1983
*Setaria*狗尾草属；粟属			1		Campbell et al.，1983
*Sorghum*高粱属			2	1	Campbell et al.，1983；Lazarides et al.，1991
Spathia			1		Campbell et al.，1983
*Sporobolus*鼠尾粟属	1		10		Lord，1981；Campbell et al.，1983；
*Stipa*针茅属	2		39		Campbell et al.，1983；Jacobs et al.，1989
*Tetrapogon*冀虎草属	1				Uphof，1938；Campbell et al.，1983
Thyridolepis	1		2		Campbell et al.，1983
Tridens	2		1		Campbell et al.，1983
*Triodia*三齿稃草属			1		Lord，1981
*Triplasis*三重茅属			2		Lord，1981；Campbell et al.，1983；Cheplick，1996

（续表）

属	完全闭花	诱发闭花	二型闭花	尚不清楚	参考文献
*Trisetum*三毛草属	1		1		Campbell et al.，1983
*Vulpia*鼠茅属；乌尔波草属			15		Lord，1981；Campbell et al.，19
总计：88	36	5	282	3	

二、小麦中的开/闭花授粉

小麦系统发育进程中获得的开花授粉习性，有一定的异花授粉概率，或可产生子代杂合优势或变异多样性。而且，杂种小麦制种也需要父本花药尽量吐露释外并大量散粉以及不育系开稃良好且持久一些。

小麦系统发育进程中获得的闭花授粉特性，有利于自花授、受粉而保持子代纯合稳定，同时也可阻隔病原菌入侵花内以避免触花病害，即关门拒赤霉、散黑、麦角、印腥等触花病菌入侵。

经验认可，开花授粉有利于系统发育及遗传多样性，闭花授粉有利于遗传稳定性及自体关门防卫，亦节省了推开外稃的自体能量消耗。

1. 大麦中的闭花授粉品种

品种名称	开花习性	国别	参考文献
Misato golden	闭花授粉	日本	Kurauchi 1994；Turuspekov 2004
Kanto Nakate Gold	闭花授粉	日本	Turuspekov，2004
Mikano Golden	闭花授粉	日本	Turuspekov，2004
Sanalta二棱	闭花授粉	加拿大	Nair，2009
France 1二棱	闭花授粉	法国	Nair，2009
Cygne二棱	闭花授粉	法国	Nair，2009
Plumage二棱	闭花授粉		Nair，2009
Imperial二棱	闭花授粉		Nair，2009
Valencia六棱	闭花授粉		Nair，2009
Tammi六棱	闭花授粉	芬兰	Nair，2009
Badajoy六棱	闭花授粉	西班牙	Nair，2009
Otello六棱	闭花授粉		Nair，2009
青稞六棱	鞘内授粉	中国	潘幸来2019年鉴定

2. 小麦中的闭花授粉品种

品种名称	开花习性	国别	参考文献或依据
CADENZA（6x）	点突变	美国	UCD，UK，TLLLING
U24（6x）	闭花授粉	日本	Ueno，1997；Kubo，2010
U56（6x）	闭花授粉	日本	Ueno，1997
Corringin（6x）	闭花授粉	澳洲	Ueno，1997
IL416（6x）	闭花授粉	希腊	Ueno，1997
Avalon（6x）	多闭花授粉	英国	YOLANDE，1996
Goldfield（6x）	窄开花	美国	Gilsinger，2005
Squarehead（6x）	窄开花	英国	FRUWIRTH，1905
V79143（6x）	闭花授粉	印度	Sethi，1990
花培3号（6x）	多闭花授粉	中国	黄修文，2010（潘思睿鉴定不完全闭花）
8西农133-series	闭花授粉	中国	杨德勇，2014
舜麦三胞胎（6x）	花药不吐露	中国	潘思睿2019年鉴定
晋麦84（6x）	花药不吐露	中国	潘幸来2019年鉴定
中科001（6x）	闭花授粉	中国	lfwu@ipp.ac.cn，limh@ipp.ac.cn
Sona 227（6x）	花药不吐露	印度	Sage，1974
KRONOS（4x）	点突变	美国	UCD，UK，TLLLING
HI8332（4x）	闭花授粉	印度	Chhabra，1991
WH880（4x）	闭花授粉	印度	Chhabra，1991
KT003-005（2x）	闭花授粉	日本	Ning，2013

三、禾本科植物开/闭花授粉的体力学元素

1886年H. E.在《自然》刊文，描述了浆片的膨胀是小麦开花授粉的主要力量："稃片的张开取决于浆片的膨胀。稃片张开的角度大小对应于浆片的膨胀程度，当受精完成时，浆片即萎缩，稃片又闭合包住雌蕊。" "The opening of the glumes，however，is dependent on the swelling of the 'lodicules.' The angle of opening of the glumes corresponds to this swelling, and when fertilization has been performed the lodicules shrivel up and the glumes again close over the pistil."

1921年Percival报道，小麦开花时内外稃张开的角度不同：有的可达40°或更大；一般仅约20°～30°；还有些*T. polonicum*和*T. vulgare*的品种张开角度更小甚至为0°。

实际上，对禾本科草种授粉期的花件体量学（morphometry）调查比较结果表

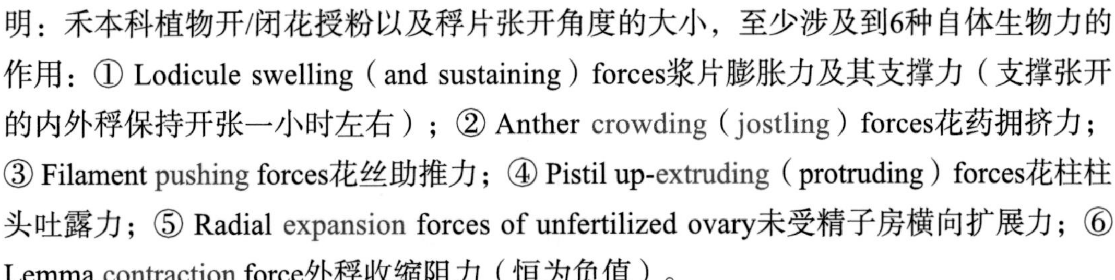
明：禾本科植物开/闭花授粉以及稃片张开角度的大小，至少涉及到6种自体生物力的作用：① Lodicule swelling（and sustaining）forces浆片膨胀力及其支撑力（支撑张开的内外稃保持开张一小时左右）；② Anther crowding（jostling）forces花药拥挤力；③ Filament pushing forces花丝助推力；④ Pistil up-extruding（protruding）forces花柱柱头吐露力；⑤ Radial expansion forces of unfertilized ovary未受精子房横向扩展力；⑥ Lemma contraction force外稃收缩阻力（恒为负值）。

6种生物力同步合力的卷积公式如下：

$$\oint_1^6 (f_i) > 0 \qquad \propto \text{开花授粉}$$

6种合力同步作用为正，则开花授粉，同步合力越大则内外稃开张角度就越大；反之，张角就越小。

$$\oint_1^6 (f_i) \leqslant 0 \qquad \propto \text{闭花授粉}$$

6种合力为负，则闭花授粉。

以下简述一些小麦个例。

开花期间小麦品种中国春的花药长3.45毫米，帝国黑麦的花药长8.25毫米，小黑麦附加系的花药长2.82～3.83毫米（Athwal and Kinber，1970）。45个小麦品种的花药长3.19～4.41毫米；宽0.57～1.07毫米（Kherde et al.，1967）。22个小麦品种花药的长宽乘积在3.26～6.67平方毫米，花药长宽乘积与其中花粉粒数量相关系数达0.734（Bert and Anand，1971）。水稻中亦如此相关。小麦不育系内外稃张开程度都比其保持系的小得多（花药败育丧失拥挤力所致）。

开花期间小麦的花丝在20分钟内自3.5毫米伸长到11毫米；在33分钟内花丝自3毫米伸长到11.2毫米。开始伸长速度非常迅速，之后渐减。斯皮尔托小麦的花丝伸长稍弱（Rimpau，1882）。测量许多小麦和黑麦的花丝，大多数情况下，花丝每分钟生长1～1.5毫米。生长速度在每分钟1～12毫米（Askenasy，1879）。小麦花丝在2～4分钟内自2～3毫米伸长到7～10毫米；低温延滞花丝的伸展（Percival，1921）。波兰小麦花丝最大伸长达17毫米（Fruwirth，1905）。一般而言，花丝在3分钟内达到其初长的3倍（Peterson，1965）。22个品种的花丝定长在4.5～11.9毫米。花丝定长与花外散粉量成正比（Bert and Anand，1971）。

小麦花药外露数与开花小花数直接正比，花药的吐露还受到小花间拥挤程度的影响，例如同小穗的第3第4小花以及密穗的花药吐露就较少（Rajki，1960、1962）。尽管小花也张开花丝也伸长，但有的小花的1个或2个花药却被夹持在内稃的边缘处（Percival，1921；Leighty and Sando，1924）。六倍体小麦的开花授粉小花数与3个花药均外露的小花数相关系数为0.93；四倍体小麦的为0.90；二倍体的为0.86——大多3花药同时吐露（Zukov，1969）。

花药外露小花百分数与品种及年份有关，同一品种可相差近一倍（Nikvlina，1969）。三年2个品种的花药外露的小花比例分别为61.6%～89.2%，67.7%～93.0%。最干旱年份最少花药外露（Rajki，1962）。2个小麦品种的花药外露的小花比例为25%到72%；两个硬粒麦品种的花药外露的小花比例为22%到32%（Joppa et al.，1968）。10个小麦品种的花药外露的小花比例一般占总小花数的30%～80%（D'souza，1970）。

Takashi Okada（2018）证明小麦不育系未及时受精的小花子房的横向扩胀力导致内外稃二次张开，雌蕊露天（如下图所示）。

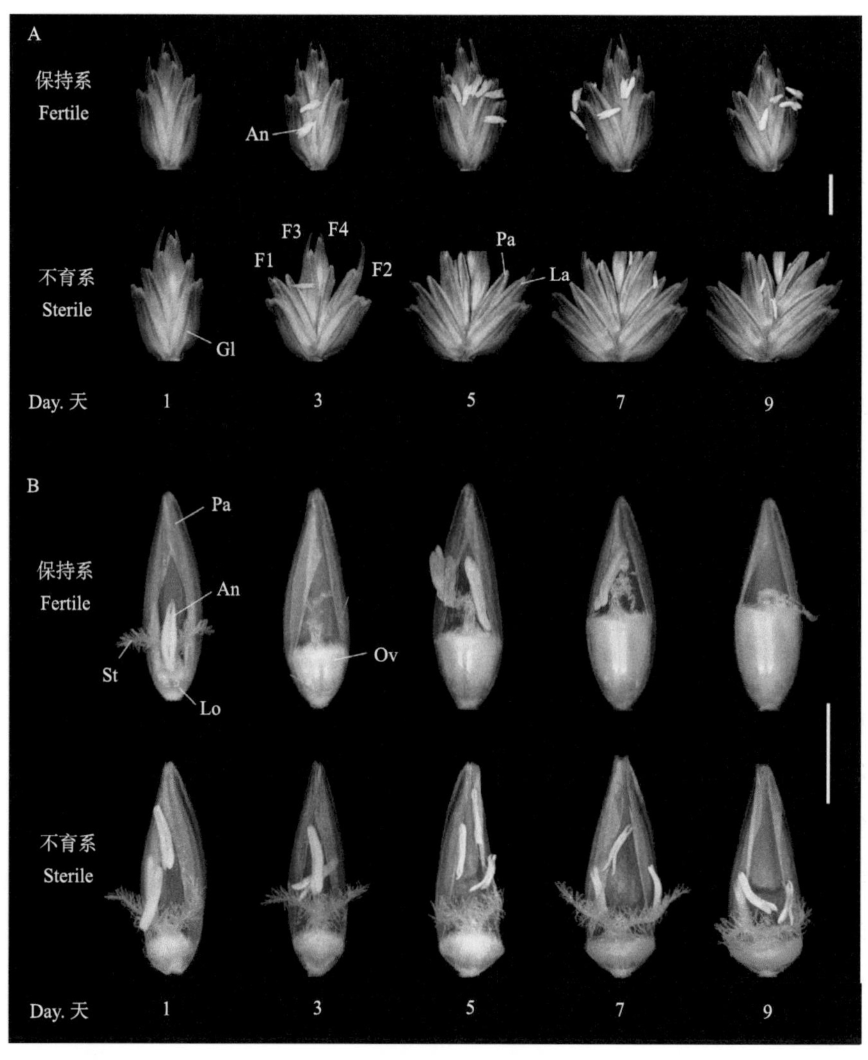

A＝保持系Ms5的小穗（Fertile）；雄不育系ms5的小穗（Sterile）；Day＝1～9天（尺标＝5 mm）。B＝保持系Ms5的受精小花（Fertile）；雄不育系ms5的未受精小花（Sterile）（尺标＝2 mm）。An＝花药；F1～F4＝第1～4小花；Gl＝护颖；Le＝外稃；Lo＝浆片；Pa＝内稃；Ov＝子房；St＝柱头。（Takashi Okada，et al.，2018）

四、禾本科植物开/闭花授粉的体量学三分之二范式

1.（花药长A+花丝长F）：外稃壳长LP<<2：3≈闭花授粉

授粉期花药花丝即雄蕊定长远小于外稃壳长（不含芒长）的三分之二的草种，多闭花授粉。即使浆片膨胀鼓圆也无法推开内外稃而使雌雄蕊外露的。

花药不吐露的小麦品种的体量比：

品种名称	（A+F）花药花丝定长（mm）	L外稃壳长（mm）	（A+F）：L	浆片
CL T3	7	12	0.58	良好
CL Kronos	6.5	12	0.54	良好
CL R10Q	6.5	12	0.54	良好
CL G27R	6.5	12	0.54	良好
CL BromusA	2.5	6.5	0.38	弱小
CL BromusP	1.5	3.5	0.42	弱小

注：BromusP的内外稃异时生长。内稃似与雌雄蕊生长同步。

2.（花药长A+花丝长F）：外稃壳长L>>2：3＝开花授粉

授粉期只要花药花丝定长远大于外稃壳长（不含芒长）的三分之二的草种，必然开花授粉。即使无浆片，内外稃仍被雄蕊推挤力撑开而使雌雄蕊露天。

几种开花授粉禾草的体量比：

禾草种名称	（A+F）花药花丝定长（mm）	L外稃壳长（mm）	（A+F）：L	浆片
CH B	16	13	1.23	良好
CH Cadenza	13	13	1.0	良好
CH Fielder	15	12	1.25	弱小
CH稗草	2.5	2.3	1.08	良好
CH草高粱	8.8	5.8	1.51	良好
CH黑麦草	5.4	5.2	1.04	良好
CH苇状羊茅	5	4.5	1.19	良好
CH羊草	8	7.5	1.06	良好
CH野黍子	5.2	5.4	0.96	—
CH马唐	2.0	2.0	1.00	—
CH牛筋草	3.5	3.5	1.00	—
CH节枝草	4.5	4.5	1.00	—

3.（花药长A+花丝长F）：外稃壳长L≈2：3＝开/闭花授粉

授粉期花药花丝定长约等于外稃壳长（不含芒长）三分之二的草种，若浆片功能正常既可能开花授粉但开角很小，也可能闭花授粉，依当时的环境因子作用情况而定。

几种开/闭花授粉禾草的体量比：

禾草种名称	（A+F）花药花丝定长（mm）	L外稃壳长（mm）	（A+F）：L	浆片
CH早熟禾CL	1.7	2.5	0.66	弱小
CH鹅观草CL	4.5	5.8	0.77	良好

【注1】番鬣刺属*Jouvea pilosa*和*Jouvea stramine*两个草种的雌小花内稃透亮极小或无，外稃呈管筒状，顶端有小孔口，虽无浆片，但花柱柱头即雌蕊定长超过外稃长而从管筒顶口伸出。玉米的雌小花虽无浆片，但其柱头长达20多厘米照常吐露见天。还有些草种的雄小花无浆片，仍然花药吐露出内外稃。

【注2】有些草种的内外稃异速生长，而与雌雄蕊同步生长，其开闭花同样遵从三分之二范式。

【注3】另有一些草种小花的内外稃下部边缘融合成一体，上部边缘自离，其开闭花也遵从三分之二范式。

【注4】禾本科有些闭花授粉草种是鞘内授粉或地下授粉，这两类闭花授粉主要受外力，即叶鞘的束缚力或土壤的压挤力约束。

参考文献

Askenasy E，1879. Uber das Aufbluhen der Graser[A]. In：Verhandl. Naturhist. Med. Ver. Heidelberg，n.F.，Bd 2：261-273. Cited by LEIGHTY & SANDO（1924）.

Athwal R S，Kimber G，1970. Anther size and pollen longevity in wheat/rye addition lines[J]. Wheat Inf. Serv. Kyoto Univ.，30：30-32.

Beri S M，Anand S C，1971. Factors affecting pollen shedding in wheat[EB/OL]. Euphytica 20.

Culley T M，Klooster M R，2007. The Cleistogamous Breeding System：A Review of Its Frequency，Evolution，and Ecology in Angiosperms[J]. The Botanical Review，73（1）：1–30.

Fruwirth C，1905. Das Bluhen von Weizen and Hafer. dt. landwirt[J]. Presse，32：737-739，747-748.

H E，1886. Hybrid wheat[J]. Nature，34（887）：629

Kherde M K，Atkins L M，Merkle O G，et al.，1967. Cross pollination studies with male sterile wheats of three cytoplasms，seed size on F1 plants，and seed and anther size of 45 pollinators[J]. Crop Sci.，7：389-394.

Lelley J，1966. Befruchtungsbiologische Beobachtungen im Zusammenhang mit der Saatguterzeugung von Hybridweizen[J]. Zuchter，36：314-317.

Nikulina N D，1969. Anthesis in winter bread wheat[J]. Selekts. Semenov.（6）：46（PI. Breed. Abstr. 40，1970：4725）.

Okada T，Ridma J E A，Jayasinghe M，et al.，2018. Unfertilized ovary pushes wheat flower open for cross-pollination[J]. Journal of Experimental Botany，69（3）：399–412.

Percival J，1921. The wheat plant - A monograph[M]. London：Duchworth & Co.

Petrovskaya-Baranova T P，1962.The correlations of pollen grains in the representatives of the Triticum genus polyploid series[R]. Trans. Conf. Plant Polypl.，June 25-28，1958：121-122.

Rajki E，1960. Open and closed flowering in some wheat varieties[J]. Novenytermeles，9：309-320.

Rajki E，1962. Some problems of the biology of flowering in wheat[R]. Proc. Symp. Genet. and Wheat Breed.，Martonvasar：41-62.

Rimpau W，1882. Das Bluhen des Getreides[R]. Landw. Jb. 1882，XL875-919.

Zukov V I，1969. Method of determining open flowering in wheat[J]. Selekts. Semenov.（6）：73（Pl . Breed. Abstr. 40，1970：4700）.

（潘幸来　审校）

第二十章

两栖花序2属3种

两栖花序是既有地上花序又有地下花序。

第一节　*Amphicarpum* 姬苇属两栖花序2种

【黍亚科>>黍族>拱稃草亚族→姬苇属 ***Amphicarpum*** **Kunth（1829）**】

*Amphicarpum*取自希腊词*amphikarpos*（两栖产果实），指其地上、地下两栖小穗产籽，汉译“姬苇属”。属内2种，为沙壤松林地、开阔地低盐生草种。染色体基数$x=9$，二倍体$2n=18$。光合C_3，XyMS+。本属的两栖花特性既严格自交又有一定程度的异交，既保证了种内的遗传变异性，又保证了种内的遗传保守性，既应对了地上环境风险，又利用了籽藏地下的安全。实属令人惊叹的三保险进化策略。

一、*Amphicarpum purshii* Kunth（1829）（英译Peanut grass=花生草）

*Amphicarpum purshii*记录于1829年。原生美国东部。3个异名：①*Amphicarpum amphicarpon*（Pursh）Nash（1894）；②*Milium ciliatum* Muhl.（1817）；③*Milium amphicarpon* Pursh（1813）。

*Amphicarpum purshi*i一年生。茎高30～80厘米。叶鞘有刚毛。叶舌一缕毛。叶片条形或矛尖形，10～15厘米长，5～15毫米宽，两面有毛，边缘有瘤基纤毛。顶生/腋生圆锥花序3～20厘米长，枝花序1.5～12厘米长，收紧。小穗椭圆形，7～8毫米长，背平，长尖，单生，有粗糙的丝状柄，含基部1空花，轴顶1合性花，下护颖无或模糊，上护颖矛尖形，略短于可育外稃，膜质，无脊，7脉，顶尖。

地上小穗开花授粉并能异交授粉，熟后完整掉落。地下小穗少而大、闭花授粉结籽少却重且更具活力，生成的幼苗长势旺。地上小穗中的空花光秃，无内稃，外稃椭圆形，等长小穗，膜质，5脉，尖。合性花式Σ♂$_3$♀L_2〉：内稃变硬；2柱头；3雄蕊；

2浆片，肉质；外稃长椭圆形，7～8毫米长，固结，无脊，5脉，边缘更薄，平展，顶端有尖。

Chase（1908）实地采集100多个*Amphicarpum purshii*样本，都有地下小穗结籽，其中仅有15个样本的地上茎顶生小穗有结籽的。而所有*Amphicarpum floridanum*的标本中均未发现地上顶生花序的小穗有结籽的。

McNamara等（1977）调查了5个*Amphicarpum purshii*群体，其地上生物量的29%分配为生殖生物量，而地下花序占生殖生物量的100～37%——随着不时的土壤翻动，地上产籽数与地下产籽数之比，则从0：4增大到4：2。而且地上产的种子的遗传变异力更大。而且地下花的花粉粒数：胚珠数＝2 305：1。地上开花授粉小穗1毫米×4毫米，地下闭花授粉小穗2.5毫米×8毫米。5个群体的株均地上小穗数0.1～21.2个，株均产籽0～4.1个；株均地下小穗数2.0～4.4个，株均产籽1.8～4.0个。

（Hitchcock & Chase 1950，N. J. Brinton）

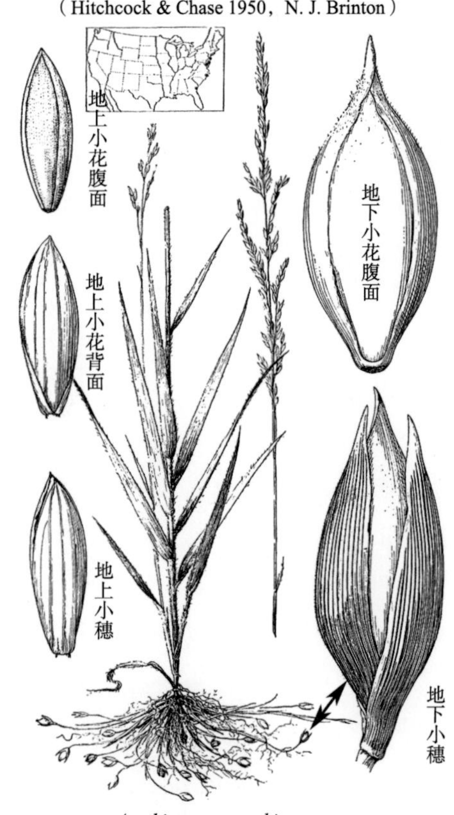

Amphicarpum amphicarpon

二、*Amphicarpum muehlenbergianum*（Schult.）Hitchc.（1932）

*Amphicarpum muehlenbergianum*订正记录于1932年。原生美国东南部阿拉巴马、佛罗里达、佐治亚、南卡罗来纳、北卡罗来纳。2个异名：①*Amphicarpum floridanum* Chapm.（1860）；②*Milium muehlenbergianum* Schult.（1824）。

*Amphicarpum muehlenbergianum*多年生。地下茎伸长。茎秆直立或膝曲向上，10～70厘米长，下方节生根。侧枝稀疏。叶茎生，低出叶多。叶鞘有脊棱刚毛。叶舌一缕毛。叶片矛尖形，（0.5～）3～10厘米长，5～10毫米宽，草质或皮质，基部或阔圆，表面光或粗糙，边缘软骨质。

顶生圆锥花序矛尖形，10～25厘米长，主花序轴节间长，每节1枝总状花序，1.5～15厘米长。小穗椭圆形，6～7毫米长，上挺或平伸，背平，长尖，单生，有1～8毫米长的丝状柄粗糙，含基部1空花及1合性花。下护颖卵圆形，1毫米长，膜质或粗糙，无脊，1脉，顶钝圆。上护颖矛尖形，等长相邻可育外稃或略短，膜质，无脊，5脉，顶尖。地上小穗熟自完整掉落。地上小穗基部空花光秃，无内稃，外稃椭圆形，等长小穗，膜质，无脊，尖。合性花式$\Sigma♂_3♀L_2$〉：内稃椭圆形，等长外稃，变硬固结，2脉，表面多疣突，顶长尖；子房光，2柱头；3雄蕊，花药4毫米长；2浆片，0.5毫米长，楔形，肉质；外稃椭圆形，5.5～6毫米长，皮质，或变硬固结，无脊，5脉，侧脉横连至顶尖，边缘内卷，顶端呈尖形。地上小穗开花授粉。地下小穗闭花授粉。地下合性小花结构不详。

第二节 *Eremitis* 地花竺属两栖花序1种

【竹亚科>>簕竹族>雨林竺亚族→地花竺属***Eremitis*** **Döll**（**1877**）】

*Eremitis*地花竺属草种同株可生三种花序：①地上茎顶生[如图A（Espirito Santo，Brazil，Soderstrom & Sucre 1964），图B（Bahia，Brazil，Calderdn 2039）]；②近地面无叶膝曲茎生[如图C（Bahia，Brazil，Cal- deron & Psnheiro 2200）]；③入地深约10厘米、长达1.25米的地下茎生[如图D（Espirito Santo，Soderstrom & Sucre 1964）]。

【注1】被子植物13科34属有地上/下两型结实的种。禾本科有如下7属9个草种具有地上/下两型结实的繁育制。

*Amphicarpum floridanum*地上/下两型结实（Cheplick，1987；Kaul et al.，2000）

*Amphicarpum muhlenbergianum*地上/下两型结实（Cheplick，1987；Kaul et al.，2000）

*Amphicarpum purshii*地上/下两型结实（Cheplick，1987）

*Chloris chloridea*地上/下两型结实（Cheplick，1987；Kaul et al.，2000）

*Eremitis*地上/下两型结实（Cheplick，1987；Kaul et al.，2000）

*Enneapogon desvauxii*地上/下两型结实（Barker，2005）

*Libyella cyrenaica*地上/下两型结实（Barker，2005）

*Microlaena polynoda*地上/下两型结（Schoen，1984）

*Paspalum amphicarpum*地上/下两型结实（Cheplick，1987；Kaul et al.，2000）

【注2】禾本科闭花授粉定义：雌雄蕊皆不露天谓之闭花授粉——涵盖了鞘内授粉及地下授粉两种特别情形。相比内外稃不张开谓之闭花授粉的定义，更确切。

【注3】两栖花草种既严格自交又有一定程度的异交，既保证了种内的遗传变异性，又保证了种内的遗传保守性，既应对了地上环境风险，又利用了籽藏地下的安全。

参考文献

Chase A，1908. Notes on cleistogamy of grasses[J]. Botanical Gazette，45：135-136.

McNamara J，Quinn J A，1977. Resource allocation and reproduction in populations of *Amphicarpum purshii*（Gramineae）[J]. American Journal Botany，64（1）：17-23.

（潘幸来　审校）

第二十一章

禾本科花序的分型及初始发育

禾本科植株产籽的部分俗称“穗头ear，head”，小花在穗头中的排序即“花序inflorescence”。禾本科植物的小花精简而独特，简约而不简单。控花初始发育的遗传网络功能非常保守，属种间变异不大，但花序穗型却复杂多样。花序发生的时间、构型模式、穗轴的分枝方式和级数及长度和个数，都与穗中小穗小花的总数、进入花序各级支轴及最终到达小花的维管束个数，以及花与风的互作方式等密切相关。花序中维管束的分布更直接影响植株为发育着的种子供应水分养分及气热得失等。花序的初始发育成型，系关其婚配繁衍及生态适应，因而具有极重要的分类学、生态学、遗传学、经济学意义。

一、禾本科花序轴与花序分型

禾本科花序分型至少应把握如下几点：

（1）各级花序轴或“封顶”或“秃顶/截顶”，可有四种组合：①主轴枝轴皆封顶；②主轴枝轴皆秃顶；③主轴封顶枝轴秃顶；④主轴秃顶枝轴封顶。

【封顶即轴顶端有一小穗或小花——封顶即有限花序，秃顶或截顶即轴顶既无小穗也无小花封顶而仍是轴尖继续或戛然而止——秃顶或截顶指向无限花序】

（2）穗下节间或长或短。花序轴基部有苞片或无。轴基“刺出”或“贴生”，有柄或无柄。

（3）花序轴每节有1枝轴，或2枝轴单侧孪生/二侧对生，或数枝轴窝生/环生/丛生/一边倒。

（4）花序轴节间或长或短，节数或多或少或无，主轴各节枝轴有互生、对生/拟对生、轮生/拟轮生、聚生等。

（5）花序分枝的对称型：①一边倒单侧对称——主轴单侧2列分枝；②二侧对称——主轴两侧分枝；③螺旋对称——围绕主轴分枝。

（6）花序分枝的归一化问题。

二、禾本科花序的初始分化及发育

1. “Blatt＝理想叶”与“Skin theory＝皮理论”猜想

1790年歌德的“理想叶学说ideal leaf”认为：植物体的不同器官均源自同一基态“Blatt＝理想叶”的“metamorphosis＝转型修饰”。

1922年E. R. Saunders的“叶皮学说leaf skin-theory”认为：植物的茎表皮是由叶皮延伸而成的，进而推论【植株的所有部件的表皮都是叶皮延伸的结果】。

2. 近代解剖学发现多种“分生组织”

英语meristem源自希腊词*meristos*意指可除尽的可整分的，汉译做分生组织，是具有旺盛生殖力的几乎无胞间隙的细胞群，呈卵圆、球圆、圆柱、多面体等多种形状，其中的分生细胞小而无壁或仅有薄壁，原生质浓密，单核突出，液泡无或极小，不储藏营养，代谢活性极高，持续地分裂、分化、派生、扩张，具有全能性、多能性或专能性。

（1）按出生源分

①原生分生组织——如麦籽中胚根中的根尖分生组织RAM和胚芽中的茎尖分生组织SAM。

②初生分生组织——由原生分生组织派生的位于其下的，或夹在两段组织之间的，总是活跃而持续分裂的分生组织。

③次生分生组织——由初生分生组织派生出的次级分生组织派生永久定型的薄壁细胞、角质细胞、厚壁细胞或石细胞等。

（2）按体位分

①顶端分生组织——位于根尖、茎尖、穗尖、小穗尖、腋尖等分生组织，其原生分生组织区包含有顶端初始分裂着的细胞群，其下的分生区含有皮原、形成层原和本底原分生组织。

②居间分生组织——位于叶、鞘、节间中，属于顶端分生组织的一部分，同样增长植株的高度或器官的长度。

③侧生分生组织——位于茎、根、节等的环周或侧面，增加株体的粗度或厚度、新生侧生根、叶腋芽、维管形成层（初生分生组织）和软木形成层（次生分生组织）等。

（3）按功能分

①皮分生组织——生成皮组织，避免机械损伤等。

②形成层分生组织——生成维管组织（木质部和韧皮部），运输水分养分等。

③本底分生组织——生成叶肉等其他皮内生理代谢功能组织等。

（4）按形态分

①团块状分生组织——细胞三维空间分裂，分生部体积增大成团球状或不规则块

状，如在生长点、胚乳中、髓部、花粉粒等的分生。

②盘片状分生组织——细胞二维平面分裂，分生区面积增大、厚度略增，如叶片中、茎筒中、糊粉层等的分生。

③肋条状分生组织——细胞一维线条分裂，分生区长度增大、直径略增，如花丝、羽毛、大孢子母细胞等的分生。

（5）按寿命分

①持续分生组织；

②阶段分生组织；

③潜在分生组织。

分生组织分类汇总如下：

（1）按始源分为：	（2）按体位分为：	（3）按功能分为：	（4）按形态分为：	（5）按时段分为：
①原生分生组织	①顶端分生组织	①皮层分生组织	①团块分生组织	①持续分生组织
②初生分生组织	②居间分生组织	②维管分生组织	②盘片分生组织	②阶段分生组织
③次生分生组织	③侧生分生组织	③特化分生组织	③肋环分生组织	③潜在分生组织

3. 细胞学分列出5类干细胞

细胞学结论：细胞是所有动植物机体构成的基本单元，一切多细胞生物机体都是由一个细胞发育而成的。各种分生组织均始源于一个相应的干细胞。

①全能细胞（totipotency cell）——能分化生物体中所有细胞、组织和器官，进而长成健全个体的单个细胞。

②多能细胞（multipotency cell）——只能分化植株中某种器官的细胞。

③寡能细胞（oligopotency cell）——只能分化植株中某种组织的细胞。

④单能细胞（unipotency cell）——只能重复分裂生成同类细胞的细胞。

⑤潜能细胞（pluripotency cell）——能被诱导分化植株中某种类型细胞的细胞。

4. 禾本科花序分化过程中可出现如下几种分生组织

①花序分生组织（Inflorescence Meristem＝IM）——生产花序中的所有分生组织。

②枝序分生组织（Branch Meristem＝BM）——由IM产生的侧分生组织。

③小穗对分生组织（Spikelet Pair Meristem＝SPM）——分生小穗对原基。

④小穗分生组织（Spikelet Meristem＝SM）——分生小穗原基（仅现于禾本科，生成2个护颖、小穗轴及数个小花的分生组织）。

⑤小花分生组织（Floral Meristem＝FM）——分生小花原基。

⑥苞片分生组织（Bract Primordium＝BP）——分生苞片原基。

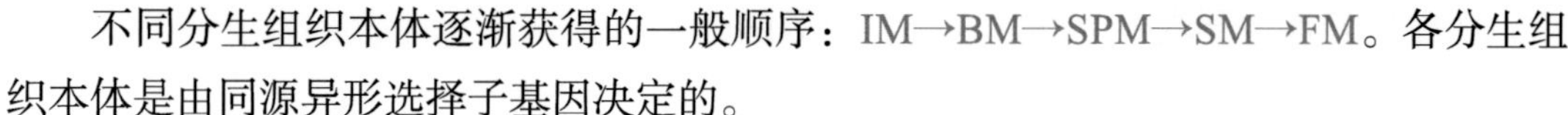

不同分生组织本体逐渐获得的一般顺序：IM→BM→SPM→SM→FM。各分生组织本体是由同源异形选择子基因决定的。

5. 顶端分生组织的纵横比：2/1及1/2定律

禾本科植株的成型，受胚胎发育期间形成的茎尖分生组织（SAM）和根尖分生组织（RAM）的支配。植物的所有气生器官都源自顶端分生组织SAM。SAM的伸长或阔展，是其转型为花序分生组织（IM）的形态标志，是禾本科植物进入生殖生长阶段的共同特征。

IM的纵横比渐大于2以上伸长，即可能走向穗状花序、指掌状花序、总状花序、圆锥花序等。IM纵横比渐小于0.5以下阔展，即可能走向指状花序、头状花序、聚伞花序等。

6. 禾本科花序分生组织的转型途径及过渡模型

禾本科花序分生组织的过渡模型transient model可以解释不同分生组织本体的逐渐获得，但不能提供足够的框架以解释更多级分枝的造型。

大量的光学显微镜及扫描电镜观察禾本科穗分化比较分析表明：

①单花禾草中花序分生组织转型模式：IM→FM。

②小麦花序初始发育中的分生组织转型模式：IM→SM→FM。

③水稻花序初始发育中的分生组织转型模式：IM→pBM/sBM→SM→FM。

④玉米雌花序初始发育中的分生组织转型模式：IM→BP→SPM→SM→FM。

⑤禾本科中约30%种的花序分枝呈二列式，大多数种的花序分枝呈螺列式。

花枝的极性是如何确立的尚不清楚，严格二列花序进化可能出现较晚。

花序分生组织的每次转型都涉及多个基因的调控。控制整个花序造型的基因组学，以及花序分生组织生物学等研究仍在探究之中，基因组学聚焦如下：

· 原生的发育机制如何产出多种形态
· 控制花序整体层级构造的基因网络
· 花器干细胞的基因网络
· 花序中分生组织跃迁转型的基因网络
· 花序发育期间调控各分生组织的基因网络
· 小穗分生组织本原初始的基因网络
· 界定小花分生组织的基因网络
· 各分生组织与侧生器官间分界及通信的基因网络

7. 禾本科花序分枝初始发育的时空序位

①自下而上初始，自下而上发育——先分生的先发育成熟。

②自下而上初始，自上而下发育——先分生的后发育成熟。

③自下而上初始，自中部分别向上向下发育——居中分生的先发育成熟。

④自上而下初始，自上而下发育——先分生的先发育成熟。

⑤自上而下初始，自下而上发育——先分生的后发育成熟。

⑥自上而下初始，自中部分别向上向下发育——居中分生的先发育成熟。

小穗分化的方向都是沿着整个花序自上而下的，在分枝轴上也是沿分枝轴自上而下的。这就暗示着：需要形成小穗的分枝成熟与分枝的分化时间无关。

8. 禾本科的多雄现象Excess Maleness

多雄有利于风媒传粉成功。禾本科花药与胚珠比概览：1花药：1胚珠；3花药：1胚珠；6花药：1胚珠；9花药：1胚珠；15花药：1胚珠；18花药：1胚珠；12～20花药：1胚珠；30～60花药：1胚珠；75～105花药：1胚珠；180～600花药：1胚珠。

附：小麦花药内的花粉粒数量概览

实际受精成功只1个花粉粒。下列个例可见每个花药中的花粉粒数量之多。

大田的4个小麦品种平均每个花药有856～1 380个花粉粒，花粉粒数量与花药长度密切相关（Cahn，1925）。12个冬麦品种的每个花药的花粉粒数量为1 282～1 629个（Khan，1967）。8个硬红春麦品种每个花药平均花粉粒数为2 687～3 867个；2个硬粒麦品种的均值为3 617～3 758（Joppa et al.，1968）。印度22个小麦品种每品种每个花药平均有花粉粒数为581～2 153个，花药长度与花药内花粉粒的数量与花药的长宽乘积之间的相关系数达0.734（Bert and Anand，1971）。4个品种每个花药中的花粉粒数为2 236～3 022个（D'souza，1970）。减数分裂期间四分体形成及单核花粉粒期间光照不足，每个花药中产生的花粉粒远少于其他阶段缺光的（Fesenko，1963）。

黑麦每个花药有19 000个花粉粒，每穗约4 200 000个花粉粒。玉米每个花药有3 400个花粉粒，每个雄花序有18 400 000个花粉粒。小麦按每穗20个可育小穗、每小穗3个可育小花、每小花3个花药、每个花药2 500个花粉粒计算，小麦每穗约有450 000个花粉粒，约分别为黑麦、玉米花序的10%、2.5%（Pohl，1937）。小黑麦每个花药花粉粒数是小麦的近3倍（D'souza，1970）。

参考文献

Beri S M，Anand S C，1971. Factors affecting pollen shedding in wheat[EB/OL]. Euphytica，20.

Cahn E，1925. A study of fertility in certain varieties of common wheat with respect to anther length and amount of pollen in parents and offspring[J]. Am. Soc. Agron.，17：591-595.

D'Souza L，1970. Untersuchungen fiber die Eignung des Weizens als Pollenspender bei der Fremdbefruchtung，verglichen mit Roggen，Triticale and Secalotricum[J]. Z. PfiZucht.，63：246-269.

Fesenko N V，1963. Material on the essential differences between cross-pollinated and selfpollinated plants[A]. In：Collection of Scientific Research Works，Orel State Agr. Exp. Stn.，Orel（USSR）：3-16.

Joppa L R，McNeal F H，BERG M A，1968. Pollen production and pollen shedding of hard red spring（*Triticum aestivum* L.）and durum（*T. durum* Desf.）wheats[J]. Crop Sci.，8：487-490.

Kellogg E A，Camara P E A S，Rudall P J，et al.，2013. Early inflorescence development in the grasses（Poaceae）[J/OL]. Frontiers in Plant Science，4，Article 250. doi：10. 3389/fpls. 2013. 00250.

Khan M N，1967. Pollen production in twelve standard hard red winter wheat cultivars[R]. M. S. Thesis，Dep. Agron. Kansas State Univ.，Manhattan.

Pohl F，1937. Die Pollenerzeugung der Windblitler[R]. Beih. Bot. Zbl.，Abt. A 56：365-470.

Whipple C J，2017. Grass inflorescence architecture and evolution：the origin of novel signaling centers[J]. New Phytologist，216：367−372.

（潘幸来 审校）

第二十二章

禾本科婚育制的进化个例

一、早熟禾属的花生物学及生殖生物学

Anton和Connor（1995）列出了早熟禾属52个雌雄异株种、14个雌异株种、41个雌异花种、12个只雌株种。并指出，早熟禾迁移到北美、南美后，其性别变异及频率变异极大。南美洲的雌雄异株种比世界其余各地的多3倍多。雌异花种多分布在中、南美洲的安第斯山区的秘鲁和玻利维亚。雌异株种多处在有利于向雌雄异株过渡的地带，且在北美有几个种具有中间型。无融合生殖种在西北美洲已侵入到雌雄异株种中并生出了只雌株种群。在秘鲁和玻利维亚，有几个种是完全由雌株组成，皆源自雌异花祖先。该文列出的早熟禾属的生殖及性别进化可能的路径如下：

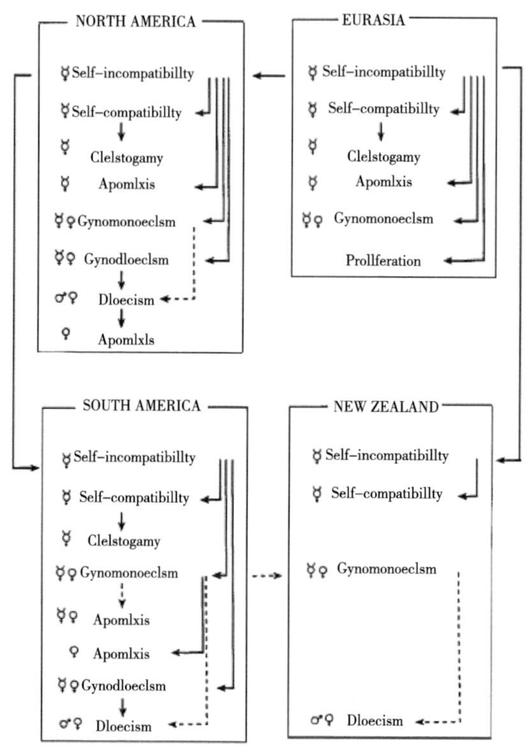

图示早熟禾属在四大陆的各种婚育制似皆从自不相容的合性花进化而来。

EURASIA欧亚大陆：

途径1——自不相容合性花种→自相容种→闭花授粉种

途径2——自不相容合性花种→无融合生殖种

途径3——自不相容合性花种→雌异花种

途径4——自不相容合性花种→自增殖种

↓

NORTH AMERICA北美洲：

途径1——自不相容合性花种→自相容种→闭花授粉种

途径2——自不相容合性花种→无融合生殖种

途径3——自不相容合性花种→雌异花种

途径4——自不相容合性花种→雌异株种

途径5——雌异株种→雌雄异株种→无融合生殖种

可能的途径6——雌异花种→雌雄异株种→无融合生殖种

↓

SOUTH AMERICA南美洲：

途径1——自不相容合性花种→自相容种→闭花授粉种

途径2——自不相容合性花种→雌异花种

途径3——自不相容合性花种→雌异株种

途径4——雌异花种→无融合生殖种

途径5——雌异株种→雌雄异株种

可能的途径6——雌异花种→无融合生殖种

可能的途径7——雌异花种→雌雄异株种

可能↓

NEW ZELAND新西兰：

途径1——自不相容合性花种→自相容种

可能的途径2——雌异花种→雌雄异株种

专　栏

有几个重要事实摘编如下：

（1）南美早熟禾属中花穗性别的多样性，便于研究雌雄异化途径的多样性以及雌雄蕊发育调控途径的保守性。

（2）雌雄异株种内婚配，后代雌雄比例一般为1∶1，个别种雌多雄少一些，但卡方检验多差异不显著。而在雌雄异株种subsp. *fendleriana*中，雌株多出三倍；在subsp. *longiligula*种中，雌株多出20倍；而在雌雄异株种*P. fendleriana*中，现代分布范围的大部分几乎只有雌株（Soreng and Van Devender，1989）。

（3）雌雄异株种间杂交后代性别比例较为复杂，例如：

①*P. caespitosa*（n=28）♀×*P. arachnijera*（n=28）♂=F_1——全合性花☿——一单株F_2群体中则有合性花、雌花或雄花株型，但雌性程度和雄性程度株间不一（Clausen，1961）。②*P. nervosa*♀×*P. arachnifera*♂=F_1——55株中=53株雌花+2株合性花☿（Clausen et al.，1952）。

（4）一个雌雄异株1∶1群体中的无融合突变，可以很快导致雌家系的产生并固定。

Poa nervosa var. *wheeleri*（*P. cusickii* subsp. *cusickii*×*P. nervosa*）是孤雌生殖种，全由雌株组成——这符合一般规律：无融合生殖常与多倍体化密切相关。

（5）雌雄异株应是通过雌不育和雄不育而渐次进化出的。北美雌雄异株种多有无融合生殖参与。

（6）雌异株种是从安第斯山北部的玻利维亚和秘鲁的大量雌异花种中分离出来的。雌株是专性由自不相容或自相容的两性植株授粉的。雄不育是雌异株种的特征，雄不育可能是细胞质或核质互作遗传控制的。

（7）部分雄不育突变的固定为雌异花种形成所必须。*Poa annua*是典型的世界性的雌异花种（同一小穗中有雌花和两性花）。

（8）*Cortaderia*、*Lamprothyrsus*两个属中也有自主无融合生殖。*Poa hartzii* subsp. *ammophila*雄可育但孤雌无融合生殖。

（9）早熟禾中的两个单花药种：*P. chapmaniana* Scribn.（Weatherwax，1929）闭花授粉。*P. tucumana* Parodi（Parodi，1962）开花授粉。

问题是：何时何地何种选择压促成了禾本科植物性别多样化的进程呢？

二、美洲早熟禾扁鞘组婚育制多样化的进化

Giussani等（2016）对早熟禾属扁鞘组的8个雌异株种，3个可能的三异株种，45个雌雄异株种，52个雌异花种，5个只雌株种，进行4个遗传标记的扩增和测序研究，通过系统发生学分析及分子年代分析，认为新世界扁鞘组婚育制的多样化，出现在中

新世末期和上新世早期，该组的性别分离进化途径见下图。

早熟禾扁鞘组婚育制的几种进化途径可概述如下：

（1）由蓝框合性花（下图）可直接进化出：①黄框雌异株；②浅蓝框雌雄异株；③红框雌异花；④绿套框中的依时只雌株。

（2）黄框中的雌异株可直接进化出：①浅蓝框中的雌雄异株；②也可能回归进化出合性花株。

（3）浅蓝框的雌雄异株可直接进化出：①品红色框中的只雌株；②绿套框中的依时只雌株。

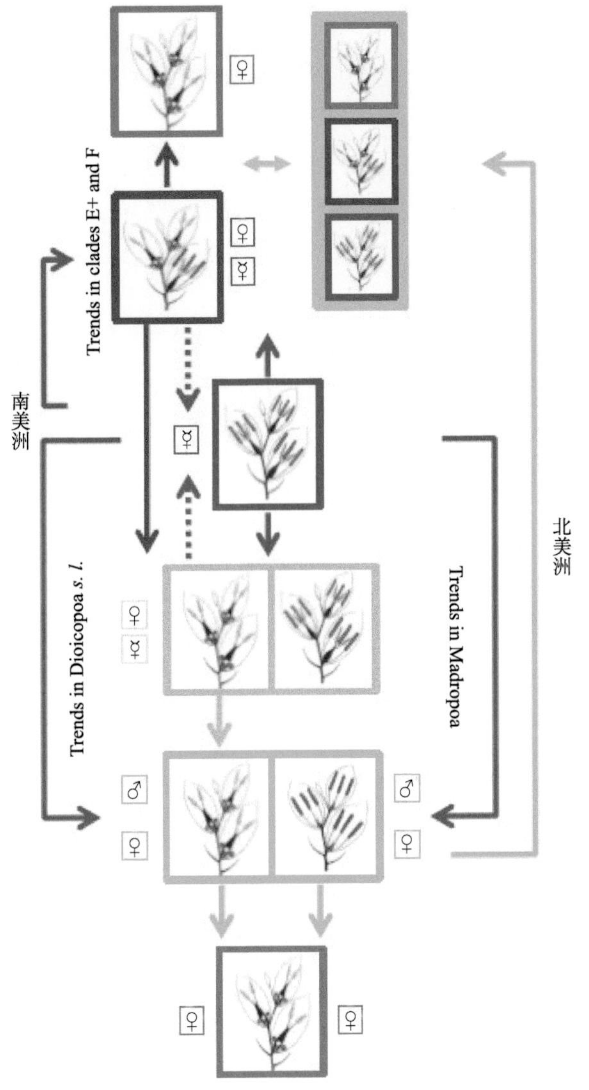

蓝色＝合性花；黄色＝雌异株；浅蓝色＝雌雄异株；品红色＝只雌株；红色＝雌异花；绿色＝时序调节的雌异花。虚线箭头＝可能途径。

（4）红框中的雌异花可直接进化出：①黄框中的雌异株；②品红色框中的只雌株；③也可能回归进化到蓝框中的合性株。

（5）绿套框中的依时只雌株，与红框中的雌异花及品红框中的只雌株，皆可互相转化。

图中两条虚线箭头所指：单性花也可回归进化成合性花——这就涉及最早出现的是否就只是合性花的问题。尚未涉及同株雌雄异花序种的可能进化途径问题。

参考文献

Anton A M，Connor H E，1995. Floral Biology and Reproduction in *Poa*（Poeae：Gramineae）[J]. Aust. J. Bot.，43：577-599.

Giussani L M，Gillespie L J，Scataglini M A，et al.，2016. Breeding system diversification and evolution in American *Poa* supersect. *Homalopoa*（Poaceae：Poeae：Poinae）[J]. Annals of Botany，118：281-303.

（潘幸来　审校）

第二十三章

小麦玉米花穗式的变异图集

Plant biologists have long been fascinated with the abnormal, the monstrous, and the defective (Meyerowitz et al., 1989)

小麦花序、小穗、小花的构造，无不与籽粒产量及品质密切相关。变异的小麦花穗式，是鉴别花穗式分子途径的不可或缺的遗传材料。

一、三胞胎小麦合性花式∑♂$_{3}$♀$_{3}$$L_{2}$〉及双胚苗

舜麦三胞胎一花3雌蕊、副小穗、双胚苗（禾本科一花多雌绝无仅有）。

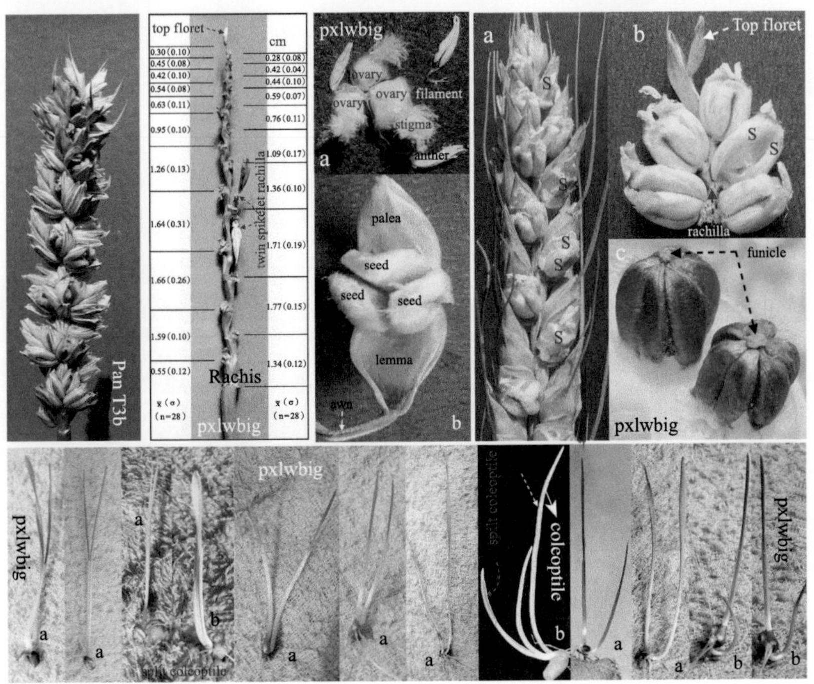

上图引自：Sirui Pan，Xinglai Pan，Yinhong Shi，et al.，2018. Registration of ‘ShunMai Triplet’ wheat for flower development studies and embryogenesis research[J]. Journal of Plant Registrations，12：274-277. doi：10.3198/jpr2017.09.0055crg.

二、四川三粒麦后代中的雄变雌（雄雌化麦）

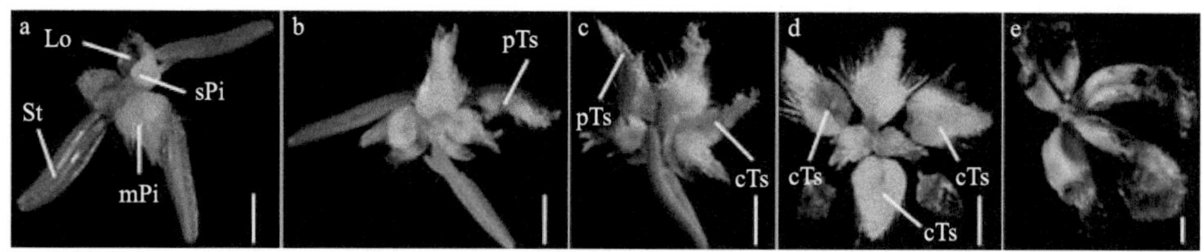

（a）CSTP的1小花；（b）HTS-1的1个雄蕊已经转型成雌蕊状的结构了；（c）HTS-1的2个雄蕊已经转型成雌蕊状的结构了；（d）HTS-1的3个雄蕊已经转化成类似雌蕊的结构；（e）HTS-1的1小花中的4个皱缩种子（有1花4～6雌蕊的，但未见1花5粒6粒种子者）。【TP＝三粒麦，CSTP＝中国春/三粒麦，HTS-1＝系谱法选自TP×CS的纯合雄雌化系，St＝雄蕊，mPi＝主雌蕊，sPi＝副雌蕊，Lo＝浆片，pTs＝局部雌化的雄蕊，cTs＝完全雌化的雄蕊。尺标=1毫米】

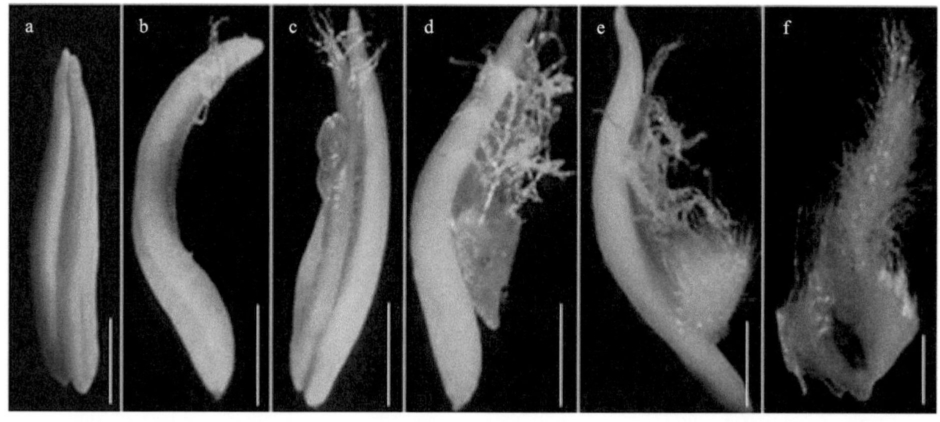

HTS-1的正常雄蕊及其雄蕊的雌化过程：（a）正常雄蕊；（b）雄蕊雌化初始，花药上方露毛；（c）花药转型雌蕊雏形可见；(d～e）花药转型雌蕊已很明显；(f）雄蕊完全转型成雌蕊。尺标= 1毫米。

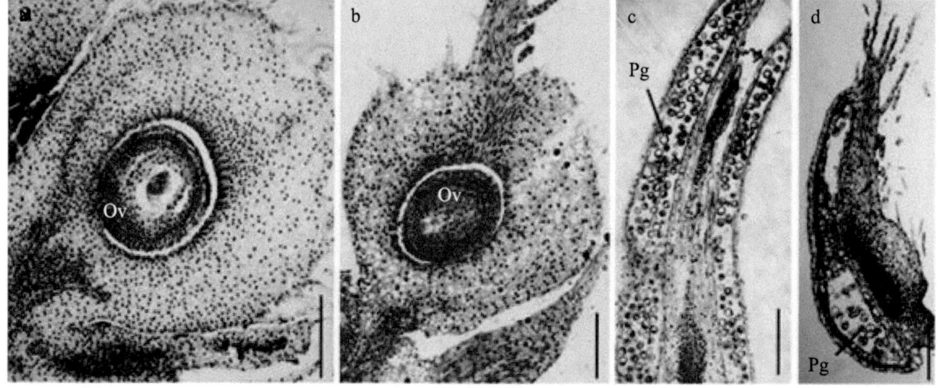

（a）CSTP的正常雌蕊纵切；（b）HTS-1的雄雌化雌蕊的纵切；（c）CSTP的正常雄蕊纵切；（d）HTS-1雄雌化雌蕊中的胚珠结构纵切。【Ov=胚珠，pg=花粉粒，尺标=0.5毫米】

上图引自：Zhengsong Peng，Zaijun Yang，Zhongming Ouyang，et al.，2013. Characterization of a novel pistillody mutant in common wheat[J]. Australian Journal of Crop Science，7（1）：159-164.

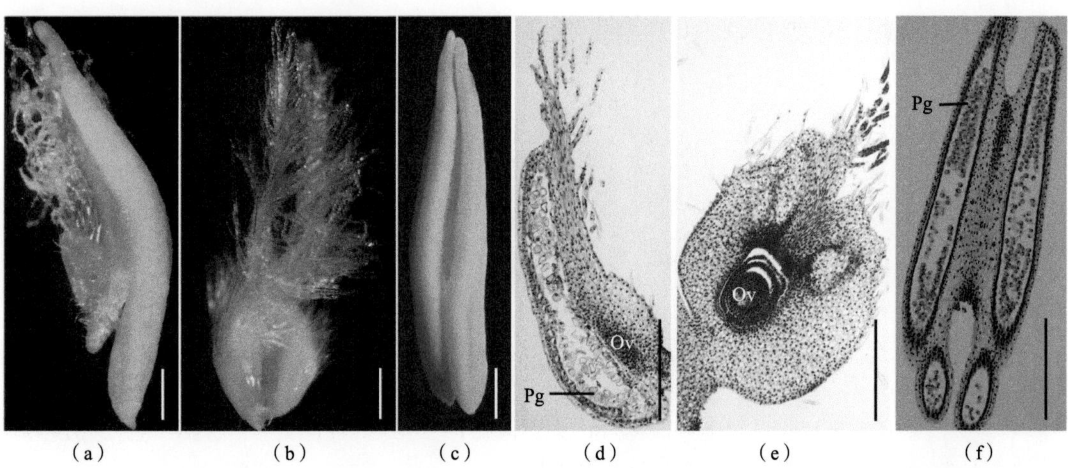

（a）雌化雄蕊；（b）正常雌蕊；（c）正常雄蕊；（d）雌化雄蕊纵切；（e）正常雌蕊纵切；（f）正常雄蕊纵切。【Ov=胚珠，Pg=花粉粒。尺标=1毫米】

上图引自：Zaijun Yang，Zhengsong Peng，Shuhong Wei，et al.，2015. Pistillody mutant reveals key insights into stamen and pistil development in wheat（*Triticum aestivum* L.）[J]. BMC Genomics，16：211.

三、双穗麦、复小穗、三小穗

1. 主穗分叉为2穗；2. 主穗轴中部每节2小穗；3～4. 主穗轴每节着生2无柄小穗加1枝穗

四、咸阳大穗麦

咸阳84（加）79-3-1小麦品系的平均穗长25厘米，最长38厘米，每穗多达212粒。

五、西农4S四复麦

A. 正常麦株每茎顶生1穗；B. 4S麦株（白色圈标注茎上部叶腋分枝区）；C. 茎上方3伸长节间叶腋中的腋芽位（白箭头所指）；D. 旗叶腋芽直接生成1个穗（红箭头）及穗基又生1穗（蓝箭头）；E. 图去掉旗叶；F. 去掉3伸长节间的叶后可见3叶腋芽生的穗或分枝茎（粉色箭头）；G. 主穗轴节生复小穗（红框内）；H. 主穗轴1节生2小穗（白箭头指主小穗，黄箭头指副小穗）；I. 一茎上方分出数个枝茎各顶生麦穗，数字示各穗粒数；J. 一穗上的枝穗，数字标示各穗粒数；K. 枝穗籽粒皆正常（左），亲本2147的籽粒（右）。

引自：Wang Y，Miao F，Yan L，2016. Branching Shoots and Spikes from Lateral Meristems in Bread Wheat[J/OL]. PLOS ONE，11（3）：e0151656.https://doi.org/10.1371/journal.pone.0151656.

六、瓦维洛夫植物种质所收集的一些稀有麦种的穗形

七、畸形枝穗麦

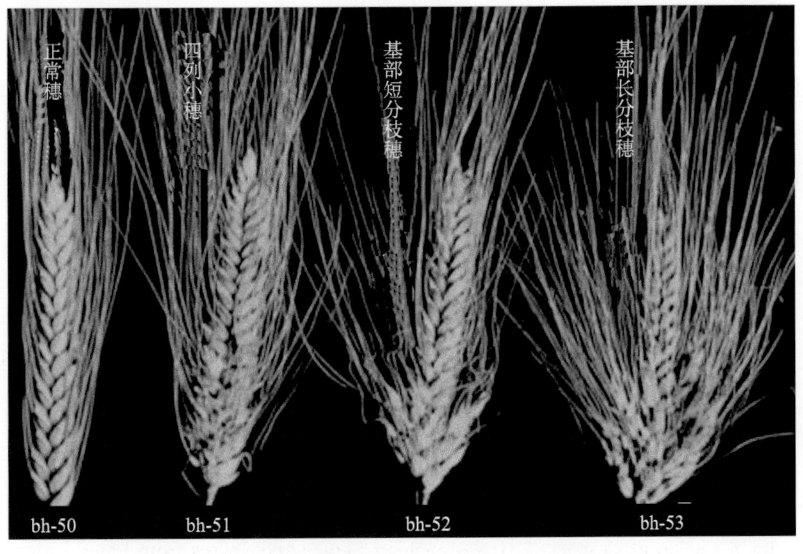

bh-50为正常穗；bh-51为四列小穗（FRS）；bh-52为基部短分枝穗（SRS）；bh-53为基部长分枝穗（LRS）。

引自：Zhang Ruiqi，HOU Fu，Chen Juan，2017. Agronomic characterization and genetic analysis of the supernumerary spikelet in tetraploid wheat（*Triticum turgidum* L.）[J]. Journal of Integrative Agriculture，16（6）：1304-1311.

八、阿塞拜疆丛穗麦

Triticum polonicum × 166-Schakheli杂交组合的二代（a）、四代（b）、五代（c）群体中出现的麦穗型如下图。

Triticum polonicum × 166-Schakheli 杂交后代穗型

引自：Aybeniz Javad Aliyeva，Naib Khaliq Aminov，2011. Inheritance of the branching in hybrid populations among tetraploid wheat species and the new branched spike line 166-Schakheli[J]. Genet Resour Crop Evol，58：621-628. DOI 10.1007/s10722-011-9702-9

九、印度四倍体Sel.1548 和 Sel.1550扭穗麦

引自：Vinod，Bhanwar Singh，Pallavi Sinha，et al.，2009. Inheritance of angled spikelet arrangement in *Triticum* durum Desf.[J]. Indian J. Genet.，69（3）：243-246.

十、中国多蘖缺小穗麦

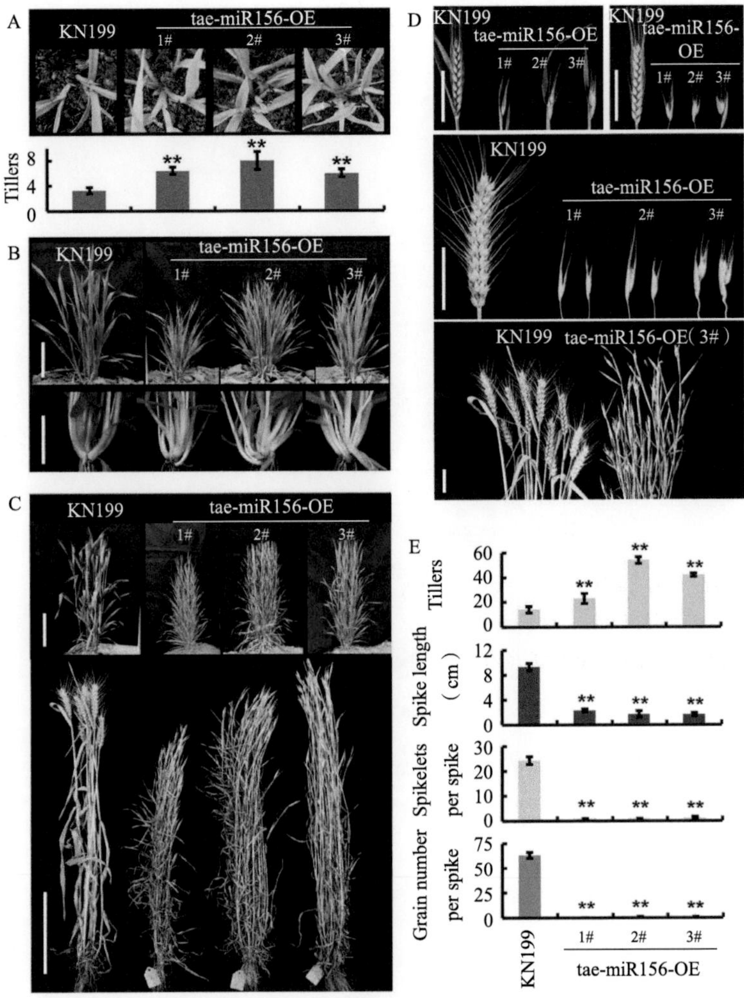

A. 为普通小麦品种科农199（KN199）及其3个miR156过量表达系（tae-miR156-OE1#、2#、3#）的幼苗分蘖情况（11月中旬北京），红箭头指示蘖芽的位置。柱形图示可见蘖芽数的统计学比较结果（$n \geqslant 5$）；B. 为拔节期（4月上旬）tae-miR156-OE系比KN199明显多蘖。上整苗，下茎基部。（尺标=10厘米）；C. 为上抽穗期（4月下旬），下成熟期（6月下旬）的tae-miR156-OE系的茎密集穗毛茸（尺标=20厘米）；D. 为科农199（KN199）及其3个miR156过量表达系（tae-miR156-OE1#、2#、3#）的穗型差异：上左抽穗期，上右灌浆期（5月上旬），中、下成熟期。（尺标=5厘米）；E. 为植株架构特征统计分析（$n \geqslant 5$，$P<0.01$）柱形图。上为3个miR156过量表达系（tae-miR156-OE1#、2#、3#）的分蘖极显著超KN199；上2为3个miR156过量表达系（tae-miR156-OE1#、2#、3#）的穗长仅2~3厘米，极显著小于KN199；上3为3个miR156过量表达系（tae-miR156-OE1#、2#、3#）每穗小穗数仅1~3个极显著小于KN199；底下图为3个miR156过量表达系（tae-miR156-OE1#、2#、3#）每穗粒数仅1~2个极显著小于KN199。

引自：Jie Liu，Xiliu Cheng，Pan Liu，et al.，2017. miR156-Targeted SBP-Box Transcription Factors Interact with DWARF53 to Regulate *TEOSINTE BRANCHED1* and *BARREN STALK1* Expression in Bread Wheat[J]. Plant Physiology，174：1931-1948.

十一、日本小麦穗变枝茎叶

A. 试验田中开花期的正常株（WT）和突变株（*fdk*）；B. *fdk*的幼株，叶序二列交替叶多，叶间距小；C. *fdk*的成株，箭头指示对应WT旗叶的叶，主茎上方多分枝茎，叶皆自穗轴节的小穗轴及小花原基转型生出，各枝茎顶生穗很小或无。示意如下：

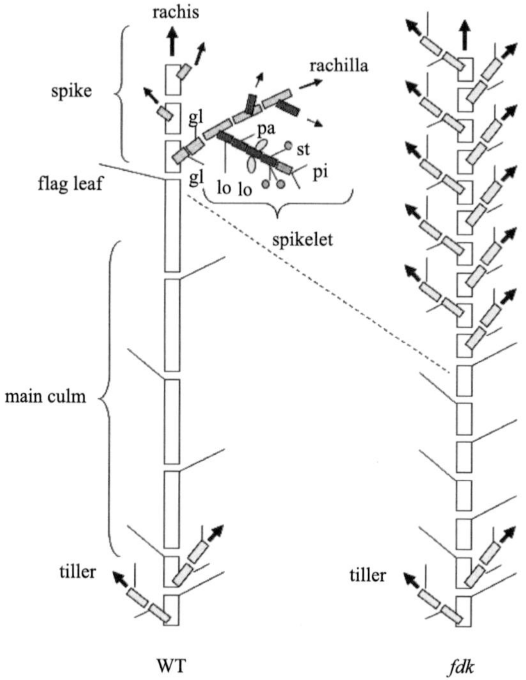

WT 为植株茎由伸长的节间和螺旋叶序组成，小穗沿主穗轴二列对称互生，小穗轴二列对称互生小花，小花由内外稃、2浆片、3雄蕊和1雌蕊组成。*fdk* 为植株茎节间短而等长，旗叶以上主穗轴各节间转型生成了分枝茎，却无小穗小花。【tiller=分蘖；main culm=主茎；flag leaf=旗叶；spike=穗；rachis=穗轴；spikelet=小穗；rachilla=小穗轴；gl=护颖，le=外稃，pa=内稃，lo=浆片，st=雄蕊，pi=雌蕊】

引自：Chikako Tahira，Naoki Shitsukawa，Yusuke Kazama，et al.，2013. The Wheat Plastochron Mutant，*fushi-darake*，Shows Transformation of Reproductive Spikelet Meristem into Vegetative Shoot Meristem[J]. American Journal of Plant Sciences，4：28-36.

十二、玉米中的雌雄变性——据说是返祖现象

玉米中会出现雌花序顶长出雄花序、雄花序主轴顶部变成雌花序和雄花序中部变雌花序多种雌雄变性。如果能把上述几种雌雄变性材料自交稳定下来，退回到原始状态，或得到类似竹状类蜀黍（*Zea diploperennis*）或摩擦草属的鸭茅状摩擦草（*Tripsacum dactyloides*）的材料，则将更接近解密玉米遗传进化及雌雄花分化之谜的。

（潘幸来　审校）

附　　录

花程式汇总表

符号Σ=内稃、♂=雄蕊、♀=雌蕊、L=浆片、〉=外稃。右下标n表示该花件的个数，右下标?表示原文未表述；右上标n表示该花件有n个雏形，右上标0表示该花件仅雏形；无数标即该花件个数为1；内稃符号变下标表示雏形；缺哪个符号即缺该花件。

种　名	合性花	雌小花	雄小花
无浆片种	4	42	26
雄雌异株15属37种			
Soderstromia mexicana		$\Sigma♂^{3}♀L_{2}\rangle$	$\Sigma♂_{3}L_{?}\rangle$
Allolepis texana		$\Sigma♂^{3}♀L_{?}\rangle$	$\Sigma♂_{3}L_{?}\rangle$
Sohnsia filifolia		$\Sigma♂^{3}♀L_{2}\rangle$	$\Sigma♂_{3}♀^{0}L_{?}\rangle$
Zygochloa paradoxa		$\Sigma♂^{3}♀L_{2}\rangle$	$\Sigma♂_{3}L_{2}\rangle$
Cortaderia araucana		$\Sigma♂^{3}♀L_{2}\rangle$	$\Sigma♂_{3}L_{2}\rangle$
Cortaderia rudiuscula		$\Sigma♂^{3}♀L_{2}\rangle$	$\Sigma♂_{3}L_{2}\rangle$
Cortaderia selloana		$\Sigma♂^{3}♀L_{2}\rangle$	$\Sigma♂_{3}L_{2}\rangle$
Cortaderia egmontiana		$\Sigma♂^{3}♀L_{2}\rangle$	$\Sigma♂_{3}L_{2}\rangle$
Jouvea straminea		$\Sigma♀\rangle$	$\Sigma♂_{3}L_{2}\rangle$
Jouvea pilosa		$\Sigma♂^{3}♀\rangle$	$\Sigma♂_{3}L_{2}\rangle$
Scleropogon brevifolius		$\Sigma♀\rangle$	$\Sigma♂_{?}L_{2}\rangle$
Monanthochloë acerosa		$\Sigma♂^{3}♀L_{?}\rangle$	$\Sigma♂_{3}L_{?}\rangle$
Distichlis australis		$\Sigma♀L_{?}\rangle$	$\Sigma♂_{3}L_{?}\rangle$
Distichlis littoralis		$\Sigma♀\rangle$	$\Sigma♂_{3}L_{?}\rangle$

（续表）

种　名	合性花	雌小花	雄小花
Distichlis spicata		∑♀L$_?$〉	∑♂$_3$L$_?$〉
Distichlis distichophylla		∑♀L$_?$〉	∑♂$_3$L$_?$〉
Distichlis eludens		∑♀L$_2$〉	∑♂$_3$L$_2$〉
Gynerium sagittatum		∑♂^{2}♀L$_2$〉	∑♂$_2$L$_2$〉
Bouteloua pectinata			
Bouteloua stolonifera		∑♀L$_2$〉	∑♂$_3$L$_2$〉
Bouteloua nervata		∑♀L$_2$〉	∑♂$_3$L$_2$〉
Eragrostis reptans		∑♀L$_2$〉	∑♂$_3$L$_2$〉
Eragrostis contrerasii		∑♀L$_?$〉	∑♂$_3$L$_2$〉
Spinifex hirsutus		∑♂^{3}♀L$_2$〉	∑♂$_3$L$_2$〉
Spinifex longifolius		∑♂^{3}♀L$_2$〉	∑♂$_3$L$_?$〉
Spinifex sericeus		∑♀L$_?$〉	∑♂$_3$L$_?$〉
Spinifex littoreus		∑♂^{3}♀L$_2$〉	∑♂$_3$L$_2$〉
Poa pfisteri		∑♂^{3}♀L$_2$〉	∑♂$_3$♀^{0}L$_2$〉
Poa alopecurus		∑♀L$_2$〉	∑♂$_3$L$_2$〉
Poa resinulosa		∑♀L$_2$〉	∑♂$_3$L$_2$〉
Poa denudata		∑♀L$_2$〉	∑♂$_3$L$_2$〉
Poa calchaquiensis		∑♀L$_2$〉	∑♂$_3$L$_2$〉
Festuca sclerophylla		∑♀L$_2$〉	∑♂$_3$L$_2$〉
Festuca sibirica		∑♀L$_2$〉	∑♂$_3$L$_2$〉
Festuca caucasica		∑♀L$_2$〉	∑♂$_3$L$_2$〉
Festuca kingii		∑♀L$_?$〉	∑♂$_3$L$_?$〉
Festuca killickii		∑♀L$_2$〉	∑♂$_3$L$_2$〉
雌异株3属14种			
Poa unispiculata	∑♂$_3$♀L$_2$〉	∑♂^{3}♀L$_2$〉	
Poa chambersii	∑♂$_3$♀L$_2$〉	∑♂^{3}♀L$_2$〉	
Cortaderia bifida	∑♂$_3$♀L$_2$〉	∑♂$^?$♀L$_2$〉	
Cortaderia hieronymi	∑♂$_3$♀L$_2$〉	∑♂^{3}♀L$_2$〉	∑♂$_3$♀^{0}L$_2$〉

（续表）

种　名	合性花	雌小花	雄小花
Cortaderia jubata	$\sum♂_3♀L_2\rangle$	$\sum♂^{?}♀L_2\rangle$	
Cortaderia modesta	$\sum♂_3♀L_2\rangle$	$\sum♂^3♀L_2\rangle$	
Cortaderia roraimensis	$\sum♂_3♀L_2\rangle$	$\sum♂^{?}♀L_2\rangle$	
Cortaderia sericantha	$\sum♂_3♀L_2\rangle$	$\sum♂^3♀L_2\rangle$	
Nicoraepoa andina	$\sum♂_3♀L_2\rangle$	$\sum♂^3♀L_2\rangle$	
Nicoraepoa pugionifolia	$\sum♂_3♀L_2\rangle$	$\sum♂^3♀L_2\rangle$	
Nicoraepoa robusta	$\sum♂_3♀L_2\rangle$	$\sum♂^3♀L_2\rangle$	
Nicoraepoa chonotica	$\sum♂_3♀L_2\rangle$	$\sum♂^3♀L_2\rangle$	
Nicoraepoa erinacea	$\sum♂_3♀L_2\rangle$	$\sum♂^3♀L_2\rangle$	
Nicoraepoa stepparia	$\sum♂_3♀L_2\rangle$	$\sum♂^3♀L_2\rangle$	
雄异株1属2种			
Bouteloua diversispicula			
Bouteloua erecta			
三异株1属3种			
Bouteloua dimorpha		$\sum♀L^2\rangle$	$\sum♂_3L_2\rangle$
Bouteloua dactyloides		$\sum♀L_?\rangle$	$\sum♂_3L_2\rangle$
Bouteloua reederorum			
只雌株1属2种			
Poa gymnantha		$\sum♂^3♀L_2\rangle$	
Poa chamaeclinos		$\sum♂^3♀L_2\rangle$	
雌雄同株异花序7属28种			
Zea mays		$\sum♀\rangle$	$\sum♂_3L_2\rangle$
Zea mexicana		$\sum♀\rangle$	$\sum♂_3L_2\rangle$
Zea diploperennis		$\sum♀\rangle$	$\sum♂_3L_?\rangle$
Zea perennis		$\sum♀\rangle$	$\sum♂_3L_2\rangle$
Zea luxurians		$\sum♀\rangle$	$\sum♂_3L_2\rangle$
Zea nicaraguensis		$\sum♀\rangle$	$\sum♂_3L_?\rangle$
Luziola peruviana		$\sum♀\rangle$	$\sum♂_9\rangle$

（续表）

种　名	合性花	雌小花	雄小花
Luziola brasiliana		$\sum ♀ L_{?} \rangle$	$\sum ♂_{12} \rangle$
Luziola gracillima		$\sum ♀ L_{?} \rangle$	$\sum ♂_{6\sim9} \rangle$
Luziola fluitans		$\sum ♀ \rangle$	$\sum ♂_{6} \rangle$
Lithachne pauciflora		$\sum ♀ L_{2} \rangle$	$\sum ♂_{3} L_{?} \rangle$
		$\sum ♀ L_{?} \rangle$	$\sum ♂_{3} L_{3} \rangle$
		$\sum ♀ L_{2} \rangle$	$\sum ♂_{3} L_{3} \rangle$
		$\sum ♀ L_{2} \rangle$	$\sum ♂_{3} L_{3} \rangle$
Lithachne pinetii		$\sum ♀ L_{?} \rangle$	$\sum ♂_{3} L_{3} \rangle$
Lithachne horizontalis		$\sum ♀ \rangle$	$\sum ♂_{3} L_{3} \rangle$
Lithachne humilis		$\sum ♀ L_{?} \rangle$	$\sum ♂_{3} L_{3} \rangle$
Raddia brasiliensis		$\sum ♀ L_{?} \rangle$	$\sum ♂_{?} L_{?} \rangle$
Raddia guianensis		$\sum ♀ L_{3} \rangle$	$\sum ♂_{3} \rangle$
Raddia soderstromii		$\sum ♀ L_{3} \rangle$	$\sum ♂_{3} \rangle$
Raddia stolonifera		$\sum ♀ L_{3} \rangle$	$\sum ♂_{3} \rangle$
Raddia megaphylla		$\sum ♀ L_{3} \rangle$	$\sum ♂_{3} \rangle$
Raddia lancifolia		$\sum ♀ L_{3} \rangle$	$\sum ♂_{3} \rangle$
Phyllorachis sagittata		$\sum ♀ ♂^{6} L_{2} \rangle$	$\sum ♂_{6} L_{2} \rangle$
Humbertochloa bambusiuscula		$\sum ♀ \rangle$	$\sum ♂_{4\sim5} L_{2} \rangle$
Humbertochloa greenwayi		$\sum ♀ \rangle$	$\sum ♂_{5\sim6} L_{2} \rangle$
Raddiella malmeana		$\sum ♀ \rangle$	$\sum ♂_{3} L_{?} \rangle$
Raddiella kaieteurana		$\sum ♀ \rangle$	$\sum ♂_{3} L_{?} \rangle$
Raddiella esenbeckii		$\sum ♀ \rangle$	$\sum ♂_{3} L_{?} \rangle$
Raddiella minima		$\sum ♀ \rangle$	$\sum ♂_{3} L_{?} \rangle$
Raddiella vanessiae		$\sum ♀ \rangle$	$\sum ♂_{3} L_{?} \rangle$
同花序雌雄异段4属9种			
Coix lacryma-jobi		$\sum ♂^{3} ♀ \rangle$	$\sum ♂_{3} L_{2} \rangle$
Coix aquatica		$\sum ♀ \rangle$	$\sum ♂_{3} L_{2} \rangle$
Coix lachryma L. var. *stenocarpa*		$\sum ♀ L_{2} \rangle$	$\sum ♂_{3} L_{2} \rangle$

（续表）

种　名	合性花	雌小花	雄小花
Coix gasteenii		$\sum\text{♀}\rangle$	$\sum\text{♂}_3 L_2\rangle$
Zizania aquatica		$\sum\text{♀} L_2\rangle$	$\sum\text{♂}_6 L_2\rangle$
Zizania palustris		$\sum\text{♀} L_2\rangle$	$\sum\text{♂}_6 L_2\rangle$
Zizania texana		$\sum\text{♀} L_2\rangle$	$\sum\text{♂}_6 L_2\rangle$
Buergersiochloa bambusoides		$\sum\text{♀} L_3\rangle$	$\sum\text{♂}_3\rangle$
Raddiella lunata		$\sum\text{♀} L_?\rangle$	$\sum\text{♂}_3 L_?\rangle$
同花序雌雄异花枝3属4种			
Mniochloa pulchella		$\sum\text{♀} L_3\rangle$	$\sum\text{♂}_3 L_2\rangle$
Ekmanochloa subaphylla		$\sum\text{♀} L_3\rangle$	$\sum\text{♂}_2 L_3\rangle$
Ekmanochloa aristata		$\sum\text{♀} L_3\rangle$	$\sum\text{♂}_3 L_3\rangle$
Piresiella strephioides		$\sum\text{♀} L_3\rangle$	$\sum\text{♂}_2\rangle$
同花枝雌雄异段6属19种			
Sucrea maculata		$\sum\text{♀} L_3\rangle$	$\sum\text{♂}_3 L_3\rangle$
Sucrea monophylla		$\sum\text{♂}^3\text{♀} L_3\rangle$	$\sum\text{♂}_3 L_3\rangle$
Sucrea sampaiana		$\sum\text{♂}^3\text{♀} L_3\rangle$	$\sum\text{♂}_3 L_3\rangle$
Luziola brasiliensis		$\sum\text{♀}\rangle$	$\sum\text{♂}_?\rangle$
Luziola caespitosa		$\sum\text{♀}\rangle$	$\sum\text{♂}_6\rangle$
Zizaniopsis microstachya		$\sum\text{♀} L_2\rangle$	$\sum\text{♂}_6\text{♀}^0 L_2\rangle$
Zizaniopsis bonariensis		$\sum\text{♀} L_2\rangle$	$\sum\text{♂}_6 L_2\rangle$
Zizaniopsis villanensis		$\sum\text{♀} L_2\rangle$	$\sum\text{♂}_6 L_2\rangle$
Polytoca digitata		$\sum\text{♀}\rangle$	$\sum\text{♂}_3 L_?\rangle$
Polytoca cyathopoda		$\sum\text{♀}\rangle$	$\sum\text{♂}_3 L_?\rangle$
Tripsacum dactyloides		$\sum\text{♀}\rangle$	$\sum\text{♂}_3 L_2\rangle$
Tripsacum laxum		$\sum\text{♀}\rangle$	$\sum\text{♂}_? L_?\rangle$
Tripsacum australe		$\sum\text{♀}\rangle$	$\sum\text{♂}_3 L_?\rangle$
Tripsacum andersonii		$\sum\text{♀}\rangle$	$\sum\text{♂}_? L_?\rangle$
Olyra latifolia		$\sum\text{♀} L_3\rangle$	$\sum\text{♂}_3 L_3\rangle$
Olyra caudata		$\sum\text{♀} L_3\rangle$	$\sum\text{♂}_3 L_3\rangle$

（续表）

种　名	合性花	雌小花	雄小花
Olyra fasciculata		∑♀L$_3$〉	∑♂$_3$L$_3$〉
Olyra filiformis		∑♀L$_3$〉	∑♂$_3$L$_3$〉
Olyra obliquifolia		∑♀L$_3$〉	∑♂$_3$L$_3$〉
雌雄异小穗11属32种			
Pharus latifolius		∑♀L$_3$〉	∑♂$_6$〉
Pharus lappulaceus		∑♀〉	∑♂$_6$〉
Pharus virescens		∑♀〉	∑♂$_6$〉
Pharus ecuadoricus		∑♀〉	∑♂$_6$〉
Pariana campestris		∑♀L$_3$〉	∑♂$_{20}$ L$_3$〉
Pariana radiciflora		∑♀L$_3$〉	∑♂$_{12\sim18\sim24\sim30}$L$_3$〉 L$_3$〉
Leptaspis zeylanica		∑♀〉	∑♂$_6$〉
Leptaspis banksii		∑♂^{6}♀〉	∑♂$_6$♀^{0}〉
Leptaspis angustifolia		∑♀〉	∑♂$_6$〉
Agenium villosum		∑♂^{3}♀L$_2$〉	∑♂$_3$L$_2$〉
Agenium majus		∑♀L$_2$〉	∑♂$_3$L$_2$〉
Agenium leptocladum		∑♀L$_2$〉	∑♂$_3$L$_2$〉
Iseilema dolichotrichum		∑♂$_3$L$_2$〉	∑♂$_3$♀L$_2$〉
Iseilema windersii		∑♀L$_2$〉	∑♂$_3$L$_2$〉
Iseilema vaginiflorum		∑♀L$_2$〉	∑♂$_3$L$_2$〉
Iseilema membranaceum	∑♂$_3$♀L$_?$〉	∑♀L$_2$〉	∑♂$_3$L$_2$〉
Germainia truncatiglumis		∑♀〉	∑♂$_2$♀^{0}〉
Germainia khasyana		∑♀〉	∑♂$_2$♀^{0}〉
Germainia lanipes		∑♀〉	∑♂$_2$♀^{0}〉
Germainia thailandica		∑♀〉	∑♂$_2$♀^{0}〉
Diandrolyra bicolor		∑♂^{2}♀L$_3$〉	∑♂$_2$L$_?$〉
Diandrolyra tatianae		∑♀L$_3$〉	∑♂$_2$〉
Diandrolyra pygmaea		∑♀L$_3$〉	∑♂$_2$〉
Cryptochloa concinna		∑♀L$_3$〉	∑♂$_3$L$_3$〉

（续表）

种　名	合性花	雌小花	雄小花
Cryptochloa decumbens		$\sum$♀L_3〉	$\sum$♂$_3L_3$〉
Cryptochloa capillata		$\sum$♀L_3〉	$\sum$♂$_3L_3$〉
Cryptochloa strictiflora		$\sum$♀L_3〉	$\sum$♂$_3L_3$〉
Reitzia smithii		$\sum$♀L_3〉	$\sum$♂$_3L_3$〉
Piresia goeldii		$\sum$♂^{3}♀$L_?$〉	$\sum$♂$_3L_?$〉
Piresia sympodica		$\sum$♂^{3}♀$L_?$〉	$\sum$♂$_3L_?$〉
Piresia leptophylla		$\sum$♀$L_?$〉	$\sum$♂$_3L_?$〉
Maclurolyra tecta		$\sum$♂^{3}♀$L_{3\sim4}$〉	$\sum$♂$_{3/6}L_3$〉
雌雄同小穗异花5属8种			
Zeugites americanus		$\sum$♀L_2〉	$\sum$♂$_3L_2$〉
Zeugites sylvaticus		$\sum$♀L_2〉	$\sum$♂$_3L_2$〉
Zeugites latifolius		$\sum$♀$L_?$〉	$\sum$♂$_3L_?$〉
Chamaeraphis hordeacea		$\sum$♂^{3}♀L_2〉	$\sum$♂$_3L_2$〉
Puelia ciliata		$\sum$♀L_3〉	$\sum$♂$_6L_3$〉
Puelia olyriformis		$\sum$♀L_3〉	$\sum$♂$_6L_3$〉
Puelia schumanniana		$\sum$♀L_3〉	$\sum$♂$_6L_3$〉
Lecomtella madagascariensis		$\sum$♀L_2〉	$\sum$♂$_3L_2$〉
同株雌异花2属9种			
Poa ramifer	$\sum$♂$_3$♀L_2〉	$\sum$♂^{3}♀L_2〉	
Poa humillima	$\sum$♂$_2$♀L_2〉	$\sum$♂^{2}♀L_2〉	
Poa candamoana	$\sum$♂$_3$♀L_2〉	$\sum$♂^{3}♀L_2〉	
Poa carazensis	$\sum$♂$_3$♀L_2〉	$\sum$♂^{3}♀L_2〉	
Poa fibrifera	$\sum$♂$_3$♀L_2〉	$\sum$♂^{3}♀L_2〉	
Poa gilgiana	$\sum$♂$_3$♀L_2〉	$\sum$♂^{3}♀L_2〉	
Poa horridula	$\sum$♂$_3$♀L_2〉	$\sum$♂^{3}♀L_2〉	
Poa pardoana	$\sum$♂$_3$♀L_2〉	$\sum$♂^{3}♀L_2〉	
Heteranthoecia guineensis	$\sum$♂$_3$♀L_2〉	$\sum$♀L_2〉	

（续表）

种　名	合性花	雌小花	雄小花
雄异花4属2种			
Andropogon	$\Sigma ♂_3 ♀ L_2 \rangle$		$\Sigma ♂_3 L_2 \rangle$
Themeda			
Hierochloe antarctica	$\Sigma ♂_2 ♀ L_2 \rangle$		$\Sigma ♂_3 \rangle$
Hierochloe rariflora	$\Sigma ♂_2 ♀ L_2 \rangle$		$\Sigma ♂_3 \rangle$
Isachne			
三异花2属3种			
Lophopogon tridentatus	$\Sigma ♂_2 ♀ \rangle$	$\Sigma ♀ \rangle$	$\Sigma ♂_2 \rangle$
Lophopogon kingii	$\Sigma ♂_2 ♀ \rangle$	$\Sigma ♀ \rangle$	$\Sigma ♂_2 \rangle$
Triplopogon ramosissimus	$\Sigma ♂_3 ♀ L_2 \rangle$	$\Sigma ♀ L_2 \rangle$	$\Sigma ♂_3 L_2 \rangle$
自交不亲和15属21种			
Lolium perenne	$\Sigma ♂_3 ♀ L_2 \rangle$		
Lolium multiflorum	$\Sigma ♂_3 ♀ L_2 \rangle$		
Lolium rigidum	$\Sigma ♂_3 ♀ L_2 \rangle$		
Alopecurus pratensis	$\Sigma ♂_3 ♀ \rangle$		
Alopecurus myosuroides	$\Sigma ♂_3 ♀ \rangle$		
Briza media	$\Sigma ♂_3 ♀ L_2 \rangle$		
Briza spicata	$\Sigma ♂_3 ♀ L_2 \rangle$		
Holcus lanatus	$\Sigma ♂_3 ♀ L_2 \rangle$		$\Sigma ♂_3 L_2 \rangle$
Festuca rubra	$\Sigma ♂_3 ♀ L_? \rangle$		
Phalaris coerulescens	$\Sigma ♂_3 ♀ L_2 \rangle$		
Phalaris arundinacea	$\Sigma ♂_3 ♀ L_2 \rangle$		
Poa labillardieri	$\Sigma ♂_3 ♀ L_2 \rangle$		
Hordeum bulbosum	$\Sigma ♂_3 ♀ L_2 \rangle$		$\Sigma ♂_3 L_2 \rangle$
Molinia caerulea	$\Sigma ♂_3 ♀ L_2 \rangle$		
Gaudinia fragilis	$\Sigma ♂_3 ♀ L_2 \rangle$		
Deschampsia flexuosa	$\Sigma ♂_3 ♀ L_2 \rangle$		
Arrhenatherum elatius	$\Sigma ♂_3 ♀ L_2 \rangle$		$\Sigma ♂_3 L_2 \rangle$

（续表）

种　名	合性花	雌小花	雄小花
Miscanthus sinensis	$\sum ♂_{3} ♀ L_{2} \rangle$		
Sorghastrum nutans	$\sum ♂_{3} ♀ L_{2} \rangle$		
Oryza longistaminata	$\sum ♂_{6} ♀ L_{2} \rangle$		
Oryza barthii	$\sum ♂_{3} ♀ L_{2} \rangle$		
两栖花序2属3种			
Amphicarpum purshii	$\sum ♂_{3} ♀ L_{2} \rangle$		
Amphicarpum muehlenbergianum	$\sum ♂_{3} ♀ L_{2} \rangle$		
*Eremitis*地花竺属			
禾本科胎生3属3种			
Poa bulbosa	$\sum ♂_{2} ♀ L_{?} \rangle$		
Digitaria angolensis			
Festuca vivipara